高等学校计算机专业规划教材

Java语言程序设计

李莉 宋晏 编著

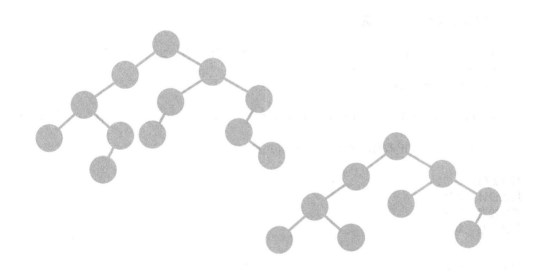

清华大学出版社
北京

内 容 简 介

本书以 Java SE 7 为基础，从程序设计基础知识入手，由浅入深、循序渐进地介绍 Java 语言的基本概念、理论知识、程序设计方法及部分企业级应用技术。

全书共 11 章，第 1 章为预备知识，简要介绍程序设计、算法、软件工程的基础知识；第 2 章介绍 Java 语言的概况、程序结构和程序开发过程；第 3、4 章介绍 Java 的数据表示、运算和处理，包括数据类型、数据表示形式（常量、变量和字面量）、运算符及表达式、流程控制等内容；第 5、6 章为面向对象的编程知识，介绍面向对象的基本思想、Java 的类、包、常用类的使用、继承、多态和接口等重要概念；第 7～10 章为 Java 编程的常用知识，包括异常处理、输入输出、GUI 程序设计和集合框架等；第 11 章简要介绍 Java Web 应用程序开发，是对以上各部分知识的综合应用。

本书内容详尽、条理清晰，书中内容由浅入深、前后呼应，注重培养问题分析和求解的实际能力。书中示例丰富，所有示例均在 JDK1.7.0_79＋Eclipse Mars Release (4.5.0)环境下测试通过。

本书可作为高等院校 Java 程序设计类课程的教材，也可供广大工程技术人员和程序设计爱好者自学。

本书封面贴有清华大学出版社防伪标签，无标签者不得销售。
版权所有，侵权必究。举报：010-62782989，beiqinquan@tup.tsinghua.edu.cn。

图书在版编目（CIP）数据

Java 语言程序设计/李莉，宋晏编著. —北京：清华大学出版社，2018（2024.9重印）
（高等学校计算机专业规划教材）
ISBN 978-7-302-50307-1

Ⅰ. ①J… Ⅱ. ①李… ②宋… Ⅲ. ①JAVA 语言－程序设计－高等学校－教材 Ⅳ. ①TP312.8

中国版本图书馆 CIP 数据核字（2018）第 101439 号

责任编辑：龙启铭
封面设计：何凤霞
责任校对：焦丽丽
责任印制：刘　菲

出版发行：清华大学出版社
网　　　址：https://www.tup.com.cn, https://www.wqxuetang.com
地　　　址：北京清华大学学研大厦 A 座　　邮　编：100084
社　总　机：010-83470000　　邮　购：010-62786544
投稿与读者服务：010-62776969，c-service@tup.tsinghua.edu.cn
质 量 反 馈：010-62772015，zhiliang@tup.tsinghua.edu.cn
课 件 下 载：https://www.tup.com.cn, 010-83470236

印 装 者：三河市龙大印装有限公司
经　　销：全国新华书店
开　　本：185mm×260mm　　印　张：30.75　　字　数：714 千字
版　　次：2018 年 8 月第 1 版　　印　次：2024 年 9 月第 5 次印刷
定　　价：59.00 元

产品编号：079474-01

前言

Java 语言是一种典型的面向对象的、跨平台的、支持分布式和多线程的优秀编程语言，具有极强的扩展性。自其诞生以来，迅速被业界认可并广泛应用于 Web 应用程序的开发中。在此形势下，国内高校在计算机及相关专业广泛开设了 Java 程序设计相关课程，旨在培养学生的编程能力，提高学生使用 Java 语言解决实际问题的能力，使学生建立良好的程序设计思想和编程习惯。本书正是基于此目的，结合 Java 语言学习的实际需要和作者多年的实践教学经验而编写的。

本书的内容编排遵循由浅入深、循序渐进的基本原则，以"数据如何表示/存储到如何计算/处理"为主线，从程序设计基础入手，详细介绍了程序设计知识、Java 语言的基本概念和编程方法，以及 Java Web 开发的基础知识，内容涉及程序设计、算法、软件工程等相关知识、Java 语言的基本语法、数据类型、类、继承、异常、输入输出流、图形用户界面设计、集合及 Web 应用开发等，基本覆盖了 Java 语言的大部分技术，是进一步使用 Java 语言进行技术开发的基础。

本书具有以下特色。

（1）内容编排新颖。教材内容围绕"数据如何表示/存储到如何运算/处理"这一解决问题的实际过程进行编排，更加符合学生的认知过程，有利于学生对 Java 程序设计形成更加全面和深刻的认识。全书的主要结构和编排顺序如下所示。

		引用类型		
数据的表示/存储 →	基本数据类型	类	接口	数组
		自定义类 / 系统定义类		
		OOP(类)、继承和多态		Java 集合

数据的运算/处理 →	用运算符/表达式处理	调用类/对象的方法处理	用代码段处理
	流程控制结构		
	数据的输入输出	数据可视化显示及控制	异常的处理
	输入输出处理	GUI 程序设计	Java 异常处理

（2）重思路、轻语法。本书注重培养学生的程序设计思路。书中添加了程序设计基础知识，包括算法、软件工程等内容，并将常用算法通过案例融合到教材内容中，使学生掌握问题求解策略和算法设计的基本思路，能够独立完成常用算法设计/系统设计、程序编写与调试，提高编程能力。书中的例题均配有流程图或解题思路。

（3）内容有机整合。本书专门设置了"Java Web 应用开发"一章，通过 Web 应用案例的设计和开发过程，将类与继承、流程控制、异常处理、输入输出、集合类等各部分知识有机地整合起来，使本书知识更成体系，更容易使学生建立起整体知识架构，也为学生后期从事 Java 相关的开发奠定基础。

（4）注重代码规范。代码规范性是学生在初始学习编程技术时非常容易忽略的部分。良好的编码规范性是提高代码可读性、可维护性的重要基础。本书在示例中严格遵循代码规范，在 2.2.6 节专门介绍了官方发布的编程开发规范，并将该规范渗透至各相关部分的介绍中，希望读者在初始编程时就养成良好的编码习惯。

本书第 1~7 和第 9 章由李莉编写，第 8、第 10 和第 11 章由宋晏编写，全书由李莉负责审核和统稿。

感谢各位审稿专家对本书的编排提出的宝贵意见。本书的编写得到了北京科技大学教材建设经费的资助，在此一并谢过。

由于编者水平有限，书中难免有疏漏之处，敬请广大读者批评指正。

编　者

2018.4

目 录

第 1 章 程序设计概述 /1

1.1 程序设计基础 1
    1.1.1 程序的相关概念 1
    1.1.2 程序设计风格 4
    1.1.3 结构化程序设计 7
    1.1.4 面向对象程序设计 10
1.2 算法基础 12
    1.2.1 算法的概念 12
    1.2.2 算法的描述 14
    1.2.3 算法的衡量指标 17
    1.2.4 算法设计实例 19
1.3 软件工程基础 21
    1.3.1 软件工程的概念 21
    1.3.2 软件开发过程 24
1.4 本章小结 25
1.5 课后习题 26

第 2 章 Java 语言简介 /27

2.1 Java 语言概述 27
    2.1.1 Java 语言的发展 27
    2.1.2 Java 开发环境 29
    2.1.3 Java 语言的特点 33
2.2 Java 程序结构 34
    2.2.1 Java 应用程序 34
    2.2.2 Java 应用程序的执行 37
    2.2.3 Java 小程序 39
    2.2.4 Java 小程序的执行 40
    2.2.5 JDK、JRE 和 JVM 42
    2.2.6 Java 编码规范 43
2.3 本章小结 46

2.4 课后习题 46

第 3 章　Java 的数据表示　/48

3.1 标识符和关键字 48
 3.1.1 关键字 48
 3.1.2 标识符 48
3.2 数据类型 49
 3.2.1 基本类型 49
 3.2.2 引用类型 53
3.3 数据的表示形式 54
 3.3.1 变量 54
 3.3.2 常量 56
 3.3.3 字面量 56
3.4 本章小结 59
3.5 课后习题 59

第 4 章　数据的运算与处理　/61

4.1 简单数据处理——运算符与表达式 61
 4.1.1 运算符与表达式概述 61
 4.1.2 算术运算符 61
 4.1.3 赋值运算符 65
 4.1.4 比较运算符 66
 4.1.5 逻辑运算符 67
 4.1.6 位运算符 70
 4.1.7 移位运算符 72
 4.1.8 条件运算符 73
 4.1.9 字符串连接运算符 74
 4.1.10 基本类型转换 74
4.2 调用类或对象的方法进行处理 76
 4.2.1 数据输出 77
 4.2.2 数据输入 78
4.3 复杂数据处理——流程控制 80
 4.3.1 语句 81
 4.3.2 顺序结构 82
 4.3.3 分支结构 84
 4.3.4 循环结构 103
 4.3.5 其他控制语句 117
4.4 本章小结 117

4.5 课后习题 118

第 5 章　抽象、封装与类　／120

5.1 面向对象思想 120
　　5.1.1 什么是对象 120
　　5.1.2 什么是类 121
　　5.1.3 消息传递 121
　　5.1.4 面向对象的特点 122
　　5.1.5 面向对象的程序设计方法 123
5.2 Java 的类 124
　　5.2.1 定义类 124
　　5.2.2 定义属性 126
　　5.2.3 定义方法 128
　　5.2.4 内部类 132
　　5.2.5 创建对象与构造方法 137
　　5.2.6 初始化块 138
　　5.2.7 引用类型 141
　　5.2.8 对象的生命周期 147
5.3 包的使用 150
　　5.3.1 声明包 150
　　5.3.2 使用包 151
　　5.3.3 封装和访问控制 153
　　5.3.4 Java 类库 156
5.4 常用类：数组 159
　　5.4.1 声明一维数组 159
　　5.4.2 创建数组 159
　　5.4.3 数组元素的赋值 160
　　5.4.4 处理数组元素 162
　　5.4.5 方法中的数组 165
5.5 常用类：字符串 169
　　5.5.1 java.lang.String 类 170
　　5.5.2 java.lang.StringBuffer 类 177
　　5.5.3 java.lang.StringBuilder 类 180
5.6 常用类：基本数据类型的包装类 181
5.7 常用类：java.lang.Math 类 186
5.8 常用类：日期和时间 187
　　5.8.1 java.util.Date 类 187
　　5.8.2 java.util.Calendar 类 188

5.9 常用类：java.lang.System 类 189
5.10 常用类：java.util.Scanner 类 192
5.11 本章小结 195
5.12 课后习题 195

第 6 章 继承与多态　/198

6.1 继承 198
　6.1.1 Java 中的继承 198
　6.1.2 属性的继承与隐藏 204
　6.1.3 方法的继承与覆盖 208
　6.1.4 抽象方法与抽象类 212
　6.1.5 最终类 215
　6.1.6 常用类：java.lang.Object 类 215
　6.1.7 对象的创建过程 225
　6.1.8 类加载机制 228
6.2 多态 232
　6.2.1 多态的概念 232
　6.2.2 编译时多态 233
　6.2.3 运行时多态 234
　6.2.4 常用类：java.lang.Class 类 238
　6.2.5 Java 反射机制 242
6.3 接口 245
　6.3.1 接口概述 246
　6.3.2 声明接口 248
　6.3.3 实现接口 249
　6.3.4 基于接口实现多态 252
　6.3.5 常用接口：java.lang.Comparable 252
　6.3.6 常用接口：java.lang.Cloneable 253
　6.3.7 常用接口：java.io.Serializable 254
　6.3.8 匿名类 255
6.4 本章小结 256
6.5 课后习题 256

第 7 章 异常处理　/261

7.1 异常概述 261
7.2 Java 异常类 261
　7.2.1 异常类的结构 261
　7.2.2 Throwable 类 262

　　　　7.2.3　Exception 类 266
　7.3　自定义异常类 267
　7.4　异常的抛出 268
　　　　7.4.1　由 JVM 自动抛出异常 268
　　　　7.4.2　使用 throw 语句抛出异常 269
　　　　7.4.3　使用 throws 声明异常 270
　7.5　异常的处理 272
　　　　7.5.1　使用 try-catch 语句 272
　　　　7.5.2　使用 try-catch-finally 语句 277
　　　　7.5.3　使用 try-finally 语句 279
　　　　7.5.4　使用 try-with-resource 语句尝试自动关闭资源 281
　7.6　本章小结 283
　7.7　课后习题 283

第 8 章　输入输出处理　　/286

　8.1　文件 286
　　　　8.1.1　java.io.File 类 286
　　　　8.1.2　java.io.RandomAccessFile 类 288
　8.2　输入输出流概述 290
　　　　8.2.1　流的概念 290
　　　　8.2.2　Java I/O 体系结构 291
　8.3　基本字节输入输出流 292
　　　　8.3.1　抽象类 InputStream 和 OutputStream 292
　　　　8.3.2　文件流 FileInputStream 和 FileOutputStream 293
　　　　8.3.3　缓冲流 BufferedInputStream 和 BufferedOutputStream 295
　　　　8.3.4　对象流 ObjectInputStream 和 ObjectOutputStream 298
　8.4　字符输入输出流 300
　　　　8.4.1　抽象类 Reader 和 Writer 301
　　　　8.4.2　转换流 InputStreamReader 和 OutputStreamWriter 301
　　　　8.4.3　BufferedReader 和 PrintWriter 类 305
　　　　8.4.4　文件流 FileReader 和 FileWriter 307
　8.5　本章小结 308
　8.6　课后习题 309

第 9 章　图形用户界面程序设计　　/311

　9.1　概述 311
　　　　9.1.1　AWT 概述 311
　　　　9.1.2　Swing 概述 319

9.2 Swing 容器 320
9.2.1 顶层容器 JFrame 320
9.2.2 顶层容器 JDialog 325
9.2.3 中间容器 JPanel 327
9.2.4 其他容器类 329
9.2.5 布局管理器 330
9.3 Swing 常用组件 344
9.3.1 Swing 组件类 JComponent 344
9.3.2 标签组件 JLabel 346
9.3.3 文本组件 347
9.3.4 按钮组件 350
9.3.5 列表框和组合框 354
9.3.6 菜单类组件 357
9.3.7 对话框组件 JOptionPane 361
9.3.8 工具栏组件 JToolBar 366
9.3.9 选色器组件 JColorChooser 367
9.3.10 文件选择器组件 JFileChooser 367
9.4 事件处理 369
9.4.1 Java 事件模型 369
9.4.2 Java 事件处理机制 371
9.4.3 处理 ActionEvent 379
9.4.4 处理 MouseEvent 380
9.4.5 处理 KeyEvent 383
9.4.6 处理 WindowEvent 386
9.5 图形用户界面程序设计示例 389
9.5.1 图形界面程序示例：打地鼠 390
9.5.2 图形界面程序示例：文本编辑器 393
9.6 本章小结 403
9.7 课后习题 404

第 10 章 Java 集合框架 /406

10.1 Java 集合框架概述 406
10.1.1 集合框架的常用部分 406
10.1.2 迭代器 Iterator 接口 407
10.2 List 及其实现类 410
10.2.1 List 接口 410
10.2.2 泛型 411
10.2.3 ArrayList 411

		10.2.4	LinkedList	413
	10.3	Set 及其实现类		413
		10.3.1	Set 接口	414
		10.3.2	HashSet	414
		10.3.3	TreeSet	417
	10.4	Map 及其实现类		422
		10.4.1	Map 接口	422
		10.4.2	HashMap	423
		10.4.3	Hashtable 及其子类 Properties	429
	10.5	Collections 集合工具类		430
	10.6	Arrays 数组工具类		431
	10.7	本章小结		431
	10.8	课后习题		432

第 11 章　Java Web 应用开发　　/434

	11.1	Java Web 开发环境		434
		11.1.1	什么是 Web 应用	434
		11.1.2	MyEclipse 集成开发环境	434
		11.1.3	Tomcat 服务器及其配置	435
		11.1.4	创建 Java Web 工程	437
	11.2	JDBC 编程		438
		11.2.1	JDBC 体系结构	438
		11.2.2	JDBC 数据库连接	439
		11.2.3	JDBC API	440
		11.2.4	使用 JDBC 访问数据库	441
	11.3	Servlet 编程基础		447
		11.3.1	创建 Servlet 类	448
		11.3.2	在 web.xml 文件中配置 Servlet	449
		11.3.3	部署工程到 Tomcat	450
		11.3.4	启动服务器查看运行结果	451
		11.3.5	Servlet 获取请求参数值	451
	11.4	JSP 编程基础		453
		11.4.1	JSP 中的 Java 元素	453
		11.4.2	JSP 的 page 指令	455
		11.4.3	JSP 隐含对象	457
		11.4.4	转发与重定向	459
	11.5	Java Web 编程实践：学生管理系统		461
		11.5.1	MVC 模式	461

11.5.2	项目的总体设计	462
11.5.3	学生信息浏览	463
11.5.4	添加学生信息	467
11.5.5	修改学生信息	470
11.5.6	系统日志处理	475
11.6	本章小结	477
11.7	课后习题	477

第1章 程序设计概述

本章主要介绍程序设计的相关知识,包括程序设计技术、算法和软件工程的基础知识。通过本章的学习,掌握程序设计的基本概念,理解程序设计方法,理解算法的描述和评价指标,了解软件工程的基本概念和软件开发过程,为进一步学习后续知识打好基础。

1.1 程序设计基础

1.1.1 程序的相关概念

1. 程序的概念

随着计算机的出现和普及,"程序"几乎成了计算机领域中耳熟能详的名词。人们要利用计算机完成各种预定的工作,必须先把完成该项工作所需要的步骤编写成计算机可以执行的指令序列。计算机程序就是为解决特定问题而利用计算机语言编写的指令序列的集合。

【例1-1】 用Java语言编写程序,输入圆半径,计算圆的面积和周长。

例1-1 Circle.java

```java
import java.util.Scanner;
public class Circle {
    public static void main(String[] args) {
        Scanner scan = new Scanner(System.in);
        double r, perimeter, area;
        r = scan.nextDouble();
        perimeter = 2 * Math.PI * r;
        area = Math.PI * r * r;
        System.out.println("perimeter = " + perimeter + ", area = " + area);
    }
}
```

从以上程序中可以看到,一个计算机程序主要描述两部分内容:

(1)描述待解决问题中涉及的对象或数据,即数据结构的内容。数据结构是加工处理的对象,要设计一个好的程序,就需要将这些数据对象组织成合适的数据结构。

(2)描述处理这些数据的方法、过程或步骤,即求解的算法。算法是程序的灵魂,在程序编制、软件开发乃至整个计算机科学中都占有重要地位。

一个计算机程序必须对问题的每个对象和处理过程给出正确详尽的描述，即数据结构与算法是计算机程序的两个重要内容，针对问题要处理的对象设计合理的数据结构，可以有效地简化算法。可以说，程序就是在数据的特定表示方式以及结构的基础上，使用某种程序设计语言对算法的具体实现。

2. 程序设计的概念

编制程序的工作称为程序设计，包括分析需要解决的问题，设计解决问题的算法，应用某种程序设计语言编写算法代码等过程。

程序设计过程一般包含以下几个步骤，如图 1-1 所示。

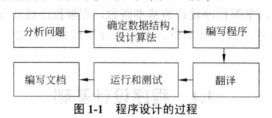

图 1-1 程序设计的过程

（1）分析问题，将实际问题抽象成一个计算机可以处理的模型。
- 要解决问题的目标是什么？
- 问题的输入是什么？已知什么？未知什么？使用什么格式？
- 问题的输出是什么？需要什么类型的信息、报告或图表？
- 数据的具体处理过程和要求是什么？

（2）确定数据结构，设计算法。

在分析问题的基础上，针对问题涉及的数据设计合适的数据结构，将数据的具体处理过程用算法进行描述，但算法不是计算机可以直接执行的程序，只是编制程序代码前对处理思想的一种描述。

当要处理的问题比较复杂时，可以将复杂问题分解成一些容易解决的子问题，每个子问题作为一个功能模块。这些模块组织在一起来解决整个问题。

（3）编写程序。

选择某种程序设计语言来对算法进行实现。

（4）翻译。

通常用高级程序设计语言编写的源程序并不能直接被计算机执行，必须经过翻译转换为目标代码方可在机器上直接执行。高级语言的翻译分为编译和解释两种。编译之后的目标代码经过链接过程后生成可执行程序，可以直接运行。解释则是直接边翻译边运行，对源程序逐行解释成特定平台的机器码并且立即执行，不会生成目标代码。

（5）运行和测试。

为保证程序的正确性，必须对已编制好的程序进行运行和测试。测试的目的是找出程序中的错误，使得程序尽可能完善。

（6）编写文档。

文档相当于一个产品说明书，对程序的使用、维护、更新都很重要。

3. 程序设计语言

程序设计语言是为了书写计算机程序而人为设计的符号语言,用于对计算过程进行描述、组织和推导。程序设计语言的广泛使用始于 1957 年出现的 FORTRAN 语言,其发展是一个不断演化的过程,根本的推动力是更高的抽象机制以及对程序设计思想的更好支持。

计算机的硬件只能识别由 0、1 组成的机器指令序列,即机器指令程序,因此机器指令是最基本的计算机语言。但机器指令是特定计算机系统所固有的、面向机器的语言,所以用机器语言进行程序设计时,效率低,程序可读性很差,难以理解,难以修改和维护。

之后,人们使用容易记忆的助记符代替 0、1 序列来表示机器指令,例如,用 ADD 表示加法、SUB 表示减法等。用助记符表示的指令称为汇编指令,汇编指令的集合称为汇编语言。汇编语言与机器语言十分接近,其书写格式在很大程度上取决于特定计算机的机器指令,它仍然是面向机器的语言。机器语言和汇编语言统称为低级语言。

在此基础上,人们开发了功能更强、抽象级别更高的语言以支持程序设计,产生了面向各类应用的程序设计语言,称为高级语言。高级语言的表达方式更接近人们对求解过程或问题的描述方式,而且与具体的计算机指令系统无关,大大提高了程序设计的效率。常见的高级语言有 Java、C、C++、C#、Python 等。

4. 高级程序的执行过程

计算机只能理解由 0、1 序列构成的机器语言,因此高级程序语言在执行时需要翻译为机器指令。翻译方式有多种,基本方式为汇编、解释和编译。高级语言的执行过程如图 1-2 所示。

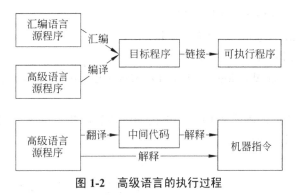

图 1-2 高级语言的执行过程

用某种高级语言或汇编语言编写的程序称为源程序。

如果源程序是用汇编语言编写的,则需要使用汇编程序将其翻译成目标程序后才能执行。

如果源程序是用某种高级语言编写的,则需要对应的解释程序或编译程序对其进行翻译,然后在机器上运行。

其中,编译程序(编译器)是将源程序一次性翻译成目标语言程序,然后在计算机上运行目标程序。解释程序(解释器)则对源程序逐行解释成机器指令并执行,或者将源程序翻译成某种中间代码后再逐行地解释执行。

编译方式和解释的根本区别在于：在编译方式下，编译器将源程序翻译成单独保存的目标程序，机器上运行的是与源程序等价的目标程序，源程序和编译程序都不再参与目标程序的执行过程；而在解释方式下，不会生成单独的目标程序，解释程序和源程序（或其中间代码表示形式）要参与到程序的运行过程中。

1.1.2 程序设计风格

程序设计风格（Programming Style）是指程序员在编制程序时所表现出来的特点、习惯、逻辑思路等。在程序设计中要使程序结构合理、清晰，形成良好的编程习惯，对程序的要求不仅是可以在机器上执行、给出正确的结果，而且要便于程序的调试和维护。

程序设计风格也是编程过程中使用的规则集合，主要体现在命名、语句、注释、输入输出等各个方面。

1. 命名

命名是程序设计风格中最重要的部分，也是初学者最容易忽略的部分。程序中的变量、常量、函数、方法、数组、类等各类数据都需要进行命名。命名应该满足以下要求：

（1）见词知义：命名应当直观，易于理解。例如：

- nextDouble()。
- positivePrefix、lineSeparator。
- arraycopy(Object src, int srcPos, Object dest, int destPos, int length)。

（2）表明身份：通过名字即可获知该数据的身份，即是变量、常量、函数，还是类。例如：

- fDeltaTime：为 float 类型局部变量。
- g_iGameState：为 int 类型全局变量。
- EXIT_ON_CLOSE：为常量。
- SetWindowTitle("Window")、ShutdownGameEngine()：为函数。

2. 语句

语句的书写形式应清晰直观地表示出语句的逻辑结构，通常需要合理地缩进、增加空格、空行或大括号。例如：

```
if ( a > b ) {
    t = a;          // 通过缩进表示这三条语句是 if 语句的内嵌语句
    a = b;
    b = t;
}
```

在语句构造方面，尽量简单直接，不能为了追求效率而使代码复杂化；为了便于阅读和理解，不要在一行内写出多条语句；不同层次的语句采用缩进形式，使程序的逻辑结构和功能特征更加清晰；要避免复杂的判定条件，避免多重的循环嵌套；表达式中使用括号以提高运算次序的清晰度等；避免使用具有二义性或很难理解的语句，少使用多用途的长表达式，以保证程序的良好可读性及代码的正确性。例如，以下表达式不建议使用：

```
i +++ i;
s1[i++] = s2[j++];
d = ( a = b + c ) + r;
```

3. 注释

注释用于说明程序的功能，特别在维护阶段，对理解程序提供了明确指导。注释可分为序言性注释和功能性注释。

序言性注释应置于每个模块的起始部分，主要内容有：

- 说明每个模块的用途、功能。
- 说明模块的接口：调用形式、参数描述及从属模块的清单。
- 数据描述：重要数据的名称、用途、限制、约束及其他信息。
- 开发历史：设计者、审阅者姓名及日期，修改说明及日期。

例如：

```
/*
* Copyright (c) 1994, 2010, Oracle and/or its affiliates. All rights reserved.
* ORACLE PROPRIETARY/CONFIDENTIAL. Use is subject to license terms.
*/
```

又如：

```
/**
* Returns the string representation of the <code>double</code> argument.
* The representation is exactly the one returned by the
* <code>Double.toString</code> method of one argument.
*
* @param   d   a <code>double</code>.
* @return  a  string representation of the <code>double</code> argument.
* @see     java.lang.Double#toString(double)
*/
public static String valueOf(double d) {
    return Double.toString(d);
}
```

功能性注释嵌入在源程序内部，说明程序段或语句的功能以及数据的状态。应该注意：

- 注释用来说明程序段，而不是每一行程序都要加注释。
- 使用空行、缩进或括号，以便区分注释和程序。
- 修改程序也应修改相应的注释。

```
        public boolean regionMatches(boolean ignoreCase, int toffset,
                String other, int ooffset, int len) {
            char ta[] = value;
            int to = toffset;
            char pa[] = other.value;
```

```
            int po = ooffset;
            // Note: toffset, ooffset, or len might be near -1>>>1.
            if ((ooffset < 0) || (toffset < 0)
                    || (toffset > (long)value.length - len)
                    || (ooffset > (long)other.value.length - len)) {
                return false;
            }
            while (len-- > 0) {
                char c1 = ta[to++];
                char c2 = pa[po++];
                if (c1 == c2) {
                    continue;
                }
                if (ignoreCase) {
                    // If characters don't match but case may be ignored,
                    // try converting both characters to uppercase.
                    // If the results match, then the comparison scan should
                    // continue.
                    char u1 = Character.toUpperCase(c1);
                    char u2 = Character.toUpperCase(c2);
                    if (u1 == u2) {
                        continue;
                    }
                    // Unfortunately, conversion to uppercase does not work properly
                    // for the Georgian alphabet, which has strange rules about case
                    // conversion. So we need to make one last check before
                    // exiting.
                    if (Character.toLowerCase(u1) == Character.toLowerCase(u2)) {
                        continue;
                    }
                }
                return false;
            }
            return true;
        }
```

4. 输入输出

程序运行时离不开输入和输出。在编写输入和输出程序部分时应考虑以下原则：

（1）输入操作步骤和输入格式尽量简单。
（2）检查输入数据的合法性、有效性，报告必要的输入状态信息及错误信息。
（3）输入一批数据时，使用数据或文件结束标志，而不要用计数来控制。
（4）交互式输入时，提供可用的选择和边界值。
（5）当程序设计语言有严格的格式要求时，保持输入格式的一致性。
（6）输出数据可以表格化、图形化。

1.1.3 结构化程序设计

20 世纪 60 年代末,操作系统、数据库系统等大型软件系统的出现,给程序设计带来了一系列新的问题,人们开始重新思考程序设计的基本问题,如程序的基本组成是什么?应该用什么样的方法来设计程序?开始思考如何为程序设计建立必要的规范,即所谓规范化的设计,以保证程序设计的正确性。在这种背景下,1969 年,著名数学家、计算机科学家、图灵奖获得者 E. W. Dijkstra 首先提出了结构化程序设计的重要概念,强调必须从程序结构和风格上来研究程序设计,并经过几年的探索和实践,形成了一整套关于如何进行程序设计的理论和方法,即结构化程序设计方法。

结构化程序设计的基本思想是把一个复杂问题的求解过程分为多个模块进行求解,每个模块完成某一个功能,控制在人们容易处理的范围内。具体地说:

(1)采用自顶向下、逐步求精的模块化程序设计原则。

(2)结构化编码,采用单入口、单出口的基本控制结构,避免使用 goto 语句。

具体在程序设计中,根据程序模块的功能将一个复杂的问题划分为若干个子模块,每个子模块完成一项独立的功能,每个模块内部只采用顺序、分支和循环等 3 种结构化的控制结构来构造。

顺序结构是一种最简单、最基本的结构。在这种结构中,各程序块按照出现的顺序依次执行,基本流程图如图 1-3 所示。顺序结构内部可包含多个程序模块。

分支结构也称为选择结构,其流程图如图 1-4 所示。分支结构会根据给定的条件判断在两条可能的路径中选择哪一条,这两条路径分别有不同的处理功能,在处理完 a 块或 b 块后,都从出口出去,然后执行其后的程序。

循环结构是在条件满足时反复执行某一程序块,否则执行之后的语句。循环结构可以分为直到型循环和当型循环,其基本流程图分别如图 1-5 和图 1-6 所示。

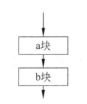

图 1-3 顺序结构流程图

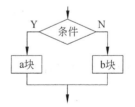

图 1-4 分支结构流程图

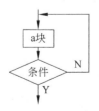

图 1-5 直到型循环结构流程图

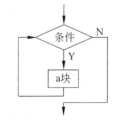

图 1-6 当型循环结构流程图

在这三种基本结构中,程序中的"块"可以是一条或多条不引起控制转移的可执行语句，也可以是一个"空块"或三种基本结构之一。由这三种基本结构构成的程序，称为结构化程序。显然，在一个结构化的程序中，应当只有一个入口和一个出口，不能有永远执行不到的死语句，也不能无限制地循环（即死循环）。可以证明，任何满足这些条件的程序，都可以表示为由以上三种基本结构构成的结构化程序；反之，任何一个结构化程序都可分解为一个个的基本结构。

以下通过实例来说明结构化程序设计方法。

【例 1-2】 试从不超过 999 的自然数中，选出满足下列条件中一个或两个的数：
① 回文数（指从左到右和从右到左读时值相同的整数，如 12321）。
② 素数。

问题分析：由于所要满足的条件是任意指定的，故可能的条件有三种：
① 回文数（一个条件）。
② 素数（一个条件）。
③ 回文素数（两个条件）。

采用模块化设计方法，系统结构如图 1-7 所示。

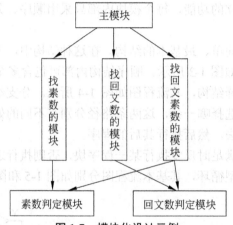

图 1-7　模块化设计示例

（1）主模块算法设计。主模块属于一级求精，算法流程如图 1-8 所示。

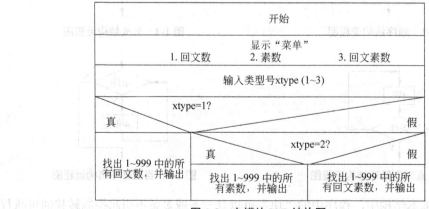

图 1-8　主模块 N-S 结构图

接下来可对最下面的三个框进一步求精，分别如图 1-9、图 1-10 和图 1-11 所示。

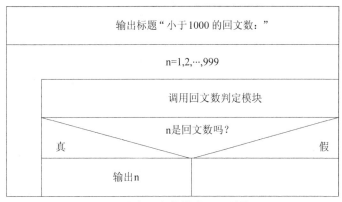

图 1-9　找出回文数模块 N-S 结构图

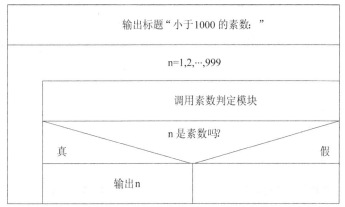

图 1-10　找出素数模块 N-S 结构图

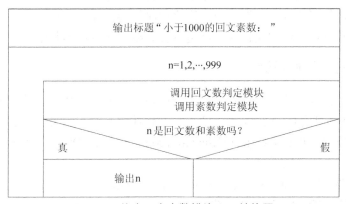

图 1-11　找出回文素数模块 N-S 结构图

用图 1-9、图 1-10 和图 1-11 替代图 1-8 中的相应部分，可得到主模块的二级求精 N-S 结构图。此时，二级求精已经可以实现，不再需要进一步求精。

（2）子模块算法设计。素数判定子模块算法 N-S 结构图和回文数判定子模块算法 N-S 结构图分别如图 1-12 和图 1-13 所示。

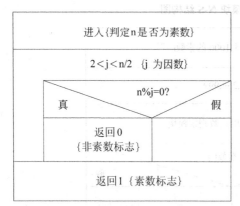

图 1-12　素数判定子模块算法

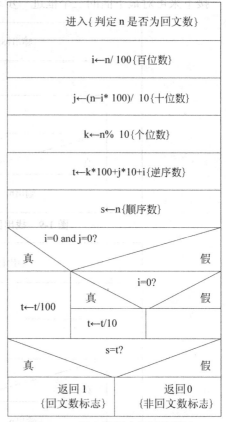

图 1-13　回文数判定子模块算法

之后,将以上算法用某种具体程序设计语言实现即可。

实践证明,使用这种方法编写的结构化程序结构良好,易写易读,易于证明其正确性,便于开发和维护。结构化程序设计是各种大型程序设计的基础。

1.1.4　面向对象程序设计

到了 20 世纪 70 年代末,计算机应用领域日渐扩大,对系统软件和应用软件的需求日益增多,形式多种多样。这时,为了便于大型软件的开发和满足不同层次人们的需求,出现了面向对象程序设计(Object-Oriented Programming,OOP)。由于其高效性和实用性,近年来得到了迅速的发展。

下面将简要介绍在面向对象思想中的几个重要概念,更详细的介绍见后续章节。

1. 面向对象程序设计的基本思想

客观世界中的任何一个事物都可以被看成一个对象。客观世界是由各种各样的对象组成的,它们之间存在一定的联系。面向对象程序设计的基本思想是从客观存在的事物(即对象)出发,构造软件系统以模拟客观世界的构成和运行机制。

Peter Coad 和 Edward Yourdon 提出用下面的等式来定义面向对象方法:

面向对象 = 对象 + 类 + 继承 + 通过消息的通信

2. 面向对象程序设计的主要特点

面向对象程序设计的主要特点可概括如下。

（1）从问题域中客观存在的事物出发来构造软件系统，用对象作为对这些事物的抽象表示，并把对象作为系统的基本构成单位。

（2）一个对象的静态特征用对象的属性表示，动态特征用方法表示。

（3）对象是数据和有关操作的封装体，突破了传统的数据与操作分离的模式，更好地实现了数据的抽象。

（4）对事物分类，把具有相同属性和服务的对象归为一类，类是这些对象的抽象描述。

（5）运用抽象的原则，得到一般类和特殊类。特殊类继承一般类的属性和服务。面向对象方法的继承性体现了概念分离抽象，便于软件演化后的扩充。

（6）复杂的对象可以用简单的对象作为其构成部分。

（7）对象通过其对外提供的服务来完成自己的任务。当有其他对象请求该对象执行某一服务时，即响应这一请求，从而完成指定的服务。对象之间通过消息进行通信，以实现对象之间的动态联系。

因此，面向对象方法是一种运用对象、类、继承、封装、聚合和消息传送等概念来构造系统的软件开发方法。面向对象的编程语言使程序直接地反映客观世界的本来面目，并且使程序员能够运用人类认识事物所采用的一般思维方法来进行软件开发。

3. 面向对象程序的开发过程

以上特点使得程序员在进行面向对象程序设计时与过程化程序设计有很大的不同。面向对象的开发过程如下。

（1）系统调查和需求分析。

对系统将要面临的具体管理问题以及用户对系统开发的需求进行调查研究，即先弄清楚干什么的问题。

（2）分析问题的性质和求解问题。

在复杂的问题中抽象地识别出对象以及其行为、属性、方法、结构等，通常称为面向对象分析（Object-Oriented Analysis，OOA）。

面向对象分析的主要任务是分析问题空间的主要目标和功能，寻找存在的对象，找出这些对象的特征和责任，以及对象之间的关系，由此产生一个完整表达系统需求的规格说明，即"做什么"的描述。

（3）整理问题。

对分析的结果做进一步的抽象、归类、整理，并最终以范式的形式将它们确定下来，称为面向对象设计（Object-Oriented Design，OOD）。

面向对象设计的主要任务是将分析得到的需求做进一步的明确和调整，选用有效的设计样式优化对象结构，设计用户界面类，设计数据库结构等；强调对分析结果的完整和优化，产生一个指导编程的详细规格说明，即"怎么做"的描述。

（4）程序实现。

用面向对象的程序设计语言直接实现，通常称为面向对象程序设计（Object-Oriented

Programming，OOP）。

1.2 算法基础

程序可以被简单地理解为解决某一具体问题的语句指令序列的集合，为了合理、有效地解决问题，必须给出恰当的操作步骤，即算法。

1.2.1 算法的概念

【例1-3】 假设有 A、B 两个杯子，分别装有不同的液体，现在要求把这两个杯子中的液体交换放置，如何进行操作？

针对这一问题，通常需要准备一个备用的杯子，具体操作步骤如下：

① 准备第三个杯子 C。
② 把杯子 A 中的液体倒到杯子 C 中，即 A→C。
③ 把杯子 B 中的液体倒到杯子 A 中，即 B→A。
④ 把杯子 C 中的液体倒到杯子 B 中，即 C→B。
⑤ 操作完成。

由此看出，解决具体问题的过程都是由一定的规则与步骤组成的，这种规则与步骤实际上就是算法。

算法（Algorithm）是一系列解决问题的清晰指令，能够针对一定规范的输入，在有限时间内获得所要求的输出。如果一个算法有缺陷，或不适合于某个问题，将不能正确解决这个问题。

从广义上来说，任何解决问题的过程都是由一定的步骤组成的，这些解决问题的确定的方法和有限的步骤都可以称为算法。需要指出的是，不只是计算的问题才有算法，盖房子、造汽车、组装计算机等问题都有各自的算法。而且对同一个问题，算法往往不是唯一的。例如组装一台计算机主机，可以按主板→硬盘→内存→电源→光驱的顺序，也可以按主板→内存→硬盘→光驱→电源的顺序，这两种算法都可以达到目的。

【例1-4】 计算函数 f(x)的值。函数 f(x)定义为：

$$f(x) = \begin{cases} bx + a^2, & x \leqslant a \\ a(c-x) + c^2, & x > a \end{cases}$$

其中 a、b、c 为常数。

这是一个典型的数值运算问题，根据 x 的取值决定采用哪一个表达式来计算函数值，算法如下：

① 将 x 的值输入到计算机。
② 判断 x≤a，如果条件成立，执行第③步，否则执行第④步。
③ 把表达式 bx+a² 的计算结果存放在 f 中，然后执行第⑤步。
④ 把表达式 a(c-x)+c² 的计算结果存放在 f 中，然后执行第⑤步。
⑤ 输出 f 的值。

⑥ 算法结束。

【例 1-5】 给定两个正整数 m 和 n（m≥n），求其最大公约数。

这也是一个数值运算问题，可以用经典的欧几里得算法进行求解，算法如下：

① 将 m 和 n 的值输入到计算机。

② 求余数：计算 m 除以 n，将所得余数存放到变量 r 中。

③ 判断余数是否为 0：若余数为 0，则执行第⑤步，否则执行第④步。

④ 反复更新被除数和除数：将 n 的值存放到 m 中，将 r 的值存放到 n 中，并转到第②步继续循环执行。

⑤ 输出 n 的当前值。

⑥ 算法结束。

由以上例子可以看出，一个算法由若干操作步骤构成，并且这些操作是按照一定的控制结构所规定的次序执行。例 1-3 中的 4 个操作步骤是按照先后顺序逐个执行的，称为顺序结构。例 1-4 则是按照设计好的操作步骤有选择性地执行，不是所有步骤都执行，而是需要根据条件决定执行哪个操作，这种结构称为选择结构。例 1-5 中不仅包含了判断，而且需要根据条件判断是否重复执行，直到满足条件"余数为 0"为止，这种具有重复执行功能的结构称为循环结构。

1. 算法的组成要素与控制结构

算法由一系列的操作组成，而这些操作则是按控制结构所规定的次序执行，也就是说，算法由操作、控制结构和数据结构 3 个要素组成。

计算机的基本操作包括以下 4 个方面。

（1）算术运算：加、减、乘、除。

（2）关系运算：大于、小于、等于、大于或等于、小于或等于。

（3）逻辑运算：与、或、非。

（4）数据传送：输入、输出、赋值等。

控制结构决定了算法的执行顺序。1996 年，计算机科学家 Bohm 和 Jacopini 证实了以下事实：任何简单或复杂的算法都可以由顺序结构、选择结构和循环结构组合而成，所以这三种结构称为程序设计的 3 种基本结构。

2. 算法的特征

算法是一组有穷的规则的集合，规定了解决某一特定问题的一系列运算，是对解题方案的准确性与完整性的描述。算法具有以下基本特征。

（1）确定性：算法的每一步运算必须有确定的意义，该运算应执行何种动作不能出现任何二义性，目的明确。例如"将 x 或 y 与 z 相乘"，计算机不清楚是"将 x 与 z 相乘"还是"将 y 与 z 相乘"。

（2）有穷性：一个算法总是在执行了有穷步的运算后终止，不能无限地执行下去。例如"求从 1 到+∞所有整数的和"，这样的运算没有终止值，计算机会出现"溢出"现象。

（3）有效性：即算法中的运算都是基本的，算法中的每一个步骤都能有效地执行，不可执行的操作是无效的，例如"计算 100/0"。

（4）输入：算法可以有零个或多个输入，算法在开始之前给予算法所需要的初始数据，例如"求 z 的值，z=x+y"需要先输入 x 和 y 的值。

（5）输出：一个算法产生一个或多个输出的信息，输出的是与输入有某种特定关系的量。一个算法至少有一个输出，无输出的算法是没有意义的。

一个有效的算法必须满足以上 5 个特征。

1.2.2 算法的描述

在构思和设计好一个解决问题的方案后，必须准确、清晰地将其描述下来，这就是算法描述。在不同层次讨论的算法有不同的描述方法。

1. 自然语言表示

自然语言就是人们日常使用的语言，用人们易于理解的自然语言描述解决问题的思路、方法和过程，可以有力地描述各个抽象层次上完整的算法结构，明确各个部分的功能，如例 1-3、例 1-4 和例 1-5 就是用自然语言描述的。

使用自然语言描述算法，可以使算法更加通俗易懂，但存在明显的不足：自然语言有歧义性，容易导致算法的不确定性；自然语言是串行表示，难以清晰地表示算法中的选择结构和循环结构；由自然语言描述直接变换到程序设计语言描述比较困难。

2. 用伪代码表示

伪代码是介于自然语言和计算机语言之间的算法描述形式，使用伪代码的目的是为了使被描述的算法可以方便地用任何一种编程语言实现，因此，伪代码必须结构清晰、简单、可读性好，并且类似于自然语言。伪代码不用图形符号，因此书写方便，格式紧凑，清晰易懂，便于向程序过渡。用伪代码写算法并无固定的、严格的语法规则，只需要把意思表达清楚即可。

【例 1-6】 求 $1×2×3×4×5×6$ 的值。

用伪代码表示如下：

```
开始
置 t 的初值为 1
置 i 的初值为 2
当 i<=6 时，重复执行下面的操作：
    使 t=t*i
    使 i=i+1
打印 t 的值
结束
```

3. 用基本流程图表示算法

流程图是对算法的图形描述，它用一组几何图形表示各种操作，在图形上使用简洁的文字及符号表示具体的操作，并用带有箭头的流程线来表示操作的顺序。美国国家标准化协会（American National Standard Institute，ANSI）规定了一些常用的流程图符号，如表 1-1 所示。

表 1-1 基本流程图符号

符号名称	图形符号	功　　能
起止框	⬭	表示算法的开始和结束
输入输出框	▱	表示输入输出操作
处理框	▭	表示处理和运算操作
判断框	◇	表示条件判断操作
流程线	→	表示算法的执行方向
连接点	○	表示流程图的延续
注释框	─┐	表示某操作的说明信息

【例 1-7】 输入 3 个数，输出最小的数。

用流程图表示如图 1-14 所示。

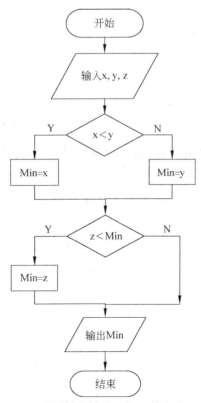

图 1-14 求 3 个数中最小数的基本流程图

如图 1-14 所示，每个算法流程图中有且仅有一个开始框和一个结束框，开始框只有一个出口，没有入口；结束框只有一个入口，没有出口；输入输出框只能有一个入口，一个出口，框内填写需要输入或输出的各项；处理框只能有一个入口，一个出口，框内填写处理说明或算式；判断框只能有一个入口，但是可以有两个出口，框内填写判断条件，由判断框出发的流程线上标注判断的结果为"真""假"（或"Y""N"，或"T""F"）。

使用流程图来描述算法，直观形象、简单易懂，已被世界各地的程序员普遍接受和采用。

4. 用 N-S 流程图表示算法

N-S 图是由两位美国学者 I. Nassi 和 B. Shneiderman 于 1973 年提出的一种流程图形式，是结构化程序设计中用于表示算法的图形工具之一。N-S 图的根据是，任何算法都是由顺序结构、选择结构和循环结构这 3 种结构组成的，所以各基本结构之间的流程线就是多余的。在 N-S 流程图中，完全去掉了流程线，全部算法被封装在一个矩形框内，大的矩形框内可以包含小的矩形框。顺序结构、选择结构、当型循环结构和直到型循环结构的 N-S 图表示分别如图 1-15、图 1-16、图 1-17 和图 1-18 所示。

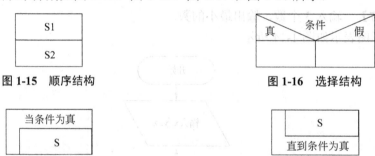

图 1-15　顺序结构　　　　　　图 1-16　选择结构

图 1-17　当型循环结构　　　　图 1-18　直到型循环结构

例 1-5 中求两个正整数 m 和 n（m≥n）的最大公约数的算法可以稍加调整，用直到型循环的 N-S 流程图表示为如图 1-19 所示。

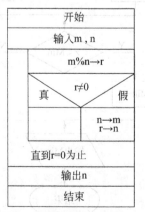

图 1-19　求最大公约数的 N-S 图

N-S 图符合结构化程序设计要求，是软件工程中经常使用的算法描述工具。

1.2.3 算法的衡量指标

1. 算法的评价体系

算法是用来解决某个具体问题的，对同一个问题而言，其解决办法通常不是唯一的，即算法并不是唯一的。如何衡量算法的优劣呢？

首先，算法的正确性（Correctness）是指算法能正确地完成其基本功能。满足具体问题的需求，是对算法的最基本要求。通常一个大型的需求以特定的规格说明方式给出，其中包括了对输入、输出、处理等的无歧义性的描述，设计的算法应当能正确地反映这种需求。

其次，算法既要与人"交往"，也要与机器"交往"，因此对于算法的评价大致有两个方面：一是人对算法维护的方便性；二是算法在实现、运行时占有的机器资源的多少，即算法的时间效率和空间效率。

人对算法的维护主要有编写、调试、改正、升级等工作，这要求在设计算法时应注重算法的可读性（Readability），即算法的结构清晰、表达式易于理解、书写简便，还要注重算法的通用性、可重用性和可扩充性。

算法的时间效率指算法执行的时间。对于同一个问题，如果有多个可供选择的算法，应尽可能选择执行时间短的算法，这样的算法无疑效率是较高的。

算法的空间效率即指算法执行过程中所需的存储空间。对于同一个问题，如果有多个算法可供选择，应尽可能选择存储需求低的算法。

另外，在算法设计和实现时，要考虑健壮性（Robustness），即当输入的数据非法时，算法应当能够做出适当的反应或进行处理，从而避免产生不可预料的输出结果；处理出错的方法应是报告输入错误的性质，而不是简单地打印错误信息或异常，还应中止程序的执行，以便在更高的抽象层次上进行处理。

总之，算法的分析和评价一般应考虑正确性、可读性、健壮性、时间效率和空间效率等诸多因素，其中主要的三条标准是：

（1）算法运行所需要的时间，通常以时间复杂度为指标。
（2）算法运行所占用的存储空间，即算法的空间复杂度。
（3）算法的可读性。

2. 算法的时间复杂度

算法的时间复杂度主要衡量算法运行所需要的时间。前面讲过，算法由基本操作与控制结构两个要素组成，因此：

$$算法的执行时间 = \sum 基本操作的执行次数 \times 基本操作的执行时间$$

即算法的执行时间与基本操作的执行次数之和成正比。

一个算法转换为程序后的执行时间，除了与所使用的计算机的硬件环境和软件开发平台有关外，主要取决于算法中语句重复执行的次数有关，称为语句的频度。一个算法中所有语句的频度之和构成了该算法的运行时间。例如：

```
for(i=1;i<=n;i++)
    for(j=1;j<=n;j++)
        x=x+1;
```

程序段中语句"x=x+1""j<=n""j++"的频度是 n^2，语句"i=1"的频度是 1，语句"j=1"的频度是 n，语句"i<=n""i++"的频度是 n。因此，算法运行时间是 $3n^2+3n+1$。

当我们计算较复杂算法的运行时间时，经常从算法中选取一种主要的基本操作，以该基本操作在算法中重复执行的次数作为算法运行时间的衡量标准。例如：

```
for(i=1;i<=n;i++)
    for(j=1;j<=n;j++)
    {
        c[i][j]=0;
        for(k=1;k<=n;k++)
            c[i][j]=c[i[j]+a[i][k]*b[k][j];
    }
```

在以上多层循环程序段中，通常选取最深层次循环体语句"c[i][j]=c[i[j]+a[i][k]*b[k][j]"中的乘法操作的频度来衡量算法的运行时间，即为 n^3。

在分析算法的执行时间时经常使用记号 O，即数量级（Order）的首字母。当一个算法的运行时间为 $3n^2+3n+1$ 时，由于 $3n^2+3n+1$ 与 n^2 的数量级相等，称之为算法的渐近时间复杂度，简称算法的时间复杂度，记作 $T(n)=O(n^2)$。

假设 n 为问题的规模，c 为一常量，算法的复杂度有常数级 $O(1)$、对数级 $O(\log n)$、线性级 $O(n)$、多项式级 $O(n^c)$、指数级 $O(c^n)$、阶乘级 $O(n!)$ 等。

原则上，不要采用指数级和阶乘级的算法。举例来说，在一台执行速度为 1MIPS 的计算机上执行算法程序，当问题规模 n 为 10^6 时，时间复杂度为 $O(n^2)$ 的算法处理 100 万条指令执行需要 11 天，而时间复杂度为 $O(n^3)$ 的算法则需要数千年。这样的算法在计算机上是不能实际应用的。

3. 算法的空间复杂度

一个算法执行所需的存储空间主要包括：

（1）算法（程序）本身所占空间。
（2）输入数据所占空间。
（3）辅助变量所占空间。

其中输入数据所占空间只取决于问题本身，与算法无关；算法本身所占空间虽然与算法有关，但其大小一般是相对固定的。所以，研究算法的空间效率，只需要分析出输入数据和算法本身之外的辅助空间。

算法的空间复杂度常指算法在执行过程中所占辅助存储空间的大小，用 $S(n)$ 来表示，其中 S 是空间（Space）的首字母。类似于算法的时间复杂度，算法的空间复杂度也可表示为 $S(n)=O(g(n))$，表示随着问题规模 n 的增大，算法运行所需存储量与 $g(n)$ 的数量级相等。

1.2.4 算法设计实例

查找是计算机中一种最常用的操作,本节以在图 1-20 所示的学生成绩表中查找指定学号 key 的学生为例,来了解算法设计的过程。

学号	姓名	性别	英语	计算机基础	数学	物理
12302101	杨妙琴	女	70.0	95.0	73.0	65.0
12302102	周凤连	女	60.0	88.0	66.0	42.0
12302103	白庆辉	男	46.0	78.0	79.0	71.0
12302112	张小静	女	75.0	80.0	95.0	99.0
12302105	郑敏	女	78.0	78.0	98.0	88.0
12302106	文丽芬	女	93.0	78.0	43.0	69.0
12302107	赵文静	女	96.0	85.0	31.0	65.0
12302108	甘晓聪	男	36.0	99.0	71.0	53.0
12302109	廖宇健	男	35.0	80.0	84.0	74.0

图 1-20 学生成绩表

图 1-20 所示的数据表中共有 37 条学生成绩记录,学生学号范围是 12302101 至 12302137,存放在结构体数组 d 中。

可以用平均查找长度来衡量一个查找算法的时间效率。平均查找长度(Average Search Length,ASL)指在查找过程中关键字的平均比较次数,它通常是数组中元素总数 n 的函数。平均查找长度 ASL 越少,说明算法的时间效率越高。

1. 顺序查找

对查找问题来说,最简单直观的方法就是从第 1 个记录开始,依次比较每个记录的学号值是否和给定学号相等:如果找到一个记录的学号与给定学号相等,则查找成功;如果整个数组的记录均比较之后,仍未找到相应记录,则查找失败,输出提示信息。这种查找方法即为顺序查找。顺序查找的流程图如图 1-21 所示。

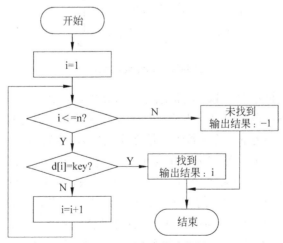

图 1-21 顺序查找流程图

算法分析:若设数组中第 i 个元素的查找概率为 p_i,查找到第 i 个元素的关键字比较次数为 c_i,而查找第 i 个元素的比较次数与该元素所在位置有关,即 $c_i = i+1$。在顺序查

找的情形下,查找成功的平均查找长度为:

$$ASL_{成功} = \sum_{i=0}^{n-1} p_i \times c_i = \sum_{i=0}^{n-1} \frac{1}{n} \times (i+1) = \frac{1}{n} \times \frac{(n+1)n}{2} = \frac{n+1}{2}$$

查找不成功的关键字比较次数为 n。因此,顺序查找的时间复杂度为 $O(n)$,即线性复杂度。

2. 二分查找

由于结构体数组 d 中的记录是按照学号顺序由小到大有序排放的,因此可以对顺序查找算法进行优化。由于学号是有序的,因此查找时不再从第一个记录开始向后依次比较,而是先比较数组的中间记录:如果该记录的学号等于 key,则查找成功,返回其位置,否则继续查找。在第二次比较时,只需要检查原数组的一半:如果 key 比中间记录小就检查前一半,否则检查后一半。循环执行以上过程,直到找到 key 对应的记录或者数组不能再被分成两个子数组为止。这种查找方法即二分查找,其流程如图 1-22 所示。

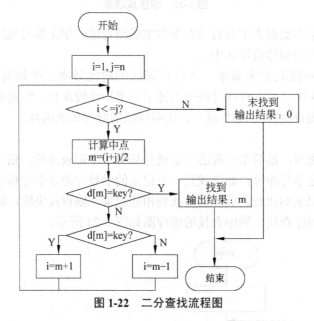

图 1-22 二分查找流程图

算法分析:如果指定学号 key 的记录在数组 d 中,那么只需要执行一次循环;当指定学号 key 的记录不在数组中时,需要执行多少次循环呢?首先算法考虑大小为 n 的整个数组,然后考虑大小为 n/2 的子数组(第 2 次循环),然后是大小为 n/4 的子数组(第 3 次循环),依此类推,直到数组的大小为 1,由此得到序列 n, n/2, n/2^2, …, n/2^m(m 为比较的次数)。当最后一项 n/2^m 等于 1 时,查找结束,此时 m=$\log_2$ n。因此经过 $\log_2$ n 次比较之后就可以知道指定学号的学生是否在数组中。因此,二分查找的最好时间复杂度为 $O(1)$,最坏时间复杂度为 $O(\log_2 n)$,其性能要优于顺序查找。

要从以上 37 条学生成绩记录查找某个学号,在最坏情况下,用顺序查找最多需要比较 37 次,而用二分查找则最多只需要比较 6 次。

1.3 软件工程基础

软件是计算机系统不可缺少的组成部分。软件的应用领域十分广泛，软件的形式更是多种多样。从计算机诞生初期的计算机硬件设备的附属品，到目前已经遍及过程控制、科学计算、数据管理、电子商务、现代通信、生物工程、人工智能等各个计算机应用领域，软件得到了巨大的发展。在整个计算机系统中，软件的地位和作用获得了巨大的提升。

软件工程要研究和解决的问题，正是计算机软件开发过程中所涉及的成本问题、技术问题、管理问题和质量问题。自1968年北大西洋公约组织会议首次提出"软件工程"的概念至今，软件工程的研究已经取得了巨大的成就。

本节介绍软件工程的基本概念，并结合典型范例介绍软件工程所涉及的关于软件分析、软件设计、软件测试等软件开发环节的基本方法和基本工具。

1.3.1 软件工程的概念

软件的发展经历了一个从个体化程序到工程化产品的过程。伴随软件的发展演化，人们对软件的认识也发生了根本性的变化。而最能体现这种变化的就是软件工程思想和方法的建立。要了解软件工程的意义，首先应该总结和回顾软件、软件的特点以及软件发展过程遇到的问题。

1. 软件

（1）软件的概念。

软件是计算机系统中与硬件相互依存的另一部分，软件不等于程序，软件是包括程序、数据及其相关文档的完整集合。程序（program）是用程序设计语言描述的、适合于计算机处理的语句序列。程序及有关数据将在计算机运行的过程中被执行，并最终得出人们所希望的运行结果。文档（document）是描述软件系统使用方法的手册、表格、图形和其他形式的描述性信息；文档记录了软件开发活动和阶段成果，包括了软件开发、运行、维护、使用和培训过程产生的各种技术资料。它们本身不会被计算机执行，但确实是专业人员和用户通信和交流、软件开发过程的管理、软件运行阶段的技术维护的重要手段和依据。

早期的软件就是程序。当时的程序规模很小，只是计算机硬件系统的一个附属品。随着程序规模的扩大，特别是功能的变化，人们将其区分为了系统程序和应用程序，并改称它们为"计算机软件"。软件发展到现在，已经成为一个独立的产业，几乎每天都会有新的软件系统推出，以满足计算机应用技术发展的各种需要。与计算机硬件一样，软件已经成为真正意义上的"产品"。

许多国际组织和许多计算机专家从不同的角度、针对不同的应用目的，给出了多种关于计算机软件的定义。记住这些定义本身并不重要，更重要的是通过这些不同方式的文字表述，体会和理解软件的真正意义。软件不只是程序，软件的生产过程不只是程序的设计过程，软件的好坏不只取决于程序的好坏。不管程序设计如何重要，它也只是软件生产完整周期内的一个过程。程序是软件的重要组成部分，但软件决不仅仅由程序组成，软件相比程序，具有更广泛的内涵。

B. Boehm 指出："软件是程序以及开发、使用和维护所需要的所有文档（document）。"特别当软件成为商品时，文档是必不可少的。没有文档，仅有程序是不能称为软件产品的。

电气和电子工程师学会（IEEE）给出的计算机软件的定义是："软件是计算机程序、规程以及运行计算机系统可能需要的相关文档和数据。"其中计算机程序是计算机设备能够接受的指令；数据是事实和概念的表示；文档是描述程序的研制过程、方法和所使用的材料。

（2）软件的特点。

在现代社会中，计算机技术得到了广泛的应用，极大地推动了自动化、网络化、信息化的发展，但却没有促进计算机软件开发生产的同步发展。软件开发仍然面临着过分依赖人工、开发生产效率低下、质量难以保证、开发成本越来越大、生产周期越来越长等一系列的问题。

出现这样的问题，是由于软件的自身特点决定的：

- 软件的复杂性。与计算机硬件相比，软件具有鲜明的特征。在计算机软件中，无数种的数据、状态和逻辑关系的可能组合以及人类思维活动的复杂性、不确定性和差异性导致的理解歧义和设计错误，会使软件系统的复杂程度增加，远远超过计算机硬件本身，同时这种复杂性也使软件的设计、实现、测试、评估变得十分困难。
- 软件的不可见性。与计算机硬件不同，软件是不可见的。在软件的设计生产过程中，不可能像建筑师参照图纸或模型修建建筑、工程师根据线路图制作电子器件那样，有章可循，有法可依。很难用一种有形的文字或图形的方式，来完整准确地记录和描述软件的结构和软件的开发生产过程。

  由于软件所具有不可见的特点，使得在其开发设计中，如何确定、记录和描述软件的功能、作用等用户需求越来越困难，从而已经成为软件设计开发的重要问题。
- 软件的不断变化性。软件在实际使用的过程中，会随着硬件、用户、环境、需求的变化，而需要经常进行修改；还会因为在运行维护过程中，出现错误而不断地修改。人们认为对软件进行修改是必然的，修改可以修正系统的错误、恢复软件的作用，甚至还可以扩充软件的功能，但人们却忽略了软件修改的副作用，即在修正的同时，也会给软件带来新的错误，并可能最终导致软件的功能退化，缩短软件的使用周期。

（3）软件的评估方法。

对于软件质量的评价必须基于一系列的技术指标。另外，软件质量的好坏不能仅取决于开发人员的观点，不同的使用者对于软件质量指标的关注是不同的，他们都会从不同的角度对软件质量提出意见，做出评价。

软件应该具有良好的可修改性、有效性、可靠性、可理解性、可维护性、可重用性、可适应性、可移植性,这也是软件质量评估的标准。从不同的使用者角度评价软件质量,不同的对象关心的问题有所区别。

2. 软件危机

软件危机是指在计算机软件的开发、使用与维护过程中所遇到的一系列严重问题和难题;这些问题和难题不仅仅存在于不能正常运行的软件中,几乎所有软件都不同程度地存在这些问题。软件危机出现及爆发是在 20 世纪 60 年代,至今已经过去了几十年,但软件危机依然没有消除。

(1) 软件危机的表现。

软件危机的典型事例在许多资料中都有记载。这些典型的事例清晰地记录和反映了软件危机的存在以及软件危机造成的重大损失和危害。总结软件危机的表现,集中体现在以下几个方面:

- 软件开发成本和维护成本常常高出预算。
- 软件开发进度远远慢于计划进度。有关统计资料显示,只有 26%的软件开发项目获得成功,超出开发期限而延迟交付使用的占到 46%,另外 28%的软件开发项目都因各种原因没有成功,不得不半途放弃。
- 软件开发设计完成并交付使用运行后,却发现并不能满足或实现用户的实际需求。
- 软件产品的质量不能保证,用户在使用过程中经常出现问题和故障。
- 没有完整的软件技术文档资料,使得软件的运行维护面临重重困难。
- 软件开发生产速度和效率的提高远远不及用户对软件发展的需求。

由于以上原因造成软件的使用周期大大缩短。

(2) 软件危机出现的原因。

产生软件危机的根本原因有三个方面,首先是在主观上人们缺乏对软件及其特点的正确认识,其次是客观上没有建立软件产品开发生产的技术规范,以及没有形成可供软件开发生产使用的有效的方法工具,第三是在软件项目开发生产活动中缺少对软件产品开发生产科学进行有效的组织与管理。

除了以上原因,产生软件危机还与软件本身的特点有关、软件人员开发时存在的问题有关。

- 很难制订软件开发的计划、进度和经费预算。软件是计算机系统中的逻辑部件,软件产品往往规模庞大,给软件的开发和维护带来客观的困难。一个大型的软件从提出问题到投入运行,一般要几年到十几年的时间。在这个漫长的时间周期内,很可能出现开发计划和进度中没有考虑周全的问题,开发的计划和实际的进程需要不断地修改调整。另外由于软件产品的特殊性,正确估计软件的开发成本,管理软件开发的经费,也是一个难度很大的问题。常常会出现实际成本比估算成本高出一个甚至几个数量级,实际进度比计划进度拖延几个月甚至几年的现象。
- 很难全面准确地确定和表示软件需求。对于用户需求缺少科学规范的描述方法和工具,对软件需求的表述很难全面和精确,而且由于没有统一适用的方式,软件开发人员之间交流传递中又极容易造成对用户需求理解的偏差和歧义,这必将导致软件产品与用户的需求不一致。

- 开发过程缺少统一公认的方法和规范。没有或缺乏有力的方法学的指导，没有有效的开发工具的支持，软件开发过程中就只能过多地依靠程序员的"技巧"，这样自然就加剧了软件产品的个性化，在开发大型软件系统的过程中，这种情况极易产生疏漏和错误。
- 很难系统完善地进行软件测试。软件测试是软件开发生产过程中的重要环节，是评价软件质量的主要手段。人们认为经过测试而未发现错误的软件就是正确合格的产品。其实，软件中可能存在的漏洞和错误只依靠测试是很难发现和纠正的。即使是现在软件的测试技术已经得到了不断的完善，测试的方法也同时得到了丰富，仍不可能保证软件的正确性测试。软件的错误不能在测试阶段解决，运行后就必然出现问题。

为此，计算机科学家提出了"软件工程"的概念。将工程的思想方法引入到软件生产中，从研发和生产的组织管理和技术手段上解决软件危机问题。"软件工程"开创了计算机科学技术的一个新的研究领域。

3. 软件工程

1993 年，电气和电子工程师学会（IEEE）关于软件工程给出了一个经典定义：软件工程是①把系统的、规范的、可度量的途径应用于软件开发、运行和维护的过程，也就是把工程化应用于软件中；②研究①中提到的途径。

从以上定义中可知，软件工程的基本思想就是将现代工程的原理、技术和方法引入到软件的开发、管理、维护和更新的全过程中，借鉴工程的思想方法来组织软件的研发与生产，其目的在于提高软件的生产质量和生产效率，实现软件的工业化生产。

之后，人们开展了软件过程、软件开发方法、开发工具等的研究，提出了瀑布模型、演化模型、螺旋模型等开发模型，出现了面向数据流、面向数据结构、面向对象等开发方法，以及一批 CASE（Computer Aided Software Engineering，计算机辅助软件工程）工具和环境。

1.3.2 软件开发过程

同任何事物一样，一个软件产品或软件系统也要经历孕育、诞生、成长、成熟、衰亡的许多阶段，一般称为软件生存周期。把整个软件生存周期划分为若干阶段，使得每个阶段有明确的任务，使规模大、结构复杂和管理复杂的软件开发变得容易控制和管理。

通常，软件生存周期包括可行性分析与项目开发计划、需求分析、概要设计、详细设计、编码实现、测试、维护等阶段。

1. 可行性分析与项目开发计划

这个阶段主要确定软件的开发目标及其可行性。必须要回答的问题是：要解决的问题是什么？该问题有可行的解决办法吗？若有解决的办法，则需要多少费用？需要多少资源？需要多少时间？要回答这些问题，就要进行问题定义和可行性分析，制订项目开发计划。

可行性分析与项目计划阶段的参加人员有用户、项目负责人和系统分析师。该阶段所产生的文档有可行性分析报告和项目开发计划。

2．需求分析

需求分析阶段的任务不是具体地解决问题，而是准确地确定软件系统必须做什么，确定软件系统的功能、性能、数据和界面等要求，从而确定系统的逻辑模型。该阶段的参加人员有用户、项目负责人和系统分析师。该阶段产生的文档有软件需求说明书。

3．概要设计

在概要设计阶段，开发人员要把确定的各项功能需求转换成需要的体系结构。在该体系结构中，每个成分都是意义明确的模块，即每个模块都与某些功能需求相对应，因此，概要设计就是设计软件的结构，明确软件由哪些模块组成，这些模块的层次结构是怎样的，这些模块的调用关系是怎样的，每个模块的功能是什么。同时，还要设计该项目的应用系统的总体数据结构和数据库结构，即应用系统要存储什么数据，这些数据是什么样的结构，它们之间有什么关系。

概要设计阶段参加的人员有系统分析师和软件设计师。该阶段产生的主要文档有概要设计说明书。

4．详细设计

详细设计阶段的主要任务就是对每个模块完成的功能进行具体描述，要把功能描述转变为精确的、结构化的过程描述。即该模块的控制结构是怎样的，先做什么，后做什么，有什么样的条件判定，有些什么重复处理等，并用相应的表示工具把这些控制结构表示出来。

详细设计阶段参加的人员有软件设计师和程序员。该阶段产生的主要文档有详细设计书。

5．编码实现

编码实现阶段就是把每个模块的控制结构转换成计算机可接受的程序代码，即写成由某种特定程序设计语言表示的源程序清单。

6．测试

测试是保证软件质量的重要手段，其主要方式是在设计测试用例的基础上检查软件的各个组成部分。测试阶段的参加人员通常由另一部门（或单位）的软件设计师或系统分析师承担。该阶段产生的文档有软件测试计划、测试用例和软件测试报告。

7．维护

软件维护是软件生存周期中时间最长的阶段。已交付的软件投入正式使用后，便进入软件维护阶段，它可以持续几年甚至几十年。软件运行过程中可能由于各方面的原因，需要对软件进行修改。其原因可能是运行中发现了软件隐含的错误而需要修改；也可能是为了适应变化了的软件工作环境而需要做适当变更；也可能是因为用户业务发生变化而需要扩充和增强软件的功能；还可能是为将来的软件维护活动预先进行准备等。

1.4 本章小结

本章围绕着软件开发过程，介绍了程序设计的相关概念、算法的基本知识和软件工程的基本概念和软件开发过程。通过本章的学习，学生应对程序设计和软件开发具备基本的认知。

1.5 课后习题

1. 单选题

（1）计算机算法指的是（　　）。
　　A. 计算方法　　　　　　　　B. 排序方法
　　C. 解决问题的有限运算序列　　D. 调度方法

（2）计算机算法必须具备输入、输出和（　　）等5个特性。
　　A. 可行性、可移植性、可扩充性　　B. 可行性、确定性和有穷性
　　C. 确定性、有穷性和有效性　　　　D. 易读性、稳定性和安全性

（3）结构化程序设计中三种基本控制结构是（　　）。
　　A. 输入、处理和输出　　　　B. 树形、网形和环形
　　C. 顺序、选择和循环　　　　D. 主程序、子程序和函数

（4）以下不常用算法表示工具的是（　　）。
　　A. 自然语言　　B. 伪代码　　C. 流程图　　D. N-S 结构图

（5）以下叙述错误的是（　　）。
　　A. 算法正确的程序最终一定会结束
　　B. 算法正确的程序可以有零个输出
　　C. 算法正确的程序可以有零个输入
　　D. 算法正确的程序对于相同的输入一定有相同的结果

（6）算法中对需要执行的每一步操作，必须给出清晰、严格的规定，这属于算法的（　　）。
　　A. 正当性　　B. 可行性　　C. 确定性　　D. 有穷性

（7）在面向对象程序设计过程中，客观世界中的事物被表示为（　　）。
　　A. 对象　　　B. 类　　　C. 方法　　　D. 属性

（8）在软件开发过程中，可行性分析阶段不需要（　　）的参与。
　　A. 用户　　　B. 项目负责人　　C. 系统分析师　　D. 程序员

2. 填空题

（1）算法由_____、_____和_____三要素构成。
（2）结构化程序设计由_____、_____和_____三种基本结构构成。
（3）面向对象程序中对象之间通过_____进行通信。
（4）软件开发过程的概要设计由_____和_____参加，产生的主要文档是_____。

3. 简答题

（1）简述结构化程序设计的基本思想。
（2）简述算法的特征。
（3）简要介绍软件开发过程。

第 2 章
Java 语言简介

Java 语言是由 SUN 公司于 1995 年推出的一种新的编程语言，它是一种跨平台、适合于分布式计算环境的面向对象程序设计语言。Java 语言及其扩展正在逐步成为互联网应用的规范，掀起了自 PC 以来的又一次技术革命。本章主要介绍 Java 语言的起源、特点、简单示例等。

2.1 Java 语言概述

2.1.1 Java 语言的发展

虽然 Java 广泛应用在网络应用程序中，但是 Java 的产生却与网络无关。Java 的历史可以追溯到 1991 年，SUN 公司的 James Gosling 和他的团队开始设计 Oak 语言，即 Java 的第一个版本。Oak 语言用于 Green Project 中，目的是成为消费性数字产品（如电视、烤箱、PDA、手机等）上的编程语言。这是一项非常有挑战性的工作，家用电器是由各种类型的计算机处理器芯片控制的，其内存和运算资源有限。为了适用不同的设备，程序首先会被翻译成一种中间语言（ByteCode，字节码），这种中间语言对所有的设备/计算机都是一样的；然后，由一个小型程序（Java Virtual Machine，JVM）将中间语言翻译成特定设备/计算机使用的机器语言。

用 Oak 语言对设备进行编程的计划当时并没有受到设备制造商们的欢迎，SUN 公司将该技术应用在万维网中，推出了可以嵌入网页并随网络传播的、可跨平台运行的小程序技术。随着万维网（World Wide Web，WWW）的兴起，通过小程序在浏览器上展现的互动式多媒体效果颠覆了人们对万维网的认知，Oak 语言得到广泛的关注。1995 年 5 月 23 日，SUN 公司将 Oak 更名为 Java，Java Development Kits 1.0a2 版本正式对外发布。随后，Netscape Navigator 2.0 和 Microsoft Internet Explore 开始支持 Java，从此 Java 在互联网的世界中逐渐风行起来。

经过二十多年的发展，Java 已成为目前最为优秀的面向对象语言。Java 也从当初的一种语言而逐渐形成一种产业，基于 Java 语言的 J2EE 架构已成为微软.NET 平台的强大竞争对手。在最新发布的 2017 年 12 月 TIOBE 编程语言社区排行榜中，Java 的 TIOBE 指数名列第一，并持续呈现上升趋势，如图 2-1 所示。

随着 Java 越来越受到瞩目，SUN 公司在 1998 年 12 月发布了 Java 2 Platform，简称为 J2SE 1.2。Java 开发者版本一开始是以 Java Development Kit 名称发布的，简称为 JDK，而 J2SE 则是平台名称，包含了 JDK 与 Java 程序语言。

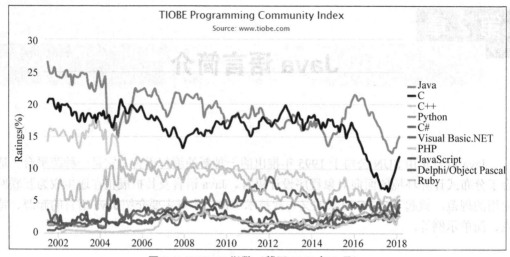

图 2-1　TIOBE 指数（截至 2018 年 2 月）

随后，SUN 公司陆续发布了 J2SE 1.3、J2SE 1.4。Java 2 这个名称也由 J2SE 1.2 一直沿用至之后的各版本。

2004 年 9 月发布的 Java 平台标准版的版本号直接跳到了 5.0，称为 J2SE 5.0，用来彰显与之前版本的重大改进，如语法简化、增加泛型（Generics）、枚举（Enum）、注释（Annotatian）等重大功能。

2006 年 12 月发布的 Java 平台标准版称为 Java Platform, Standard Edition 6, 简称 Java SE 6，JDK6 全名为 Java SE Development Kit 6，版本号使用 6 或 1.6.0。在 JDK6 中，增加了 Web 服务元数据、脚本语言支持、JTable 的排序和过滤、轻量级 HttpServer、嵌入式数据库 Derby 等功能。

2009 年 4 月 20 日，SUN 公司被 Oracle 公司收购。2011 年 7 月 28 日，Oracle 公司正式发布 Java 7，增加了二进制变量的表示、switch 语句支持 String 类型、泛型实例化类型自动推断、更多的环境信息获取方法、Boolean 类型反转、try-with-resource 语句、catch 多个异常、数字类型的下画线表示、更丰富的信息回溯追踪等新功能。

2014 年 3 月，Oracle 公司发布 Java 8，增加了接口的默认方法、Lambda 表达式、函数式接口、方法与构造方法引用、访问局部变量、全新的 Date API、Annotation 注解等多项新功能。

有关 Java 版本、代码名称与发布日期，可以参考表 2-1。

表 2-1　Java 版本、代码名称及发布日期

版　　本	代码名称（英文）	代码名称（中文）	发布日期
JDK 1.1.4	Sparkler	宝石	1997-09-12
JDK 1.1.5	Pumpkin	南瓜	1997-12-13
JDK 1.1.6	Abigail	阿比盖尔	1998-04-24
JDK 1.1.7	Brutus	布鲁图	1998-09-28

续表

版　　本	代码名称（英文）	代码名称（中文）	发布日期
JDK 1.1.8	Chelsea	切尔西	1999-04-08
J2SE 1.2	Playground	游乐场	1998-12-04
J2SE 1.2.1			1999-03-30
J2SE 1.2.2	Cricket	蟋蟀	1999-07-08
J2SE 1.3	Kestrel	美洲红隼	2000-05-08
J2SE 1.3.1	Ladybird	瓢虫	2001-05-17
J2SE 1.4.0	Merlin	灰背隼	2002-02-13
J2SE 1.4.1	grasshopper	蚱蜢	2002-09-16
J2SE 1.4.2	Mantis	螳螂	2003-06-26
Java SE 5.0	Tiger	老虎	2004-09-29
Java SE 6	Mustang	野马	2006-12-11
Java SE 7	Dolphin	海豚	2011-07-28
Java SE 8	—	—	2014-03-19
Java SE 9	—	—	2017-09-21

在 Java 发展过程中，随着 Java 的应用领域越来越广，并逐渐扩展到各级应用软件的开发，SUN 公司在 1999 年 6 月公布了新的 Java 体系架构，根据不同级别的应用开发分为了不同的应用版本：Java SE（Java Platform，Standard Edition）、Java EE（Java Platform，Enterprise Edition）和 Java ME（Java Platform，Micro Edition）。其中 Java SE 是各应用平台的基础，也是本书主要的讲授对象；Java EE 以 Java SE 为基础，定义了一系列的服务、API、协议等，适用于开发分布式、多层次、以组件为基础的 Web 应用程序；Java ME 适用于在小型数字设备上（如手机、PDA 等）开发和部署应用程序。

2.1.2　Java 开发环境

与其他高级语言一样，开发 Java 程序需要建立 Java 的开发环境，主要包括代码编辑器（Editor）、代码编译器（Compiler）、代码解释器（Interpreter）、代码运行时环境（Runtime）等。Java 开发环境包括核心开发工具（JDK）和集成开发环境（Integrated Development Environment，IDE）。

2.1.2.1　Java 核心开发工具 JDK

Oracle 公司提供的 JDK（Java SE Development Kit）是 Java 的标准开发包，提供了编译、运行 Java 程序所需各种工具和资源，包括 Java 的编译器、运行器以及 Java 类库。JDK 是整个 Java 开发环境的核心，没有 JDK 就无法进行 Java 程序的开发工作。

1. JDK 的下载和安装

JDK 的下载是免费的，用户可以从 http://www.oracle.com/technetwork/java/javase/downloads /index.html 页面下载。本书使用 Java SE Development Kit 7 X64 版本，操作系统使用 Windows 7 64 位。用户可根据自己的操作系统选择合适的 JDK 版本。

下载的 JDK 安装文件是.exe 类型（如 jdk-7u79-windows-x64.exe），直接打开启动安装，安装过程可以选择 JDK 的安装路径。此处采用默认设置，将 JDK 安装在 C:\Program Files\Java\jdk1.7.0_79 目录下，如图 2-2 所示。

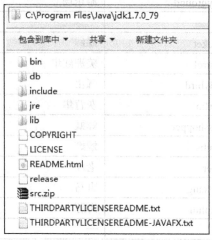

图 2-2　JDK 的安装目录

以下是 JDK 目录中各文件夹的用途。
- bin 文件夹：提供 Java 开发工具，如 javac.exe 用于 Java 源程序的编译，java.exe 用于 Java 程序的运行，appletviewer.exe 用于查看 Java 小程序，javadoc.exe 用于生成程序说明文档。
- db 文件夹：提供一个纯 Java 开发的轻量级开源关系数据库 Derby。
- include 文件夹：提供存放本地方法的头文件。
- jre 文件夹：提供 Java 程序的运行时环境。
- lib 文件夹：提供 Java 应用程序所必需的类库。
- src.zip 压缩文件：包含 Java 中常用类库的源代码以及相应的文档注释。

2. JDK 的配置

在 JDK 安装完毕后，需要进行相应的配置才能使用 JDK 进行 Java 开发。相关的配置都是在系统环境变量中进行，这里以 Windows 7 系统中的配置为例。

（1）设置 JAVA_HOME 环境变量。

右击"计算机"，依次选择"属性"右键菜单命令→"高级系统设置"→"高级"选项卡→"环境变量"，在"系统变量"区域单击"新建"按钮，打开"新建系统变量"对话框。设置变量名为"JAVA_HOME"，变量值为 JDK 的安装路径（此处为"C:\Program Files\Java\ jdk1.7.0_79"）。设置结果如图 2-3 所示。

新建的环境变量 JAVA_HOME 代表 JDK 的安装路径，以后直接使用%JAVA_HOME% 即可引用此安装路径。JAVA_HOME 的新建并非必需。如果省略此步，则在之后的 Path 和 CLASSPATH 设置时需要用 JDK 安装路径来替代 JAVA_HOME。

（2）设置 Path 环境变量。

在"系统变量"列表中选中环境变量 Path，单击"编辑"按钮，打开"编辑系统变量"对话框，将"%JAVA_HOME%\bin;"添加在变量值的最左侧，如图 2-4 所示。

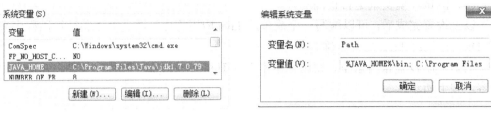

图 2-3　设置 JAVA_HOME 环境变量　　　　图 2-4　设置 Path 环境变量

此步骤的作用是将 bin 目录导入到系统变量 Path 中，使得 bin 目录下的各开发工具（如编译器 javac.exe、运行器 java.exe 等）能够在命令行窗口中正确执行。

在 JDK 正确安装并配置环境之后，需要测试一下环境变量是否配置正确。在命令行窗口中输入"javac -version"命令，如果正确显示了 JDK 的安装版本，则说明环境变量配置正确，如图 2-5 所示。

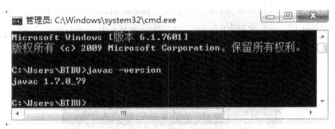

图 2-5　测试 Path 环境变量

（3）新建 CLASSPATH 环境变量。

在"系统变量"区域单击"新建(W)"按钮，打开"新建系统变量"对话框。设置变量名为"CLASSPATH"，变量值为".;%JAVA_HOME%\lib\dt.jar;%JAVA_HOME%\lib\tools.jar"。设置结果如图 2-6 所示。

图 2-6　设置 CLASSPATH 环境变量

环境变量 CLASSPATH 的作用是为编译器指定搜索类的路径，JVM 就是通过 CLASSPATH 来寻找类的.class 文件。要想使用已经编写好的类（如类库中的类），必须知道它们的路径，因此需要把 JDK 安装目录下的 lib 子目录中的 dt.jar 和 tools.jar 设置到 CLASSPATH 中，当前目录"."也必须加入到该变量中。这里，dt.jar 是关于运行环境的类库，tools.jar 是工具类库。

如果使用 JDK1.5 以上的版本，不设置 CLASSPATH 环境变量，也可以进行 Java 的编译和运行。

（4）测试环境变量是否正确配置。

以上设置完成后，可以编写一个简单的 Java 应用程序，通过编译和运行该程序来检测 JDK 的安装和配置是否正确。

例如，在 D 盘根目录下，使用记事本创建 HelloWorld.java 源程序文件，并输入程序内容，如下所示：

```java
import java.io.*;
public class HelloWorld {
  //Display the message "Hello, welcome to Java World!" to the console
    public static void main(String[] args) {
        System.out.println("Hello, welcome to Java World!");
    }
}
```

在命令行窗口下进入 D 盘根目录，输入"javac HelloWorld.java"后按回车键，然后输入"java HelloWorld"，再次按回车键，出现运行结果，如图 2-7 所示。

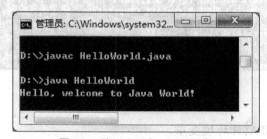

图 2-7　编译和运行 Java 程序

2.1.2.2　Java 集成开发环境

Java 的集成开发环境（IDE）为程序员提供了更方便的交互式开发平台，将 Java 程序的编辑、编译、运行与调试及项目管理等一系列工具集成到一个图形用户界面中，更加方便程序的开发。常用的 Java 集成开发环境有 Eclipse、NetBeans、JCreator、IntelliJ IDEA、JBuilder 等，不同的 IDE 有不同的特色，但是基本概念大致相同。本书使用 Eclipse 进行程序开发。

Eclipse 是当前最为流行的 Java 集成开发环境，是由 IBM 启动开发的一个开源项目，它广泛应用于各种 Java 程序的开发。目前 Eclipse 由非盈利软件供应商联盟 Eclipse 基金会（Eclipse Foundation）管理。Eclipse 的版本发行过程如表 2-2 所示。

用户可以在 Eclipse 主社区 http://www.eclipse.org/downloads/ 中下载相应版本的 Eclipse 开发工具包。本书使用 Eclipse IDE for Java Developers Eclipse Mars 版本，文件名为 eclipse-java-mars-2-win32-x86_64.zip，解压缩后在 Eclipse 目录下名为 eclipse.exe 的可执行文件就是 Eclipse 主程序，直接运行它即可启动 Eclipse 并进入集成开发环境的图形界面，如图 2-8 所示。

表 2-2 Eclipse 版本

版本代号	平台版本	主要版本发行日期	版本代号	平台版本	主要版本发行日期
Callisto	3.2	2006 年 6 月 26 日	Juno	3.8 及 4.2	2012 年 6 月 27 日
Europa	3.3	2007 年 6 月 27 日	Kepler	4.3	2013 年 6 月 26 日
Ganymede	3.4	2008 年 6 月 25 日	Luna	4.4	2014 年 6 月 25 日
Galileo	3.5	2009 年 6 月 24 日	Mars	4.5	2015 年 6 月 25 日
Helios	3.6	2010 年 6 月 23 日	Neon	4.6	2016 年 5 月 9 日
Indigo	3.7	2011 年 6 月 22 日	Oxygen	4.7	2017 年 6 月 28 日

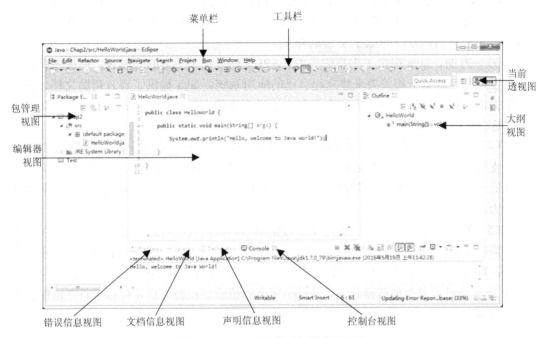

图 2-8 Eclipse 集成开发环境主界面

Eclipse 以工程（Project）为单位管理资源，因此基于 Eclipse 开发 Java 程序的过程包括：创建 Java 工程、在工程中创建 Java 包、创建 Java 类、编写 Java 代码、编译 Java 代码、执行 Java 代码等步骤。

初学者在开始编写 Java 程序时，可采用命令行方式下的 JDK 命令（javac、java 等）来编译和执行程序，以尽快理解和掌握 Java 程序的执行过程。等熟悉该环境后，可尝试在 IDE 环境中编程。

2.1.3 Java 语言的特点

作为定位于网络计算的计算机语言，Java 既可以开发桌面应用程序，又适合于开发网络应用程序；并且 Java 语言面世较晚，集中体现和充分利用了当代软件技术的新成果，如面向对象、多线程等。

（1）平台无关性。平台无关性是 Java 最为重要，也是最具特色的特点。所谓的平台无关性,是指软件可以不受计算机硬件和操作系统的约束而在任意计算机环境下正常运行,这正是软件发展的趋势和编程人员追求的目标。Java 虚拟机提供了从一个字节码到底层硬件平台及操作系统的屏障,很好地实现了跨平台性,使得 Java 语言编写的程序可以在不同的环境里正常运行。

(2)面向对象。Java 是完全面向对象的设计语言,程序的基本构成单位就是类,所有的数据和方法都封装在类中。面向对象技术使得应用程序的开发变得简单易用,通过继承实现代码复用,通过多态实现方法的重写和重载。一切面向对象的优点在 Java 中都可以得到体现。

(3)简单易学。Java 语言衍生于 C/C++语言,语法和程序结构与 C/C++非常相似,大部分关键字和语法格式都是一样的;Java 语言摒弃了 C/C++中指针、多重继承等不容易理解和掌握的部分,降低了学习的难度。

另一方面,Java 提供了丰富的类库、API 文档以及第三方的开发包,使程序设计人员可以很方便地基于相关类来建立起自己的应用系统。Java 提供了官方帮助文档 API,其中提供了类库结构、各个类的介绍和方法说明等信息。想学好 Java 语言,学会应用 API 是非常重要的。

(4)支持多线程。多线程是指允许一个应用程序同时存在两个或两个以上的线程,用于支持事务并发和多任务处理。Java 除了内置的多线程技术之外,还定义了一些类、方法等来建立和管理用户定义的多线程。多线程程序设计大大提高了程序执行效率和处理能力。

(5)安全稳定。Java 通过类封装了数据细节,数据只能通过方法来访问,可以有效保护数据的安全;Java 提供异常处理机制,避免了程序运行中出现异常情况而导致程序崩溃;Java 去除了指针,增加了自动内存管理等措施,保证了 Java 程序运行的可靠性;运行 Java 类时需要类加载器载入,并经由字节码校验器校验之后才可以运行,也保证了运行时安全。

2.2 Java 程序结构

根据结构组成和执行机制的不同,Java 程序可以分为 Java 应用程序(Application)和 Java 小程序(Applet)两类。Java 应用程序是一个完整的程序,需要独立的解释器来解释运行;而 Java 小程序指的是嵌入在 Web 页面中的非独立程序,由 Web 浏览器内部包含的 Java 解释器来解释执行。Java 应用程序和 Java 小程序各自使用的场合也不相同,本节将分别介绍。

2.2.1 Java 应用程序

这里以两个 Java 应用程序为例,讲述 Java 应用程序的源程序结构。

【例 2-1】 2.1.2 节中的测试用程序,其功能是在控制台上显示字符串"Hello, welcome to Java World!",其执行结果如图 2-7 所示。

例 2-1 HelloWorld.java

```
1:   import java.io.*;
2:   public class HelloWorld {
3:     //Display the message "Hello, welcome to Java World!" to the console
4:        public static void main(String[] args)
5:        {
6:            System.out.println("Hello, welcome to Java World!");
7:        }
8:   }
```

首先，Java 源程序文件以.java 为后缀，可以使用文本编辑工具和各种 Java IDE 中的代码编辑器来编写。为了方便解释程序，这里在每行代码前额外添加了行号，这些行号并非 Java 程序本身的内容。

第 1 行利用 import 语句加载了 java.io 包中的所有类在本程序中使用。

第 2 行中的关键字 class 说明一个类定义的开始，public 是访问控制符（access modifier），说明此类是公共类。Java 中一个类的定义由类头部分（第 2 行）和类体部分（第 3~8 行）组成。类体部分由一对大括号括起。任何一个 Java 程序都是由若干个类的定义组成的。在例 2-1 中只定义了一个类，其类名为 HelloWorld。

在类体中通常放的是这个类的属性和方法的定义。属性通常是变量、常量、对象、数组等独立的实体。方法则是实现某个特定功能的功能模块。属性和方法统称为类的成员。在例 2-1 中，HelloWorld 类只有一个类成员，即 main 方法。

第 3 行是注释，说明了 main 方法的功能。注释是为了提高程序可读性而添加的，编译器不对注释信息进行处理，因此注释不影响程序的功能。Java 注释分为行注释"//"和块注释"/*…*/"两种。

第 4~7 行定义了 main 方法。一个方法的定义分为方法头（第 4 行）和方法体部分（第 5~7 行）。用来标志方法头的是一对圆括号，在圆括号前面紧挨的是方法名称（main），圆括号里面是该方法使用的形式参数，方法名前面是用来说明这个方法属性的修饰符，其具体语法规定将在第 5 章介绍。方法体部分由一对大括号括起，其中存放着若干条以分号结尾的语句（第 6 行）。

Java 应用程序中的 main 方法是非常特殊的和重要的方法，是 Java 应用程序的入口，也就是说，程序运行就是从 main( )方法的第一条语句开始执行，执行到 main()方法的最后一条语句结束。Java 应用程序必须有一个 main 方法作为应用程序执行的起点，而且方法头必须为"public static void main(String[ ] args)"。

例 2-1 的 main 方法中只有一条语句：

```
System.out.println("Hello, welcome to Java World!");
```

这条语句调用了 System 类的 out 属性的 println 方法向系统标准输出设备（即显示器）输出了字符串"Hello, welcome to Java World!"。

【例 2-2】 一个图形界面的 Java 应用程序，其功能是根据用户输入的名字，在窗口中输出相应的欢迎信息。

例 2-2　HelloWorldGraphics.java

```
1:    import java.awt.*;
2:    import java.awt.event.*;
3:    public class HelloWorldGraphics
4:    {   public static void main(String[] args)
5:        {    new FrameTest();    }
6:    }
7:    class FrameTest extends Frame implements ActionListener
8:    {   Label prompt;
9:        TextField input, output;
10:       FrameTest()
11:       {   super("图形界面 Java 程序");
12:           prompt = new Label("请输入您的名字：");
13:           input = new TextField(10);
14:           output = new TextField(25);
15:           setLayout(new FlowLayout());
16:           add(prompt);
17:           add(input);
18:           add(output);
19:           input.addActionListener(this);
20:           setSize(300, 100);
21:           setVisible(true);
22:       }
23:       public void actionPerformed(ActionEvent e)
24:       {   output.setText(input.getText() + ",欢迎来到Java的世界!");    }
25:   }
```

HelloWorldGraphics.java 源程序中定义了两个类：HelloWorldGraphics 和 FrameTest 类。

一个 Java 源程序文件中可以定义多个类，其中含有 main 方法且用 public 修饰的类称为主类，整个源程序文件名必须是主类名。主类中的 main 方法是程序执行的入口，一个 Java 应用程序只能有一个入口。HelloWorldGraphics 类中包含一个 main 方法，因此 HelloWorldGraphics 是程序的主类，源程序文件名即是 HelloWorldGraphics.java，程序执行时就从 HelloWorldGraphics 类的 main 方法开始执行。此例中的 main 方法创建了一个 FrameTest 类的对象。

FrameTest 类是 awt 包中 Frame 类的子类，该类实现了一个图形窗口。FrameTest 类有三个属性（prompt、input、output）和两个方法（FrameTest 方法和 actionPerformed 方法）。

FrameTest 类的 FrameTest 方法在创建 FrameTest 对象时自动调用执行：第 11 行设置了窗口标题"图形界面 Java 程序"；第 12～14 行分别创建了标签对象 prompt、文本框对象 input 和 output；第 15 行设置了标签、文本框等对象在窗口中位置安排的布局策略；第 16～18 行将标签和文本框添加到窗口中；第 19 行为输入框 input 注册了 input 产生事件时的处理对象；第 20 行设置窗口的大小；第 21 行设置窗口可见。

FrameTest 类的 actionPerformed 方法用来响应事件，当前在文本框 input 上产生事件时被调用，第 24 行将响应信息显示在文本框 output 中。

程序的执行过程如图 2-9 所示。

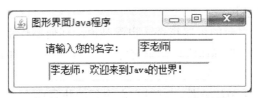

图 2-9 HelloWorldGraphics 运行结果

通过两个 Java 应用程序的分析，可以总结 Java 应用程序的特点：
- 一个 Java 应用程序都是由若干个类定义组成的。
- 包含 main 方法且用 public 修饰的类是 Java 应用程序的主类，源程序文件必须以主类名命名。
- main 方法是 Java 应用程序执行的入口。

2.2.2 Java 应用程序的执行

高级语言编程过程分三个步骤：编辑源程序、生成目标代码、运行可执行程序。根据将源代码翻译为目标代码的方式的不同，可以将高级语言翻译为编译型语言和解释型语言。Java 语言同时具有编译和解释的特性，被称为半解释语言（semi-interpreted language）。

Java 编程过程可以分为编辑源程序、编译生成字节码和解释运行字节码，如图 2-10 所示。

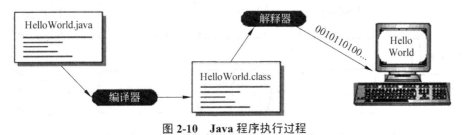

图 2-10 Java 程序执行过程

1. 字节码的编译生成

Java 源程序经过编译形成的目标码是扩展名为.class 的字节码文件，这一过程由 Java 编译器（javac.exe）完成。

对于例 2-1，在命令行中执行"javac HelloWorld.java"，完成对源程序 HelloWorld.java 的编译。该命令的作用是调用 JDK 软件包中的 Java 编译器程序 javac.exe，检查 HelloWorld.java 中是否有语法错误并生成相应的字节码文件。如果程序中含有语法错误，编译器就会在屏幕上输出这些错误所在的源代码行号和错误的主要信息；否则编译成功，在当前目录下生成字节码文件。

Java 源程序的编译结果是对应源代码文件中定义的每个类，生成一个以该类名为主文件名、以 .class 为后缀的字节码文件。例 2-1 中只有一个主类 HelloWorld，因此生成的字节码文件为 HelloWorld.class。例 2-2 中有主类 HelloWorldGraphics 和 FrameTest 两个类，因此生成的字节码文件有两个：HelloWorldGraphics.class 和 FrameTest.class。

2. 字节码的解释运行

字节码文件并不是平台的机器指令，也就是说，任何操作系统实际上无法执行字节码文件，因此需要由专门的解释器程序来解释执行，这一过程由 Java 解释器（java.exe）完成。

要运行例 2-1 中的字节码文件，可以在命令行中执行命令"java HelloWorld"，其运行结果就会在屏幕上显示出来。

而在例 2-2 中，源代码经过编译生成的字节码文件有两个：HelloWorldGraphics.class 和 FrameTest.class。其中 HelloWorldGraphics.class 是包含 main 方法的主类，因此执行时应将其作为解释器的运行参数，在命令行中执行"java HelloWorldGraphics"即可得到运行结果。在运行过程中需要使用 FrameTest 类时，由于它与主类 HelloWorldGraphics 在同一个源代码中，系统会自动识别并调用这个类的有关成员，保证程序的正常运行。

3. Java 的跨平台可移植性

为了理解 Java 的跨平台可移植性，再次回顾编译型语言和解释型语言的执行过程。

C 语言是一种典型的编译型语言，生成的目标语言代码经链接后就成为可以直接在操作系统之上执行的可执行代码。由于编译型语言直接运行于操作系统之上，所以对运行它的软硬件平台有着较强的依赖性，在平台 A 上可以正常运行的编译语言程序在平台 B 上可能完全不能工作，而必须在平台 B 上将源代码重新编译，生成适合平台 B 的可执行代码。其在不同平台中的执行过程如图 2-11 所示。

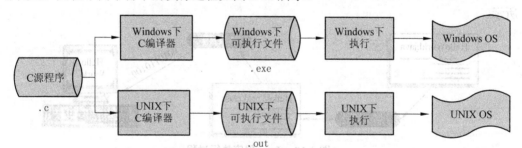

图 2-11　编译型语言在不同平台中的执行（以 C 为例）

这种移植性上的不足对于网络应用程序来说是很大的麻烦，因为网络是由不同软硬件平台的计算机组成的，为了使不同平台的计算机都能够顺利运行编译型应用程序，必须专门为各种不同的平台开发出相应的应用程序，同时版本升级和维护的工作量也将非常大。

解释型语言为解决这个问题提供了全新的思路，Java 就是遵循这个思路而设计的。Java 源代码编译生产成的字节码文件不是运行在一般的操作系统平台上，而是运行在一个位于操作系统之外的、称为"Java 虚拟机"的软件平台上，由这个虚拟机来负责解释执行字节码文件。其执行过程如图 2-12 所示。

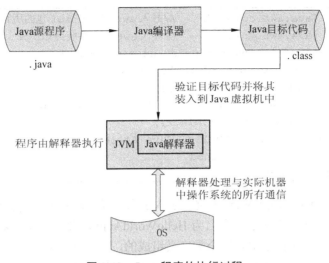

图 2-12　Java 程序的执行过程

利用 Java 虚拟机可以把字节码程序跟具体的软硬件台分隔开，只要在不同的计算机上安装了针对该平台的 Java 虚拟机，就可以把这种不同软硬件平台的具体差别隐藏起来，使得 Java 字节码程序在不同的计算机面对的都是 Java 虚拟机，而不必考虑具体平台的差别，从而实现了真正的跨平台可移植性。其在不同平台中的执行过程如图 2-13 所示。

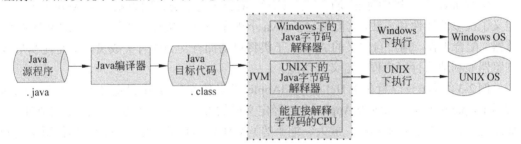

图 2-13　Java 语言在不同平台中的执行

2.2.3　Java 小程序

Java 小程序（Applet）是另一类 Java 程序，其源代码编辑和字节码的编译生成过程与 Java 应用程序相同，但它不能独立运行，其字节码文件必须嵌入到 HTML 网页中，由负责解释 HTML 文件的 WWW 浏览器来进行解释执行。

Java 小程序可以实现图形绘制、字体或颜色控制、动画和声音的插入、人机交互及网络交流等功能。Java 小程序还提供了名为抽象窗口工具箱（Abstract Window Toolkit，AWT）的窗口环境开发工具，可以建立标准的图形用户界面，如窗口、按钮、滚动条等。网络上有许多 Java 小程序案例来展现这些功能。

【例 2-3】　一个最简单的 Java 小程序。

例 2-3　HelloWorldApplet.java

```
1:   import java.awt.Graphics;     //导入系统类 Graphics
2:   import java.applet.Applet;    //导入系统类 Applet
```

```
 3:    import java.awt.color.*;      //导入 awt 包中 color 包的所有系统类
 4:    import java.awt.Color;         //导入 awt 包中系统类 Color
 5:    public class HelloWorldApplet extends Applet
 6:    {   public void paint(Graphics g) {
 7:           g.setColor(Color.gray);
 8:           g.fillRect(0, 0, this.getWidth(), this.getHeight());
 9:           g.setColor(Color.black);
10:           g.drawString("Hello, Java Applet World!", 10, 20);
11:       }//end of paint method
12:    }//end of class
```

程序的第 1～4 行利用 import 关键字引入了系统类 Graphics、Applet、Color 和 color 包中的所有类。第 5 行声明了一个名为 HelloWorldApplet 的用户自定义类。与 Java 应用程序相同，Java 小程序也是由若干个类定义组成的，这些类的定义也都是由 class 关键字来标志的。但 Java 小程序不需要 main 方法，它要求程序中有且仅有一个类是系统类 Applet 的子类，也就是必须有一个类的类头部分以 extends Applet 结尾，表示左边的 HelloWorldApplet 类（子类）继承了 extends 右边的类（父类），此时子类将自动拥有父类中的某些属性和方法，而不必在子类中重新定义。继承的具体概念和使用方法将在第 6 章中详细介绍。

所有 Java 小程序中都必须有一个系统类 Applet 的子类，因为系统类 Applet 中已经定义了很多的属性和方法，它们规定了 Java 小程序如何与执行它的解释器（即 WWW 浏览器）配合工作。用户自定义的 Applet 子类将自动拥有父类的有关成员，从而使 WWW 浏览器顺利地执行用户程序定义的功能。

例 2-3 的第 6～12 行是类 HelloWorldApplet 的类体部分，其中只定义了一个方法 paint。实际上，paint 方法是系统类 Applet 中已经定义好的方法，它在 Web 页面需要重画时（例如浏览器窗口在屏幕中移动、放大、缩小等）被浏览器自动调用并执行，其作用是绘制该 Java 小程序的所有内容。当把一个 Java 小程序嵌入到 HTML 文件时，HTML 文件会在其 Web 页面中划定一块区域作为此 Java 小程序的显示界面，显示 Java 小程序中的信息。因此当 Java 小程序希望在这块区域中显示图形、文字或程序需要的信息时，只需要把完成这些显示功能的具体语句放在 paint 方法中即可。

例 2-3 中的 paint 方法实现了以下操作：设置了 Java 小程序的背景色为灰色并填充，设置了字体颜色为黑色，并在 Java 小程序的界面区域中显示字符串"Hello, Java Applet World!"。

该源程序经编译后，生成字节码文件 HelloWorldApplet.class。

2.2.4　Java 小程序的执行

通常，Java 小程序不能独立运行，其字节码文件必须嵌入到 HTML 文件中，由负责解释 HTML 文件的 WWW 浏览器充当其解释器，来解释执行 Java 小程序的字节码程序。

1. 将 Java 小程序嵌入网页中

【例 2-4】　将例 2-3 中的小程序嵌入在某个 HTML 文件中。

例 2-4 AppletWeb.html

```
1:    <HTML>
2:    <BODY>
3:    <APPLET CODE= "HelloWorldApplet.class" HEIGHT=200  WIDTH=300>
4:    </APPLET>
5:    </BODY>
6:    </HTML>
```

如上所示，在 HTML 文件中嵌入 Java 小程序需要使用一对标签<APPLET>和</APPLET>，其中必须包含三个参数。

- CODE：说明嵌入 HTML 文件中的 Java 小程序字节码文件的文件名。
- HEIGHT：说明小程序在 HTML 文件对应的 Web 页面中占用区域的高度。
- WIDTH：说明小程序在 HTML 文件对应的 Web 页面中占用区域的宽度。

例 2-4 表明，将字节码 HelloWorldApplet.class 嵌入在 AppletWeb.html 页面中(<HTML>和</HTML>)的网页体中（<BODY>和</BODY>），此字节码在该页面中占用 200×300 像素的区域。

实际上，把 Java 小程序字节码嵌入 HTML 文件只是把字节码文件的文件名嵌入 HTML 文件，而字节码文件本身则通常独立地保存在与 HTML 文件相同的路径中，由 WWW 浏览器根据 HTML 文件中嵌入的名字自动去查找和执行这个字节码文件。

2. Java 小程序的运行

将编译好的字节码文件和嵌入*.class 的 HTML 文件保存在 Web 服务器的合适路径下；当浏览器下载该 HTML 文件并显示时，会自动下载其中指定的 Java 小程序字节码，然后调用内置在浏览器中的 Java 解释器来解释执行下载到本机的字节码程序。运行过程如图 2-14 所示。

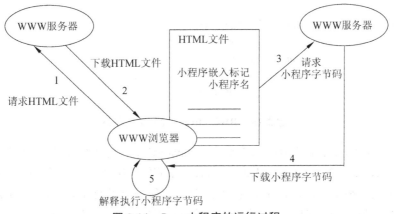

图 2-14　Java 小程序的运行过程

通过图 2-14 可知，当 Java 小程序需要修改或维护时，只需要改动服务器端的程序，而不用修改每一台将要运行此 Java 小程序的计算机，这大大降低了维护成本。

将字节码 HelloWorldApplet.class 与网页文件 AppletWeb.html 放在同一个文件夹下，

在 IE 浏览器中打开该网页，即可看到显示该 Java 小程序的运行效果。

3. 使用小程序查看器

JDK 开发包中提供了一个模拟 WWW 浏览器的小程序查看器 AppletViewer.exe，用来运行 Java 小程序。用户在命令行中输入命令"appletviewer AppletWeb.html"，也可查看到 Java 小程序的运行效果，如图 2-15 所示。

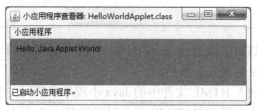

图 2-15　Java 小程序的运行效果

总结 Java 小程序的特点：
- 一个 Java 小程序也是由若干个类定义组成的，其中必须有一个类是系统类 Applet 的子类；
- 执行 Java 小程序时，需要先将编译好的字节码文件嵌入 HTML 文件，并使用浏览器内置的 Java 解释器来解释执行这个字节码文件。

2.2.5　JDK、JRE 和 JVM

作为一名 Java 程序员，在使用 Java 开发工具进行程序开发时，会经常听到 JDK、JRE、JVM，这三者之间的关系可参见图 2-16。

图 2-16　JDK、JRE 和 JVM 的关系

更具体地，Oracle 的官方网站上给出了 Java SE 平台的组件构成，如图 2-17 所示。

JDK（Java SE Development Kit）是 Java 的标准开发包，提供了编译、运行 Java 程序所需各种工具和资源，包括 Java 的编译器、解释器等以及 Java 类库。JDK 的核心是 Java SE API。Java SE API 是一些预定义的类库，包括一些重要的语言结构、基本图形、网络、文件 I/O 等，程序员需要用这些类来访问 Java 语言的功能。

JRE（Java Runtime Environment，Java 运行环境）是运行、测试、传输 Java 程序所需的环境的集合，它包括 JVM 标准实现、Java 平台核心类库和支持文件等。JRE 不包含开发工具（如编译器、调试器和其他工具），只能够运行 Java 程序，不能用于开发 Java

程序。

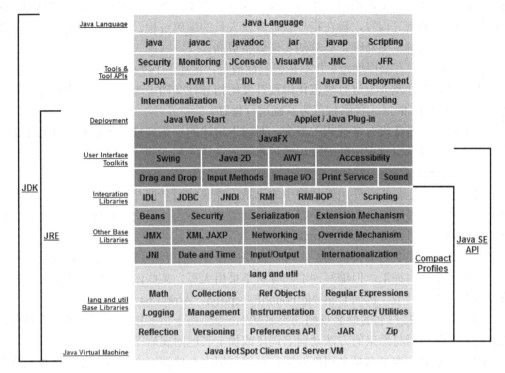

图 2-17　Java SE 平台的组件构成

JVM（Java Virtual Machine，Java 虚拟机）是 JRE 的一部分，是一个虚构出来的计算机。JVM 有自己完善的硬件架构，如处理器、堆栈、寄存器等，还具有相应的指令系统。JVM 的主要工作是解释字节码并映射到本地的 CPU 指令集或 OS 系统调用。Java 语言是跨平台运行的，本质上就是对不同的操作系统，JVM 使用不同的映射规则将字节码映射成本地的目标代码，使得字节码与操作系统无关，实现了跨平台性。JVM 并不关心 Java 源文件，只关注由源文件生成的字节码。但是只有 JVM 还不能执行字节码，因为在解释字节码的时候 JVM 需要调用解释所需要的类库，而类库在 JRE 中。

在 JDK 安装路径下可以看到 jre 文件夹，这就是 JDK 使用的 Java JRE 根目录，这个运行环境实现了 Java 平台。

因此，Java 程序开发的实际过程是：利用 JDK（调用 Java API）开发 Java 程序后，通过 JDK 中的编译程序（javac.exe）将源程序*.java 编译成字节码*.class，在 JRE 上运行这些字节码；JVM 解析这些字节码，映射到 CPU 指令集或 OS 的系统调用。

2.2.6　Java 编码规范

可读性、可理解性是代码的重要方面。一个软件的生命周期中 80%的成本在维护。为了能够使别人尽快彻底地理解代码，程序员需要在编程过程中提升程序的可读性和可理解性，提高代码的规范性。因此，每个软件开发人员应该一致遵守编码规范。

SUN 公司在 1997 年发布了《Java 语言编程规范》(*Java Code Conventions*),介绍了 Java 代码的文件名、文件组织、缩进排版、注释、声明、语句、空白符、命名规范、编程惯例、代码范例等内容,旨在指导软件开发人员的编码过程,使得代码更简单、更规范易读、更易理解、更易维护、算法实现效率更高。

虽然《Java 语言编程规范》并不是强制性规范,并且在 1999 年 4 月之后不再更新,但它仍然是软件开发人员进行规范化编程开发的指导性文档。不同的公司会根据实际需要,以 SUN 的标准 Java 代码规范为基础进行修订。

由于目前读者还没有掌握相关概念,对以下讲述的一系列规范可能存在理解上的困难,但在日后的学习过程中随着知识的积累可逐渐适应和理解。

1. 命名规范

(1)包名。包是类文件组织结构中的目录。建议使用名词性词汇、小写,最好是单个词汇。当需要使用组合词时,最好是分成两级或以上的包层次。程序内部使用点连接符表示包的层次,例如 com、com.db.gui 等。

(2)类名。类名是名词性词汇,可以使用多个单词组合而成,每个单词仅首字母大写。不用单个缩写词汇,但缩写词汇部分总是采用大写。某些派生类的名字后部往往使用其基类名作为后缀,例如 ClassNotFoundException、ArrayList 等。

(3)接口名。接口名的命名规则同类名基本一致。由于很多接口是方法的片面抽象,此时的命名尽可能将原来的方法动词名词化或加上其他附属后缀。

(4)变量名。变量名是名词性词汇,可以使用多个单词组合而成,第一个单词全部小写,其余单词仅首字母大写。虽然常量在本质上也是变量,但留在后面单独介绍。

变量有成员变量、形参变量、局部变量等类型之分。其中,成员变量的规则如上,形式参数变量在采用上述规则的同时尽可能避免与成员变量同名,局部变量在避免同名的同时可以尽量简单命名。

(5)方法名。方法名采用动宾结构型词组较合适,第一个单词全部小写,其余单词仅首字母大写。

(6)常量。常量通常是类的成员,命名时可以使用多个单词组合而成。简单数据类型的常量应全部大写并采用下画线将单词分割,引用类型常量可采用成员变量的命名方式。

2. 结构规范

(1)源程序文件结构。一个源程序文件在结构顺序上一般包含文档注释、包声明、引入类指示、类的声明及类体,而且整个文件有且仅有一个 public 类。

(2)类体结构。类体中的各种成分,建议按照静态成员变量、其他成员变量、静态代码块、构造方法、其他方法、内部类的次序排列。建议包含 main( )方法的类不再包含其他成员。

(3)方法结构。一个方法的代码不要过长,除非是算法流程特别需要,或者是清晰的长顺序结构,否则最好不超过一页。

(4)块结构。分支结构中的每个内嵌语句部分、循环结构中的循环体部分不论由几条语句构成,建议都是用大括号括起来。

3. 逻辑规范

（1）方法逻辑。不需要返回值的方法在实际应用中是比较少的，有很多方法直观理解不需要返回值，但实际上返回一个成功与否的逻辑值可能更完整、更易于扩展，建议尽可能为方法设置返回值。方法仅在必要时才使用异常抛出。

方法的逻辑要尽可能简单易读，避免不必要的递归和条件嵌套，可以把一些看似需要使用复杂条件嵌套的转化为顺序结构。

（2）流程逻辑。如果循环条件中的表达式在循环执行过程中会发生变化，要注意是否应该放在循环之外。大部分的循环要有初始化的逻辑部分，对于循环中使用到的变量应进行初始化。

多路分支结构书写时首先要安排 break 逻辑。

（3）变量有效性。编译器不能完成所有未初始化的变量检查，必要时程序员要自己进行空引用的判断。在程序中经常是先获得对象再使用，例如：

```
User aUser = User.getUser(id);
if ( aUser.name == null )
{    ...    }
```

当 aUser 为 null 时第二条语句会出错，因此当程序在运行中获得一个对象时，只要相关的逻辑不确定对象为非空，就要进行空值检查。

类似地，当程序在运行时的运算结果为一个简单数据，而该简单数据紧接着被作为除数使用时，只要相关的逻辑不确定数据为非零，就要进行零值判断。

方法参数的有效性检查可能会增加程序设计中的负担，在系统完成之前完全可以通过测试避免错误的参数传递，可以通过遵守严格的参数传递说明来保证。如果不能保证参数的有效性，就必须在方法内进行有效性检查。

4. 版面规范

（1）缩进。每个层次的缩进一般以 4 个空格为基准。通常，编辑器可以控制自动缩进，将 Tab 键解释为 4 个空格的缩进。

（2）块。在实际项目开发过程中，对于表示块的大括号"{ }"，建议左大括号"{"另起并独占一行并与上一行逻辑对齐，右大括号"}"独占一行并对齐，有利于阅读程序时理清程序中各模块之间的逻辑关系。

（3）空行。建议在逻辑相对独立的各个块之间加入空行，包括：

- 源文件结构的文档注释、包声明、引用类指示、类之间。
- 类体中的静态成员变量、其他成员变量、静态代码块、各个方法、内部类之间。
- 方法中不同的逻辑块之间，特别是需要加局部注释的逻辑块之间。

（4）行长度。尽量保证一行的长度以方便程序员的阅读。Java 允许一条长语句占据多行。常规断行应在一个运算符之前、分隔符之后。断行点要注重代码的逻辑断点，字符串内容不能断行。尽量不要在一行上写多条语句。

（5）空格。在一些并列内容的非空格分隔符左右两侧或右侧增加空格可提高程序的可读性，如双目运算符的左右两侧、形参和实参的逗号右侧、并列变量声明的逗号右侧、

for 循环的分号右侧等。

5. 注释规范

用注释说明那些含义不明显的代码段落，特别是代码修订信息、方法调用约定、成员变量含义，以及关键的代码逻辑。

一般注释使用行注释符"//"，大段的代码使用块注释符"/* …… */"。

使用"/**********/"进行整个文档注释，文档注释通常放在文档开头。

JavaDoc 工具可以针对"/**********/"生成 HTML 代码文档。

2.3 本章小结

本章首先介绍了 Java 语言的发展过程、开发环境及其特点，接着以两个简单 Java 程序为例，介绍了两类 Java 程序的结构特点、Java 程序的运行机制，并介绍了 Java 程序结构的基本特点。

Java 应用程序是由若干个类定义组成的独立的解释型程序，其中必须有一个包含 main 方法且用 public 修饰的主类；执行 Java 应用程序时，需使用独立的 Java 解释器来解释执行这个主类的字节码文件。

Java 小程序是由若干个类定义组成的解释型程序，其中必须有一个类是系统类 Applet 的子类；执行 Java 小程序时，需先将编译生成的字节码文件嵌入 HTML 文件，并使用内置 Java 解释器的浏览器来解释执行这个字节码文件。

本章最后简单介绍了 JDK、JRE 和 JVM 的基本知识和 Java 编码规范。

2.4 课后习题

1. 选择题

（1）下列关于 Java 语言特性的描述中，错误的是（   ）。

    A．支持多线程操作

    B．Java 程序与平台无关

    C．Java 程序可以直接访问 Internet 上的对象

    D．支持单继承和多继承

（2）下列关于 Java 应用程序的结构特点中，错误的是（   ）。

    A．Java 应用程序是由一个或多个类组成的

    B．组成 Java 应用程序的若干个类可以放在一个文件中，也可以放在多个文件中

    C．Java 应用程序的文件名要与某个类名相同

    D．组成 Java 应用程序的多个类中，有且仅有一个主类

（3）Java 应用程序经过编译后生成的文件的扩展名是（   ）。

    A．.obj   B．.exe   C．.class   D．.java

（4）对 JVM 来说，可执行文件的扩展名是（   ）。

A．.java　　　B．.class　　　C．.dll　　　D．.exe

（5）如果只需要运行 Java 程序，仅需安装（　　）即可。

A．JDK　　　B．JRE　　　C．JavaDoc　　　D．Eclipse

（6）假设 Java 安装目录为 JAVA_HOME，JDK 的命令文件（java. javac. javadoc 等）所在目录是（　　）。

A．%JAVA_HOME%\jre　　　B．%JAVA_HOME%\lib

C．%JAVA_HOME%\bin　　　D．%JAVA_HOME%\demo

（7）关于 CLASSPATH 环境变量的说法不正确的是（　　）。

A．CLASSPATH 一旦设置之后不可修改，但可以将目录添加到该环境变量中

B．编译器用它来搜索各自的类文件

C．CLASSPATH 是一个目录列表

D．解释器用它来搜索各自的类文件

（8）正确的 main 方法声明是（　　）。

A．void main()　　　B．private static void main(String args[])

C．public main(String args[])　　　D．public static void main(String args[])

2．填空题

（1）Java 应用程序的执行入口是＿＿＿＿方法。

（2）在 Java 语言中，将源代码翻译为＿＿＿＿文件时产生的错误称为编译错误，而将程序在运行时产生的错误称为运行错误。

（3）如果一个 Java 小程序的源程序文件只定义有一个类，类名为 MyApplet，则类 MyApplet 必须是＿＿＿＿类的子类并且存储该源程序文件的文件名为＿＿＿＿。

（4）如果一个 Java 应用程序文件中定义有 3 个类，则使用 SUN 公司的 JDK 编译器编译该源程序文件，将产生＿＿＿＿个文件名与类名相同、而扩展名为＿＿＿＿的字节码文件。

3．简答题

（1）简述 Java 程序的运行机制。

（2）简述 Java 平台无关性的原理。

（3）简述 Java 程序的组成结构。

（4）修改例 2-1，使其在显示器上输出字符串"This is my first Java program"。

第 3 章 Java 的数据表示

3.1 标识符和关键字

标识符和关键字是 Java 语言的两个基本概念。标识符是 Java 程序重要的组成部分，在程序中必须使用。关键字是 Java 中一些具有特殊意义的保留符号，不允许使用关键字对标识符进行命名。

注意，Java 语言对字母的大小写是敏感的，在程序中严格区分大小写。

3.1.1 关键字

各种编程语言中都有系统自身定义的、具有特殊意义的词，这些词称为关键字。关键字中一般包括该种语言的数据类型名、各种语句结构说明符等。Java 中的关键字如表 3-1 所示。

表 3-1 Java 关键字表

类 型	关 键 字
数据类型	boolean, byte, short, int, long, char, float, double, enum
程序控制	if, else, switch, case, default, do, while, for, break, continue, return, goto
类、方法和属性修饰符	class, interface, extends, implements, abstract, final, native, static, strictfp, synchronized, transient, volatile, void, const
访问控制	private, protected, public
异常处理	try, catch, finally, throw, throws
包	package, import
变量引用	this, super
其他	new, instanceof, assert

其中大多数关键字会在后续章节中讲述。

3.1.2 标识符

在 Java 程序中，每一个操作对象都要有名字。标识符是命名实体的符号标记。Java 语言中的变量、常量、类、对象、方法、属性、包、接口等都需要用标识符来命名。标识符的命名规则如下：

- Java 标识符必须由字母、数字、下画线和$组成,且第一个字符不能是数字。
- 不能使用关键字作为自定义命名实体的标识符。
- 标识符区分大小写,如果两个标识符仅大小写不同,也是不同的标识符。
- 标识符没有长度限制,但通常不超过 15 个字符。
- Java 语言使用 Unicode 标准字符集,最多可识别 65535 个字符,因此 Java 语言中的字符可以是 Unicode 字符集中的任何字符,包括拉丁字母、汉字、日文等许多语言中的字符。但为了避免出现错误,尽量用英文字符进行命名。

为了提高程序的可读性,应该养成良好的编程习惯,其中标识符定义的规范性是良好编程习惯的重要方面。进行标识符定义时,除了要遵守 2.2.6 节中所列出的命名规范以外,还要考虑下面的建议:

(1)标识符定义要做到见名知义,尽量不用简单的字符做标识符。例如,要表示学生 A 这一实体,用 studentA 比用 A 更合适。

(2)标识符定义要尽量使用英文字符,而不要使用汉语、日语等非英文字母国家的文字。例如,"score"和"分数"都可以用来标识某门课程的分数,使用"score"可以避免在程序输入过程中频繁进行中英文切换,更加合适。

(3)用英文单词或汉语拼音做标识符时,方法名尽量用动词,属性名、类名、对象名则尽量用名词。例如,name、gender、age 等名词可以分别用来表示姓名、性别、年龄等属性;Animal 可用来表示动物类;jump 可以用来表示跳这一动作(Java 中的方法名)。

(4)一个单词不能表达标识符的含义时,可以用短语作标识符,此时短语中的第一个单词全部小写,其余各个单词的首字母要大写,以区分不同的单词。例如,firstNumber 可以用来表示变量"第一个数"。

(5)在实际编程中,标识符最好不要包含字符$和下画线。

3.2 数 据 类 型

程序是为用户处理数据、解决问题而编写的。现实世界中的数据多种多样,如某种事物的数量是整数、某人的身高是实数、某机构名称是一串字符、某个选择题的选项编号是单个字符,或者某辆小汽车有长宽高、能启动、刹车、加速等,为了在程序中处理这些数据,程序设计语言需要设计不同的数据类型来表示不同类型的数据。

Java 的数据类型可以分为基本类型(Primitive Type)和引用类型(Reference)。基本类型表示数字或简单值,而引用类型用来处理对象,如图 3-1 所示。

Java 是强类型语言,每个数据都必须属于且仅能属于一种数据类型,Java 编译器会在编译时进行严格的语法检查,以降低程序出错的概率。

3.2.1 基本类型

虽然 Java 是完全面向对象的程序设计语言,但为了提高程序的执行性能,仍然设计了基本数据类型,用来表示程序中使用频繁的数值、字符、逻辑值等数据。基本类型对以数值计算为主的应用程序来说是必不可少的。

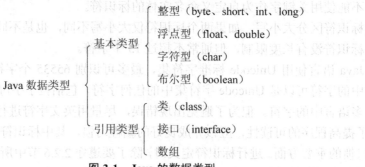

图 3-1 Java 的数据类型

Java 的基本类型有 4 类：整型、浮点型、字符型、布尔型，共有 8 种，以下将分别介绍。

1. 整型

整型用于表示整数值，可以是正数、负数或零。根据所占用内存的大小不同，整型可以分为 byte、short、int 和 long 这 4 种类型。整型都是有符号的，用补码形式来表示一个整数值。它们所占用的空间和取值范围如表 3-2 所示。

表 3-2 整型的空间分配和取值范围

数据类型	内存空间	取值范围（指数格式）	取值范围（整数格式）	默认值
byte	1 字节	$-2^7 \sim 2^7-1$	$-128 \sim 127$	0
short	2 字节	$-2^{15} \sim 2^{15}-1$	$-32\,768 \sim 32\,767$	0
int	4 字节	$-2^{31} \sim 2^{31}-1$	$-2\,147\,483\,648 \sim 2\,147\,483\,647$	0
long	8 字节	$-2^{63} \sim 2^{63}-1$	$-9\,223\,372\,036\,854\,775\,808 \sim 9\,223\,372\,036\,854\,775\,807$	0L

（1）byte 型。使用 byte 关键字来定义字节型变量。byte 型是整型中内存空间最少的，只分配 1 个字节，取值范围为–128~127。使用时一定要注意取值范围，防止因数据溢出而产生错误。例如：

```
byte x = 15, y=-108, z;    //定义byte型变量x、y、z, 并为x和y赋初值
byte b = 128;              //编译错误, 溢出
```

当操作来自网络、文件或者其他 I/O 的数据流时，byte 类型特别有用。

（2）short 型。使用 short 关键字来定义短整型变量。每个 short 型变量分配 2 个字节的空间，取值范围为–32 768 ~ 32 767，使用时仍要注意数据溢出问题。

（3）int 型。使用 int 关键字来定义基本整型变量。每个 int 型变量分配 4 个字节的空间，取值范围为–2 147 483 648 ~ 2 147 483 647，足够一般应用使用，因此 int 型应用最广泛。例如：

```
int x = 450, y=-497, z;    //定义int型变量x、y、z, 并为x和y赋初值
```

（4）long 型。使用 long 关键字来定义长整型变量。每个 long 型变量分配 8 个字节的空间，取值范围更大，为–9 223 372 036 854 775 808～9 223 372 036 854 775 807。当程序中处理的数值过大、超过 int 型范围时就需要使用 long 型。

【例 3-1】 在 main 方法中定义不同的整型变量，对这些变量进行求和，并在屏幕上输出结果。

例 3-1　IntNumber.java

```java
public class IntNumber {
    public static void main(String[] args) {
        byte mybyte = 124;                  //声明 byte 型变量并赋值
        short myshort = 32564;              //声明 short 型变量并赋值
        int myint = 45784612;               //声明 int 型变量并赋值
        long mylong = 46789451L;            //声明 long 型变量并赋值
        long result = mybyte + myshort + myint + mylong;   //各数相加
        System.out.println("The sum is " + result);        //输出结果
    }
}
```

运行结果如图 3-2 所示。

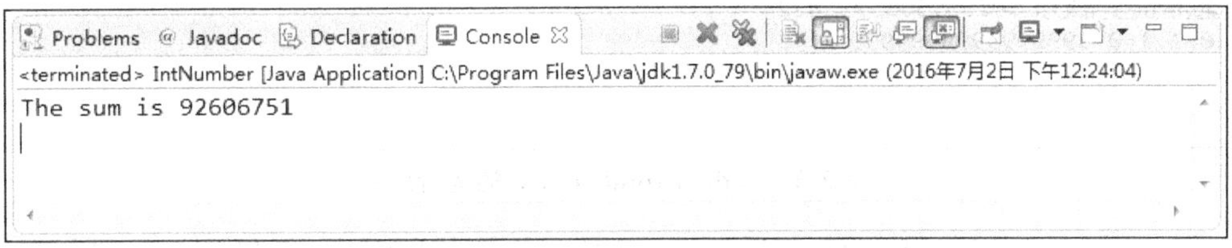

```
<terminated> IntNumber [Java Application] C:\Program Files\Java\jdk1.7.0_79\bin\javaw.exe (2016年7月2日 下午12:24:04)
The sum is 92606751
```

图 3-2　IntNumber.java 的运行结果

在 Java 中，整型的表示与运行 Java 代码的机器无关，这就解决了软件从一个平台移植到另一个平台或在同一个平台的不同操作系统之间进行移植时为程序员带来的诸多问题。与此相反，C 和 C++程序需要针对不同的处理器选择最为有效的整型，就有可能造成一个在 32 位处理器上运行很好的 C 程序，在 16 位系统上运行却发生整数溢出。Java 程序必须保证在所有机器上都能够得到相同的运行结果，所以每一种数据类型占用的字节数是固定的，取值范围也是固定的，与平台无关。

2．浮点型

浮点型用来表示有小数部分的数值。Java 有两种浮点类型：单精度（float）和双精度（double），具体内容如表 3-3 所示。

表 3-3　浮点类型的空间分配和取值范围

数据类型	内存空间	取值范围	表示精度/有效位数	默认值
float	4 字节	约–3.4×10^{38} ～ 3.4×10^{38}	6～7 位	0.0f
double	8 字节	约–1.8×10^{308} ～ 1.8×10^{308}	15 位	0.0

浮点数的存储表示和数值计算都遵循 IEEE 754 规范。double 类型的数值表示精度是

float 类型的两倍。由于很多情况下 float 类型的精度难以满足需求（如表示公司总裁的年薪），大部分应用程序都采用 double 类型来表示实型数据。

【例 3-2】 浮点型的简单使用。

例 3-2 FudianNumber.java

```java
public class FudianNumber {
    public static void main(String[] args) {
        float f1 = 13.23f;                    //定义 float 型变量 f1
        double d1 = 4562.12d;                 //定义 double 型变量 d1
        double d2 = 45678.1564;               //定义 double 型变量 d2
        double result = f1 + d1 + d2;         //各数相加
        System.out.println("浮点型相加达到结果为: " + result);  //输出结果
        System.out.println("2.0-1.1="+(2.0-1.1));            //输出 0.9
    }
}
```

运行结果如图 3-3 所示。

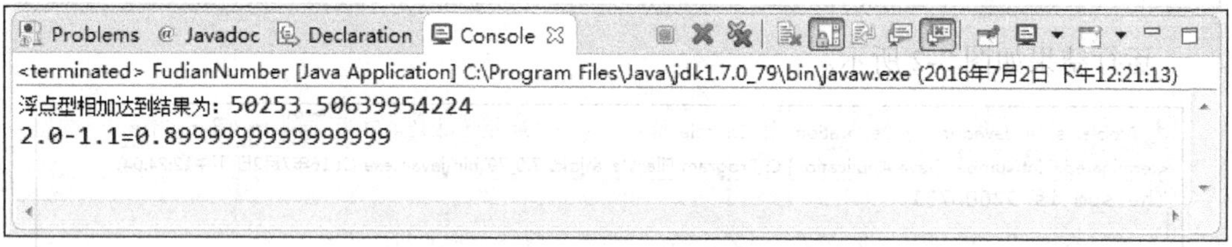

```
浮点型相加达到结果为: 50253.50639954224
2.0-1.1=0.8999999999999999
```

图 3-3　FudianNumber.java 的运行结果

注意，浮点型存在表示精度的问题，原因是浮点数值采用二进制表示，有限位的二进制数无法精确地表示所有的小数（在例 3-2 中计算"2.0–1.1"时输出的是 0.8999999999999999，不是准确的 0.9），因此在使用时应注意是否存在表示误差。如果在数值计算中 float 和 double 都无法达到要求的精度，可以使用 java.math.BigDecimal 类。

3. 字符型

字符型（char）用来表示单个字符数据，具体存储信息如表 3-4 所示。

表 3-4　字符类型的空间分配和取值范围

数据类型	内存空间	取值范围	默认值
char	2 字节	'\u0000'~'\uFFFF'	'\u0000'

在 JDK 7 中，Java 的字符采用 Unicode 6.0 编码，每个字符类型占两个字节。Unicode 编码采用无符号编码，两字节的 Unicode 编码可以表示 65536 个字符（0x0000~0xFFFF），因此 Java 可以毫无压力地处理所有国家的语言文字。每个字符在 Unicode 中都有对应的二字节编码，如英文字母 B 的 Unicode 编码为 0042H，编码值为 66；希腊字母 π 的 Unicode 编码为 03C0H，编码值为 960。

表示字符型数据时，要用单引号括起来，例如：

```
char x = 'a';
```

在 Java 语言中，字符型和整型是可以通用的，通用的基础即是字符的 Unicode 编码值。

【例 3-3】 字符型数据和整型数据的混合使用。

例 3-3 CharNumber.java

```java
public class CharNumber {
    public static void main(String[] args) {
        int i = 'B';                    //定义整型变量 i 并赋值
        char c = 960;                   //定义字符型变量 c 并赋值
        System.out.println("字符 B 的 Unicode 编码是：" + i);
        System.out.println("Unicode 编码值为 960 的字符是：" + c);
    }
}
```

运行结果如图 3-4 所示。

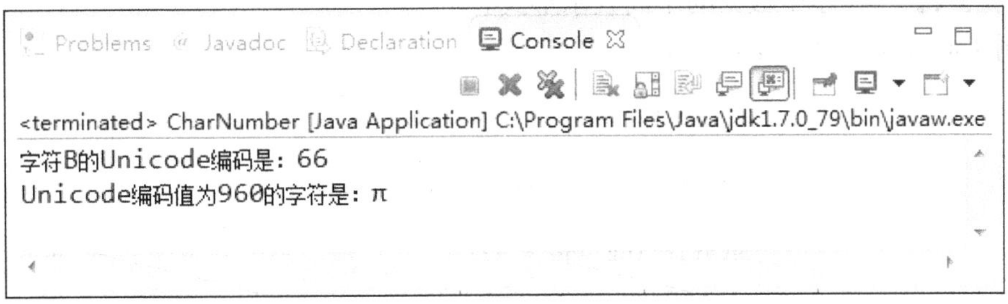

图 3-4 CharNumber.java 的运行结果

4. 布尔型

Java 中用布尔型（boolean）来表示逻辑值，通常用于表示分支语句或循环语句中的条件。布尔型数据的值只有 true 和 false，分别表示逻辑"真"和逻辑"假"，因此只需要用 1 位来表示。布尔型数据的默认值为 false。例如：

```
boolean hasNext;                              //列表中是否还有未处理的数据
boolean isMinorityNationality = false;        //是否为少数民族
```

注意，Java 语言不允许布尔型的值与其他任何一种数据类型进行转换。

3.2.2 引用类型

Java 的数据类型分为基本类型和引用类型两大类。除了上述 8 种基本数据外，Java 程序中的其他数据类型均为引用类型，包括类、对象、数组和接口。

简单地说，基本类型数据的存储空间中存放着该数据的值，例如：

```
char x = 'a';
```

分配给字符型变量 x 的两个字节空间中存放变量 x 的值"0000000001100001"（字符 a 的 Unicode 编码）。

引用类型数据的存储空间中存放着某个对象在虚拟机内存空间中的地址，例如：

```
String myStr = new String("abc");
```

分配给引用变量myStr的存储空间中存放内容为"abc"的字符串对象在虚拟机内存空间中的起始地址。

引用类型与基本类型具有不同的特征和用法，包括存储空间大小、存取速度、存储格式、默认值等。本书在后续章节中会具体介绍。

3.3 数据的表示形式

程序中使用大量的数据来代表程序的状态。Java程序中的数据有常量、变量、字面量等之分。程序执行过程中，值不能改变的数据称为常量，值可以改变的数据称为变量，而字面量则表示Java编译器可以理解的数据值。

【例3-4】 程序中数据的不同表示形式。

例3-4 DataInProgram.java

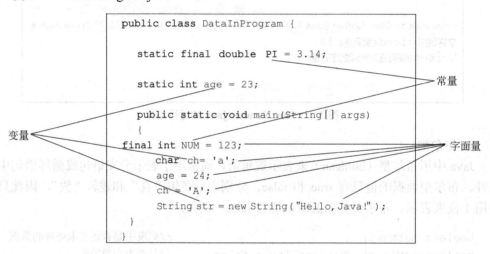

3.3.1 变量

变量（Variable）用来表示程序的状态。程序通过改变变量的值来改变整个程序的状态，实现程序的功能逻辑。为了方便引用变量的值，需要为变量设定一个名称，即变量名。例如，在2D游戏程序中存放人物的位置需要2个变量，一个是x坐标，一个是y坐标，在程序运行过程中，这两个变量的值会发生改变。

（1）变量声明（Declarations）。Java语言是一种强类型的语言，所以变量在使用以前必须先进行声明。声明变量的语法格式如下：

数据类型 变量名表列；

其中，数据类型可以是Java语言中任意的类型，包括前面介绍到的基本类型以及后续将要介绍的引用类型；变量名是该变量的标识符，要符合标识符的命名规则，同时定义多个变量时用逗号","分隔；语句使用分号";"作为结束。例如：

```
int xPos, yPos;              //定义整型变量xPos和yPos
char gender;                 //定义字符型变量gender
boolean hasNext;             //定义布尔型变量hasNext
```

（2）变量初始化（Initialization）。在声明变量的同时可以设定该变量的值，称为变量初始化，语法格式如下：

数据类型 变量名 = 值；

例如：

```
int xPos = 10;               //定义整型变量xPos，并赋初值为10
```

在该语法格式中，前面的语法与上面介绍的内容一致，后续的"="代表赋值，其中的"值"代表具体的数据，这里要求值的类型和变量的数据类型一致。

在方法内定义的局部变量声明后，Java 虚拟机不会自动将它初始化为默认值。如果在编译时发现局部变量未被赋值，编译器将会报错。因此，需要先为局部变量赋值才能进行运算，没有赋值的话是不可以使用的。例如：

```
int i;
System.out.println(i);       //这句代码是错误的
```

（3）变量的存储。当程序中声明了一个变量时，Java 会为该变量分配存储空间来存放变量的值。存储空间的大小依据变量的类型而定。例如：

```
int xPos = 10, yPos;
```

Java 将在 JVM 的运行内存中为局部变量 xPos 和 yPos 分别分配 4 字节的空间。因为 yPos 未赋初值，因此该空间存放的内容不确定，如图 3-5 所示。

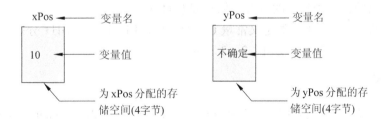

图 3-5 变量的存储示例

对于读者来说，务必要理解变量名、变量值与变量的存储空间之间的联系和区别。

（4）变量的命名规范。在语法上讲，变量名只需要符合标识符的命名规则即可，但为了方便使用变量、提高程序的可读性，变量名通常不包含下画线"_"或字符"$"；以字母开头，采用大小写混合的方式，第一个单词的首字母小写，其后单词的首字母大写；

变量名应简短,能够描述出该变量存放的信息,易于记忆。

同时,尽量避免使用单个字符的变量名。一次性使用的临时变量可以取名为单字符的变量名,如整型的 i、j、k、m、n,字符型的 c 等。

以下是规范命名的变量名示例:

cadence   speed   gear   gearRatio
currentGear   userName   firstLoginTime

在实际开发过程中,需要声明什么类型的变量,需要声明多少个变量,需要为变量赋什么数值,应根据程序逻辑决定。

3.3.2 常量

在 Java 中,常量(Constant)指那些一旦赋值就不能改变的变量。声明常量只需要在变量声明的语法格式前面添加关键字 final 即可,语法格式如下:

```
final 数据类型 常量名;
```

或者:

```
final 数据类型 常量名 = 值;
```

按照 Java 编码规范,要求常量名大写,并使用下画线来分隔每个单词。例如:

```
final double PI = 3.14;
final char MALE = 'M', FEMALE = 'F';
final int NUM_GEARS = 6;
```

在 Java 语法中,常量也可以先声明,然后再进行赋值,但只能赋值一次。例如:

```
final int UP;
UP = 1;
```

常量在程序中主要有两个作用:
- 代表常数,便于程序的修改,如圆周率的值。
- 增强程序的可读性,如定义常量 UP、DOWN、LEFT 和 RIGHT 分别代表上、下、左、右,其数值分别是 1、2、3 和 4。

3.3.3 字面量

程序中经常需要给变量赋值,如给 int 型变量赋值数字 2,给 char 型变量赋值字符 'a',因此需要使用 Java 编译器能够识别的格式来编写值的表达形式,这种某个值的源代码表达形式就称为字面量(Literal)。字面量有三种类型:基本类型字面量、字符串字面量和 null 字面量。本节讨论基本类型字面量,字符串字面量和 null 字面量将在后续章节中介绍。

基本类型字面量分为整数字面量、浮点字面量、布尔字面量和字符字面量。

1. 整数字面量

整数字面量可以写成十进制、二进制、八进制或十六进制形式,其中二进制形式的字面量是 JDK7 的新特性,在 JDK7 及以上版本中支持。

十进制整数字面量就是我们平时最常使用的形式,例如:

```
int x = 123;
```

二进制整数字面量使用前缀 0b 或 0B 开头,例如:

```
x = 0B1100;   //即二进制 1100,对应十进制整数 12
```

八进制整数字面量使用前缀 0 开头,例如:

```
x = 0567;   //即八进制 567,对应十进制数字 375
```

十六进制整数字面量使用前缀 0x 或者 0X 开头,例如:

```
x = 0x41;   //即十六进制 41,对应十进制数字 65
```

整数字面量用来给类型为 byte、short、int 和 long 的变量赋值,但是要注意赋值时不能超出变量的表示范围。例如,byte 型变量的最大值为 127,因此以下语句会产生编译错误:

```
byte b = 200;
```

系统将整数字面量默认为 int 类型,因此,在为 long 类型变量赋值时,要用字母 L 或 l 作为数字的后缀,例如:

```
long a = 98765473210L;
```

如果未加后缀 L,系统将默认其为 int 类型,而 9876543210 超出了 int 型的表示范围(−2 147 483 648~2 147 483 647),会产生编译错误。

另外,如果整数字面量过长,会影响代码的易读性。因此,从 Java 7 开始,可以用下画线来分割整数字面量中的数字,例如:

```
int aMillion = 1000000;
int bMillion = 1_000_000;
```

下画线的位置可以根据需要灵活设置,例如:

```
short next = 12_345;
int twelve = 0B_0011_0110;
long multiplier = 12_34_56_78_90_00L;
```

2. 浮点字面量

浮点字面量表示带有小数点的实型数,有两种表示形式:小数形式和指数形式。

(1)小数形式是我们最常用的形式,由整数部分、小数点和小数部分组成,如 1.234、

0.4 等。其中整数部分为零时可以省略整数部分，如 0.4 可以写成 .4；小数部分为零时可以省略小数部分，如 12.0 可以记为 12.。当然，整数部分和小数部分不能同时省略。

（2）指数形式以幂指数的形式表示一个实型数，格式为："尾数部分 E|e 指数部分"，表示的值为"尾数部分×10^{指数部分}"。其中，尾数部分和指数部分均不能省略，而且指数部分必须为整数值。例如，0.5e10、-5E-2、+3.4e+38 等。

系统将浮点字面量默认为 double 类型，分配 8 字节。如果在浮点字面量后加上后缀 f 或者 F，则系统将其识别为 float 类型，分配 4 字节，如 0.5e10f、-5E-2F 为 float 类型浮点字面量。如果要明确地表达一个双精度字面量，则可以在其后加上后缀 d 或者 D，如 0.5e10D、-5E-2d。

下面是浮点字面量的例子。

2e1f   8.f   .5F   9.0001e+12f
2e1   8.   0.0D   -9e+4d

3．布尔字面量

布尔型有两个值，用字面量 true 和 false 表示。例如：

```
boolean includeSign = false;
```

4．字符字面量

字符字面量是一个用单引号括起来的 Unicode 字符，有三种表示形式。

（1）对于可视字符，可以直接用单引号将该字符括起来，例如：

```
char aChar = 'b';
```

（2）某些特殊的字符可以采用转义字符来表示。转义字符是一种特殊的字符，以反斜线"\"开头，后跟一个或多个字符，表示一个特定的字符。通常，转义字符用来表示难以通过键盘输入的特殊字符，如换行回车符、制表符等。Java 的转义字符如表 3-5 所示。

表 3-5 转义字符

转义字符	含 义	Unicode 编码
\t	垂直制表符，将光标移到下一个输出位置	'\u0009'
\n	换行	'\u000a'
\r	回车	'\u000d'
\b	退格，Backspace	'\u0008'
\"	双引号字符	'\u0022'
\'	单引号字符	'\u0027'
\\	反斜杠字符	'\u005c'
\ddd	编码为 1~3 位八进制数 ddd 的字符	—
\uhhhh	编码为 1~4 位十六进制数 hhhh 的字符	—

（3）每个 Unicode 字符对应 16 位二进制编码（对应 4 位十六进制编码），均可以用

Unicode 编码形式来表示，形式为'\uHHHH'（H 为一位十六进制编码），表示 Unicode 编码为 16 进制 HHHH 的那个字符。例如：

```
char bChar = '\u2299';          //字符'⊙'
char cChar = '\u00A3';          //字符'£'
```

【例 3-5】 转义字符的用法。

例 3-5 EscapeCharacter.java

```
public class EscapeCharacter {
    public static void main(String[] args) {
        char char1 = '\\';                //将转义字符'\\'赋值给变量char1
        char char2 = '\u2605';            //将转义字符'\u2605'赋值给变量char2
        System.out.println("\u0048\u0065\u006c\u006c\u006f, Java!");
        System.out.println("输出反斜线："+ char1);
        System.out.println("输出'\u2605'对应的字符："+char2);
    }
}
```

运行结果如图 3-6 所示。

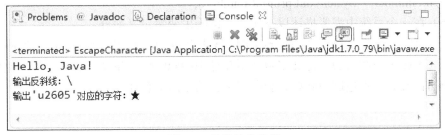

图 3-6 输出转义字符

3.4 本章小结

本章介绍了 Java 语言基础知识中的数据表示，主要包括 Java 的符号系统、基本数据类型（byte、short、int、long、float、double、char、boolean）、数值的表示形式（常量、变量、字面量）等。本章知识是读者在进一步学习前必须掌握的内容。

3.5 课后习题

1．填空题

（1）在 Java 中每个字符使用_____个字节表示。

（2）在 Java 程序中，十进制数 16 表示为八进制数是_____，表示为十六进制数是_____。

（3）表示换行符的转义字符为_____。

2. 简答题

（1）请指出下列符号中的非法标识符。

学生1	2学生	$学生	桌子_a	%及格率
disk	this	thisTable	final	log
line	switch	a#b	_$	true

（2）下列符号中不属于字符常量的有哪些？

  'x'   '\101'   '\%'   '\u0030'   M   '\='

（3）判断下列常量的具体数据类型。

  true   123   3f   8.23E-2
  345L   0b110   '\u1234'

（4）下列语句是否正确？为什么？

① int score, Score, Score;

② long size1 = 123;

③ long size2 = 123456789000;

④ char c = '大';

⑤ float stuScore1 = 75.9;

⑥ int number; System.out.println(number);

（5）在一个系统中需要描述以下实体，请给出变量定义部分。

在一个论文集中某篇论文的起始页面、终止页面、页数（论文集不超过10 000页）、版面费（不超过5000元）、论文字数（不超过10 000字）、论文作者的年龄、性别，论文集中的论文数（不超过100篇）和所有论文的版面费合计。

第 4 章 数据的运算与处理

编写程序的最终目的是让计算机来帮助人类进行数据或信息的运算或处理、解决问题。在学习了 Java 语言中数据表示的基础上,本章主要介绍如何对数据进行运算和处理,包括用运算符和表达式进行数据简单运算和处理,调用方法进行运算或处理,使用流程控制语句进行数据的复杂处理等内容。

4.1 简单数据处理——运算符与表达式

运算符是一些特殊的符号,主要用于对数据进行简单运算和处理。Java 提供了丰富的运算符,如算术运算符、赋值运算符、比较运算符、条件运算符等,本节将分别介绍。

4.1.1 运算符与表达式概述

运算符(Operator)的作用是对运算对象完成规定的操作运算,其中运算对象包括常量、变量、表达式、方法调用结果等。将运算符与运算对象按照一定的语法规则连接起来,就构成了表达式。一个表达式描述了一个具体的求值运算过程。系统按照运算符的运算规则完成相应的运算处理,求出的运算结果就是表达式的值。每个表达式都有一个明确的值。

运算符的优先级指的是在表达式中包含有多个运算符号时,各个运算符号的运算优先顺序。例如,在表达式"1+2*3"中要先计算"*",后计算"+",因为"*"的优先级要高于"+"。

运算符的结合性指的是表达式中包含有多个运算符号、而这些运算符的优先级是同等的情况下,运算符和运算对象的结合方向。结合性分为从左向右(左结合)和从右向左(右结合)。例如,在表达式"a-b+4"中,"+"和"–"优先级相同,结合性为左结合,因此先计算"–"、后计算"+"。

表达式的值就是按运算符的运算规则对运算对象进行求值得到的,求值顺序由运算符的优先级和结合性来确定。

Java 语言中的运算符及优先级如表 4-1 所示。

4.1.2 算术运算符

算术运算符用于进行各类数值运算,Java 中提供"+""–""*""/""%""++""– –"等算术运算符。它们的优先级和结合性如图 4-1 所示。

表 4-1 Java 中的运算符

优先级	运算符	名称	结合性	操作数个数
1	( )	圆括号	左结合	双目
	[ ]	方括号		
	.	引用成员运算符		
2	+、-	求正、求负	右结合	单目
	++、--	自增、自减		
	~、!	按位非、逻辑非		
	(类型名)	强制类型转换		
	new	新建对象		
3	*、/、%	乘、除、取余	左结合	双目
4	+、-	加、减	左结合	双目
5	<<	左移位	左结合	双目
	>>	带符号右移		
	>>>	无符号右移		
6	<、<=、>、>=	大小关系比较	左结合	双目
	instanceof	对象是否属于指定类	左结合	双目
7	==、!=	等于、不等于	左结合	双目
8	&	按位与	左结合	双目
9	^	按位异或	左结合	双目
10	|	按位或	左结合	双目
11	&&	逻辑与/短路与	左结合	双目
12	||	逻辑或/短路或	左结合	双目
13	?:	条件运算符	右结合	三目
14	=、+=、-=、*=、/=、%=、&=、|=、^=、<=、>>=、>>>=	赋值运算符	右结合	双目

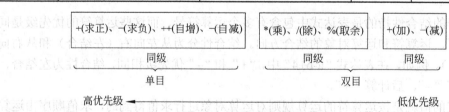

图 4-1 算术运算符的优先级

1. 基本算术运算符

双目算术运算符"+""-""*"的使用同数学运算符加、减、乘,运算数应为数值型。

双目算术运算符"/"的运算对象可为各种数值类型数据,但当两个整型数据相除时,运算结果也是整型数据。例如,10/3 的值为 3,而非 3.3333333。需要注意的是,在"除"运算中,整数被零除会产生除零异常(ArithmeticException),而浮点数被零除会得到无穷大或 NaN 结果。

双目算术运算符 "%" 表示取余运算，结果为左操作数除以右操作数的余数，余数的符号与左操作数的符号一致。例如，15%10 的值为 5，27%-12 的值为 3，-27%-12 取余的结果为-3，而-27%12 取余的结果也为-3。"%" 的运算对象通常是整型数据。例如，假设有个立方体要进行 360°旋转，每次要在角度上加 1，而旋转到 360°之后必须复位为 0 重新计数，则可以定义 int 型变量 count，每次旋转后 count = (count + 1) % 360。

单目算术运算符 "+" 和 "-" 表示符号，也就是数据的正负。对操作数进行 "+" 求正运算，结果还是操作数的值；对操作数进行求负运算，将操作数的符号进行变化。例如：

```
int a = -5, b;
b = +a;        //b 的值为-5
b = -a;        //b 的值为+5
```

求负运算可以变换变量的符号，例如：

```
a = - a;
```

2．自增、自减运算符

单目算术运算符 "++" 的功能是将变量的值增加 1，"—" 的功能是使变量的值减小 1。自增、自减运算符的运算对象只能是变量，不能为常量或表达式。

自增（或自减）运算符可以放在运算对象的左边，构成前缀形式表达式，运算规则是 "先自增（自减）再引用"，即先将变量的值加 1（或减 1），然后再引用该变量的值作为自增（或自减）表达式的值。如果放在运算对象的右边，则构成后缀形式表达式，运算规则是 "先引用再自增（自减）"，即先引用该变量的值作为自增（或自减）表达式的值，然后再将变量的值加 1（或减 1）。

例如，有如下语句：

```
int a = 5;
```

在计算表达式++a 和 a++的值时，计算过程如图 4-2 所示。

图 4-2 自增表达式的运算过程

由此可见，表达式++a 的值为 6，表达式 a++的值为 5，而无论是++a 还是 a++，计算之后 a 的值都会自增为 6。

自减运算的过程类似。

在使用自增自减运算符时要注意：
- 表达式中如果有多个运算符连续出现时，编译器尽可能多地从左到右将字符组合成一个运算符，例如 i+++j 等价于(i++) +j，–i+++–j 等价于– (i++) + (–j)。为避免错误，增加程序的可读性，应采用后面的写法，即在必要的地方添加括号。
- 如果在调用方法时包含了多个参数，编译器按照从左向右的顺序对参数进行求值。例如，若 a 的值为 3，则调用方法 Math.pow(a++, a)时，两个参数的值为 3 和 4，最终结果为 81。
- 使用 "++" 和 "– –" 时，不但要考虑表达式的求值结果，而且要考虑到自增自减对变量的改变、作为方法参数时编译器的处理方式，因此尽量不要在一个表达式中对同一个变量进行多次自增自减运算，以免造成错误的理解或运算结果。

3. 算术表达式

用算术运算符和圆括号将数值类型运算对象（常量、变量、表达式、方法调用等）连接起来构成的式子称为算术表达式。数值类型包括整型、实型或字符型。对运算对象按照算术运算规则、结合优先级和结合性进行运算，得到的结果就是算术表达式的值。表达式的值也有数据类型，它取决于操作对象。关于表达式值的类型参见 4.1.10 节。

【例 4-1】 各类算术运算符的使用，其运算结果为如图 4-3 所示。

例 4-1 ArithmeticOperators.java

```java
public class ArithmeticOperators {
    public static void main(String[] args) {
        int a = 10, b = -20, c = 25, d = 25;
        System.out.println("a + b = " + (a + b));
        System.out.println("a - b = " + (a - b));
        System.out.println("a * b = " + (a * b));
        System.out.println("b / a = " + (b / a));
        System.out.println("b % a = " + (b % a));
        System.out.println("c % a = " + (c % a));
        System.out.println("a++   = " + (a++));
        System.out.println("a--   = " + (a--));
        //查看 d++ 与 ++d 的不同
        System.out.println("d++   = " + (d++));
        d = 25;          //将 d 重置为初始值 25
        System.out.println("++d   = " + (++d));
    }
}
```

在一个算术表达式中可以出现多个运算符和多种数据类型的操作数，例如：

```
a + 8 / ( b + 3 ) - 'c'
5 - m++ % 100 + 7.8 * 2.3
Math.sqrt( a ) + Math.pow( 3.5, 4 )
```

在使用算术表达式来表示一个数学公式时应注意，乘号 "*" 不能省略；圆括号可以

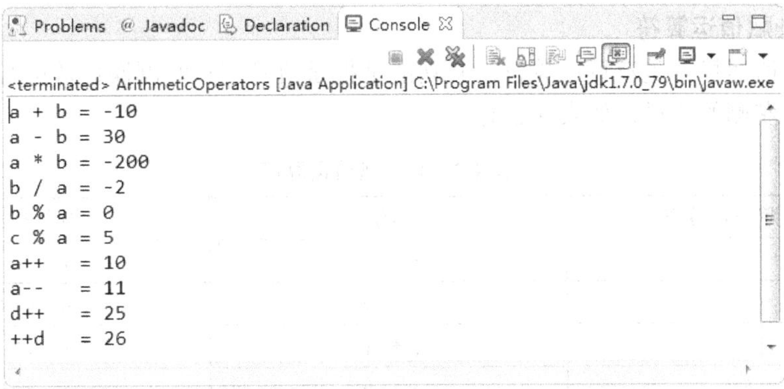

```
 Problems  @ Javadoc  Declaration  Console ⊠
<terminated> ArithmeticOperators [Java Application] C:\Program Files\Java\jdk1.7.0_79\bin\javaw.exe
a + b  = -10
a - b  = 30
a * b  = -200
b / a  = -2
b % a  = 0
c % a  = 5
a++    = 10
a--    = 11
d++    = 25
++d    = 26
```

图 4-3 程序输出结果

改变运算顺序，必要时应该合理添加。例如，数学式子 $\frac{2+a+b}{ab}$ 在 Java 中应写为(2+a+b)/(a*b)；另外，java.lang.Math 类提供了很多基本数值运算的方法，如求指数、对数、平方根和三角函数等。

4.1.3 赋值运算符

赋值运算符是双目运算符，其功能是把赋值号右侧操作数的值赋给左侧的变量。赋值运算符的优先级是最低的，具有右结合性。

1. 基本赋值运算符

基本赋值运算符即是"="。由"="连接的式子称为赋值表达式，其一般形式为：

变量名 = 表达式

其中，赋值号的左侧必须是变量名，即只能为变量赋值；赋值号的右侧可以是常量、变量、表达式或方法调用结果等。整个赋值表达式的值就是变量被赋的值。例如：

```
c = a + b
z = Math.sqrt(x) + Math.pow( y, 3)
k = i++ - j
a = b = c = 5
x = ( a = 5 ) + ( b = 8 )
```

由于赋值运算符的优先级最低，因此表达式 k = i++ − j 等价于 k = ((i++) − j)；由于赋值表达式为左结合，因此表达式 a = b = c = 5 等价于 a = (b = (c = 5))，变量 a、b、c 均被赋值为 5；赋值表达式 x = (a = 5) + (b = 8) 的运算过程是将 5 赋给 a，将 8 赋给 b，将表达式 (a = 5) 的值 5 和 (b = 8) 的值 8 相加得到的结果 13 赋给变量 x，整个表达式的值是 13。

赋值表达式存在类型转换的问题，即赋值号右侧表达式值的类型和左侧变量的类型不一致时，具体的转换规则会在 4.1.10 节中介绍。

2. 复杂赋值运算符

复杂赋值运算符是双目运算符，其功能是把赋值号左右两侧操作数进行指定运算后的结果赋给左侧的变量，如表 4-2 所示。

表 4-2　复杂赋值运算符

复杂赋值运算符	示例	等价形式
+=	a += b	a = a + b
-=	a -= b	a = a - b
*=	a *= b	a = a * b
/=	a /= b	a = a / b
%=	a %= b	a = a % b
&=	a &= b	a = a & b
|=	a |= b	a = a | b
^=	a ^= b	a = a ^ b
<<=	a <<= b	a = a << b
>>=	a >>= b	a = a >> b

例如：

```
a += 5              //等价于 a = a + 5
x *= y +7           //等价于 x = x * ( y +7 )
x += x -= x *= x    //等价于 x = x + ( x = x - ( x = x*x ) )
```

4.1.4　比较运算符

比较运算符也称关系运算符，用于进行两个操作数的大小关系的比较，为双目运算符。操作数可以是变量、常量、表达式或方法调用的结果。整体上讲，比较运算符的优先级低于算术运算符，但高于赋值运算符，具有左结合性。

比较运算符包括大于（>）、大于等于（>=）、小于（<）、小于等于（<=）、等于（==）、不等于（!=），优先级略有不同，如表 4-3 所示。

表 4-3　比较运算符

比较运算符	含义	对应的数学运算符	优先级
>	大于	>	相同（较高）
>=	大于等于	≥	相同（较高）
<	小于	<	相同（较高）
<=	小于等于	≤	相同（较高）
==	等于	=	相同（较低）
!=	不等于	≠	相同（较低）

比较表达式的结果为布尔型，当两侧操作数满足指定的大小关系时，比较表达式的值为 true，否则表达式的值为 false。例如：

```
a = b + c <= d              //等价于 a = ( ( b + c ) <= d )
a > b == m < n              //等价于 ( a > b ) == ( m < n )
a - 8 <= b != c             //等价于 ( ( a - 8 ) <= b ) != c
```

在使用比较表达式时，应注意以下几点：

- 注意区分等于运算符（==）和赋值运算符（=）。例如 x == y 用来比较 x 和 y 的值是否相等，而 x = y 则是将 y 的值赋给 x。
- 注意比较表达式和数学式的区别。例如，数学式"0 < x < 6"表示"某个数 x 在 0~6 之间"，但在 Java 语言中却不能表达。
- 由于浮点数存在机器误差，浮点数进行"=="和"!="的比较时会出现误差，例如，输出 0.99999999999f==1f 的值是 true 而非 false。如果在程序中需要比较两个浮点数是否相等或不相等，可以使用变通的方法，比较两数差的绝对值是否足够小。例如，有 double 型变量 d1 和 d2，则可使用比较表达式 Math.abs(d1 - d2) < 1e-6 来判断 d1 和 d2 是否相等。
- 如果操作数是引用类型，则比较的是引用对象在虚拟机内存中的存储地址，而不是对象本身。

比较表达式只能表达一个简单的条件，如果是复杂的条件，则需要使用逻辑运算符。

4.1.5 逻辑运算符

逻辑运算符用于进行逻辑型值之间的运算，操作数的类型只能是布尔型。Java 提供了逻辑与、或、非运算符，如表 4-4 所示。

表 4-4 Java 的逻辑运算符

逻辑运算符	含义	优先级	结合性	操作数个数	操作数类型
!	逻辑非	2 级	右结合	单目	boolean
&	按位与	8 级	左结合	双目	boolean
|	按位或	10 级	左结合	双目	boolean
&&	逻辑与/短路与	11 级	左结合	双目	boolean
||	逻辑或/短路或	12 级	左结合	双目	boolean

整体上看，除右结合的单目运算符"!"外，逻辑运算符的优先级低于比较运算符，但高于赋值运算符，具有左结合性。例如：

```
a + b > c && b == c              //等价于 ( ( a + b ) > c ) && ( b == c )
a > 0 && b > 0 || a < 0 && b < 0
//等价于 ( (a > 0)&&(b > 0) ) || ( (a < 0) && (b < 0) )
```

逻辑运算符的操作数只能是布尔型，可以是布尔型常量、变量、表达式、方法调用结果；运算结果也是布尔型。逻辑运算符的运算规则如表 4-5 所示。

表 4-5　逻辑运算规则

操作数 a	操作数 b	! a	a & b	a | b	a && b	a || b
true	true	false	true	true	true	true
true	false	false	false	true	false	true
false	true	true	false	true	false	true
false	false	true	false	false	false	false

从表 4-5 可知：

（1）非运算符"!"用来求操作数的相反值，通常用来描述与给定条件相反的情况。例如：

```
! ( score > 60 )              //score 不大于 60
! ( stuID % 5 == 0 )          //stuID 不是 5 的倍数
```

（2）对与运算符"&"和"&&"，只有两个操作数同为 true 时，结果才为 true；只要有任何一个操作数为 false，结果必为 false。与运算符通常用来描述多个条件同时成立的情况。例如：

```
( x > 0 ) && ( x < 6 )        //表示数学式 0 < x < 6
a == b & b == c               //a、b、c 的值相等
a + b == 0 && a * b < 0       //a 和 b 互为相反数
```

运算符"&"和"&&"都表示与运算，两者的区别在于"&&"具有短路性质。对于表达式 a && b 来说，只要操作数 a 为 false，就不再计算操作数 b 的值，直接得到结果 false。而对于表达式 a & b，要计算全部操作数 a 和 b 后才得到结果。表达式 a && b 和 a & b 的运算流程如图 4-4 所示。

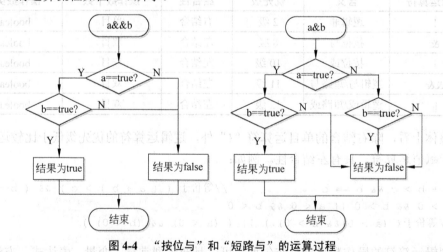

图 4-4　"按位与"和"短路与"的运算过程

由图可知，对于"&"运算，无论如何都会计算"&"两侧的操作数；而对于"&&"运算，只有当"&&"左边操作数为 true 时，才会计算右侧操作数的值。因此，短路也能在一定程度上减少运算时间，提高程序效率。更重要的是，当两个操作数之间具有逻

辑关联时，短路也可以更合理地描述，减少程序的隐患。

例如，要表示"int 型变量 mod 是 int 型变量 n 的因子"，可以用"&&"表示为：mod != 0 && n % mod == 0。如果在程序执行至该行时 mode 的值为 0，则跳过"n % mod == 0"，直接得到结果 false，避免了 n%0 产生的算术异常。如果使用"&"表示为"mod != 0 & n % mod == 0"，则一定要在程序中注意算术异常的捕获和处理。

（3）对或运算符"|"和"||"，只有两个操作数同为 false 时，结果才为 false，只要有任何一个操作数为 true，结果必为 true。或运算符通常用来描述多个条件中某个条件成立的情况。例如：

```
( x > 6 ) || ( x < -6 )        //表示数学式 |x| > 6
a == b | b == c    | a == c    //a、b、c 中有两个数相等
```

运算符"|"和"||"都表示或运算，两者的区别在于"||"具有短路性质。对于表达式 a || b 来说，只要操作数 a 为 true，就不再计算操作数 b 的值，直接得到结果 true。而对于表达式 a | b，要计算全部操作数 a 和 b 后才得到结果。表达式 a || b 和 a | b 的运算流程如图 4-5 所示。

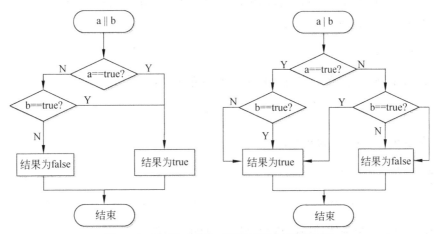

图 4-5　"按位或"和"短路或"的运算过程

由图可知，对于"|"运算，无论如何都会计算"|"两侧的操作数；而对于"||"运算，只有当"||"左边操作数为 false 时，才会计算右侧操作数的值。因此，短路或能在一定程度上减少运算时间，提高程序效率。

由逻辑运算符、操作数构成的表达式即为逻辑表达式。当逻辑表达式中含有短路与或短路或运算时，求值过程要综合考虑优先级、结合性以及短路性质。逻辑表达式的求值过程如下：

① 根据优先级确定逻辑表达式的结构。

② 严格按照从左至右的顺序进行运算。如果表达式中含有"&&"或"||"，则在运算时严格按照从左至右的顺序进行，一旦能够确定逻辑表达式的值，就立即结束运算。

例如，有定义：

```
int a = 1, b = 0, c = -2;
```

则表达式 a>0 && b>0 && c>0 的计算过程为：

① 根据优先级确定结构：

```
( a>0 && b>0 ) && c>0;
```

② 从左至右进行运算：a>0 && b>0 为 false，直接得到结果 false。

又如，表达式 a++ < 0 || b ++ > 0 && --c < 0 的计算过程为：

① 根据优先级确定结构：(a++ < 0) || ((b++ > 0) && (--c < 0))，即 a++ < 0 的结果和右侧 "&&" 的结果进行或运算；

② 从左至右进行运算：

- a++ < 0 为 false，还需要计算 (b++ > 0) && (--c < 0) 的值。
- (b++ > 0) && (--c < 0) 也是逻辑表达式：b++ > 0 值为 false，直接得到 (b++ > 0) && (--c < 0) 的结果 false。
- 得到整个表达式的结果为 false。

逻辑运算符和比较运算符结合起来，可以描述更复杂的条件，例如：

- 表示数学公式 a > b > c 是：

```
a > b && b > c
```

- 表示 a、b、c 三条线段能否组成一个三角形是：

```
a > 0 && b > 0 && c > 0 && a + b > c && a + c > b && b + c > a
```

- 表示 a、b 不同时为负是：

```
a >= 0 || b >= 0
! ( a < 0 && b < 0 )
( a < 0 && b >= 0 ) || ( a >= 0 && b < 0 ) || ( a >= 0 && b >= 0 )
```

能够合理地表示控制条件是后续进行流程控制的必备能力之一。

4.1.6 位运算符

位运算符用于处理整型和字符型的操作数，对其在内存中的二进制存储形式进行按位操作。Java 提供的位运算符有按位与、按位或、按位取反和按位异或，如表 4-6 所示。

表 4-6 位运算符

运算符	含义	优先级	结合性	操作数个数
~	按位取反	2 级	右结合	单目
&	按位与	8 级	左结合	双目
^	按位异或	9 级	左结合	双目
|	按位或	10 级	左结合	双目

从表面上看，位运算符有点类似于逻辑运算符，但逻辑运算符是针对布尔型操作数

进行逻辑运算,而位运算符则针对两个二进制数的位进行逻辑运算。因此,区分其是按位运算还是逻辑运算的依据就是操作数的类型。

1. "按位与"运算

"按位与"运算符用符号"&"表示,其运算规则如下:如果两个操作数的对应位都为1,结果的对应位为1,否则结果为0。例如,计算 5 & -4 的过程如图 4-6 所示。

```
  5的二进制表示:      00000000 00000000 00000000 00000101
 -4的二进制表示:  (&) 11111111 11111111 11111111 11111100
  结果为 4  ←───── 00000000 00000000 00000000 00000100
```

图 4-6　按位与的运算过程

"按位与"通常用于对二进制数进行取位或置零,如 a & 1 得到 a 的二进制存放形式的最末位,用来判断一个整数的奇偶:末位为 0 表示该数为偶数,末位为 1 表示该数为奇数。

2. "按位或"运算

"按位或"运算符用符号"|"表示,其运算规则如下:如果两个操作数的对应位都为0,结果的对应位为0,否则结果为1。例如,计算 5 | -4 的过程如图 4-7 所示。

```
  5的二进制表示:      00000000 00000000 00000000 00000101
 -4的二进制表示:  (|) 11111111 11111111 11111111 11111100
  结果为-3  ←───── 11111111 11111111 11111111 11111101
```

图 4-7　按位或的运算过程

"按位或"运算通常用于二进制特定位上的无条件赋值,如 a | 1 就是把 a 的二进制最末位强行变成 1。如果需要把二进制最末位变成 0,对 a | 1 之后再减 1 即可,实际上就是得到和 a 最接近的偶数。

3. "按位异或"运算

"按位异或"运算符用符号"^"表示,其运算规则如下:如果两个操作数的对应位不同,则结果的对应位为1,否则结果对应位为0。例如,计算 5 ^ -4 的过程如图 4-8 所示。

```
  5的二进制表示:      00000000 00000000 00000000 00000101
 -4的二进制表示:  (^) 11111111 11111111 11111111 11111100
  结果为-7  ←───── 11111111 11111111 11111111 11111001
```

图 4-8　按位异或的运算过程

4. "按位非"运算

"按位非"运算符用符号"~"表示,其运算规则如下:如果操作数的对应位为 1,则结果的对应位为 0;如果操作数的对应位为 0,则结果对应位为 1。例如,计算 ~ -4 的过程如图 4-9 所示。

-4的二进制表示： (~) 11111111 11111111 11111111 11111100

结果为 3 ←———— 00000000 00000000 00000000 00000011

图 4-9　按位非的运算过程

4.1.7　移位运算符

移位运算符用来对数值进行移位操作，均为双目运算符，左操作数为整型（byte、short、int、long）或字符型数据，右操作数必须为整型。移位操作是针对左操作数在计算机中的二进制存储形式进行操作，操作数使用补码进行存储表示。移位运算符如表 4-7 所示。

表 4-7　移位运算符

运算符	含义	优先级	结合性	操作数个数
<<	左移	5 级	左结合	双目
>>	右移	5 级	左结合	双目
>>>	无符号右移	5 级	左结合	双目

整体上看，移位运算符的优先级低于算术运算符，高于比较运算符。

1. 左移运算符 "<<"

左移运算符 "<<" 的作用是将左操作数向左移动右操作数指定的位数，低位补 0。例如：27 << 5 的运算过程如图 4-10 所示。

27的二进制表示：　00000000 00000000 00000000 00011011

左移5位后：　　　00000000 00000000 00000011 01100000

结果为864

图 4-10　左移的运算过程

由图可知，a << b 等价于 $a * 2^b$。

2. 右移运算符 ">>"

右移运算 ">>" 的作用是将左操作数向右移动右操作数指定的位数，高位采用符号扩展机制，补充的是左操作数的符号位，也就是说，如果左操作数为正数（符号位为 0），则高位补 0，如果左操作数为负数（符号位为 1），则高位补 1。例如，283 >> 5 的运算过程如图 4-11 所示。

283的二进制表示：　00000000 00000000 00000001 00011011

有符号右移5位后：　00000000 00000000 00000000 00001000

结果为8

图 4-11　有符号右移的运算过程(1)

再如，–283 >> 5 的运算过程如图 4-12 所示。

-283的二进制表示：　11111111 11111111 11111110 11100101

有符号右移5位后：　11111111 11111111 11111111 11110111

结果为-9

图 4-12　有符号右移的运算过程(2)

a >> b 等价于 a / 2^b，实现了逻辑右移。

3．无符号右移运算符"＞＞＞"

无符号右移运算符"＞＞＞"的作用是将左操作数向右移动右操作数指定的位数，高位补 0。例如，283 >>> 5 的运算过程如图 4-13 所示。

```
283 的二进制表示：     00000000 00000000 00000001 00011011
有符号右移5位后：      00000000 00000000 00000000 00001000
       结果为8
```

图 4-13　无符号右移的运算过程(1)

再如，–283 >>> 5 的运算过程如图 4-14 所示。

```
-283 的二进制表示：    11111111 11111111 11111110 11100101
无符号右移5位后：      00000111 11111111 11111111 11110111
    结果为134217719
```

图 4-14　无符号右移的运算过程(2)

a >>> b 等价于无符号数的 a / 2^b，实现逻辑右移。对负数进行无符号右移没有算术意义。

从计算速度上讲，移位运算要比算术运算快。因此在程序中遇到复杂的乘除运算时，通常用移位运算来实现。

4.1.8　条件运算符

条件运算符"？："是唯一的三目运算符，语法形式如下：

表达式 1 ? 表达式 2 : 表达式 3

其中，表达式 1 是关系表达式或逻辑表达式，用于描述某个条件；表达式 2 和表达式 3 可以是常量、变量、表达式或方法调用的结果。例如：

```
( x == y ) ? 'Y' : 'N'
( d = b * b - 4 * a * c ) >= 0 ? Math.sqrt(d) : Math.sqrt(-d)
ch >= 'A' && ch <= 'Z' ? ( ch + 32 ) : ch
```

条件表达式的运算过程如下：如果计算表达式 1 的值为 true，就计算表达式 2 的值作为整个条件表达式的结果；否则计算表达式 3 的值作为整个表达式的值。例如：

```
( a < b ) ? a : b              //结果是a和b中的最小值
( a >= 0 ) ? a : - a           //结果是a的绝对值
( ch >= 'A' && ch <= 'Z' ) ? ( ch + 32 ) : ch
//ch 是大写字母时，值是 ch 对应的小写字母，否则值为 ch 本身
```

条件运算符的优先级仅仅高于赋值运算符，具有右结合性。例如：

```
m < n ? x : a + 3                   //等价于 ( m < n ) ? ( x ) : ( a + 3 )
a++ >= 10 && b-- > 20 ? a : b       //等价于 ( a++ >= 10 && b-- > 20 ) ? a : b
```

```
x = 3 + a > 5 ? 100 : 200      //等价于 x = ( ( 3 + a > 5 ) ? 100 : 200 )
x > 0 ? 1 : x < 0 ? -1 : 0     //等价于 x > 0 ? 1 : ( x < 0 ? -1 : 0 )
```

条件运算符具有逻辑判断功能，使得表达式在不同情况下得到不同的结果。条件表达式可以代替简单的选择结构，语句更加简洁。

4.1.9 字符串连接运算符

字符串连接运算符"+"能够连接两个字符串，生成新的字符串。例如：

```
String str = "Hello " + "Java " + "World!";
//字符串 str 的内容为"Hello Java World!"
```

如果"+"运算符的一个操作数为 String 类型，则另一个操作数可以是任意类型的数据（包括基本类型和引用类型），该操作数被自动转为字符串和另一个 String 型操作数连接起来。例如：

```
String str1 = "姓名:" + "李明";       //字符串 str1 的内容为"姓名:李明"
String str2 = "年龄:" + 1 + 2;        //字符串 str2 的内容为"年龄:12"
String str3 = "答案: " + true;        //字符串 str3 的内容为"答案:true"
```

如果"+"的两个操作数均不为 String 型，则"+"作为加法运算符来处理，此时两个操作数必须是除 boolean 以外的基本类型。

如果表达式中存在多个"+"运算符，Java 根据"+"的左结合特征，从左向右计算表达式，并根据操作数的类型来确定"+"是字符串连接还是加法运算。例如：

```
String str1 = 5 + 1 + "abc"+123.456;   //字符串 str4 的内容为"6abc123.456"
```

4.1.10 基本类型转换

Java 语言是一种强类型的语言。强类型的语言要求：
- 变量或常量必须有类型：声明变量或常量时必须声明类型，且声明以后才能使用。
- 赋值时类型必须一致：值的类型必须和变量或常量的类型完全一致。
- 运算时类型必须一致：参与运算的数据类型必须一致才能运算。

在实际使用中，经常需要在不同类型的值之间进行操作。Java 语言允许不同类型的数据在同一个表达式中出现，例如"25 + 48.5 * 'A' - 3.56e+3"是合法的表达式。不同类型的数据需要转换为同一类型后才能进行运算，这种转换可以自动进行转换，也可以由程序强制进行转换。

1. 自动类型转换

自动类型转换由系统自动、隐式地完成，不需要在程序中编写代码。自动类型转换原则是自动将精度低、表示范围小的运算对象类型向精度高、表示范围大的运算对象类型转换。如图 4-15 给出了数值类型之间的具体转换规则。

例如，有定义

```
int a;
char ch;
```

则表达式"a – ch * 2 + 35L"和"a – ch * 2 + 35.0"的计算过程如图4-16所示。

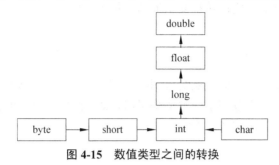

图 4-15　数值类型之间的转换

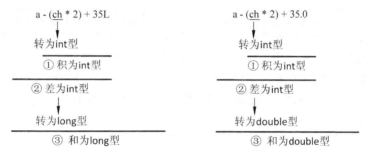

图 4-16　自动类型转换过程示例

2. 强制类型转换

Java 总是可以使用隐式地通过自动类型转换将一个数值赋给更大表示范围类型的变量。但是当把大范围类型的变量转换为小范围类型的变量时,必须显式地使用强制类型转换运算符。强制类型转换的语法格式为：

（目标数据类型） 表达式

例如：

```
double x = 9.987;
int nx = ( int ) x;         //取 x 值的整数部分 9 赋给变量 nx,小数部分自动舍弃
```

强制类型转换运算符为单目运算符,优先级较高为2级,具有右结合性。例如：

```
( double ) 1 / 2            //等价于 ( ( double ) 1 ) / 2,值为 0.5
```

在进行强制类型转换时,应注意以下几点：

- 将数值赋给小范围类型的变量时,必须进行强制类型转换,否则会出现编译错误。
  例如：
  ```
   int n = 1.234;           //编译错误,double 值不能赋给 int 型变量
  ```

- 强制类型转换可能会导致数据丢失，产生不精确的结果。例如：

  ```
  float f = ( float ) 1.234567890;        //f 的值为 1.2345679
  ```

- 强制类型转换不改变被转换变量的值。例如：

  ```
  double d = 4.5 ;
  int i = (int) d;                        //i 的值为 4，d 的值仍为 4.5
  ```

- 将范围大的整型变量的值赋给范围小的整型变量时，必须使用强制类型转换。但把整型字面量赋给范围小的整型变量时，如果整型字面量的值在目标变量允许的范围内，可以直接赋值。例如：

  ```
  int i1 = 5;
  byte b = ( byte ) i1;//int 型变量 i1 的值赋给 byte 型变量，必须进行强制转换
  short s1 = 123;      //int 型字面量 123 未超出 short 型范围，可直接赋值
  ```

- 布尔类型不能与任何数值类型之间进行强制类型转换，否则发生错误。少数情况下如果需要将布尔类型转换为数值类型，可以使用条件表达式，如 b ? 1 : 0。

【例 4-2】 计算营业税。用户输入销售额，程序计算营业税（税率为 6%）并输出结果，保留两位小数。程序中使用强制类型转换确保输出营业税时只输出两位小数。

例 4-2 SalesTax.java

```
import java.util.Scanner;
public class SalesTax {
    public static void main(String[] args) {
        Scanner input = new Scanner(System.in);
        System.out.print("Enter purchase amount:");
        double purchaseAmout = input.nextDouble();           //读入销售额
            Input.Close();
        double tax = purchaseAmout * 0.06;                   //计算营业税
        System.out.println("Sales tax is "+(int)(tax * 100)/100.0);
                    //使用强制类型转换保留 tax 小数点的后两位
    }
}
```

程序运行情况如下：

```
Enter purchase amount:1956↙
Sales tax is 117.36
```

4.2 调用类或对象的方法进行处理

为了方便代码复用，可以将处理数据的代码段定义成类的方法，当需要完成相应功能时，只需要调用类或对象方法即可实现。Java 也提供了大量的类库，用户可以很方便地调用类或对象的方法对数据进行处理，详见后续章节。

数据的输入输出是程序中常见的操作，此处简要介绍，详细的内容在第 8 章中具体说明。

4.2.1 数据输出

Java 程序通过调用系统类 System 的 out 成员的 print 方法和 println 方法在显示器上输出各类数据，这两个方法的区别是，println 方法会在输出数据后换行。Java 通过方法重载使得 print 方法和 println 方法可以输出任意类型的数据，相应的方法说明如表 4-8 所示。

表 4-8 print 方法和 println 方法

print 方法	println 方法	功　能
	void println( );	输出空行
void print(boolean b);	void println(boolean b);	输出布尔值
void print(char c);	void println(char c);	输出字符
void print(char[] s);	void println(char[] s);	输出字符数组
void print(double d);	void println(double d);	输出双精度浮点数
void print(float f);	void println(float f);	输出浮点数
void print(int i);	void println(int i);	输出整数
void print(long l);	void println(long l);	输出长整型数
void print(Object obj);	void println(Object obj);	输出对象
void print(String s);	void println(String s);	输出字符串

从表中可以看出，print 与 println 方法可以输出任意类型的数据，只需要把数据放入括号中作为参数即可。程序中调用的格式是：

```
System.out.print( 待输出数据 );
System.out.println( 待输出数据 );
```

例如：

```
System.out.println( 100 );              //输出整数字面量100
System.out.println("Hello Java " );     //输出字符串"Hello Java"
System.out.println("sum = " + sum);     //输出连接之后的字符串
```

另外，系统类 System 的 out 成员的 printf 方法可以按照指定格式在显示器上输出数据，称为格式输出。用法如下：

```
System.out.printf(String format, Object args);
//按照格式 format 将参数 args 输出
```

其中，参数 format 为格式字符串，用于指定参数 args 的输出格式，通常由普通文本和若干个格式说明符构成。例如：

```
double d = 1.2;
```

```
int i = 34;
String str = "hello";
System.out.printf("输出浮点数:%4.2f, 整数:%d, 字符串:%s\n", d, i, str);
//输出结果:"输出浮点数:1.20, 整数:34, 字符串:hello"
```

其中,"输出浮点数:%4.2f, 整数:%d, 字符串:%s\n"为格式字符串,包含的三个格式说明符%4.2f、%d和%s分别用来说明参数d、i和str的输出格式。其他的字符为普通字符,将原样不动地输出在显示器中。

常用类型数据的输出格式说明符如以下代码所示。

```
double d = 345.678;
String s = "你好!";
int i = 1234;
//"%"表示进行格式化输出,"%"之后的内容为格式的定义
System.out.printf("%f\n", d);
System.out.printf("%9.2f\n", d);         //9表示最小输出宽度,2表示小数点后的位数
System.out.printf("%+9.2f\n", d);        //"+"表示输出的数带正负号
System.out.printf("%-9.4f\n", d);        //"-"表示输出的数左对齐(默认为右对齐)
System.out.printf("%+-9.3f\n", d);       //"+-"表示输出的数带正负号且左对齐
System.out.printf("%d\n", i);            //"%d"表示输出十进制整数
System.out.printf("%o\n", i);            //"%o"表示输出八进制整数
System.out.printf("%x\n", i);            //"%x"表示输出十六进制整数
System.out.printf("%#x\n", i);           //"%#x"表示输出带有十六进制标志的整数
System.out.printf("%s\n", s);            //"%s"表示输出字符串
System.out.printf("输出浮点数:%f, 整数:%d, 字符串:%s\n", d, i, s);
                                         //可以输出多个变量,注意顺序
System.out.printf("字符串:%2$s,%1$d的十六进制数:%1$#x\n", i, s);
                                         //"X$"表示第几个变量
```

输出结果为:

```
345.678000
345.68
+345.68
345.6780
+345.678
1234
2322
4d2
0x4d2
你好!
输出浮点数:345.678000,整数:1234,字符串:你好!
字符串:你好!,1234的十六进制数:0x4d2
```

4.2.2 数据输入

从控制台读入数据也是程序常见的操作。Java获取控制台的输入数据有以下几种方法。

1. 从控制台读取一个字符

通过调用系统类 System 的 in 成员的 read 方法，可以从控制台读入单个字符。这种方式需要进行异常处理。System.in.read( )从输入流中读取数据的下一个字节，返回 0～255 的 int 字节值。例如：

```
public static void main(String[ ] args) throws IOException{
    System.out.print("Enter a Char:");
    char i = (char) System.in.read( );
    System.out.println("your char is :" + i);
}
```

System.out.read()只能针对一个字符的读取，同时，读取到的变量类型只能是 char，当输入一个数字且希望得到的也是整型变量时，需要修改其中的变量类型，处理起来比较繁琐。

2. 从控制台读取一个字符串

这种方式需要使用 BufferedReader 类和 InputStreamReader 类，一次读取整个字符串。实现的示例如下：

```
public static void main(String[] args) throws IOException {
    BufferedReader br = new BufferedReader(
                        new InputStreamReader( System.in) );
    String str = null;
    System.out.println("Enter your String:");
    str = br.readLine();
    System.out.println("your string is :" + str);
}
```

3. 使用 Scanner 类读取数据

java.util.Scanner 是解析基本类型和字符串的简单文本扫描器，其最实用的功能是获取控制台输入的各类数据类型。

使用 Scanner 类读取数据时，需要通过 new Scanner(System.in)创建一个 Scanner 对象，此时把 System.in 输入的内容作为扫描对象，用户使用不同的 nextXXX 方法来获取数据。数据读取完毕后要及时调用 close()方法。相关的 nextXXX 方法如表 4-9 所示。

表 4-9　Scanner 类的 nextXXX 方法

nextXXX 方法	功　　能
boolean nextBoolean( );	读入控制台输入的一个 boolean 值
byte nextByte( );	读入控制台输入的一个 byte 值
double nextDouble( );	读入控制台输入的一个 double 值
float nextFloat( );	读入控制台输入的一个 float 值
int nextInt( );	读入控制台输入的一个 int 值

续表

nextXXX 方法	功能
String nextLine( );	读入控制台输入的一个字符串
long nextLong();	读入控制台输入的一个 long 值
short nextShort();	读入控制台输入的一个 short 值

【例 4-3】 编写程序，读取用户的信息并在屏幕上输出。

例 4-3　ScannerEx.java

```java
import java.util.Scanner;
public class ScannerEx {
    public static void main(String[] args) {
        Scanner sc = new Scanner(System.in);
        System.out.println("请输入你的姓名：");
        String name = sc.nextLine();             //读入一个字符串
        System.out.println("请输入你的年龄：");
        int age = sc.nextInt();                  //读入一个整型数据
        System.out.println("请输入你的工资：");
        float salary = sc.nextFloat();           //读入一个float型数据
        sc.close();
        System.out.println("你的信息如下：");
        System.out.println("姓名：" + name + "，年龄：" + age
                + "，工资：" + salary);
    }
}
```

程序运行结果如下：

请输入你的姓名：
Li Ming✓
请输入你的年龄：
30✓
请输入你的工资：
10000✓
你的信息如下：
姓名：Li Ming, 年龄：30, 工资：10000.0

4.3　复杂数据处理——流程控制

运算符与表达式可以实现简单的数据处理，但是难以进行复杂数据处理。复杂数据处理可以使用流程控制来实现。流程控制对于任何编程语言来说都是至关重要的，它提供了控制程序执行过程的基本手段。本节介绍 Java 中的三种基本控制结构，即顺序结构、分支结构和循环结构。

4.3.1 语句

Java 中的语句均以分号结束。按照功能划分，语句可以分为声明语句、控制语句、表达式语句、方法调用语句、复合语句、异常块语句、包的声明和导入语句等几类。

1. 声明语句

声明语句也称为定义语句，用来定义类的属性或方法内的变量或对象。例如：

```
class FrameTest extends Frame implements ActionListener
{
    Label prompt;                         //定义属性 prompt 的声明语句
    TextField input, output;              //定义属性 input、output 的声明语句
}
public static void main(String[] args) {
    Scanner input  = new Scanner(System.in);   //定义局部变量 input 的声明语句
    System.out.print("Enter purchase amount:");
    //定义局部变量 purchaseAmout 的声明语句
    double purchaseAmout = input.nextDouble();
    //定义局部变量 tax 的声明语句
    double tax = purchaseAmout * 0.06;
    System.out.println("Sales tax is "+(int)(tax * 100)/100.0);
}
```

2. 控制语句

控制语句用来控制程序的执行流程，主要用于方法内，包括分支语句、循环语句、跳转语句、返回语句等。本节将分别介绍。

3. 表达式语句

在表达式后加分号就形成了表达式语句，反映了一个求值的过程。例如：

```
x++;
x = 10;
x = 10 + (y = 10);
```

特别地，单独的一个变量、常量或字面量也可以加上分号，构成一条合法的语句，尽管其没有实质意义。例如：

```
x;
10;
```

甚至，单独的一个分号也构成合法的语句，称为空语句。空语句在执行时不执行任何操作，可以用于程序中某处语法上要求应该有语句、但实际不需要做数据处理的情况。例如：

```
for(int i = 1; i <= 10000; i++)
    ;   //空语句作为循环体，循环时不执行任何操作
```

4. 方法调用语句

方法调用语句用来调用类或对象的方法，以实现某种功能。例如：

```
Math.sqrt(10);                           //调用Math类的sqrt方法
System.out.print("Enter purchase amount:");
//调用System类的out属性的print方法
```

5. 复合语句

复合语句也称为块语句，用大括号把若干条语句括起来就构成了一条复合语句，这若干条语句在语法上作为一条语句来处理。例如：

```
{
    int t = 10;            //t是复合语句内定义的局部变量
    x = t << 2;
}
```

复合语句内可以包含另外的复合语句，此时要能区别开大括号的匹配情况，理解语句的结构。书写复合语句时也应该通过缩进、空行来更清晰地说明语句之间的关系。例如：

```
for(n=1; n<10 ;n++)
{
    p = n + p;
    if ( p >= 100 )
    {
        System.out.println(p);
        break;
    }     //与if后的"{"匹配
}         //与for后的"{"匹配
```

复合语句也可以只有一对大括号，而不包含任何语句。方法体是一个复合语句。选择语句、循环语句内也经常包含复合语句。

6. 异常块语句

异常处理是Java语言的特色之一，与异常有关的异常捕获、异常抛出等语句将在第9章介绍。

4.3.2 顺序结构

顺序结构是最简单、最常用的流程控制结构。顺序结构程序将按照语句的先后顺序依次执行每一条语句，其执行流程图如图4-17所示。

一般来说，顺序结构程序中应包括几个基本操作步骤：确定求解过程中使用的数据及其值；按顺序进行运算处理；输出运算结果。各操作步骤的逻辑顺序如图4-18所示。

顺序结构实现了按部就班处理数据的过程。在编写顺序结构程序时，一定注意语句的逻辑顺序。要先分析和确定程序需要用到的变量并赋值，然后再依次对数据进行运算和处理，最终输出运算结果。变量需要先定义后使用，使用变量前应先对变量赋初值，否则会导致编译错误。

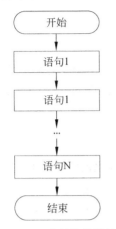

图 4-17 顺序结构执行流程

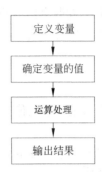

图 4-18 顺序结构程序逻辑结构

【例 4-4】 输入圆的半径，计算并输出圆的周长和面积。

分析：已知圆的半径，可以使用下面的公式求圆的周长和面积：

$$length = 2\pi r$$
$$area = \pi r^2$$

程序中涉及到 3 个变量 r、length 和 area，应该是实型变量，这里设为 double 型。r 的值在程序运行时输入；圆周率 π 是确定的值，此处可以定义实型常量来存放该值。程序代码如下所示。

例 4-4　CircleCompute.java

```
import java.util.Scanner;
public class CircleCompute {
    public static void main(String[] args) {
        //变量和相关常量定义
        double r, length, area;
        final double PI = 3.1416;
        //输入变量 r 的值
        Scanner input = new Scanner(System.in);
        System.out.print("Please input the radius: ");
        r = input.nextDouble();
        input.close();
        //计算 length 和 area
        length = 2 * PI * r;
        area = PI * r * r;
        //输出结果
        System.out.println("length = " + length + ", " +
                        "area = " + area);
    }
}
```

程序运行情况如下:

```
Please input the radius: 5✓
length = 31.416, area = 78.54
```

【例 4-5】 数据交换示例。从键盘输入 a、b 的值,输出交换之后的值。

分析:在计算机中进行数据交换,不能仅使用以下两个赋值语句完成:

```
a = b;
b = a;
```

因为这样只是用 b 的值覆盖了 a 的原值(a = b),因此最终赋给 b 的值仍然是 b 的原值。

此时需要使用中间变量 c 来完成,即用变量 c 来暂存 a 的原值,防止被覆盖。
程序代码如下所示。

例 4-5 DataExchange.java

```java
import java.util.Scanner;
public class DataExchange {
    public static void main(String[] args) {
        //变量定义
        int a;
        int b;
        int c;
        //输入变量 a 和 b 的值
        Scanner input = new Scanner(System.in);
        System.out.print("Please input two integer: ");
        a = input.nextInt();
        b = input.nextInt();
        input.close();
        //交换 a 和 b 的值
        c = a;
        a = b;
        b = c;
        //输出交换后的结果
        System.out.println("After exchange: " + a + " " + b);
    }
}
```

程序运行情况如下:

```
Please input two integer: 15 20✓
After exchange: 20 15
```

4.3.3 分支结构

分支结构可以根据给定条件的不同情况来执行不同的操作,从而控制程序执行过程。

Java 语言提供了 if 条件语句和 switch 多分支语句来实现选择程序的设计。其中,if 语句又可以细分为三种结构。

1. if 条件语句

在求解实际问题时,经常会遇到需要进行判断的情况。例如,求 y=|x|时,当 x≥0 时,y=x;当 x<0 时,y=-x。像这样根据条件来执行不同动作的程序,可以使用 if 条件语句来实现。

if 条件语句有 3 种形式:单分支 if 语句、双分支 if 语句和多分支 if 语句。

(1)单分支 if 语句。

单分支 if 语句也称为简单 if 语句,语法格式如下:

if (布尔表达式)
    内嵌语句

其中,布尔表达式表示分支条件,简单的条件通常用比较表达式来表示,如 x >= 0;复杂的条件需要用逻辑表达式,如 x > 0 && x < 6。

内嵌语句是布尔表达式值为 true 时要执行的语句,默认只执行一条。如果内嵌语句有多条,必须用大括号括起来,构成一条复合语句。

单分支 if 语句执行的流程图和 N-S 图如图 4-19 所示。

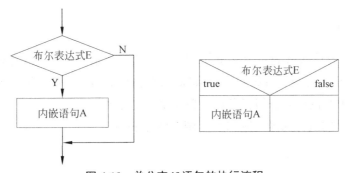

图 4-19 单分支 if 语句的执行流程

【例 4-6】 输入整数 a、b,将较大数存入 a 中。

分析:程序需要定义 int 型变量 a 和 b,其值在运行时输入。

如何得到 a、b 中的较大数呢?需要对 a 和 b 的值进行如下比较:

如果 a >= b,a 本身就是较大数,不需要处理;如果 a < b,将 b 的值较大,赋给 a 变量即可。因此,这是典型的单分支语句,分支条件是 a < b。

程序代码如下所示。

例 4-6　BiggerNumber.java

```
import java.util.Scanner;
public class BiggerNumber {
    public static void main(String[] args) {
```

```
        int a, b;
        Scanner scan = new Scanner(System.in);
        System.out.print("Please input a and b: ");
        a = scan.nextInt();
        b = scan.nextInt();
        scan.close();
        if (a < b)
            a = b;
        System.out.println("The bigger number is " + a);
    }
}
```

程序运行情况如下:

```
Please input a and b: 16 85✓
The bigger number is 85
```

(2) 双分支 if 语句。

双分支 if 语句的一般格式为:

```
if ( 布尔表达式 E )
    内嵌语句 A
else
    内嵌语句 B
```

其中,布尔表达式 E 表示分支条件。内嵌语句 A 是布尔表达式值为 true 时要执行的语句,内嵌语句 B 是布尔表达式值为 false 时要执行的语句。同样地,内嵌语句默认只执行一条,如果要执行的语句有多条,必须使用复合语句。

双分支 if 语句执行的流程图和 N-S 图如图 4-20 所示。

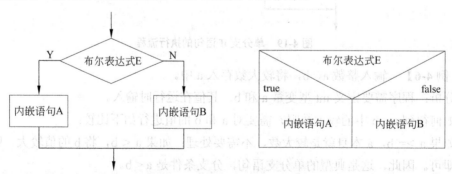

图 4-20 双分支 if 语句的执行流程

【例 4-7】 判断点(x, y)是否在如图 4-21 (a)所示的圆环内。流程图如图 4-21 (b)所示。程序代码如下所示。

例 4-7 PointInAnnulus.java

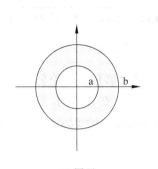
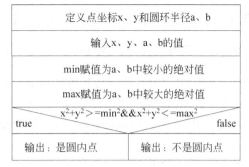

(a) 圆环　　　　　　　　　　　　(b) 流程图

图 4-21　判断圆环内点

```
import java.util.Scanner;
public class PointInAnnulus {
    public static void main(String[] args) {
        //定义变量
        double a, b, x, y;
        double min, max;
        //输入变量的值
        Scanner input = new Scanner(System.in);
        System.out.print("请输入圆环的内、外半径：");
        a = input.nextDouble();
        b = input.nextDouble();
        System.out.print("请输入点的坐标：");
        x = input.nextDouble();
        y = input.nextDouble();
        input.close();
        //判断点(x,y)是否在圆环内
        double a1 = Math.abs(a),b1=Math.abs(b);
        min = a1 < b1 ? a1 : b1;
        max = a1 < b1 ? b1 : a1;
        if ((x * x + y * y > min * min) && (x * x + y * y < max * max))
            System.out.println("该点在圆环内！");
        else
            System.out.println("该点不在圆环内！");
    }
}
```

程序运行情况如下：

请输入圆环的内、外半径：5 8↙
请输入点的坐标：7 12↙
该点不在圆环内！

【例 4-8】　输入三角形三条边的边长，计算该三角形的面积。

分析：定义 int 型变量 a、b、c 来表示三边长，其值在程序运行时输入。

三角形面积可以使用海伦公式计算：$area = \sqrt{s(s-a)(s-b)(s-c)}$，其中 $s = \frac{1}{2}(a+b+c)$。为方便计算，此处可以定义中间变量 s 和 area。

程序必须确保用户输入的三边长能够构成三角形，才能够使用海伦公式来计算三角形面积，否则应告知用户输入的数据有误，因此需要使用双分支 if 语句，分支条件是 a、b、c 能够构成三角形，用逻辑表达式 a>0 && b>0 && c>0 && a+b>c && a+c>b && b+c>a 来表示。

程序流程如图 4-22 所示。

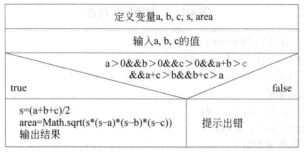

图 4-22　计算三角形面积

程序代码如下。

例 4-8　TriangleArea.java

```java
import java.util.Scanner;
public class TriangleArea {
    public static void main(String[] args) {
        //定义变量
        int a, b, c;
        double s, area;
        //输入三边长 a、b 和 c
        Scanner input = new Scanner(System.in);
        System.out.print("请输入三角形的三边长：");
        a = input.nextInt();
        b = input.nextInt();
        c = input.nextInt();
        input.close();
        //判断是否组成三角形，进行不同处理
        if (a>0 && b>0 && c>0 && a+b>c && a+c>b && b+c>a) {
            s = (double) (a + b + c) / 2;
            area = Math.sqrt(s * (s - a) * (s - b) * (s - c));
            System.out.println("三角形的面积是" + area);
        } else
            System.out.println("输入的数据有误！");
    }
}
```

程序运行情况如下：

请输入三角形的三边长：4 5 6↙
三角形的面积是 9.9215674164922l5
请输入三角形的三边长：5 10 15↙
输入的数据有误！

（3）多分支 if 语句。

多分支 if 语句用于针对某一事件的多种可能情况进行处理。通常表现为"如果满足某种条件，则进行某种处理，否则，如果满足另一种条件则执行另一种处理"。多分支 if 语句的语法格式为：

```
if ( 布尔表达式 1 )
    内嵌语句 1
else if ( 布尔表达式 2 )
    内嵌语句 2
    ...
else if ( 布尔表达式 n )
    内嵌语句 n
[ else
    内嵌语句 n+1 ]
```

其中，布尔表达式 i 表示每个分支条件。内嵌语句 i 是布尔表达式 i 值为 true 时要执行的语句，内嵌语句 i+1 是所有布尔表达式 i 值为 false 时要执行的语句。同样，内嵌语句默认只执行一条，如果要执行的语句有多条，必须是复合语句。

多分支 if 语句执行的流程图和 N-S 图如 4-23 所示。

多分支结构在布尔表达式 i 为真时执行对应的内嵌语句 i，为假时进一步判断布尔表达式 i+1；如果所有的布尔表达式均为假，则执行 else 后的内嵌语句 n+1。

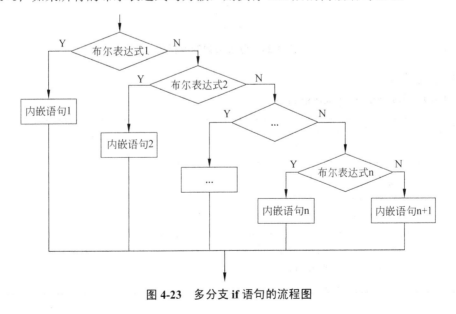

图 4-23 多分支 if 语句的流程图

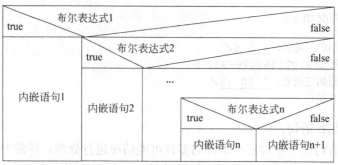

图 4-23（续）

【例 4-9】 设 x 与 y 有如下的函数关系，请根据输入的 x 值，求出分段函数 y 的值。

$$y = \begin{cases} x-7 & (x>0) \\ 2 & (x=0) \\ 3x^2 & (x<0) \end{cases}$$

分析：程序涉及的数据有 x 和 y，需要定义变量。x 的值在运行时输入，y 的值计算得到。

依题意可知，当 x>0 时，按 y = x – 7 计算 y 的值；当 x=0 时，y 的值为 2；当 x<0 时，按 y = 3x² 计算 y 的值。由此，根据多个不同条件执行不同的操作，应由多分支 if 语句来实现。这是典型的三分支结构，程序流程如图 4-24 所示。

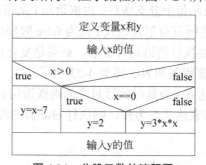

图 4-24 分段函数的流程图

程序代码如下。

例 4-9 SegmentedFunction.java

```java
import java.util.Scanner;
public class SegmentedFunction {
    public static void main(String[] args) {
        //定义变量
        int x, y;
        //输入 x 的值
        Scanner scan = new Scanner(System.in);
        System.out.print("请输入 x:");
        x = scan.nextInt();
        scan.close();
```

```
            //根据x的不同条件,计算y的值
            if (x > 0)
                y = x - 7;
            else if (x == 0)
                y = 2;
            else
                y = 3 * x * x;
            //输出结果
            System.out.print("y = " + y);
    }
}
```

程序运行情况如下:

请输入 x:5✓
y = -2

【例 4-10】 输入学生的成绩,输出该成绩对应的级别,分级标准如下:

成绩高于等于 90,级别为 A;成绩高于等于 80、低于 90 时,级别为 B;成绩高于等于 70、低于 80 时,级别为 C;成绩高于等于 60、低于 70 时,级别为 D;成绩低于 60 时,级别为 E。

分析:程序涉及的数据是成绩和级别,需要定义变量 score 和 grade。score 的值在运行时输入,grade 的值依据 score 计算得到。

依题意可知,当 score>=90 时,级别为 A;当 score∈[80, 90]时,级别为 B;当 score∈[70, 80]时,级别为 C;……。由此,根据多个不同条件执行不同的操作,这是典型的多分支结构,应由多分支 if 语句来实现,程序流程如图 4-25 所示。

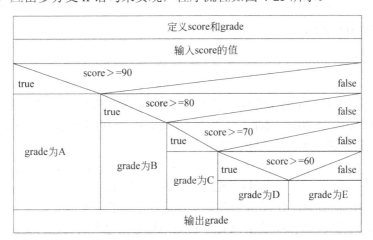

图 4-25 成绩分级函数的流程图

程序代码如下。

例 4-10 ScoreGrade.java

```java
import java.util.Scanner;
public class ScoreGrade {
    public static void main(String[] args) {
        //定义变量
        int score;
        char grade;
        //输入 score 的值
        Scanner scan = new Scanner(System.in);
        System.out.print("请输入成绩:");
        score = scan.nextInt();
        scan.close();
        //根据 score 的不同条件，计算 grade 的值
        if (score >= 90)
            grade = 'A';
        else if (score >= 80)
            grade = 'B';
        else if (score >= 70)
            grade ='C';
        else if (score >= 60)
            grade = 'D';
        else
            grade = 'E';
        //输出结果
        System.out.print("级别为： " + grade);
    }
}
```

程序运行情况如下：

请输入成绩:78✓
级别为： C

注意：根据多分支 if 语句的执行过程，当执行到布尔表达式 2 时，隐含着布尔表达式 1 为假（即 score < 90），因此布尔表达式 2（score < 90 && score >= 80）可简化为 score >= 80。其余的布尔表达式依次类推。

从以上 3 种 if 语句的流程图可以看到：这 3 种形式的 if 语句都是由一个入口进入，经过对布尔表达式的判断，分别执行相应的内嵌语句，最后归到一个共同的出口。这种形式的程序结构称为选择结构。if 语句是实现选择结构的主要语句。

在 3 种形式的 if 语句中，在 if 关键字后面用括号括起来的表达式就是执行哪个内嵌语句的判断条件，一般是逻辑表达式或比较表达式。

特别需要强调的是，在 3 种形式的 if 语句中，如果内嵌语句有多条语句的话，必须使用复合语句的形式；同时，为了提高程序的可读性，通常采用缩进格式来书写 if 语句，以突出 if 语句的结构。

（4）if 语句的嵌套。

if 语句的内嵌语句可以是各种合法的语句，如由表达式构成的语句、声明性语句、方法调用构成的语句或复合语句。如果在 if 语句的内嵌语句中又包含有一个或多个 if 语句，就构成了 if 语句的嵌套。

单分支 if 语句的嵌套形式如下：

```
if（布尔表达式 1）
    内嵌 if 语句
```

双分支 if 语句的嵌套形式如下：

```
if（布尔表达式 1）
    内嵌 if 语句 A
  else
    内嵌 if 语句 B
```

多分支 if 语句的嵌套形式如下：

```
if（布尔表达式 1）
    内嵌 if 语句 A
else if（布尔表达式 2）
    内嵌 if 语句 B
    ⋮
else
    内嵌 if 语句 N
```

其中，内嵌的 if 语句可以是单分支、双分支或多分支 if 语句。

以下是双分支 if 语句嵌套的示例：

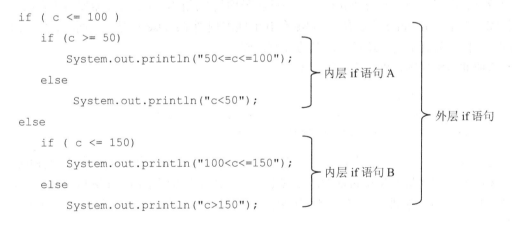

在 if 语句的嵌套中，应当注意：

① else 后面的 if 语句可以是各种形式的 if 语句，此时等价于多分支语句。例如：

```
if ( score < 60 )                              if ( score < 60 )
    System.out.println("不及格");                   System.out.println("不及格");
else                            等价于          else if (score < 85)
    if ( score < 85 )          <=======>            System.out.println("及格");
        System.out.println("及格");              else
    else                                            System.out.println("优秀");
        System.out.println("优秀");
```

② if 和 else 之间内嵌的 if 语句可以是双分支或多分支 if 语句,此时内嵌的 if 语句可以不用大括号括起来,如上文的双分支 if 语句嵌套示例。

③ 如果 if 和 else 之间内嵌的 if 语句是一个单分支 if 语句,必须用大括号将其括起来。例如:

```
if ( c <= 100 )
{   if ( c >= 50 )  System.out.println("50<=c<=100");   }
else
    System.out.println("c>100");
```

如果此时内嵌的单分支 if 语句未使用大括号,即以下形式:

```
if ( c <= 100 )
    if ( c >= 50 )  System.out.println("50<=c<=100");
else
    System.out.println("c>100");
```

则此时 else 既可以与第一个 if 结合,形成双分支语句;也可以与第二个 if 结合,形成外层单分支、内层双分支的嵌套 if 语句。两种解释均是合法的,那么编译器如何确定语句结构呢?在多个 if…else 的嵌套中,else 和 if 的匹配规则是:else 总是与上面的、离它最近的、在同一复合语句中还没有配对的 if 来匹配。

按照此匹配规则,以上语句等价于:

```
if ( c <= 100 )
    if ( c >= 50 ) System.out.println("50<=c<=100");
    else    System.out.println("c>100");
```

这与程序内容表达的意义是不一致的。在实际程序中出现不规整的嵌套 if 结构时,应依据匹配规则判断出 if 和 else 的匹配规则,正确分析出程序结构。在编写程序时,也应该使用大括号、缩进、空格或空行等来清晰地表现出程序的结构,以提高程序的可读性。

【例 4-11】 任意输入 3 个整数 a、b、c,按从大到小的顺序输出它们的值。

分析:程序中涉及的数据有 a、b、c,需要定义 3 个变量,运行时输入它们的值。

要想按序输出值,需要将 3 个数两两比较,比较过程如图 4-26 所示。这是典型的嵌套 if 结构。

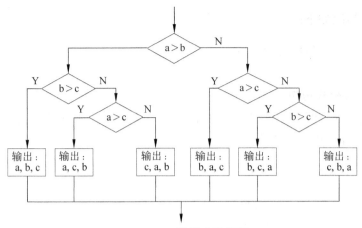

图 4-26 三数排序流程图

例 4-11 NumberSort.java

```java
import java.util.Scanner;
public class NumberSort {
    public static void main(String[] args) {
        int a, b, c;              //定义变量
        //输入变量的值
        Scanner scan = new Scanner(System.in);
        System.out.print("请输入a、b、c的值:");
        a = scan.nextInt();
        b = scan.nextInt();
        c = scan.nextInt();
        scan.close();
        //两两比较，输出结果
        if (a > b) {
            if (b > c)
                System.out.print(a + ", " + b + ", " + c);
            else if (a > c)
                System.out.print(a + ", " + c + ", " + b);
            else
                System.out.print(c + ", " + a + ", " + b);
        } else {
            if (a > c)
                System.out.print(b + ", " + a + ", " + c);
            else if (b > c)
                System.out.print(b + ", " + c + ", " + a);
            else
                System.out.print(c + ", " + b + ", " + a);
        }
    }
}
```

程序运行情况如下:

请输入 a、b、c 的值:<u>59 12 75</u>✓
75, 59, 12

2. switch 多分支语句

当分支结构的判断条件只有有限的值时,可以使用 switch 多分支语句来实现程序的分支。switch 语句的语法结构如下:

```
switch ( 表达式 E )
{
    case 常量1:      语句序列1
                    [break;]
    case 常量2:      语句序列2
                    [break;]
        …
    case 常量i:      语句序列i
                    [break;]
        …
    case 常量M:      语句序列M
                    [break;]
    [default :      语句序列M+1]
}
```

从语法形式上看:关键字 switch 后的表达式 E 表示分支条件,其类型必须是整型、字符型、字符串或枚举型。每个 case 分句中的常量 i 的类型应和表达式 E 一致;每个语句序列 i 由 1 条、2 条或多条语句构成,也可以是零条语句,后续的 break 语句可选。

switch 语句的执行过程是:计算表达式 E 的值,并依次与常量 1、常量 2、……、常量 M 进行比较。一旦找到相同的值(常量 i)时,语句的执行流程将从常量 i 进入,依次执行语句序列 i、语句序列 i+1、……、语句序列 M,直到遇到 break 语句,switch 语句停止执行。如果表达式 E 的值和每个常量 i 都不相等,执行 default 之后的语句序列 M+1。如果此时没有 default,则不执行任何操作,switch 语句结束。

switch 中的 break 语句的作用是结束当前 switch 语句的执行,跳出 switch 语句体,执行 switch 后面的语句。

default 分句可以省略,也可以出现在 switch 语句体内的任何 case 分句之间。

图 4-27 是 switch 语句的执行流程。

由图 4-27 可知,每个常量 i 相当于 switch 语句执行时的一个入口,只要表达式 E 的值等于该常量 i,流程就从该入口进入,执行语句序列 i。如果语句序列 i 后有 break 语句,则 switch 语句直接结束;如果语句序列 i 后没有 break 语句,则依次向下执行后续的语句序列,直到遇到下一个 break 语句,或者所有的语句序列执行完毕。

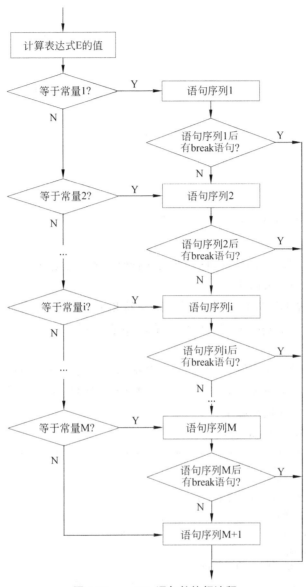

图 4-27 switch 语句的执行流程

在使用 switch 语句进行多路分支时应注意：

① 同一个 switch 语句中每个 case 分句中的常量值必须互不相同，以保证入口的唯一性。

② 表达式 E 和常量 i 不允许是浮点数，因为浮点数存在表示误差。

③ break 语句的作用是结束当前 switch 语句的执行，switch 语句必须与 break 语句结合才能实现程序的多路分支。

④ switch 语句允许嵌套，即 switch 的语句序列中允许出现另一个 switch 语句。在嵌套的 switch 语句中，break 语句只能结束当前 switch 的语句。

⑤ 多个 case 可以共用同一个语句序列。例如：

```
switch( m )
{
    case 1:
    case 3:
    case 5:
    case 7:
    case 9:  System.out.println("odd");     break;
    case 2:
    case 4:
    case 6:
    case 8:
    case 0:  System.out.println("even");    break;
}
```

【例 4-12】 已知 x=100，y=15，要求运行时输入一个算术运算符（+、-、*或 /），对 x 和 y 进行指定的算术运算。

分析：程序涉及的数据有 x 和 y、输入的字符和运算结果，需要定义 float 型变量 x、y、result 和字符型变量 op。x 和 y 应赋初值，op 在运行时输入，result 的值需经过计算得出。

result 的值是根据 op 的值（为'+'、'-'、'*'或'/'）进行 x 和 y 的相加、相减、相乘、相除运算得到，还要考虑到输入字符不是+、-、* 或 / 时的情况，因此可以用 switch 多路分支语句来实现。程序代码如下。

例 4-12 NumberOperator.java

```java
import java.util.Scanner;
public class NumberOperator {
    public static void main(String[] args) {
        //定义变量
        float x = 100, y = 15, result;
        char op;
        //读入键盘输入的运算符，存入 op
        Scanner scan = new Scanner(System.in);
        System.out.print("请输入运算符:");
        op = scan.nextLine().charAt(0);
        scan.close();
        //根据 op 值的不同，进行不同的计算
        switch (op) {
        case '+':
            result = x + y;    break;
        case '-':
            result = x - y;    break;
        case '*':
            result = x * y;    break;
        case '/':
```

```
                result = x / y;    break;
            default:
                result = 0;
        }
        //输出结果
        if (Math.abs(result) < 1e-6)
            System.out.println("您输入的运算符有误!");
        else
            System.out.println(x + " " + op + " " + y + " = " + result);
    }
}
```

程序运行情况如下：

请输入运算符:/✓
100.0 / 15.0 = 6.6666665
请输入运算符:$✓
您输入的运算符有误!

【例 4-13】 成绩分级问题：将用户输入的学生成绩分为 A、B、C、D、E 五个级别，90 分及以上为 A，80（含）至 90 分为 B，70（含）至 80 分为 C，60（含）至 70 分为 D，低于 60 分为 E。

分析：程序涉及的数据有成绩和等级，需要定义整型变量 score，其值在运行时输入，定义字符型变量 grade，根据 score 计算得到。

score 的等级是根据值所在的范围来确定，更具体地，是由 score 的十位数来确定，因此可以先求出 score 的十位数（定义中间变量 quotient 来存放），然后用 switch 多路分支语句来实现。

程序代码如下。

例 4-13　ScoreGrade2.java

```java
import java.util.Scanner;
public class ScoreLevel {
    public static void main(String[] args) {
        //定义变量
        int score, quotient;
        char grade;
        //读入键盘输入的成绩
        Scanner scan = new Scanner(System.in);
        System.out.print("请输入成绩:");
        score = scan.nextInt();
        scan.close();
        //根据 score 的十位数值的不同，进行不同的计算
        quotient = score / 10;
        switch (quotient) {
```

```
            case 10:
            case 9:
                grade = 'A';
                break;
            case 8:
                grade = 'B';
                break;
            case 7:
                grade = 'C';
                break;
            case 6:
                grade = 'D';
                break;
            default:
                grade = 'E';
        }
        //输出结果
        System.out.println("分数等级: " + grade);
    }
}
```

程序运行情况如下：

请输入成绩：81↵
分数等级：B

3. 分支结构程序设计

如果在求解问题时发现不同条件下需要进行不同的处理，可以使用分支结构来实现不同的程序流向。在分支结构程序设计中，最重要的是要理清分支的逻辑结构，弄清楚什么条件下应该进行什么样的处理，然后使用相应的 if 语句或 switch 语句来实现，特别是在嵌套的 if 语句中，理清程序的逻辑结构非常重要。

【例 4-14】 输入年份，判别该年是否为闰年。

分析：程序涉及的数据有年份，需要定义整型变量 year，其值在运行时输入。

年份 year 为闰年的条件为：①能够被 4 整除，但不能被 100 整除的年份；②能够被 400 整除的年份。只要满足任意一个就可以确定它是闰年。因此，先判断 year 是否满足条件①，如果满足①则是闰年；不满足①时，还要再次判断 year 是否满足条件②，如果满足②则是闰年，如果也不满足②时则不是闰年。这是一个典型的多分支语句。

为了标志 year 是否是闰年，一种典型的方法是设定一个标志变量 leap，是闰年则令 leap 为 1，否则 leap 为 0。变量 leap 用来标记其他数据的某种性质或状态，因此称之为标志变量。

程序流程图如图 4-28 所示。

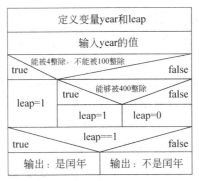

图 4-28 判断闰年流程图

程序代码如下。

例 4-14　LeapYear.java

```
import java.util.Scanner;
public class LeapYear {
    public static void main(String[] args) {
        //定义变量
        int year, leap;
        //读入键盘输入的年份
        Scanner scan = new Scanner(System.in);
        System.out.print("请输入年份:");
        year = scan.nextInt();
        scan.close();
        //判断 year 是否满足条件①和条件②
        if (year % 4 == 0 && year % 100 != 0)
            leap = 1;
        else if (year % 400 == 0)
            leap = 1;
        else
            leap = 0;
        //根据 leap 的值输出结果
        if (leap == 1)
            System.out.println(year + "年是闰年。");
        else
            System.out.println(year + "年不是闰年。");
    }
}
```

程序运行情况如下：

请输入年份：1996✓
1996 年是闰年。
请输入年份：2015✓
2015 年不是闰年。

【例 4-15】 输入 a、b、c 的值,编写程序求一元二次方程 $ax^2+bx+c=0$ 的根。

分析:程序中的数据有 a、b、c 和根 x_1、x_2,需要定义相应实型变量,并在运行时输入 a、b、c 的值。

在进行求解之前,应该确保方程是一元二次方程,即判断输入的 a 是否为 0:若为 0,则输入有误,输出出错信息,计算结束;若不为 0,进行后续计算。

在 a 不为 0 的情况下,一元二次方程的根取决于系数 a、b 和 c,求根公式是 $x_{1,2} = \frac{-b \pm \sqrt{b^2-4ac}}{2a}$。根的情况取决于判别式 $d = b^2 - 4ac$:

当 d = 0 时,方程有两个相等的实根:$x_1 = x_2 = -b/(2*a)$。

当 d > 0 时,方程有两个不相等的实根:$x_1 = (-b+sqrt(d))/(2*a)$,$x_2 = (-b-sqrt(d))/(2*a)$。

当 d < 0 时,方程有两个虚根:$x_1 = rp + i*pi$,$x_2 = rp - i*pi$,其中实部 $rp = -b/(2*a)$,虚部 $ip = sqrt(-d)/(2*a)$。

这是典型的嵌套结构。为了方便运算,应额外定义中间变量 d、rp 和 ip。程序流程图如 4-29 所示。

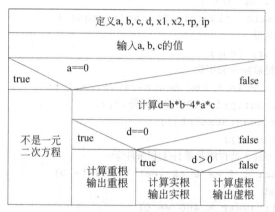

图 4-29 一元二次方程求根流程图

程序代码如下。

例 4-15 QuadraticEquation.java

```
import java.util.Scanner;
public class QuadraticEquation {
    public static void main(String[] args) {
        //定义变量
        double a, b, c, d, x1, x2, rp, ip;
        //读入键盘输入的系数
        Scanner scan = new Scanner(System.in);
          System.out.print("请输入一元二次方程的系数a、b和c:");
        a = scan.nextDouble();
        b = scan.nextDouble();
        c = scan.nextDouble();
        scan.close();
        //使用嵌套if语句来求根并输出
```

```
        if (Math.abs(a) < 1e-6)
            System.out.println("不是一元二次方程!");
        else {
            d = b * b - 4 * a * c;
            if (Math.abs(d) < 1e-6) {
                x1 = x2 = -b / (2 * a);
                System.out.println("两个相等实根: x1=x2=" + x1);
            } else if (d > 0) {
                x1 = (-b + Math.sqrt(d)) / (2 * a);
                x2 = (-b - Math.sqrt(d)) / (2 * a);
                System.out.println("两个不等实根: x1=" + x1 + ", x2=" + x2);
            } else {
                rp = -b / (2 * a);
                ip = Math.sqrt(-d) / (2 * a);
                System.out.print("两个复数根: x1=" + rp + "+" + ip + "i, ");
                System.out.println("x2=" + rp + "-" + ip + "i");
            }
        }
    }
}
```

程序运行情况如下：

请输入一元二次方程的系数a、b和c:1 3 5↙
两个复数根:x1=-1.5+1.65831239517777i, x2=-1.5-1.65831239517777i
请输入一元二次方程的系数a、b和c:1 5 3↙
两个不等实根: x1=-0.6972243622680054, x2=-4.302775637731995

4.3.4 循环结构

循环结构也称为重复结构，是程序设计的3种基本结构之一。利用循环结构进行程序设计，一方面降低了问题的复杂性，减少了程序设计的难度；另一方面也充分发挥了计算机自动执行程序、运算速度快的特点。

循环就是重复执行一组指令或程序段。其中，需要重复执行的程序段称为循环体，用来控制循环进行的变量称为循环变量。在程序设计过程中，要注意程序循环条件的设计和在循环体中对循环变量的修改，以免陷入死循环。在实际应用中根据问题的需要，可选择单重循环或多重循环来实现，并处理好各循环之间的依赖关系。

Java中的循环语句有3种，分别是while语句、do…while语句和for语句。在程序设计时应根据实际需要，合理选择实现循环的语句。

1. while 语句

while 语句用来实现"当型"循环结构，即当某条件满足的情况下重复执行某段代码。while 语句的语法格式如下：

```
while（布尔表达式E）
    内嵌语句
```

其中，表达式 E 为布尔类型，表示循环条件，通常为关系表达式或逻辑表达式。内嵌语句是在满足条件的情况下重复执行的部分，可以是一个语句，也可以是多个语句构成的复合语句，也称循环体。

当程序执行到 while 语句时，首先判断表达式 E 的值：如果值为 true，则执行内嵌语句，然后再次判断表达式 E，如果值为 false，则 while 语句执行结束。

while 语句的执行过程如图 4-30 所示。

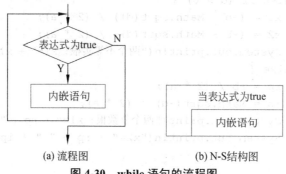

(a) 流程图　　　　　　　(b) N-S 结构图

图 4-30　while 语句的流程图

例如：

```
int t = 10;
while ( t >= 0 )
    t--;
printf( "t = %d\n", t );
```

在程序段中，变量 t 的初值为 10。执行 while 语句时，先判断 t >= 0 成立，则执行循环体 t--，使得 t 为 9；再次判断 t >= 0，如此循环，直至 t 减少为 –1 时，条件不再成立，退出循环，输出 t 的值为 –1。变量 t 用来判断循环是否进行，称为循环变量。

【例 4-16】　编写程序，求 100 个自然数的和，即：s = 1 + 2 + 3 + … + 100。

分析：要求自然数的和，应先定义存放和的变量 sum，初值为 0。

求和的过程即在 sum 的当前值上依次累加每个整数，即第 1 次加 1，第 2 次加 2，……，第 100 次加 100。每次的加数可以定义变量 i 来存放，初始值为 0。

每次累加 i 时，应将 sum 的值加上 i；并且下一次的加数应增加 1。这是每次重复执行的部分，即循环体。

当 i 的值超过 100 时，不再累加，因此重复累加的条件是 i 不超过 100。

这是典型的循环结构，可以用 while 语句来实现。求和的流程图如图 4-31 所示。

程序代码如下。

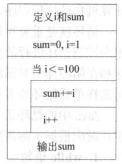

图 4-31　求和流程图

例 4-16　Summation.java

```
public class Summation {
    public static void main(String[] args) {
```

```
            int i,sum;
            i=1; sum=0;
            while(i<=100){
                sum +=i;
                i++;
            }
            System.out.println("sum = "+sum);
        }
    }
```

程序运行情况如下：

```
sum = 5050
```

while 语句的特点是，先判断条件（表达式），再执行循环体。在使用 while 语句时应注意以下几点：

（1）while 语句执行时，表达式的值为 true 时才能进入循环，应在 while 语句之前设置好相关变量的初值，可以顺利进入循环，特别是循环变量的初值。如上例中的 i=1，sum=0。

（2）while 语句中的循环条件表达式成立的情况下，循环体会不断执行。为了保证 while 语句能够结束，循环体或循环条件中应包含某些能够改变循环条件值的操作，使得在一定情况下循环条件为 false，可以顺利跳出循环，防止死循环。如上例中的 i++会使 i 的值不断增加，直到增加为 101 时，循环条件不再满足，循环结束。

（3）循环体中可以使用循环变量的值，应特别注意对循环变量的赋值操作，避免程序陷入死循环。例如：

```
int x, t;
x = t = 10;
while( x-- >0 )
    x = t;   //循环变量 x 重新赋值，程序会陷入死循环
```

（4）循环体可以为空语句，可以为单条语句，或者是复合语句。

2. do…while 语句

do…while 语句也可用来实现程序的循环。do…while 语句的语法格式如下：

```
do
    内嵌语句
while ( 表达式 E );
```

其中，表达式 E 和内嵌语句与 while 语句中的相同。

当程序执行到 do…while 语句时，首先执行内嵌语句，再判断表达式 E 的值：如果值为 true，则返回 do 重新执行内嵌语句，如此循环，直到表达式 E 值为 false，则 do…while 语句执行结束。

do…while 语句的执行过程如 4-32 所示。

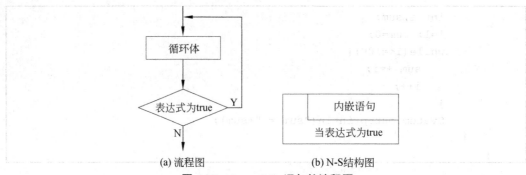

(a) 流程图　　　　　　　(b) N-S 结构图

图 4-32　do…while 语句的流程图

例如，例 4-16 中的求 1+2+…+100 可以用 do…while 语句如下实现：

```
i = 1; sum = 0;
do{
    sum += i;
    i++;
}while( i <= 100 );
```

do…while 语句的特点是先执行一次循环体，再判断条件，确定是否继续循环。与 while 语句一样，用 do…while 语句编程时也应注意循环变量初始值的设置，循环过程中循环变量的值的改变，以及复合语句的使用。

【例 4-17】 编写程序，用辗转相除法求输入的 m 和 n 的最大公约数。

分析：程序中涉及的数据有 m、n 和最大公约数 r，其中 m 和 n 的值由用户输入。

辗转相除法求最大公约数的过程如下：

① 先求 m 和 n 相除的余数 r。
② 然后令 m=n，n=r，并判断 r（或 n）。
③ 如果 r≠0，再重复①和②；直到 r 等于 0 时结束循环。
④ 此时的 m 为最大公约数。

这是典型的循环结构，循环条件是 r≠0，循环的操作是求余和赋值，可以用 do…while 语句来实现，流程图如图 4-33 所示。

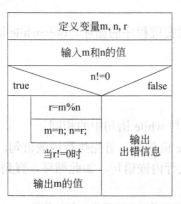

图 4-33　辗转相除法求最大公约数流程图

程序代码如下。

例 4-17　GCD.java

```java
import java.util.Scanner;
public class GCD {
    public static void main(String[] args) {
        //定义变量
        int m, n, r;
        //读入键盘输入的m和n
        Scanner scan = new Scanner(System.in);
        System.out.print("请输入m和n:");
        m = scan.nextInt();
        n = scan.nextInt();
        scan.close();

        if (n != 0) {
            //求m、n的最大公约数并输出
            do {
                r = m % n;
                m = n;
                n = r;
            } while (r != 0);
            System.out.println("m和n的最大公约数是： " + m);
        } else
            //输出出错信息
            System.out.println("输入的数据有误！");
    }
}
```

程序运行情况如下：

请输入m和n:30 16↙
m和n的最大公约数是： 2

一般情况下，使用while语句和do…while语句解决同一个问题时，二者循环体相同，如果while语句能顺利进入循环，则结果也是相同的。

3. for 语句

for 语句是最灵活的循环语句，在程序中使用也最为频繁。无论循环次数已知，还是未知，都可以使用 for 语句来实现。for 语句的语法格式如下：

```
for（表达式1；表达式2；表达式3）
    内嵌语句
```

其中，表达式1只执行一次，通常用来声明或初始化变量；表达式2是布尔型比较表达式或逻辑表达式，表示循环控制条件，值为true时进行重复执行内嵌语句，为false时结束循环；表达式3通常用来改变循环变量的值，每次内嵌语句执行完后会计算一次表达式 3，再去判断表达式 2 是否成立。内嵌语句即循环体，是在满足条件的情况下重复执行的部分，可以是一个语句，也可以是多个语句构成的复合语句。

for 语句的执行过程如图 4-34 所示。

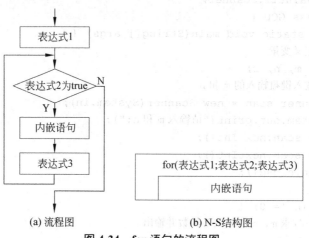

(a) 流程图　　　　　　　　(b) N-S结构图

图 4-34　for 语句的流程图

例如，求 1+2+…+100 可以用 for 语句如下实现：

```
int i, sum;
for ( i = 1, sum = 0; i <= 100; i++) {
    sum += i;
}
```

从 for 语句的流程图可知，for 语句可以用 while 语句等价实现，形式如下：

```
表达式 1;
while ( 表达式 2 )
{
    内嵌语句
    表达式 3;
}
```

注意，for 语句的三个表达式之间用分号分隔开，并且三个表达式均可同时或部分省略，但是每个表达式实现的功能应该在程序其他部分体现出来。

（1）省略表达式 1，意味着执行 for 语句时不需要对相关变量赋初值，但是赋值的操作应该在 for 语句之前完成。例如：

```
int i = 1, sum = 0;
for ( ; i <= 100; i++) {
    sum += i;
}
```

（2）省略表达式 2，意味着循环条件恒等于 true，此时无法通过循环条件不成立来结束循环。为了防止死循环，必须在循环体中有相应的跳转语句，使得 for 语句在执行若干次后能够顺利跳出，结束循环。例如：

```
int i, sum;
for ( i = 1, sum = 0; ; i++) {
    if ( i > 100 )
        ...    //通过跳转语句来结束循环
    else
        sum += i;
}
```

（3）省略表达式 3，意味着每次执行完循环体后不再计算表达式 3，但是表达式 3 实现的操作应该在循环体或表达式 2 中体现出来。例如：

```
int i = 1, sum = 0;
for ( i = 1, sum = 0; i <= 100;  ) {
    sum += i;
    i++;
}
```

因此，for 语句的使用非常灵活，在编程时应灵活掌握。

【例 4-18】 编写程序，求输入的正整数 n 的阶乘。

分析：程序中涉及的数据有 n 及其阶乘，其中 n 的值由用户输入，其值应大于 0。

n 的阶乘即是求 1×2×…×(n–1)×n，即求 1~n 的乘积。这与求自然数和的思路是类似的，此处需要定义累乘器 p，初值为 1。定义每次累乘的循环变量 i，初值为 1。

这是典型的循环结构，循环条件是 i <= n，循环的操作是累乘与赋值，可以用 for 语句来实现，流程图如图 4-35 所示。

程序代码如下。

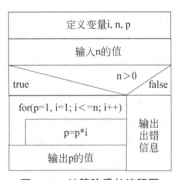

图 4-35 计算阶乘的流程图

例 4-18 Factorial.java

```
import java.util.Scanner;
public class Factorial {
    public static void main(String[] args) {
        //定义变量
        int i, n, p;
        //读入键盘输入的 n
        Scanner scan = new Scanner(System.in);
        System.out.print("请输入n:");
        n = scan.nextInt();
        scan.close();
```

```java
        if (n > 0) {
            //计算正数 n 的阶乘
            for (p = 1, i = 1; i <= n; i++)
                p = p * i;
            System.out.println("n 的阶乘是： " + n);
        } else
            //输出出错信息
            System.out.println("输入的数据有误！");
    }
}
```

程序运行情况如下：

请输入 n:10↙
n 的阶乘是：3628800

【例 4-19】 编写程序，判断输入的整数 n 是否是素数。

分析：程序中涉及的数据有 n，其值由用户输入，其值应大于 0。并且 1 不是素数，2 是素数，3 以上的自然数需判断。

素数又称质数，指在一个大于 1 的自然数中，除了 1 和此整数自身外，不能被其他自然数整除的数。要判断 n 是否是素数，最直观的方式就是用 2、3、…、n−1 等可能的因子依次去除 n：如果某一个可能的因子能整除 n，则 n 不是素数；如果所有可能的因子都不能整除 n，则 n 是素数。这是一个不断重复的过程，可以用 for 循环实现，循环变量 i 是所有可能的因子，每次重复执行的操作是用 i 去除 n。

为了标记 n 是否是素数，定义布尔型的变量 mark，其值用来表示 n 是否为素数，初值为 true。循环过程中当某个 i 可以整除 n 时，令 mark 为 false。当循环结束时就可以根据 mark 的值得知 n 是否是素数了。

流程图如图 4-36 所示。

程序代码如下。

例 4-19 Prime.java

```java
import java.util.Scanner;
public class Prime {
    public static void main(String[] args) {
        //定义变量
        int i, n;
        boolean mark;
        mark = true;
        //读入键盘输入的 n
        Scanner scan = new Scanner(System.in);
        System.out.print("请输入 n:");
        n = scan.nextInt();
        scan.close();
        //根据 n 的不同情况分别判断
```

```
            if (n > 0) {
                if (n == 1)
                    mark = false;
                else if (n == 2)
                    mark = true;
                else  //用 for 循环判断 n 是否为素数
                    for (i = 2; i < n; i++)
                        if (n % i == 0)
                            mark = false;
                //根据标志变量的值输出结果
                if (mark == true)
                    System.out.println(n + "是素数");
                else
                    System.out.println(n + "不是素数");
            } else  //输入的 n 不是自然数
                //输出出错信息
                System.out.println("输入的数据有误！");
        }
    }
```

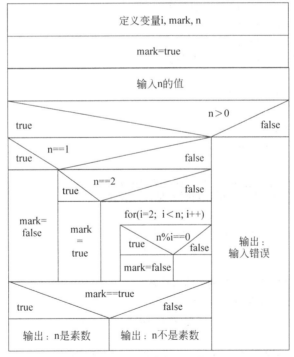

图 4-36 判断素数的流程图

程序运行情况如下：

请输入 n:27↙
27 不是素数

在此例中，用所有可能的因子 2、3、…、n–1 等依次去判断其是否是 n 的因子，这种尝试所有可能情况的方法称为**穷举法**。穷举法是算法设计时最常用的方法之一，直观明了，易于理解；缺点是尝试次数过多时，影响了程序执行的效率。因此，需要对穷举法进行改进和优化。

例如，当整数 n 为 15 时，n 可以拆分为 3*5，当判断完 3 是 15 的因子之后，已经不需要再次判断 5 是 15 的因子了，即可以减小循环变量 i 的范围。数学上可以证明，循环变量 i 只需判断到 n 的平方根即可。据此对例 4-19 进行优化，代码如下。

例 4-19 （优化后）Prime2.java

```java
import java.util.Scanner;
public class Prime2 {
    public static void main(String[] args) {
        //定义变量
        int i, n, k;    //k 存放循环的终值
        boolean mark;
        mark = true;
        //读入键盘输入的 n
        Scanner scan = new Scanner(System.in);
        System.out.print("请输入n:");
        n = scan.nextInt();
        scan.close();
        //根据 n 的不同情况分别判断
        if (n > 0) {
            if (n == 1)
                mark = false;
            else if (n == 2)
                mark = true;
            else
                k = (int) Math.sqrt(n);
                //用 for 循环判断 n 是否为素数
                for (i = 2; i <= k; i++)
                    if (n % i == 0)
                        mark = false;
            }
            //根据标志变量的值输出结果
            if (mark == true)
                System.out.println(n + "是素数");
            else
                System.out.println(n + "不是素数");
        } else
            //输出出错信息
            System.out.println("输入的数据有误！");
    }
}
```

for语句还有一种增强形式——for-each循环，用于遍历数组或集合中的元素。for-each循环将在后续章节中介绍。

4. 循环嵌套

在循环语句的循环体语句中又包含另一个循环语句，称为循环嵌套。while 语句、do-while 语句和 for 语句都可以互相嵌套。在分析嵌套循环时，要分清楚外循环语句和内循环语句，判断外循环体和内循环体，严格按照各循环语句的执行流程来分析。

【例 4-20】 编写程序，输出九九乘法表。

分析：如图 4-37 所示，九九乘法表共 9 行，每行的编号用变量 i 来表示，则 i 的范围是 1～9。

1×1=1								
1×2=2	2×2=4							
1×3=3	2×3=6	3×3=9						
1×4=4	2×4=8	3×4=12	4×4=16					
1×5=5	2×5=10	3×5=15	4×5=20	5×5=25				
1×6=6	2×6=12	3×6=18	4×6=24	5×6=30	6×6=36			
1×7=7	2×7=14	3×7=21	4×7=28	5×7=35	6×7=42	7×7=49		
1×8=8	2×8=16	3×8=24	4×8=32	5×8=40	6×8=48	7×8=56	8×8=64	
1×9=9	2×9=18	3×9=27	4×9=36	5×9=45	6×9=54	7×9=63	8×9=72	9×9=81

图 4-37 九九乘法表

对第 i 行来说：第 i 行输出的是 i*1、i*2、i*3、…、i*i。如果用 j 来表示后一个乘数，则 j 的范围是 1～i，可以用循环来实现第 i 行这 i 个数的输出。

九九乘法表需要输出 9 行，因此外循环需要进行 9 次。这是典型的循环嵌套结构。流程图如图 4-38 所示。

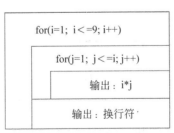

图 4-38 九九乘法表的流程图

程序代码如下。

例 4-20 TimesTable.java

```
public class TimesTable {
    public static void main(String[] args) {
        int i, j;
```

```
            for (i = 1; i <= 9; i++) {
                for (j = 1; j <= i; j++)
                    System.out.print(i * j + " ");
                System.out.println();
            }
        }
    }
```

程序运行结果如下。

```
1
2 4
3 6 9
4 8 12 16
5 10 15 20 25
6 12 18 24 30 36
7 14 21 28 35 42 49
8 16 24 32 40 48 56 64
9 18 27 36 45 54 63 72 81
```

同理,各类输出图形、数字或字母构成的图形等都可采用类似思路,由嵌套循环来实现。

5. 循环跳转语句

循环跳转语句用在循环体中,可以改变循环执行的流程。Java 提供了 break 和 continue 这两种循环跳转语句。

(1) break 语句。

break 语句用于结束当前循环,即程序执行到循环体中的 break 语句,则立刻结束所在循环的执行,转去执行后续语句。break 语句的执行流程如图 4-39 所示。

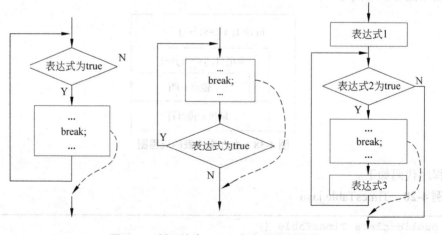

图 4-39 循环体中 break 语句的执行流程

当循环体中存在 break 语句时,结束循环就会有两种路径:循环条件不满足时结束和执行 break 语句时结束。因此在循环语句之后可以根据循环条件是否还满足来确定程序的执行情况，进行下一步判断。

在例 4-19 中，我们采用穷举法来判断 n 是否是素数，依次用 1、2、...、$\sqrt{n}$ 来尝试是否能整除 n。实际上，在循环过程中，只要有一个因子 i 可以整除 n，那么 n 就必然不是素数，此时无须再判断后续的 i+1、i+2、...、$\sqrt{n}$，而是直接结束循环，用 break 实现。当循环结束时，可以根据 i<=k 还是 i>k 来推断出循环是由 break 结束还是由循环条件不满足结束的，从而得知 n 是否是素数。因此，可以进一步优化，代码如下。

例 4-19 （进一步优化后）Prime3.java

```java
import java.util.Scanner;
public class Prime3 {
    public static void main(String[] args) {
        //定义变量，k 存放循环的终值
        int i, n, k;
        //读入键盘输入的 n
        Scanner scan = new Scanner(System.in);
        System.out.print("请输入n:");
        n = scan.nextInt();
        scan.close();
        //根据 n 的不同情况分别判断
        if (n > 0) {
            if (n == 1)
                System.out.println(n + "不是素数");
            else if (n == 2)
                System.out.println(n + "是素数");
            else
                k = (int) Math.sqrt(n);
                //用 for 循环判断 n 是否为素数
                for (i = 2; i <= k; i++)
                    if (n % i == 0)
                        break;   //i 能整除 n,结束循环
                //根据 i 和 k 的大小关系输出结果
                if (i > k)
                    System.out.println(n + "是素数");
                else
                    System.out.println(n + "不是素数");
        } else
            //输出出错信息
            System.out.println("输入的数据有误！");
    }
}
```

（2）continue 语句。

continue 语句用于结束循环体的当次执行，转去执行下一次的循环体。即程序执行到循环体中的 continue 语句，则跳过循环体中 continue 之后的语句，进行下一次循环体的执行。continue 语句的执行流程如图 4-40 所示。

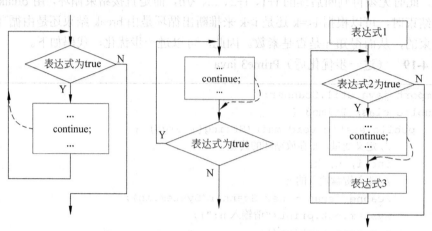

图 4-40　循环体中 continue 语句的执行流程

由图 4-40 可知，continue 语句只是结束了循环体的当次执行，并不终止整个循环的执行。循环语句仍然是在不满足循环条件时才能结束。

【例 4-21】　编写程序，计算用户输入的 5 个非负整数之和。

分析：用户从键盘依次输入数据。每次输入数据时，需要对数据进行判断：如果该数据为非负数，则计数并求和；如果为负数，则跳过，继续下一次输入。用循环实现，循环条件是输入的非负数不足 5 个，需要设置计数器 n。另需设置累加器 sum。流程图如图 4-41 所示。

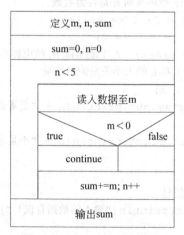

图 4-41　例 4-21 的流程图

程序代码如下。

例 4-21 TimesTable.java

```java
import java.util.Scanner;
public class NonnegativeSum {
    public static void main(String[] args) {
        //定义变量
        int m, n, sum;
        n = 0;
        sum = 0;
        System.out.print("请输入数据:");
        Scanner scan = new Scanner(System.in);
        while ( n < 5 ) {
            m = scan.nextInt();            //读入键盘输入的 n
            if (m < 0)                      //m 为非负数时跳过后续语句
                continue;
            sum += m;                       //m 为正数或零时求和、计数
            n++;
        }
        scan.close();
        System.out.println("sum = " + sum);    //输出结果
    }
}
```

程序运行结果如下：

请输入数据：5 18 -9 -45 84 78 -2 0↙
sum = 185

注意，在嵌套循环的情况下，break 语句和 continue 语句只对它所在的最内层循环语句其作用。

4.3.5 其他控制语句

return 语句是跳转语句，可以使程序流程从当前执行的方法中退出，返回主调方法中。return 语句的具体使用详见 5.2.3 节。

4.4 本 章 小 结

本章从数据运算和处理的角度出发，介绍了运算符和表达式、流程控制结构、数据的简单输入输出方法。在掌握完本章内容后，用户应可以针对特定问题、设计运算与处理数据的算法、并编写相应的代码段。

4.5 课后习题

1. 代码分析题

(1) 设 int a=2，b=-4，boolean c=true，计算下列表达式的值。

① -a%b++

② a>=1 && a <= 10 ? a : b

③ c^(a>b)

④ (-a)<<a

⑤ (double)(a+b)/5+a/b

⑥ a+b>3 ? ++a : b++

⑦ (++a = = b) ||!c

⑧ a<b || ++x = = --y

(2) 判断以下赋值语句的正误。

① char a='abc';

② byte b=152;

③ float c=2.0;

④ double d=2.0;

(3) 阅读代码，写出输出结果。

```
int i = 10;
int n = i++;
n = --i;
System.out.print("n="+n+",i="+i);
```

(4) 阅读代码，写出输出结果。

```
int x = 2, y = 5;
String z = "5";
System.out.println(x + y);
System.out.println(x + z + "x+z");
System.out.println("x+y=" + x + y);
System.out.println("x+z=" + (x + z));
```

(5) 阅读代码，写出输出结果。

```
int i=3, j=3;
while(--i!=i/j) j=j+2;
System.out.println("i=" +i+"j="+ j);
```

(6) 阅读代码，写出输出结果。

```
int i = 1, j = 8;
do {
```

```
        if (i++ > --j)
            continue;
    } while (i < 4);
    System.out.println("i=" + i + ",j=" + j);
```

（7）阅读代码，写出输出结果。

```
    int x = 1, y = 0, a = 0, b = 0;
    switch (x) {
      case 1:
          switch (y) {
              case 0:   a++; break;
              case 1: b++; break;
          }
      case 2:   a++; break;
      case 3:   a++; b++;
    }
    System.out.println("a=" + a + ",b=" + b);
```

（8）阅读代码，写出输出结果。

```
    char c = 'd';
    for (int i = 1; i <= 4; i++) {
       switch (i) {
           case 1:   c = 'a'; System.out.print(c); break;
           case 2:   c = 'b'; System.out.print(c); break;
           case 3:   c = 'c'; System.out.print(c);
           default: System.out.print("!");
       }
    }
```

2．编程题

（1）输入4个数，将这4个数按从小到大顺序输出。

（2）如果某三位整数等于它各位数的立方和，则称之为阿姆斯特朗数（Armstrong）。请编写程序找出所有三位数的阿姆斯特朗数。

（3）编写程序，求用户输入的某年某月的天数。

（4）设 S=1+2+3+…+n，求满足 S<1000 的最大值 n。

第 5 章 抽象、封装与类

5.1 面向对象思想

面向对象思想是人类最自然的一种思考方式,它将所有待处理的问题抽象为对象,同时分析这些对象具有哪些相应的属性以及展示这些对象的行为,以解决这些对象面临的实际问题。为此,人们在程序开发中引入了面向对象设计的概念。面向对象设计实质上就是对现实世界的对象进行建模操作。

5.1.1 什么是对象

现实世界中随处可见的事物就是对象,对象是事物存在的实体,如人类、书桌、计算机、高楼大厦等。作为一个独立的整体,对象由静态特征和动态行为组成。例如用对象描述一条狗,那么它的名字为"阿黄"、毛色为"黄色"就构成了该对象的静态特征(属性)。这条狗可以摇尾巴、犬吠,则该对象就有摇尾巴、犬吠等动态特征(行为)。这个对象的静态特征和动态行为就描述了客观世界中的这条狗。

在计算机世界中,面向对象程序设计的思想以对象来思考问题,首先要将现实世界的实体抽象为对象,然后考虑这个对象具备的属性和行为。例如,有一只大雁要从北方飞往南方,以面向对象思想来解决这一实际问题的步骤如下:

(1) 首先可以从该实际问题中抽象出对象。这里抽象出的对象为大雁。

(2) 识别这个对象的属性。对象具备的属性都是静态的,例如,大雁有一对翅膀、黑色的羽毛等,如图 5-1 所示。

(3) 识别这个对象的动态特征。即这只大雁可以进行的动作,如飞行、觅食等,如图 5-2 所示。

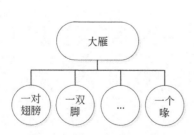

图 5-1 对象"大雁"的属性

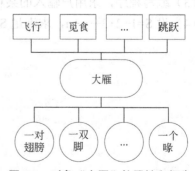

图 5-2 对象"大雁"的属性和行为

（4）识别出这个对象的属性和行为后，对象的定义就完成了。然后可以根据这只大雁具有的特征制定这只大雁要从北方飞往南方的具体方案以解决问题。实质上，所有的鸟类都具有以上的属性和行为，可以将这些属性和行为封装起来以描述鸟类。由此可见，类实质上就是封装对象属性和行为的载体，而对象则是类的一个实例。类和对象之间的关系如图 5-3 所示。

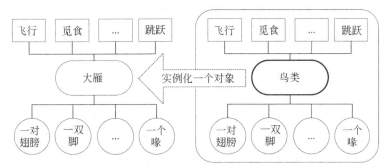

图 5-3 类和对象之间的关系

5.1.2 什么是类

现实世界中，类就是同类事物的统称。如果将现实世界中的一个事物抽象成对象，类就是这类对象的统称，如鸟类、家禽类、人类等。类是构造对象时所依赖的规范，例如，一只鸟具有一对翅膀，可以通过这对翅膀飞行，而所有的鸟都具有翅膀这个特性和飞行的技能，这样具有相同特性和行为的一类事物就称为类。在图 5-3 中已经描述过类与对象之间的关系，对象就是符合某个类定义所产生出来的实例。

具有相同属性和行为的一类实体称为类，类是封装对象的属性和行为的载体。例如鸟类封装了所有鸟的共同属性和应具有的行为，如图 5-4 所示。

图 5-4 "鸟类"的结构

定义了鸟类之后，可以根据这个类生成一个实体对象，最后通过该实体对象来解决具体问题。

由此可知，类是对象的抽象化，即通过分析所有对象的状态和行为，抽象出这些对象的共同属性和行为。对象则是类的具体化的实例，它的行为由类的行为定义。

在 Java 语言中，类的行为以方法的形式定义，属性以成员变量的形式定义的，类的具体实现会在后续章节中介绍。

5.1.3 消息传递

对象一般不是孤立存在的，对象之间往往可以通过消息传递来相互通信和相互操作。例如，对象 a 向对象 b 发送消息，或者对象 a 要求对象 b 执行某种行为。所谓消息，就是指对象之间相互通信的规范格式，一般包括目标对象（即接收消息的对象）的对象标识、消息名称及相关数据。在实现消息传递机制时，不同的面向对象语言可能会有一些差异。

在 Java 语言中，可以将消息传递理解为方法调用。例如，有两只鸟的对象（假设名字分别为"阿黄"和"阿花"），则"阿黄"可以调用"阿花"的"飞行"方法，命令"阿花"飞起来。此时，对象"阿花"就是接收消息的目标对象，而"飞行"则是消息名，并且还可以传递参数数据（如将飞行的速度作为"飞行"方法的参数）。当"阿花"接收到消息之后，会根据传递过来的消息名和参数数据来执行"飞行"方法。

5.1.4 面向对象的特点

面向对象程序设计具有以下几个特点。

1. 封装

客观世界中的事物是一个独立的整体，它的许多内部实现细节是外部不关心的。例如，对于一个只负责开车的驾驶员来说，他可能根本不知道他所驾驶的这辆汽车内部用了多少螺钉或几米导线、采用什么样的结构以及它们是怎样组装的。

面向对象的程序用封装（Encapsulation）机制把对象的属性和方法结合为一个整体，屏蔽了对象的内部细节。封装是面向对象编程的核心思想，通过类将对象的属性和行为封装起来，对用户隐藏其实现细节，这就是封装的思想。例如，在上述"鸟类"类中，"飞行"方法详细定义了鸟类飞行时的具体细节，其他类不能看到或更改该方法的具体内容。采用封装的思想保证了类内部数据的完整性，其他用户不能轻易直接修改，只能访问类允许公开的数据，避免外部对内部数据的影响，提高程序的安全性。

2. 继承

在同一类事物中，每个事物既具有同类的共同性，又具有自己的特殊性。面向对象的程序用父类与子类来描述这一事实：在父类中描述事物的共性，通过父类派生（Derive）子类的机制来体现事物的个性。考虑同类事物中每个事物的特殊性时，可由这个父类派生子类，子类可以继承（Inheritance）父类的共同性又具有自己的特殊性。例如"汽车"类、"轮船"类、"飞机"类都是"交通工具"类的子类，在定义子类时只需要定义子类特有的属性和方法即可，不需要重新定义父类中已定义的属性和方法。

继承实现了特定对象之间共有属性的复用。例如，平行四边形是四边形（正方形、矩形也都是四边形），平行四边形与四边形具有共同特性，拥有 4 条边，可以将平行四边形类看作是四边形的延伸，平行四边形复用了四边形的属性和行为，同时添加了平行四边形独有的属性和行为，如平行四边形的对边平行且相等。这里可以将平行四边形类看作是从四边形类中继承的。图形类之间的部分继承关系如图 5-5 所示。

由图 5-5 可知，一个类在继承体系中，既可以是其他类的父类，为其他类提供共同的属性和行为；也可以是其他类的子类，继承其父类的属性和方法，如平行四边形既是四边形类的子类，也是矩形的父类。

3. 多态

消息传递是对象之间相互通信和操作的手段。当对象接收到消息之后，会根据该消息表现出具体的行为动作。不同的对象在接收到相同消息时能够表现出不同的行为动作，这就是多态性。

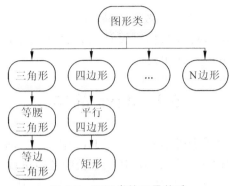

图 5-5 图形类的继承关系

例如，图形类的对象均具有绘制图形的行为，在父类图形类中定义"绘制图形"的方法。但是，不同子类绘制图形的具体细节是不同的，因此在各个子类中具体定义了该子类"绘制图形"方法的内容。每一个子类的对象也是父类图形类的实例对象，如某个平行四边形也是一种四边形类的对象。当绘制任何子类图形时，可以简单地调用父类图形类的"绘制图形"方法即可，具体的绘制工作则自动地由该子类的"绘制图形"方法来完成，这就是多态的基本思想。

在面向对象的程序中，当调用对象的某个方法（即进行消息传递）时，接收消息的对象要予以响应。不同的对象收到同一消息可能产生不同的结果。在多态机制中，用户可以发送一个通用的消息，而实现的细节由接收对象自行来决定，这样，同一消息就可以调用不同的方法。利用类的继承特征，可以把具有通用功能的消息存放在父类中，而实现该功能的不同行为放在较低层次，则在这些低层次上生成的对象能够给通用消息以不同的响应。

多态性使得程序能够按照统一的风格来处理种类繁多的情况，是面向对象思想的核心思想之一。

5.1.5 面向对象的程序设计方法

面向对象的程序开发过程如下。

（1）系统调查和需求分析。对系统将要面临的具体管理问题以及用户对系统开发的需求进行调查研究，即先弄清楚干什么的问题。

（2）分析问题的性质和求解问题。在复杂的问题中抽象地识别出对象以及其行为、属性、方法、结构等，通常称为面向对象的分析（Object-Oriented Analysis，OOA）。面向对象分析的主要任务是分析问题空间的主要目标和功能，寻找存在的对象，找出这些对象的特征和责任，以及对象之间的关系，由此产生一个完整表达系统需求的规格说明——"做什么"的描述。

（3）整理问题。对分析的结果作进一步的抽象、归类、整理，并最终以范式的形式将它们确定下来，称之为面向对象设计（Object-Oriented Design，OOD）。面向对象设计的主要任务是将分析得到的需求做进一步的明确和调整，选用有效的设计样式优化对象结构，设计用户界面类，设计数据库结构等；强调对分析结果的完整和优化，产生一个指导编程的详细规格说明——"怎么做"的描述。

（4）程序实现。用面向对象的程序设计语言直接实现，通常称为面向对象编程（Object-Oriented Programming，OOP）。

5.2 Java 的类

Java 是完全面向对象的程序设计语言。在 Java 中，一切都通过类来描述，即使只是一个简单的输出字符串的程序，也必须放在一个类中才能进行操作。Java 程序设计就是定义类的过程，开发 Java 程序首先从设计类开始，然后再往每个类中添加属性和方法。

Java 中的类可以分为系统定义的类和用户自定义的类。系统定义的类指系统已经事先定义好的类，即 Java 类库中的类，用户可以直接使用。用户自定义的类则是用户针对具体问题而定义的类，体现了 Java 程序设计的过程。

5.2.1 定义类

以圆形类 Circle 为例，其定义如下。

```
类头 ──▶ public class Circle
        {
            double radius;      //圆的半径
            double posX;        //圆心的横坐标          属性定义
            double posY;        //圆心的纵坐标

            public Circle() {
            }

            public Circle(double r) {
                radius = r;
            }
                                                      构造方法定义
类体        public Circle(double r, double x, double y){
                radius = r;
                posX = x;
                posY = y;
            }

            void moveTo(double x, double y) {
                //将圆移动到(x,y)的方法，具体代码略
            }
                                                      方法定义
            void enlarge(int n) {
                //将圆放大n倍的方法，具体代码略
            }
        }
```

类的定义由类头和类体两部分构成，其中类体部分又由属性定义、构造方法定义和方法定义等部分组成。定义类的语法格式如下。

[类修饰符] class ClassName [extends SuperClassName]

```
            [implements interfaceNameList]
{
    //属性定义
    //构造方法定义
    //方法定义
    //静态初始化代码块
    //[实例]初始化代码块
}
```

1．类头

[类修饰符] class ClassName [extends SuperClassName]
        [implements interfaceNameList]

其中"[ ]"的部分是可选项。

ClassName 为类名，命名规则要遵守标识符的命名规则。习惯上类名的第一个字母为大写；类名由多个单词复合而成时，每个单词的首字母大写以便区分，如 BeijingTime。SuperClassName 是父类的名字，指明当前定义的类为 SuperClassName 的直接子类；interfaceNameList 为该类所实现的接口列表，均为可选项。

2．类修饰符

类修饰符用来说明该类的属性，有 public、abstract、final 等，其中 abstract 和 final 不能同时出现。

（1）public：公共类，说明该类可以被 Java 的所有软件包访问和引用。如果没有 public 修饰符，则该类只能在当前的软件包中使用。

如果 Java 源程序由多个类的定义构成,则 main 方法所在的公共类为该程序的主类，并且源程序文件的主文件名必须是公共类的类名。例如：

TestSportsMan.java

```
public class TestSportsMan {
    public static void main(String[] args)
    {   ...   }
}
class SportsMan {
    ...
}
```

（2）abstract：抽象类，即没有具体对象的概念类，通常表示一个抽象的概念，不能实例化。

例如，定义"动物"类来表示多细胞生物，有固定的身体结构，可生长、运动、发声等。"人"是一种"动物"，"马"是一种"动物"，"鸟"是一种"动物"……，但是不存在某只动物，既不是人，也不是马，又不是鸟、……这就说明"动物"类表示的是一个抽象的概念，需要将其定义为抽象类。

抽象类的具体概念将在后续章节中讲解。

(3) final：最终类，说明该类不能被继承，即没有子类。

类头的示例如下：

```
class Order
public final class String
public class AppletInOut extends Applet implements ActionListener
public abstract class InputStream extends java.io.InputStream
```

5.2.2 定义属性

属性也称为域，是类和对象的静态特征，通常描述类的状态。属性既是类的成员，又是一种变量，也称为成员变量。属性的定义格式如下：

[属性修饰符] 类型 属性名列表；

其中，类型可以是基本类型，也可以是类、数组、接口等引用类型。

属性名列表指在属性定义语句中同时定义多个同类型的属性，每个属性可以进行初始化，也可以不进行初始化。属性名通常使用小写字母。例如：

```
int radius = 10;           //定义属性 radius，值为 10
double posX, posY;         //定义属性 posX 和 posY，默认初始值为 0.0
```

属性具有默认初始值。如果在定义属性时没有给它们赋初始值，系统会将属性的值设置为相应类型的默认值，如 int 型属性的默认值为 0，char 型属性为 '\u0000'，boolean 型属性为 false 等，引用型属性为 null 等，以确保对象的安全性。

属性修饰符可以为 public|protected|private、static、final、transient、volatile。

1. 属性的访问权限修饰符：public|protected|private

public、protected、private 用来指定该属性的访问权限，三者至多可以出现其一。属性和方法的访问权限修饰符是相同的，含义如表 5-1 所示。

表 5-1　属性和方法的访问权限

访问权限修饰符	访问控制模式	在同一个类中	在同一个包中	子类	所有类
public	公共模式	允许访问	允许访问	允许访问	允许访问
protected	保护模式	允许访问	允许访问	允许访问	
无	默认模式	允许访问	允许访问		
private	私有模式	允许访问			

（1）公共属性 public。用 public 修饰的域称为公共属性，可以被所有类引用。由于 public 修饰符会降低运行的安全性和数据的封装性，所以一般应减少 public 属性的使用。

（2）保护属性 protected。用 protected 修饰的属性可以被三种类引用：

- 该类自身。
- 与它在同一个包中的其他类。
- 在其他包中的该类的子类。

使用 protected 的主要作用是允许该类在其他包的子类来访问父类的特定属性。

（3）默认属性。无访问权限修饰的属性为默认属性，只能被该类本身和同一个包中的类来访问，不在一个包中其他类（包括其他包中的子类）均无法访问该属性。

（4）私有属性 private。用 private 修饰的私有属性只能被该类自身所访问，而不能被任何其他类（包括子类）访问。

如何设置某个属性和方法的访问权限，应由实际需求或具体程序设计来确定，详见 5.3.3 节。

2．静态属性：static

static 属性是类的静态属性，仅属于类，不属于任何一个具体的对象，类的所有实例对象共享该静态属性。

静态属性的值保存在类的内存区域的公共存储单元，而不是保存在某一个对象的内存区间。任何一个类的对象访问它时取到的都是相同的数据；任何一个类的对象修改它时，也都是对同一个内存单元进行操作。

例如，可以如下定义 SportsMan 类来表示中国运动员。

```
class SportsMan {
    String name;                      //姓名
    protected String accountID;       //账号
    private String password;          //密码
    int age;                          //年龄
    static String nation = "China";
    //国籍，所有中国运动员具有相同的 nation 属性，定义为静态属性
}
```

非静态属性的值属于特定对象，如运动员 a 的 name 属性为"Yao Ming"，运动员 b 的 name 属性为"Liu Xiang"。非静态属性体现了对象之间的差异。

静态属性（也称静态变量、类属性、类变量）和非静态属性（也称实例属性、实例变量）的区别在于：

- 非静态属性是描述特定对象的个性化数据，同一个非静态属性在不同对象之间相互独立，不同对象的非静态属性分配不同的内存，互不影响。
- 静态属性是描述它所在类的公共属性数据，在内存中只有一个副本，可以被所有对象共享。由于静态属性是在加载类的过程中（在对象创建之前）完成内存分配和初始化，因此甚至在没有任何对象存在之前就可以访问使用静态属性。

正是由于以上区别，通常将静态属性称为类变量，非静态属性称为实例变量。

3．最终属性：final

final 属性是最终属性，只能在定义时赋值一次，其值在程序的整个执行过程中都是不变的。最终属性具有固定的值。

例如，java.lang.Math 类的属性 E 和 PI 定义为：

```
public static final double E = 2.7182818284590452354;    //自然对数
public static final double PI = 3.14159265358979323846;  //圆周率
```

4. 暂时性属性：transient

transient 用来定义一个暂时性属性，Java 虚拟机认为暂时性属性不属于永久状态，保存一个对象时不需要保存该属性的值。

5. 易失性属性：volatile

volatile 修饰的属性为易失性属性，用于多线程中，说明这个属性可能被几个线程所控制和修改，也就是说在程序运行过程中，这个属性的值有可能被其他的程序影响或改变。volatile 修饰的属性在每次被线程访问时，都强迫从共享内存中重读该属性的值。当属性发生变化时，强迫线程将变化值回写到共享内存。通常用来修饰接受外部输入的域。

5.2.3 定义方法

方法通常用来表示对象的行为，实现类的各种功能。定义方法的语法格式如下：

```
[方法修饰符] 返回类型 methodName( 参数列表 ) [throws 异常列表] {
    //方法体，该方法的具体实现代码
}
```

方法的定义包括方法头部和方法体两个部分。

1. 方法头部

第一行称为方法头部或方法的声明，格式如下：

```
[方法修饰符] 返回类型 methodName( 参数列表 ) [throws 异常列表]
```

返回类型指当前方法执行后返回什么类型的数据（结果），可以是基本类型或引用类型。如果该方法只执行操作、不返回任何数据，则返回类型应设为 void。

方法名应是合法标识符，通常是动词，如果是几个词的组合，采用大小写混合的方式，第一个单词的首字母小写，其后单词的首字母大写。如：

```
run();
runFast();
getBackground();
```

参数列表可以包含 0 个、1 个或多个参数，多个参数之间用逗号","分开，其中每个参数的格式为："类型 参数变量名"。参数通常表示执行该方法的相关数据。如：

```
public void print(String s);          //s 是要输出的数据
public static int min(int a, int b);
//min 方法用于求两个数的最小值，参数 a 和 b 即要比较大小的两个数据
```

"throws 异常列表"是可选的，说明该方法执行时有可能会出现某些异常，调用该方法时要处理这些异常。如：

```
public String getCanonicalPath() throws IOException
//声明调用该方法可能会产生 IOException 异常
```

方法修饰符包括：public|protected|private、abstract、static、final、synchronized 等。

（1）方法的访问权限修饰符：public|protected|private。它们用来指定该方法的访问权限，三者至多可以出现其一，与属性的访问权限修饰符相同。

（2）抽象方法：abstract。用 abstract 修饰的方法称为抽象方法。抽象方法是一种仅有方法头、没有方法体和具体实现的方法。abstract 方法需要在子类中具体实现。

（3）静态方法：static。用 static 修饰的方法称为静态方法。静态方法是属于整个类的类方法。由于 static 方法是属于整个类的，不能访问和处理属于某个对象的非静态属性，而只能处理属于整个类的静态变量，即 static 方法只能处理 static 属性。正因为 static 方法独立于任何实例，static 方法必须被实现，不能是 abstract 方法。

常用的 main 方法是静态方法：

```
public static void main(String[] args);
```

Java 运行时从 main 方法开始执行，此时内存中尚未创建任何对象，因此 main 方法必须定义为静态方法，保证程序正常运行。

没有使用 static 修饰的方法是属于某个具体对象的实例方法，可以处理非静态属性。如下代码段：

```
public class ExClass {
    static int aStatic;
    int bNonStatic;
    public static void main(String[] args) {
        aStatic = 5;            //正确，静态方法可以访问静态属性 aStatic
        bNonStatic = 10;        //错误，静态方法不能访问非静态属性 bNonStatic
    }
}
```

静态方法在 JVM 加载类时进入内存，在程序的运行过程中可以随时调用，不需要去实例化对象；

非静态方法在创建对象后才进入对象的内存，当对象不再使用时，Java 的垃圾回收机制会回收该对象内存，此后非静态方法就不能够调用了。

基于此，常把某些工具类的方法定义为静态方法，直接用类名来调用。如：

数学类 Math 的静态方法：

```
public static double pow(double a, double b);    //计算 a^b
public static double random();                    //获取随机数
```

系统类 System 的静态方法：

```
public static String lineSeparator();             //获取当前操作系统的换行符
public static String getenv(String name);         //获取环境变量 name 的值
```

（4）最终方法：final。用 final 修饰的方法称为最终方法，其功能和内部语句不能被更改，即最终方法不能重载。通过 final 修饰符锁定方法所具有的功能和操作，可以防止当前类的子类对父类关键方法的错误定义,保证程序的安全性和正确性。所有被 private 修饰的私有方法,以及所有包含在 final 类(最终类)中的方法,都被认为是最终方法。

当某个方法的功能已经满足要求、不需要进行扩展,也不允许任何子类来修改时,可以将其定义为 final 方法。如 Object 类中:

```
public final native Class<?> getClass();
//getClass 方法获取当前对象的类型类,不允许修改,定义为 final 方法
```

(5)本地方法:native。用 native 修饰的方法称为本地方法。为了提高程序的运行速度,可以用其他的高级语言书写程序的方法体,这样的方法即为本地方法。

(6)同步方法:synchronized。该修饰符主要用于多线程共存的程序中的协调和同步。

方法头部的示例如下:

```
void moveTo(double x, double y)
public static double exp(double a)     //Math 类的 exp 方法,求 e^a
public final native void notify()
//Object 类的 notify 方法,唤醒正在等待的一个线程
```

2. 方法体

方法体是由大括号"{ }"括起来的多条语句,用来具体实现该方法的功能和操作。

(1)方法的返回。如果方法头部中指定了该方法的类型是某个具体类型,则在方法体中必须使用 return 语句来返回相应类型的数据。带返回值的 return 语句的语法格式如下:

```
return 表达式;
```

当执行到 return 语句时,当前方法执行结束,程序流程将转回到该方法的主调方法中,同时把表达式的值带回至主调函数中作为方法调用的结果。同时,表达式的类型应与方法头部中的方法类型一致;如不一致,能自动转换的情况下将表达式值的类型转换为方法类型,不能自动转换的情况下则编译出错。

如果方法头部中指定了该方法为 void 类型,则在方法体中可以使用不带返回值的 return 语句,语法格式如下:

```
return;
```

当执行到 return 语句时,当前方法执行结束,程序流程将转回到该方法的主调方法中。

void 类型的方法体中也可以不使用 return 语句,当方法的所有语句执行完毕、遇到方法结束的右大括号"}"时流程转回到主调方法中。

(2)在方法中访问数据。方法体可以直接访问类的各个属性和该方法的参数变量,通过各种运算符或流程控制来具体实现该方法的功能。

如果需要在方法体中定义变量来保存临时数据,则方法体中定义的变量为局部变量,

只能在方法内使用。并且，局部变量必须要由程序员进行初始化，否则程序无法访问这些未经初始化的局部变量。详见例 5-1 中 Circle 类的具体实现。

例 5-1　Circle.java

```
public class Circle {
    static int totalNumber = 0;   //已创建的圆的总数量
    double radius;                //属性，圆的半径，可在各方法中直接访问
    double posX, posY;     //属性，圆心的横坐标和纵坐标，可在各方法中直接访问

    Circle() {
         totalNumber++;
    }

    Circle(double r) {
        radius = r;
        totalNumber++;
    }

    Circle(double r, double x, double y) {
        radius = r;
        posX = x;
        posY = y;
        totalNumber++;
    }

    void moveTo(double x, double y) {     //将圆移动到(x,y)的方法，无返回值
        posX = x;
        posY = y;
    }

    void enlarge(int n) {                 //将圆放大 n 倍的方法，无返回值
        radius *= n;                      //在方法内访问 radius 属性和 n 参数
    }

    double computeArea() {  //计算圆面积的方法，返回值为 double 型
        double area;       //方法内定义的局部变量 area，只能在 computeArea 中使用
        area = Math.PI * radius * radius; //在方法内访问 radius 属性
        return area;                      //返回 area 的值，与方法类型一致
    }

    int compareTo(Circle anotherCircle) {
    //比较当前圆和 anotherCirlce 圆的大小，返回值为 int 型
        if (radius < anotherCircle.radius)
            return -1;
        else if (radius > anotherCircle.radius)
```

```
            return 1;
        else
            return 0;
    }
}
```

5.2.4 内部类

可以在类的内部再定义另一个类，这种类称为内部类（Inner class）。内部类允许把一些逻辑相关的类组织在一起，并且控制内部类代码的可视性。在内部类中可以直接访问外部类的成员。

内部类可按照作用域进行划分，如图 5-6 所示。

图 5-6 内部类的分类

例如：

```
class Outer {    //外部类Outer类

    public class innerA {
        //innerA的属性和方法                实例内部类 innerA
    }

    static public class innerB {
        //innerB的属性和方法                静态内部类 innerB
    }

    private innerA a = new innerA();       //Outer类的属性a
    private innerB b = new innerB();       //Outer类的属性b

    public int func(int a, int b) {        //Outer类的方法func
        innerA a2 = new innerA();

        class innerC {
            //innerC的属性和方法            局部内部类 innerC
        }

        return a * b;
    }
}

public class TestInnerClass {              //测试类TestInnerClass
    public static void main(String[] args) {    }
}
```

1. 实例内部类

实例内部类指在类的内部定义的、未使用 static 修饰的内部类，如 innerA 类。定义实例内部类时可以使用 public、protected、private 等声明，表示该类的封装属性。

在外部类中可以直接创建实例内部类的对象，例如定义 Outer 类的属性 a 和 b，func() 方法中创建对象 a2。

在其他类中创建实例内部类的对象时，必须先创建外部类对象。例如，在 TestInnerClass 的 main 方法中创建内部类 innerA 的对象时：

```
Outer o = new Outer();                //先创建外部类对象 o
Outer.innerA a3 = o.new innerA();     //再创建内部类对象 a3
```

或者：

```
Outer.innerA a4 = new Outer().new innerA();
```

实例内部类的使用示例如例 5-2。

例 5-2　TestInstanceInnerClass.java

```java
public class TestInstanceInnerClass {
    private int a1;
    public int a2;
    static int a3;

    public TestInstanceInnerClass(int a1, int a2) {
        this.a1 = a1;
        this.a2 = a2;
    }

    protected int methodA() {
        return a1 * a2;
    }

    class B {                  //实例内部类 B
        int b1 = a1;           //直接访问外部类的 private 属性 a1
        int b2 = a2;           //直接访问外部类的 public 属性 a2
        int b3 = a3;           //直接访问外部类的 protected 属性 a3
        int b4 = new TestInstanceInnerClass(3, 4).a1;
        //访问外部类对象的属性 a1
        int b5 = methodA();    //直接访问外部类的 methodA() 方法
    }

    public static void main(String[] args) {
        TestInstanceInnerClass.B b =
                new TestInstanceInnerClass(1, 2).new B();
        System.out.println("b.b1 = " + b.b1);
```

```
            System.out.println("b.b2 = " + b.b2);
            System.out.println("b.b3 = " + b.b3);
            System.out.println("b.b4 = " + b.b4);
            System.out.println("b.b5 = " + b.b5);
        }
    }
```

运行结果如下：

```
b.b1 = 1
b.b2 = 2
b.b3 = 0
b.b4 = 3
b.b5 = 2
```

2. 静态内部类

静态内部类是在外部类中定义的、使用 static 修饰的内部类。例如，innerB 是在 Outer 类中定义的静态内部类。

创建静态内部类的对象时，不需要创建外部类的对象。例如，在 TestInnerClass 的 main 方法中创建静态内部类 innerB 的对象时：

```
Outer.innerB b2 = new Outer.innerA();   //直接创建静态内部类对象 b2
```

静态内部类可以直接访问外部类的静态成员，但是不能直接访问外部类的实例成员；如果需要访问外部类的实例成员，必须通过外部类的对象去访问。例如：

```
public class Outer{
    private int a1;
    private static int a2;

    public TestStaticInnerClass(int a1, int a2) {
        this.a1 = a1;
        this.a2 = a2;
    }

    static class B {                      //静态内部类 B
        int b1 = a1;                      //编译错误，不能直接访问外部类的实例属性 a1
        int b2 = a2;                      //可以直接访问外部类的静态属性 a2
        int b3 = new Outer(3,4).a1;       //通过外部类对象访问内部类的实例属性
    }
}
```

在静态内部类中可以定义静态成员和实例成员。其他类中可以通过完整的类名直接访问静态内部类的静态成员，如例 5-3 所示。

例 5-3 TestStaticInnerClass.java

```java
class Outer {
    public static class B {          //静态内部类Outer.B
        int v1;
        static int v2;

        public static class C {      //静态内部类Outer.B.C
            static int v3;
            int v4;
        }
    }
}

public class TestStaticInnerClass {

    public static void main(String[] args) {
        Outer.B b = new Outer.B();    //直接定义静态内部类B的对象b
        //Outer.B.v1 = 1; 错误，不能直接访问静态内部类的实例成员
        b.v1 = 1;                     //创建内部类对象，访问静态内部类的实例成员
        Outer.B.v2 = 2;               //直接访问静态内部类的静态成员

        Outer.B.C c = new Outer.B.C();  //直接定义静态内部类C的对象c
        Outer.B.C.v3 = 3;             //直接访问静态内部类的静态成员
        c.v4 = 4;                     //通过内部类对象访问静态内部类的实例成员

        System.out.println("b.v1 = " + b.v1);
        System.out.println("b.v2 = " + Outer.B.v2);
        System.out.println("c.v3 = " + Outer.B.C.v3);
        System.out.println("c.v4 = " + c.v4);
    }
}
```

运行结果如下：

```
b.v1 = 1
b.v2 = 2
c.v3 = 3
c.v4 = 4
```

3．局部内部类

局部内部类是在一个方法内部定义的内部类，它的可见范围是当前方法。局部内部类不能用访问控制修饰符（public、private 和 protected）及 static 修饰，并且在局部内部类中定义的内部类也不能被以上修饰符来修饰。

局部内部类只能在当前方法中使用，不能在当前方法以外访问局部内部类。例如：

```
class Outer {
    B b = new B();                    // 错误,在methodA()方法以外无法访问局部内部类B
    protected void methodA() {
        class B {                     // methodA()方法中定义的局部内部类B
            int v1;
            int v2;
            class C {                 // 在内部类B中定义的局部内部类C
                int v3;
            }
        }
        B b2 = new B();               // 在methodA()方法中访问局部内部类B
        B.C c = b2.new C();           // 在methodA()方法中访问局部内部类C
    }
}
```

局部内部类中不能包含静态成员,否则会导致编译错误。例如:

```
class Outer {
    protected void methodA() {
        class B {                     // methodA()方法中定义的局部内部类B
            static int v1;            // 编译错误
            int v2;
            static class C {          // 编译错误
                int v3;
            }
        }
    }
}
```

局部内部类中可以访问外部类的所有成员,也可以访问所在方法中的 final 参数或 final 变量。如:

```
class Outer {
    int a ;
    public void methodA( int p1, final int p2) {
        int localV1 = 1;              // methodA()方法中定义的变量localV1
        final int localV2 = 2;        // methodA()方法中定义的final变量localV2
        class B {                     // methodA()方法中定义的局部内部类B
            int b1 = a;               // 访问外部类的属性a
            int b2 = p1;              // 错误,不能访问所在方法的非final形参p1
            int b3 = p2;              // 访问所在方法的final形参p2
            int b4 = localV1;         // 错误,不能访问所在方法的非final变量localV1
            int b5 = localV2;         // 访问所在方法的final变量localV2
        }
    }
}
```

5.2.5 创建对象与构造方法

1. 构造方法

通常情况下，一个类有多个属性。当创建类的对象时，需要为对象的各属性赋初始值。为了减少对象初始化代码的大量重复，可以使用构造方法。构造方法是一种特殊方法，主要功能就是在创建对象时为对象的各个属性赋初始值。

构造方法具有以下特点：

- 构造方法名必须与类名相同。
- 构造方法没有返回类型，也不能定义为 void，在方法名前面不声明方法类型。如果定义时写上任何返回类型，则该方法不再是构造方法，成为普通的成员方法。
- 任何类都含有构造方法。如果在定义类时没有显式定义构造方法，则编译系统会自动插入一个无参数的默认构造方法，用 public 修饰，且方法体为空。一旦类中定义了构造方法，系统不会再创建这个默认的无参数的空构造方法。
- 一个类可以定义多个构造方法，表示多种不同的对象初始化方式，以参数的个数、类型和顺序来区分，称为构造方法的重载。
- 构造器总是伴随着 new 运算符一起使用。

定义构造方法的语法格式为：

```
［访问权限修饰符］ 构造方法名(参数列表) {
    //方法体
}
```

构造方法的修饰符只能是访问权限修饰符，可以是 public、protected、private 和默认。当构造方法为 private 级别时，只能在当前类中访问它，不能被继承，也不能在其他程序中用 new 创建实例对象。如例 5-1 中：

```
public Circle() {    //显式定义的无参构造方法，未对各属性赋初值，各属性均为缺省零值
    totalNumber++;
}

public Circle(double r) {    //含一个参数的构造方法，对 radius 属性赋初值
    radius = r;
    totalNumber++;
}

public Circle(double r, double x, double y) {
                        //含三个参数的构造方法，对 radius、posX、posY 赋初值
    radius = r;
    posX = x;
    posY = y;
    totalNumber++;
}
```

2. 创建对象

创建对象也称为对象实例化，需要使用 new 运算符，语法格式如下：

类名 对象名 = new 构造函数(参数列表);

语句的含义如下：首先声明新建对象所属的类名，然后声明新建对象的名字，最后用 new 为新建对象开辟内存空间，并调用构造方法对对象进行初始化。

与声明变量需要为变量开辟内存空间保存数据一样，创建对象也需要为对象开辟内存空间来保存该对象的数据。

例如：

```
//调用构造方法 Circle(double r)创建对象 circle1
Circle circle1 = new Circle(1);
//调用构造方法 Circle(double r, double x, double y)创建对象 circle2
Circle circle2 = new Circle(5,2,2 );
```

在调用构造函数时，依据参数的个数、类型和顺序自动匹配相应的构造方法来完成初始化的工作。

3. 访问对象的属性和方法

一旦创建好对象，就可以访问该对象的属性、调用该对象的方法了，格式如下：

对象名.属性名
对象名.方法名(方法参数列表)

静态属性或静态方法也可以直接使用类名来访问，格式如下：

类名.属性名
类名.方法名(方法参数列表)

其中，句点 "." 是引用成员运算符，为双目运算符，左侧为对象名或类名，右侧是属性名或方法名。"." 的优先级与 "()" 和 "[]" 一样，为最高优先级。

例如：

```
circle2.radius = 1;          //访问 circle2 对象的 radius 属性，置为 1
circle2.moveTo(0,0);         //访问 circle2 对象的 moveTo 方法，将其移动到(0,0)点
```

如果方法有返回值，可以对方法返回值进行各种运算，例如：

```
totalArea = circle1.computeArea() + circle2.computeArea();    //求两个圆的总面积
```

5.2.6 初始化块

初始化块是一段用大括号括起来的代码段。在 Java 类中可以有两种初始化块：实例初始化块和静态初始化块，主要用来进行公共的初始化操作。

一个类中可以有多个初始化块，相同类型的初始化块之间有顺序：前面定义的初始化块先执行，后面定义的初始化块后执行。

1. 实例初始化块

实例初始化块是在创建 Java 对象时执行的,且在构造方法之前被执行。每次创建对象时都会执行一次实例初始化块,通常可以初始化类的实例属性。实例初始化块通常作为构造方法的补充,可以定义所有对象公共的属性和方法等。例如:

```
class Circle {
    int r = -10;

    //实例初始化块,每次创建对象时、调用构造方法前被执行
    {
        System.out.println("调用实例初始化块之前,r=" + this.r);
        this.r = 10;
    }

    Circle(int r)           //构造方法
    {   System.out.println("调用构造方法 Cir(int r)之前,r=" + this.r);
        this.r = r;
    }

    Circle()                //构造方法
    {   System.out.println("调用构造方法 Cir()之前,r=" + this.r);
        this.r = 0;
    }
}
```

当执行以下代码、创建对象 c1 时:

```
Circle c1 = new Circle();
System.out.println("Circle 对象创建之后,r=" + c1.r);
```

JVM 会首先执行实例初始化块,再去调用构造方法 Circle()。输出结果为:

```
调用实例初始化块之前,r=-10
调用构造方法 Cir()之前,r=10
Circle 对象创建之后,r=0
```

当执行以下代码来创建对象 c2 时:

```
Circle c2 = new Circle(50);
System.out.println("Circle 对象创建之后,r=" + c2.r);
```

JVM 仍会首先执行实例初始化块,再去调用构造方法 Circle()。输出结果为:

```
调用实例初始化块之前,r=-10
调用构造方法 Cir(int r)之前,r=10
Circle 对象创建之后,r=50
```

初始化块不能接收任何参数,主要作用是把构造方法中的公共代码部分提取到实例

初始化块中，设置所有对象公共的属性或操作，以提高初始化块的复用，提高整个应用的可维护性。

2. 静态初始化块

静态初始化块也是一段用大括号括起来的代码段，由关键字 static 修饰，主要用于类的静态初始化。静态初始化块只能给静态变量赋值，不能初始化实例变量。

当类被加载到 JVM 时，会执行静态初始化块，完成静态变量的初始赋值。无论程序中创建多少个对象，类只会被加载一次，因此静态初始化块只被执行一次。并且，创建对象之前必须首先进行类的加载，因此静态初始化块总是在对象创建之前完成。

例如：

```java
public class Person {
    String name;        //声明变量 name
    String sex;         //声明变量 sex
    static int age;     //声明静态变量 age

    //静态初始化块，加载 Person 类时执行
    static {
        System.out.println("通过静态初始化块初始化 age 属性");
        age = 20;
    }

    //实例初始化块，新建 Person 类对象之前执行
    {
        System.out.println("通过初始化块初始化 sex 属性");
        sex = "男";
    }

    //构造方法
    public Person() {
        System.out.println("通过构造方法 Person()初始化 name 属性");
        name = "default Name";
    }

    //构造方法
    public Person(String name) {
        System.out.println("通过构造方法 Person(String name)初始化 name 属性");
        this.name = name;
    }
    public void show() {
        System.out.println("姓名："+name+"，性别："+sex+"，年龄："+age);
    }
    public static void main(String[] args) {
        //创建对象
```

```
        Person obj1 = new Person();
        Person obj2 = new Person("Xiao Ming");
        //调用对象的show方法
        obj1.show();
        obj2.show();
    }
}
```

输出结果为：

通过静态初始化块初始化age属性//创建obj1之前先加载Person类，执行静态初始化块
通过初始化块初始化sex属性   //创建obj1时：先执行实例初始化块
通过构造方法Person()初始化name属性   //创建obj1时：再执行构造方法
通过初始化块初始化sex属性   //创建obj2时：先执行实例初始化块
通过构造方法Person(String name)初始化name属性   //创建对像obj2时：再执行构造
方法Person()
姓名：default Name，性别：男，年龄：20
姓名：Xiao Ming，性别：男，年龄：20

5.2.7 引用类型

前面讲过，Java的数据类型可以分为基本类型和引用类型。除基本类型外，其他的类型均为引用类型，包括类/对象、数组和接口。

基本类型数据的存储空间中存放着该数据的值，而引用类型数据的存储空间中则存放着某个对象在虚拟机内存空间中的地址，例如：

```
byte x = 7;                        //分配给变量x的存储空间中存放值"7"
//分配给对象circle1的存储空间中存放新创建对象在存储空间中的起始地址
Circle circle1 = new Circle(1);
```

基本类型和引用类型的存储情况如图5-7所示。

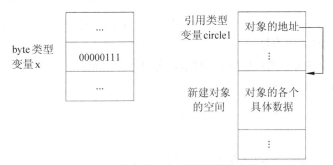

图5-7 基本类型和引用类型的存储

实际上，创建对象的操作可以进一步细分，以"Circle circle1 = new Circle(1);"为例：

① `Circle circle1;`

定义一个 Circle 类的变量(对象)，其名字为 circle1。

② new Circle(1);

用 new 运算符开辟了一块内存空间来保存变量的值；然后调用 Circle 的构造函数对 circle1 对象进行初始化。

③ =

事实上，用 new 运算符在内存中新建的 Circle 类的对象对于程序员来说是看不见摸不着的，用 "=" 把新建对象在内存空间中的地址赋给变量 circle1，使 circle1 指向了内存中的新建对象，程序员就可以通过 circle1 这个变量来访问这个新建对象。

创建对象的过程如图 5-8 所示。

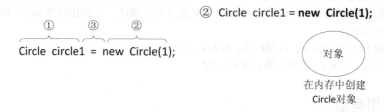

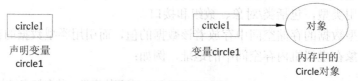

图 5-8 对象的创建过程

由此可知，circle1 这个变量存放的并不是对象，而是对象在内存空间中的地址，用来访问或引用这个对象，因此称 circle1 为引用类型变量；这个变量的类型则称为引用类型。

习惯上我们称创建对象 circle1，更准确地说，circle1 是对象引用，而不是对象本身。

1. 引用变量的赋值运算

例如，以下两个语句创建了两个对象，分别用 circle1 和 circle2 来引用，如右图所示。

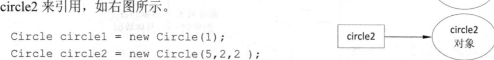

```
Circle circle1 = new Circle(1);
Circle circle2 = new Circle(5,2,2 );
```

此时，当对 circle1 和 circle2 进行关系比较时，比较的是两个对象在内存中的地址，而非对象的值。例如：

```
circle1 == circle2          //结果为 false, 两个对象的地址必然不同
```

可以通过赋值运算将一个引用变量指向另一个同类型的对象。例如：

```
circle2 = circle1;
//将 circle1 对象的地址赋给引用变量 circle2
```

此时 circle2 指向 circle1 对象，不再指向 circle2，如右图所示。

2. 关键字 null

可以对某个引用变量赋值为 null，使得该引用变量不指向任何对象。关键字 null 用来标识一个不确定的对象，可以将 null 赋给引用类型变量，但不可以将 null 赋给基本类型变量。例如：

```
circle2 = null;    //circle2 不指向任何对象
```

当引用变量的值为 null 时，不允许用引用变量来引用属性或方法，否则会产生空指针异常（NullPointerException）。例如：

```
circle2 = null;           //circle2 为空指针，不指向任何对象
circle2.moveTo(0,0);      //空指针异常，circle2 不指向任何对象，不能引用对象方法
```

3. 关键字 this

在 Java 程序中经常会使用关键字 this，目的是使程序更规范、简单、灵活。this 关键字主要应用在三个方面。

（1）this 是当前对象的引用，使用 this 访问当前对象的属性。

```
Circle2(double radius, double x, double y) {
    this.radius = radius;
    //this 是当前对象的引用变量，用来访问当前对象的 radius 属性，此时 this 必需
    this.posX = x;
    //this 是当前对象的引用变量，用来访问当前对象的 posX 属性，此时 this 可有可无
    this.posY = y;
    //this 是当前对象的引用变量，用来访问当前对象的 posY 属性，此时 this 可有可无
    totalNumber++;
    System.out.println("runing Circle2(double r, double x, double y)...");
}
```

在构造方法 Circle2(double radius, double x, double y)中，使用关键字 this 来访问当前对象的 radius、posX 和 posY 属性。

由于参数 radius 和 Circle2 类的属性 radius 重名，在方法中必须使用关键字 this 指明将参数 radius 的值赋给当前对象的 radius 属性。

而参数 x 和 y 与属性 posX 和 posY 名字不同，因此 this 关键字可有可无。

（2）this 是当前对象的引用，使用 this 调用本类的其他方法。

```
//比较当前圆和 anotherCirlce 圆的大小，返回 int 型值
int compareTo(Circle2 anotherCircle) {
```

```
        System.out.println("runing compareTo()...");
        if (this.computeArea() < anotherCircle.computeArea())
            //this 是当前对象的引用变量,用来调用当前对象的 computeArea()方法
            return -1;
        else if (radius > anotherCircle.radius)
            return 1;
        else
            return 0;
    }
```

在方法 compareTo(Circle2 anotherCircle)中,使用 this 关键字调用当前对象的 computeArea( )方法来计算当前对象的面积,与参数对象 anotherCircle 的面积进行对比。此处 this 可有可无。

(3) 使用 this 调用本类的其他构造方法,在调用时要放在构造方法的首行。

每个类可以有多个构造方法,用来在新建对象时为对象的不同属性赋初始值。为了避免代码重复,可以使用 this 来调用类的其他构造方法。

【例 5-4】 对例 5-1 中 Circle 类的构造方法进行改进。

例 5-4　Circle2.java

```
class Circle2 {
    static int totalNumber = 0;      //已创建的圆的总数量
    double radius;                    //圆的半径
    double posX, posY;                //圆心的横坐标和纵坐标

    Circle2() {
        totalNumber++;
    }

    Circle2(double r) {
        this();     //先用 this 调用构造方法 Circle2(),避免重写 totalNumber++
        this.radius = r;
    }

    Circle2(double r, double x, double y) {
        //先用 this 调用构造方法 Circle2( double x, double y)
        //避免重写 Circle2(double x, double y)中的代码
        this(r);
        posX = x;
        posY = y;
    }

    void moveTo(double x, double y) { ... }        //将圆移动到(x,y)的方法
    void enlarge(int n) { ... }                     //将圆放大 n 倍的方法
    double computeArea() { ... }                    //计算圆面积的方法
```

```java
        //比较当前圆和 anotherCirlce 圆的大小
        int compareTo(Circle2 anotherCircle) { ... }
        protected void finalize() throws Throwable { ... }
}
```

由此可知，当一个类中有多个构造方法时，可以利用关键字 this 相互调用，避免在不同的构造方法中重复书写部分代码段，使得程序更简洁。注意，在使用关键字 this 调用其他构造方法时，this 语句必须放在构造方法的首行；并且，在多个构造方法中，至少有一个构造方法不是用 this 调用的，否则会出现编译错误。

4. 调用方法时的参数传递方式

Java 的数据类型有基本类型和引用类型之分，因此调用方法时传递参数的方式有以下两种方式：

（1）基本类型的参数。基本类型的参数采用传值调用的方式，即将实参的值传递给方法的形参，此时形参和实参是相互独立的变量，形参不影响实参的值，如例 5-5 所示。

例 5-5 CallByValue.java

```java
public class CallByValue {
    void half(int n) {          //参数 n 接收实参 m 的值
        n = n / 2;
        System.out.println("half 方法中:n = " + n);
    }

    public static void main(String[] args) {
        CallByValue test1=new CallByValue();
        int m = 10;                     //基本类型数据 m
        System.out.println("方法调用前:m = " + m);
        test1.half(m);                  //基本类型数据 m 作参数，将 m 的值传递给形参 n
        System.out.println("方法调用后:m = " + m);
    }
}
```

程序运行情况如下：

```
方法调用前:m = 10
half 方法中:n = 5
方法调用后:m = 10
```

由结果可知，传值调用不影响实参的值。

（2）引用类型的参数。引用类型的参数保存的是对象的内存地址，此时实参向形参传递的是对象的引用，实参和形参指向的是同一个对象，形参在方法中对对象进行修改等价于实参对对象的修改。如例 5-6 所示。

例 5-6 CallByRef.java

```java
class Circle {
    static int totalNumber = 0;        //已创建的圆的总数量
    double radius;                     //圆的半径
    double posX, posY;                 //圆心的横坐标和纵坐标

    public Circle() { ... }
    public Circle(double r) {  ...  }
    public Circle(double r, double x, double y) {  ...  }

    void moveTo(double x, double y) {  ...  } //将圆移动到(x,y)的方法
    void enlarge(int n) {    ...    }         //将圆放大 n 倍的方法
    double computeArea() {  ...  }            //计算圆面积的方法

    //比较当前对象和 anotherCirlce 的大小，返回值为 int 型
    int compareTo(Circle anotherCircle) {
        //在 compareTo 方法中修改形参 anotherCircle 的 radius 属性，
        //此时 radius 为 4.0
        anotherCircle.radius--;

        if (radius < anotherCircle.radius)
            return -1;
        else if (radius > anotherCircle.radius)
            return 1;
        else
            return 0;
    }
}
public class CallByRef {

    public static void main(String[] args) {
        Circle circle1 = new Circle(1);
        //circle2 的 radius 属性值为 5.0
        Circle circle2 = new Circle(5, 2, 2);
        System.out.println("radius of circle2: " + circle2.radius);
        circle1.compareTo(circle2);
        System.out.println("radius of circle2: " + circle2.radius);
    }
}
```

程序运行情况如下：

```
radius of circle2: 5.0
radius of circle2: 4.0
```

因此，当方法参数为引用类型时，实参和形参引用的是同一个对象，应特别注意形参对对象的影响。

5.2.8 对象的生命周期

对象的生命周期包括对象的创建、使用、垃圾回收等几个过程。

1. 对象的创建

对象的创建即是在内存中分配内存空间给某个对象，调用构造方法是对对象进行初始化，并定义引用变量来指向该对象。例如：

```
Circle circle1 = new Circle(1);
Circle circle2 = new Circle(5, 2, 2);
```

2. 对象的使用

当对象创建完毕，既可以访问该对象的属性、调用对象的方法来实现各种操作，也可以将该对象作为方法参数来进行各种处理。例如：

```
circle1.compareTo(circle2);    //调用 circle1 的 compareTo 方法实现比较
                               //将 circle2 作为 compareTo 方法的参数参与比较
```

3. 垃圾回收

当没有任何引用变量来指向内存中的对象，该对象的空间将被 Java 的垃圾回收机制（Garbage Collection，GC）来回收。例如：

```
circle2 = null;
```

为 circle2 赋值为 null，此时没有任何引用变量指向内存中的 circle2 对象，如右图所示。

垃圾回收的基本原理是在适当的时机自动回收不再被 Java 程序所使用的内存。这些不再被 Java 程序所用的内存称为垃圾。对于一个内存中的实例对象，如果没有任何引用指向该对象，则该对象所占用的内存即是垃圾。Java 虚拟机会在适当的时机回收该部分内存空间。Java 系统定义了一套垃圾回收算法，用来提高垃圾回收的效率。因此，程序员无须在程序中考虑内存泄漏的情况。

另外，Java 的 System 类含有方法：

```
public static void gc( );
```

该方法可以向 Java 虚拟机申请尽快进行垃圾回收，但不能保证 Java 虚拟机会立即进行垃圾回收。由于该方法定义为 static 方法，因此可以直接使用类名 System 进行调用：

```
System.gc( );
```

Java 的 Object 类含有方法：

```
protected void finalize() throws Throwable { }
```

由于 Object 类是所有 Java 类的父类,因此所有的对象均含有 finalize 方法。在垃圾回收器准备释放某对象的内存之前,会先调用对象的 finalize(),因此可以将一些必要的清理操作放在 finalize 中完成。

在例 5-1 中,Circle 类的静态属性 totalNumber 用来记录已创建了多少个 Circle 类的对象。每调用一次构造方法,totalNumber 的值就增加 1。此时为了能正确记录对象的数量,可以设计 finalize 方法:

```
protected void finalize() throws Throwable {
    totalNumber--;
}
```

当某个对象即将被释放时,首先调用该方法,使 totalNumber 的值减 1,保证程序的数据正确。

例 5-7 通过程序来展示对象的整个生命周期。

例 5-7 LifeCycle.java

```
class Circle3 {
    static int totalNumber = 0;        //已创建的圆的总数量
    double radius;                     //圆的半径
    double posX, posY;                 //圆心的横坐标和纵坐标

    Circle3() {
        totalNumber++;
        System.out.println("runing Circle3()...");
    }

    Circle3(double r) {
        this();
        radius = r;
        System.out.println("runing Circle3(double r)...");
    }

    Circle3(double r, double x, double y) {
        this(r);
        posX = x;
        posY = y;
        System.out.println("runing Circle3(double r, 
                            double x, double y)...");
    }

    void moveTo(double x, double y) {         //将圆移动到(x,y)的方法
        posX = x;
        posY = y;
        System.out.println("runing moveTo()...");
```

```java
    }
    
    void enlarge(int n) {                          //将圆放大 n 倍的方法
        radius *= n;
        System.out.println("runing enlarge()...");
    }
    
    double computeArea() {                         //计算圆面积的方法
        double area;
        area = Math.PI * radius * radius;
        System.out.println("runing computeArea()...");
        return area;
    }
    
    //比较当前圆和 anotherCirlce 圆的大小,返回值为 int
    int compareTo(Circle3 anotherCircle) {
        System.out.println("runing compareTo()...");
        if (radius < anotherCircle.radius)
            return -1;
        else if (radius > anotherCircle.radius)
            return 1;
        else
            return 0;
    }
    
    //回收对象空间前需要调用 finalize 方法
    protected void finalize() throws Throwable {
        totalNumber--;                             //对象总数减 1
        System.out.println("runing finalize()...");
        System.out.println("there are " + Circle2.totalNumber
                        + " circle ");
    }
}

public class LifeCycle {
    public static void main(String[] args) {
        Circle3 c1 = new Circle3(1);
        Circle3 c2 = new Circle3(5, 2, 2);
        System.out.println("thera are " + Circle3.totalNumber
                        + " circle");
        System.out.println(c2.computeArea());
        System.out.println(c1.compareTo(c2));
        c2 = null;                 //引用变量 c2 置为 null
        System.gc();               //调用 System.gc()方法申请垃圾内存回收
        c1 = null;                 //引用变量 c1 置为 null
        System.gc();               //调用 System.gc()方法申请垃圾内存回收
    }
}
```

程序运行情况如下：

```
runing Circle3()...
runing Circle3(double r)...
runing Circle3()...
runing Circle3(double r)...
runing Circle3(double r, double x, double y)...
thera are 2 circle
runing computeArea()...
78.53981633974483
runing compareTo()...
-1
runing finalize()...
there are 1 circle
runing finalize()...
there are 0 circle
```

由运行结果可知，对象的生命周期由创建、使用、垃圾回收等几个过程组成。创建对象时需要调用相应的构造方法，对象创建完毕后可以访问其属性和方法实现各种功能，需要释放对象空间时会自动调用 finalize 方法进行清理处理。

5.3 包的使用

类似于在操作系统中通过目录结构来组织和管理文件，Java 通过包（package）来组织和管理程序中的类，使自己的任务与其他人提供的代码库相分离。Java 程序一般可由几个包组成，而每个包通常包含若干个类，是一组功能相似或相关的类或接口的集合。Java 包提供了访问权限和命名的管理机制，是 Java 中最基础、重要的概念之一。

包的作用如下：

（1）把功能相似或相关的类或接口组织在同一个包中，方便类的查找和使用。

（2）与文件夹一样，包也采用了树状目录的存储方式。同一个包中的类名是不同的，不同包中的类名是可以相同的，当同时调用两个不同包中相同类名的类时，可以加上包名进行区别。因此，包可以避免名字冲突。

（3）包限定了访问权限，拥有包访问权限的类才能访问某个包中的类。

5.3.1 声明包

如果需要在定义类时说明类所在的包，只需在源程序文件的首行添加包的声明语句。包的声明语法格式如下：

```
package 包名;
```

其中：

（1）package 语句必须位于源程序文件除注释以外的首行。

（2）一个源程序文件中可以有多个类的定义，当前 Java 文件中的所有类都放在这个包中。因此，不同包的类需要在不同的源程序文件中定义。

（3）为了尽量保持唯一性，包名通常采用小写、按网络域名反写形式进行定义，并且避免使用与系统发生冲突的名字，如 java.lang、java.swing 等。

例如，声明包名为"com.javaworld.graphics"，则包对应的文件路径为"src\com\javaworld\graphics"，源程序文件都将放置在 graphics 子目录下（"."代表目录分隔符）。

（4）如果源程序文件中没有声明包的语句，其中的类将放置在没有名字的默认包中。

在 5.2 节中，围绕圆形定义了多个类和源程序文件，为了方便管理这些相关的类，可以声明创建一个包，命名为"javabook.circle"，将这些类组织在该包中。在相关的源程序文件的首行添加语句：

```
package javabook.circle;
```

在图 5-9 中，左图表明工程 Chap5 包含两个包："default package"（默认包）和"javabook.circle"包，其中默认包中仅有一个源程序文件，而 javabook.circle 包中有多个源程序。中间是工程 Chap5 的文件结构，可以看到在执行包声明语句"package javabook.circle;"后，在 Chap5 工程的 src 源文件夹下，创建了包 javabook.circle 的目录结构"src\javabook\circle"，并将相关的源程序文件放在在目录结构中。右图是 Chap5 工程的 bin 文件夹下，其中创建了同样的目录结构"bin\javabook\circle"，相关的源程序文件编译生成的所有字节码文件均放在其中。

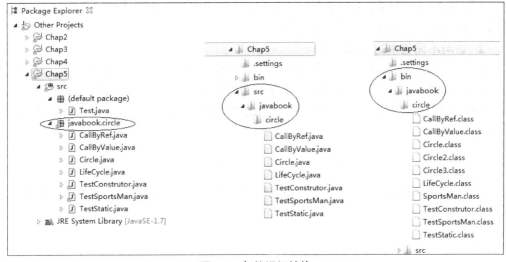

图 5-9　包的组织结构

5.3.2　使用包

创建包之后，如何使用包中的类呢？这需要分两种情况。

1. 访问同一个包中的类

同一个包中的类可以直接使用类名来相互访问。例如，在 javabook.circle 包中新建源文件 TestPkg1.java，访问 Circle.class 字节码文件，如例 5-8 所示。

例 5-8 TestPkg1.java

```
package javabook.circle;        //声明当前类TestPkg1在javabook.circle包
public class TestPkg1 {
    public static void main(String[] args) {
        //直接访问javabook.circle包中的Circle类
        Circle c1 = new Circle(5);
        Circle c2 = new Circle(1,2,2);
        //访问Circle类的静态属性totalNumber
        System.out.println("there are "+ Circle.totalNumber
                            + " circle.");
        //访问Circle类对象c1的compareTo(...)方法
        int i = c1.compareTo(c2);
        if(i>0)
            System.out.println("c1 > c2");
        else if(i<0)
            System.out.println("c1 < c2");
        else
            System.out.println("c1 = c2");
    }
}
```

更具体地，在 TestPkg1 类中可以访问到 Circle 类对象的哪些属性或方法，要由 Circle 类及其属性或方法的访问控制属性来确定。

2. 访问不同包中的 public 类

首先，程序只能访问其他包的 public 类，不能访问其他包的非 public 类。并且如果要访问的 public 类在另一个包中时，必须要指定类所在的包。指定包有以下三种方式：

（1）使用全限定类名。将包名作为类的前缀，得到全限定类名。在访问类时，使用全限定类名。

```
javabook.circle.Circle c1 = new javabook.circle.Circle(5);
```

（2）使用 import 语句导入需要访问的类。导入单个类的 import 语句的语法格式如下：

```
import 包名.类名;
```

例如：

```
import javabook.circle.Circle;
```

（3）使用 import 语句导入整个包。导入整个包的 import 语句的语法格式如下：

```
import 包名.*;
```

例如：

import javabook.circle.*;

import 语句出现 package 语句之后、类定义之前；可以没有，也可以有多条。其功能是将指定包中的类引入当前的类空间，告诉编译器去哪里找这些类。程序运行时，Java 运行环境将依次在 import 语句中的包与环境变量 CLASSPATH 指定的路径下寻找并载入相应的字节码文件。也就是说，import 语句为编译器指明了寻找类的途径。

例 5-9 说明了在程序中访问不同包中的 public 类的几种情况。

例 5-9　TestPkg2.java

```
//无package 语句，TestPkg2.java 在默认包中
import javabook.circle.Circle;  //导入javabook.circle 包中的单个类 Circle
import javabook.circle.*;       //导入javabook.circle 包中的所有类

public class TestPkg2 {
    public static void main(String[] args) {
        javabook.circle.Circle c1 = new javabook.circle.Circle(5);
                                        //使用全限定类名来访问 Circle 类
        Circle c2 = new Circle(5, 1, 1);  //已导入类，直接使用类名 Circle
    }
}
```

5.3.3　封装和访问控制

封装是面向对象思想的重要特点之一。所谓封装，就是隐藏程序的具体实现细节，防止其他程序对数据或各功能的非法访问，提高软件的可维护性和可扩展性，便于更新和升级。

访问控制是面向对象语言必备的机制，主要用于封装。封装的前提是将类和对象的相关功能和数据放在类体内部，再通过访问控制机制来对外提供服务，同时隐藏设计细节，防止非法访问。

Java 语言通过[public|protected|private|缺省]这 4 个访问控制修饰符来实现对类、属性、方法的访问控制，涉及类的访问控制，以及属性、方法、构造方法的访问控制。

Java 默认具有包访问性，即在同一个包中可以访问缺省的类/成员/构造方法。

1. 类的访问控制：[public|缺省]

根据类头中是否具有 public 修饰符，可以将类分为 public 类和非 public 类。

- 非 public 类只能被同一个包中的其他类来访问。
- public 类可以被包内和包外的其他类来访问。

类的访问权限如图 5-10 类的访问控制所示。

2. 属性、方法、构造方法的访问控制：[public|protected|private|缺省]

属性、方法、构造方法的访问控制决定着它们的可访问范围。需要注意的是，在访

问类的成员前,首先应保证这个类是可访问的(同一个包的类,或不同包中的public类)。在此基础上,按照访问控制开放程度从高到低,访问控制权限分为以下几种。

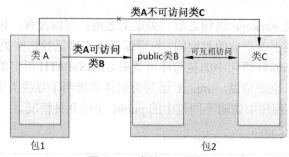

图5-10 类的访问控制

（1）public 访问权限。public 成员可以被所有的类访问,是最宽松的访问控制级别。外包中的类如果要访问public成员,需要先使用import语句将public成员所在的类导入。

（2）protected 访问权限。protected 成员可以被包内的类访问,也可以被包外的子类访问。

（3）缺省访问权限。没有被 public、protected 和 private 修饰的成员具有缺省访问权限。根据Java的包访问性,可以被包内的类访问,但不能被包外的类访问。

（4）private 访问权限。private 成员具有最严格的访问控制权限,仅能在本类中被访问,不能被任何其他类来访问。对于某些特别敏感的关键性数据,可以将其定义为private 成员,避免被其他类非法访问或修改。

以属性为例,图5-11显示了成员的访问控制权限。方法和构造方法的访问权限与属性相同。

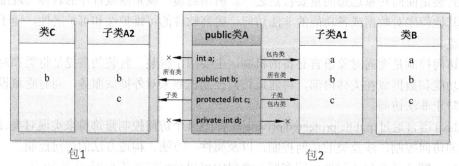

图5-11 属性的访问权限

其中,在包1的类C和子类A2中访问public类A的成员时,必须在类C和子类A2中加入以下import语句。

```
import 包2.A;
```

3. 访问控制权限的设计

如何合理地设置成员的访问控制权限,是由具体需求或具体问题来确定的。

（1）可将构造方法设置为public权限,方便在类外或包外创建对象。

（2）防止非法访问特定属性，设置 private 权限。

类的某些属性存放的是非常隐私的数据（如密码、账号），有些属性的具体取值有特殊的条件约束，为了避免逻辑错误，保证数据安全，需要将这些属性的访问属性设置为 private，只允许类内访问。

例如，例 5-1 中 Circle 类的属性 radius 表示半径，应为正数。如果设置成默认访问权限，则包内的其他类可以直接访问某个对象的 radius 属性，任意修改其值，不可避免会出现取值错误。因此需要将 radius 属性设置为 private 权限，限制其他类对 radius 属性的修改。

同时，为了能在其他类中访问 private 属性，提供对外的访问接口，需要在类中添加相应的 public 权限的 setter/getter 方法，在方法中添加相应的访问控制或逻辑处理代码。在类外部可通过这两个方法来获取或设置 private 属性的值。优化后的程序如例 5-10 所示。

例 5-10　Circle4.java

```
package javabook.circle;
class Circle4 {
    static int totalNumber = 0;
    private double radius;      //private 属性，圆的半径，只能在类内访问
    double posX, posY;          //默认属性，圆心的横坐标和纵坐标，可在包内访问

    public Circle4() {
        totalNumber++;
    }

    public Circle4(double r) throws Exception {
        this();
        setRadius(r);

    }

    public Circle4(double r, double x, double y) throws Exception {
        this(r);
        this.posX = x;        this.posY = y;
    }

    public double getRadius() {     //private 属性 radius 的 getter 方法
        //在此处可设置访问控制逻辑，防止对 private 属性的非法访问
        return radius;
    }

    public void setRadius(double radius) throws Exception {
        //private 属性 radius 的 setter 方法
        if (radius < 0)
```

```java
                    //在getter方法中设置radius的取值约束
            throw new Exception("半径为负数");
        else
            this.radius = radius;
    }

    void moveTo(double x, double y) {        //将圆移动到(x,y)的方法，无返回值
        posX = x;        posY = y;
    }

    void enlarge(int n) {                    //将圆放大n倍的方法，无返回值
        radius *= n;
    }

    double computeArea() {                   //计算圆面积的方法，返回值为double型
        double area;
        area = Math.PI * radius * radius;
        return area;
    }

    //比较当前圆和anotherCirlce圆的大小，返回值为int型
    int compareTo(Circle4 anotherCircle) {
        if (radius < anotherCircle.radius)            return -1;
        else if (radius > anotherCircle.radius)         return 1;
        else           return 0;
    }
}
```

（3）防止非法访问内部方法，设置非 public 权限。类内部的一些方法不能够直接从外部访问。例如，一个代码很长的方法往往分解为若干个短方法，这些短方法仅限于内部使用，不能对外公开。这种不能独立使用的方法应设置为非 public 权限。

（4）尽量降低类、属性、方法的访问权限。特别是设置属性时，没有足够理由的话不应把属性设置 public 权限，而应该提供相应的 getter 方法。

5.3.4 Java 类库

1. Java 类库或 API

Java 官方为开发者提供了许多功能强大的类，根据实现功能的不同划分成不同的集合。每个集合是一个包，合称为类库或 Java API。Java 类库是由系统提供的已实现的标准类的集合，可以帮助用户方便、快捷地开发 Java 程序。

Java API 的说明文档地址为：http://www.oracle.com/technetwork/java/api，选择对应版本的 Java 进入即可。J2SE 1.7 的 API 地址为：http://docs.oracle.com/javase/7/docs/api/。J2SE 1.7 的 API 文档如图 5-12 所示。

图 5-12　J2SE 1.7 的 API 文档

Java 类库中有许多包，其中：
- 以 java.*开头的是 Java 的核心包，所有程序都会使用这些包中的类。
- 以 javax.*开头的是扩展包（x 即为 eXtension）。javax.*使用得越来越多，很多程序都依赖于 javax.*，因此 javax.*也随 JDK 一起发布。
- 以 org.*开头的是各个机构或组织发布的包，这些组织具有较大影响力，代码质量很高，因此也将它们开发的部分常用类随 JDK 一起发布。

Java 中常用的包如下。
- java.lang 包：Java 语言的核心类库，包含了运行 Java 程序必不可少的系统类，如基本数据类型、基本数学函数、字符串处理、线程、异常处理类等。每个 Java 程序运行时，系统都会自动地引入 java.lang 包，所以默认情况下会加载这个包。
- java.io 包：Java 语言的标准输入输出类库，包含了实现 Java 程序与操作系统、用户界面以及其他 Java 程序进行数据交换所使用的类，如基本输入输出流、文件输入输出流、过滤输入输出流、管道输入输出流、随机输入输出流等。凡是需要完成与操作系统有关的较底层的输入输出操作的 Java 程序，都要用到 java.io 包。
- java.util 包：提供各种实用工具类，如时间和日期类、集合框架、遗留的集合类、事件模型、国际化等，使用它们可以更方便快捷地编程。
- java.awt 包、javax.swing 包、java.awt.event 包：用来构建图形用户界面（GUI）的设计和开发。java.awt 包提供了创建界面和绘制图形图像的所有类；javax.swing 包提供了一组轻量级的组件，这些组件在所有平台上的工作方式相同；java.awt.event 包使程序可以用不同的方式来处理不同类型的事件，使每个图形界面的元素本身可以拥有处理它上面事件的能力。利用这些包，开发人员可以很方便地编写出美观、方便、标准化的图形界面程序。

- java.net 包：实现网络功能。如实现套接字通信的 Socket 类、ServerSocket 类；编写用户的 Telnet、FTP、邮件服务等实现网上通信的类；用于访问 Internet 上的资源和进行 CGI 网关调用的类，如 URL 等。利用 java.net 包中的类，开发者可以编写具有网络功能的应用程序。
- java.sql 包：实现 JDBC，使 Java 程序能够访问不同种类的数据库，如 Oracle、Sybase、DB2、SQL Server 等。只要安装了合适的驱动程序，同一个 Java 程序不需修改就可以存取、修改这些不同的数据库中的数据。JDBC 功能加上 Java 程序平台无关性，大大拓宽了 Java 程序的应用范围，尤其是商业应用的适用领域。
- java.applet 包：实现运行于浏览器中的 Java 小程序，包含几个接口和一个重要的类：java.applet.Applet。
- java.text 包：提供以自然语言无关的方式来处理文本、日期、数字和消息的类和接口。

2. 使用 Java 类库中的类

使用由类库中系统定义的类有三种方式，如图 5-13 所示。

（1）继承系统类。在用户程序里创建系统类的子类，例如每个 Java 小程序的主类都是 java.applet 包中的 Applet 类的子类。

（2）创建系统类的对象。例如，在图形界面程序中要接收用户的输入，可以创建一个系统类 TextField 类的对象来进行。

（3）直接使用系统类。例如，在系统标准输出上输出字符串时使用的方法 System.out.println() 就是系统类 System 的静态属性 out 的方法。

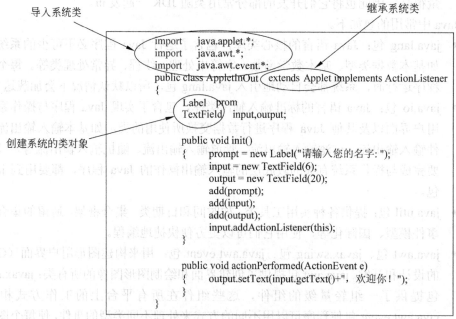

图 5-13　使用 Java 类库中的类

5.4 常用类：数组

数组用来按顺序存放一组相同类型的数据，是任何编程语言中必不可少的数据结构之一。Java 语言中提供的数组用来存储固定大小的同类型元素。Java 数组的元素可以是简单数据类型，也可以是类的对象。Java 的数组是引用类型，数组名本质上是数组的引用变量，每个数组都是对象。

创建 Java 数组需要 3 个步骤：
（1）声明数组，说明数组的名称和数组元素的数据类型。
（2）创建数组，为存放数组中的数据开辟内存空间。
（3）数组元素的赋值。如果是引用类型数组，还需要创建并初始化每个数组元素。

5.4.1 声明一维数组

数组必须先声明，才能在程序中使用数组。声明数组的语法结构如下：

```
数据类型 数组名[];
数据类型[] 数组名1,数组名2,...,数组名n;     //建议使用
```

声明数组时要说明数组的名字和数组元素的数据类型。

数组名既是数组引用变量，也称为数组引用或数组变量。注意，声明数组并不会创建数组对象或为数组元素分配空间，编译器只是创建了一个数组对象引用。

数组元素的数据类型可以是基本类型，也可以是引用类型。例如：

```
double[]  scores;
Circle[]  myCircles;
String[]  names;
```

在声明数组时需要注意：
- 声明数组时"[ ]"中不能填写数组长度。
- 数组名是引用类型，本身并不是数组数据，而是数组对象在虚拟机内存中的存储地址，通过数组名可以访问到数组对象。

5.4.2 创建数组

创建数组是为存放数组中的数据开辟内存空间，其语法为：

```
数组名 = new 数据类型[数组长度];
```

创建数组的过程包含两个操作：
（1）用 new 运算符申请内存空间，创建该数组对象。
（2）把新创建的数组的引用通过"="赋给数组名，使该数组名指向内存中的数组对象。

创建数组时必须要说明数组的长度，系统依此来分配相应的空间。例如：

```
scores = new double[10];//创建长度为10的double类型数组，使scores指向该数组
myCircles = new Circle[3];
//创建长度为3的Circle类型数组，使myCircles指向该数组
names = new String[5];       //创建长度为5的String类型数组，使names指向该数组
```

数组的声明和创建也可以在一条语句中完成，语法如下：

数据类型[] 数组名 = new 数据类型[数组长度];

例如：

```
double[] scores = new double[10];
Circle[] myCircles = new Circle[3];
```

数组对象具有length属性，表示该数组的长度。因此，在创建数组之后，可以访问length属性来获取该数组的长度："数组名.length"。例如：

```
System.out.println( scores.length );
```

每个数组元素通过下标来访问，格式如下：

数组名[下标]

数组下标表示数组元素在数组数据中序号，整数值，从0开始计，范围是0到数组长度-1。通过单层循环可以很容易地访问每个数组元素，例如：

```
for (int i = 0; i < scores.length; i++)
    System.out.print( scores[i] + " ");
```

在访问数组元素时，下标必须在正常范围内。如果在运行过程中发现数组元素下标越界，会产生java.lang.ArrayIndexOutOfBoundsException异常，程序会停止运行。

数组必须经过声明、创建之后，才能进行后续的各种处理。如果仅仅声明而并未创建数组，则直接进行后续操作时会产生java.lang.NullPointerException异常，程序也会停止运行。

5.4.3 数组元素的赋值

数组在创建之后，每个数组元素的值是相应类型的默认值。可以在程序中为数组元素进行赋值。

1. 基本类型数组元素的赋值

基本类型数组元素的赋值如下所示：

```
double[] scores = new double[10];
scores[0] = 1;          //为数组元素赋值，该数组元素的空间中存放其值
scores[1] = 2;
```

```
   ⋮
scores[9] = 10;
```

也可以结合循环来对数组元素按规律赋值：

```
int i;
for (i = 0; i < scores.length; i++)
    scores[i] = i + 1;
```

2. 引用类型数组元素的赋值

如果是引用类型数组，每个数组元素都是引用类型。创建数组仅仅分配了这些引用类型数组元素的空间，并没有实际创建每个实际对象，因此，还需要创建并初始化每个数组元素。例如：

```
Circle[] myCircles = new Circle[3];
//创建每个数组元素的对象，并使数组元素指向该对象，数组元素的空间内存放对象的引用
myCircles[0] = new Circle(1);
myCircles[1] = new Circle(2);
myCircles[2] = new Circle(3);
```

或结合 for 循环来实现每个数组元素对象的创建：

```
for ( i = 0; i < myCircles.length; i++ )
    myCircles[i] = new Circle( i+1 );
```

基本类型数组和引用类型数组的创建过程如图 5-14 所示。

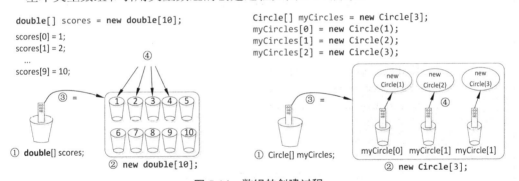

图 5-14 数组的创建过程

另外，也可以在声明数组时使用全部数组元素的初始值来创建数组，例如：

```
//此时可省略"[ ]"中的长度
double[ ] scores1 = new double[ ]{0,1,2,3,4,5,6,7,8,9};
//通过初值创建长度为 10 的 double 数组
double[ ] scores = {0,1,2,3,4,5,6,7,8,9};
//通过初值创建长度为 5 的 String 数组
String[ ] names = { "wang","zhang","li","zhao","qian"};
//通过初值创建长度为 3 的 Circle 数组
Circle[] myCircles = { new Circle(1), new Circle(2), new Circle(3) };
```

5.4.4 处理数组元素

数组元素的类型和数组的大小都是固定不变的，所以当处理数组元素时候，通常使用循环来依次访问每个数组元素。除了基本循环结构外，for 语句还有一种增强形式——for-each 循环，用于遍历数组或集合中的元素。

另外，Java 类库提供了工具类 Arrays 来进行常见的批量数据处理。

1. for-each 循环

for-each 循环也称为加强型循环，能在不使用下标的情况下遍历数组或集合。语法如下：

```
for(数组类型 变量名：数组名)
{
    //在循环体中使用变量名来依次访问每个数组元素
}
```

例 5-11 说明了 for-each 循环的具体使用方法。

例 5-11 TestArray.java

```java
import javabook.circle.*;
public class TestArray {
    public static void main(String[] args) {
        double[] myArray = { 1.9, 2.9, 3.4, 3.5 }; //基本类型数组
        //使用 for-each 循环输出所有数组元素
        for (double d : myArray) {
            System.out.println(d + " ");
        }
        //使用 for-each 循环查找最大元素
        double max = myArray[0];
        for (double d : myArray) {
            if (d > max)
                max = d;
        }
        System.out.println("Max is " + max);

        //引用类型数组
        Circle[] myCircles={new Circle(1), new Circle(2), new Circle(3)};
        //使用 for-each 循环计算每个 Circle 对象的面积
        for (Circle c : myCircles)
            System.out.println(c.computeArea());
    }
}
```

for-each 循环的使用简化了数组与集合的遍历，但可以看出，使用 for-each 循环丢失了元素的索引信息。因此，如果程序中需要记录或使用数组元素的位置信息，最好使用

普通 for 语句的方式来实现循环或遍历。

2. 使用 java.util.Arrays 类来处理数组

为了方便操作数组，Java 提供了数组工具类 Arrays，实现赋值、排序、查找和比较等功能。Arrays 类在 java.util 包中，提供的所有方法都是静态的，因此直接通过类名来调用各方法，完成相应功能，无须新建 Arrays 对象。通过重载，Arrays 类的每个方法可以对各类型的数组进行操作。

（1）类声明。java.util.Arrays 类的声明如下：

```
public class Arrays extends Object
```

（2）使用 fill 方法实现数组赋值。如果需要将所有数组元素或某范围的数组元素设置成相同值，可以使用 Arrays 类的 fill 方法。Arrays 提供了一组重载的 fill 方法，实现了基本类型数组和引用数组的赋值。以 int 型数组和 Object 类数组为例：

- static void fill(int[ ] a, int val)：将 int 值 val 赋给 int 数组 a 的每个元素
- static void fill(int[ ] a, int fromIndex, int toIndex, int val)：将 int 值 val 赋给 int 数组 a 中下标从 fromIndex 到 toIndex–1 的每个元素。

同样的方法适用于所有的基本数据类型（boolean, byte, short, int, double, float, char, long）。

- static void fill(Object[ ] a, int fromIndex, int toIndex, Object val)：将 Object 类引用 val 赋给 Object 数组中下标从 fromIndex 到 toIndex-1 的每个元素。
- static void fill(Object[ ] a, Object val)：将 Object 类引用 val 赋给 Object 数组 a 的每个元素。

在后续章节中会讲到，Object 类是所有 Java 类的父类，因此所有的 Java 对象数组均可以使用 fill 方法进行赋值。

例如：

```
double[] myArray2 = new double[10];          //myArray2 中元素未赋值
Arrays.fill(myArray2, 3, 6, 5);
//对下标 3~5 元素赋值 5：{0.0,0.0,0.0,5.0,5.0,5.0,0.0,0.0,0.0,0.0}
Arrays.fill(myArray2,3);
//对所有元素赋值 3：{3.0,3.0,3.0,3.0,3.0,3.0,3.0,3.0,3.0,3.0}
Circle[] myCircles2 = new Circle[3];         //myCircles2 中元素未赋值
Arrays.fill(myCircles2,new Circle(1));
//对所有元素赋值，myCircles2[i]均指向新建的 Circle 对象
```

3. 使用 sort 方法实现数组排序

Arrays 类的 sort 方法实现对数组元素进行升序排列，适用于除布尔类型之外的所有数组（byte, short, int, double, float, char, long, Object）。

- public static void sort(int[ ] a)：对 int 数组 a 按升序进行排序。
- public static void sort(int[ ] a, int fromIndex, int toIndex)：对 int 数组 a 中下标从 fromIndex 到 toIndex–1 的元素按升序进行排序。

- public static void sort(Object[ ] a)：对 Object 数组 a 按升序进行排序。
- public static void sort(Object[ ] a, int fromIndex, int toIndex)：对 Object 数组 a 中下标从 fromIndex 到 toIndex-1 的元素按升序进行排序。

同样，所有的 Java 对象数组均可以使用 sort 方法进行数组排序。例如：

```
double[] myArray = { 2.9, 3.4,1.9, 3.5 };
Arrays.sort(myArray);   //myArray 数组：{1.9, 2.9, 3.4, 3.5}
```

4. 使用 binarySearch 方法实现数组元素的查找

Arrays 类的 binarySearch 方法提供在数组中查找指定值的功能，适用于所有的基本数据类型（boolean, byte, short, int, double, float, char, long）和对象数组。binarySearch 方法要求数组在调用前必须先排序。

- public static int binarySearch(int[ ] a, int key)：在 int 数组 a 中查找指定值 key。
- public static int binarySearch(int[ ] a, int fromIndex, int toIndex, int key)：在 int 数组 a 的下标从 fromIndex 到 toIndex-1 的元素中查找指定值 key。
- public static int binarySearch(Object[ ] a, Object key)：在 Object 数组 a 中查找指定对象 key。
- public static int binarySearch(Object[ ] a, int fromIndex, int toIndex, Object key)：在 Object 数组 a 的下标从 fromIndex 到 toIndex-1 的元素中查找指定对象 key。

binarySearch 方法的返回值是指定数据在数组中的索引；如果指定数组中没有指定数据，则返回负值。例如：

```
double[] myArray = { 2.9, 3.4,1.9, 3.5 };
Arrays.sort(myArray); //myArray 数组：{1.9, 2.9, 3.4, 3.5 };
System.out.println(Arrays.binarySearch(myArray,1.9));
//结果为 0，即 1.9 在数组中的下标
System.out.println(Arrays.binarySearch(myArray,10));
// 结果为-5，10 不在数组中
```

5. 使用 equals 方法判断两个数组是否相等

Arrays 类的 equals 方法用来判断两个数组是否相等，如果相等，返回 true，否则返回 false。两个数组相等是指两个数组以相同顺序包含相同的元素。equals 方法适用于所有的基本数据类型（boolean, byte, short, int, double, float, char, long）和对象数组。

- public static boolean equals(int[ ] a, int[ ] a2)：判断整型数组 a 与 a2 是否相等。
- public static boolean equals(Object[] a, Object[] a2)：判断对象数组 a 与 a2 是否相等。

例如：

```
double[] myArray = { 2.9, 3.4,1.9, 3.5 };
double[] myArray2 = { 2.9, 3.4,1.9, 3.5 };
System.out.println(Arrays.equals(myArray, myArray2));
//结果为 true，两数组完全相等
```

```
myArray2[0] = 5;
System.out.println(Arrays.equals(myArray, myArray2));   //结果为 false
```

6. 使用 copyOf 与 copyOfRange 方法复制数组

Arrays 类的 copyOf 与 copyOfRange 方法用来复制数组或数组的一部分，适用于所有的基本数据类型（boolean, byte, short, int, double, float, char, long）和对象数组。该方法会创建一个相应类型数组，返回值是新创建数组的引用。

- public static int[ ] copyOf(int[ ] original, int newLength)：复制 int 数组 original，生成的新数组长度为 newLength。如果 original 数组的长度小于 newLength，则新数组中剩余的数组元素值为 0；如果 original 数组的长度大于 newLength，则截取前 newLength 个元素，生成新数组。
- public static int[ ] copyOfRange(int[ ] original, int from, int to)：复制 int 数组 original 中下标从 from 到 to–1 的数组元素，生成新数组，新数组的长度为 to–from。
- public static <T> T[ ] copyOf(T[ ] original, int newLength)：同上，生成的数组与原数组 original 同类。
- static <T> T[ ] copyOfRange(T[ ] original, int from, int to)：同上，生成的数组与原数组 original 同类。

例如：

```
double[] myArray = { 2.9, 3.4, 1.9, 3.5 };
double[] myArray2 = Arrays.copyOf(myArray, 2);     //myArray2：{2.9, 3.4}
double[] myArray3 = Arrays.copyOf(myArray, 6);
//myArray3：{2.9, 3.4, 1.9, 3.5, 0.0, 0.0}
Circle[] myCircles = { new Circle(1), new Circle(2), new Circle(3) };
Circle[] myCircles2= Arrays.copyOfRange(myCircles, 1, 3);
//myCircles2 长度为 2
```

5.4.5 方法中的数组

1. 数组作为方法参数

数组是引用类型的数据，可以作为方法的参数。此时主调用方法中的实参应是数组名，被调用方法中的实参类型应为同类型数组的引用。在被调用方法中可以根据参数数组的 length 属性来获知实参数组的长度，通过下标或 for-each 循环来访问数组元素，如例 5-12 所示。

例 5-12 ArrayAsAug.java

```
import javabook.circle.*;

public class ArrayAsAug {
    static Circle[] circles;

    public ArrayAsAug(int n) {
        circles = new Circle[n];
```

```
            for (int i = 0; i < n; i++)
                circles[i] = new Circle((int) (Math.random()*10));
                //半径为 1~10 之间的随机数
        }

        //将静态数组 circles 中各个圆的半径存入参数数组 d0 中
        //形参数组引用 d0 接收实参数组引用 d, d0 和 d 都指向内存中的数组
        public void getRadius( double[] d0 ) {
            for (int i = 0; i < circles.length; i++)
                d0[i] = circles[i].getRadius();  //获取半径，存入数组中
        }

        public static void main(String[] args) {
            ArrayAsAug aaa = new ArrayAsAug(5);
            double[] d = new double[circles.length];
            aaa.getRadius(d);        //以数组引用 d 作为参数调用方法
            for (int i = 0; i < d.length; i++)
                System.out.print(d[i].getRadius() + ",");
            //d: 0.0,9.0,2.0,2.0,7.0
        }
    }
```

例 5-12 中，基本类型数组名作为方法参数，此时形参数组引用 d0 接收实参数组引用 d，d0 和 d 都指向内存中的同一个数组。在 getRadius 方法中将每个圆的半径存入到形参数组 d0 中，亦即 d 数组中。示意图如下。

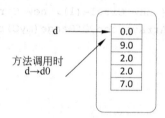

如果是引用类型数组作为参数，应该特别注意，不仅数组名是引用，每个数组元素亦是引用，使用时应该特别注意，如例 5-13 所示。

例 5-13 RefArrayAsAug.java

```
class Clothes {
    String color;
    char size;

    Clothes(String color, char size) {
        this.color = color;
        this.size = size;
    }
}
```

```
public class RefArrayAsAug {
    public static void main(String[] args) {
        Clothes[] c1 = { new Clothes("red", 'L'),
                         new Clothes("blue", 'M') };
        Clothes[] c2 = new Clothes[c1.length];
        for (int i = 0; i < c1.length; i++)
            c2[i] = c1[i];                          //复制对象引用
        c1[0].color = "yellow";                     //通过c1修改对象的值
        System.out.println(c2[0].color);            //yellow
    }
}
```

在例 5-13 中，for 循环将每个 c1 元素赋值给 c2 元素后，c1[0]和 c2[0]指向了内存中的同一个对象 Clothes("red", 'L')。此后通过 c1[0]把对象的 color 属性修改为"yellow"，则再通过 c2[0]访问对象的 color 属性时，得到的更新之后的值"yellow"。这种复制的方法是浅层复制，赋值的是对象引用，如图所示。

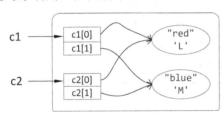

例 5-14　RefArrayAsAug2.java

```
public class RefArrayAsAug2 {
    public static void main(String[] args) {
        Clothes[] c1 = { new Clothes("red", 'L'),
                         new Clothes("blue", 'M') };
        Clothes[] c2 = new Clothes[c1.length];
        for (int i = 0; i < c1.length; i++) {
        //新建Clothes对象，将c1[i]对象的值复制给新建的对象
            c2[i] = new Clothes(c1[i].color, c1[i].size);
        }
        //修改c1[0]对象的color属性，不影响c2[0]对象
        c1[0].color = "yellow";
        System.out.println(c2[0].color); //red
    }
}
```

在例 5-14 的 for 循环中，c2[i]指向了新创建的对象，并将 c1[i]对象的各属性值赋给了新建的对象。此时 c1[i]和 c2[i]指向的对象互相独立，因此修改 c1[0]对象的 color 属性，不会影响 c2[0]对象。这种复制的方法是深层复制，赋值的是对象本身，如图所示。

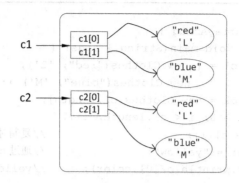

实际上，Arrays.copyOf/copyOfRange 方法都是执行浅层复制的，因此在分析或编写程序时，一定要注意二者的区别。如果要实现深层复制，必须在程序中自行编写相应的代码。

2. 数组作为方法返回值

数组作为方法返回值，返回的实际上是数组对象的引用。在主调方法中通过该引用来遍历数组中的每个元素，进行后续处理。

同时，应仔细观察方法内部对数组的具体处理方法，区分是在方法内创建的新数组，还是原有的数组，要注意方法内部是否会影响原始数据。

例 5-15　ArrayAsReturnValue.java

```java
public class ArrayAsReturnValue {
    public static int[] reverse(int[] list) {
        //list 指向 main 方法的 aList 数组
        int[] result = new int[list.length]; //新建数组 result
        for (int i = 0, j = result.length - 1;
             i < list.length; i++, j--) {
            result[j] = list[i];
        }
        return result;
        //返回的 result 是新建的数组引用，不影响 aList 数组
    }

    public static int[] reverse2(int[] list) {
    //list 指向 main 方法的 aList 数组
        int i, j, t;
        //用 for 循环将 list 数组进行了逆序存放，影响 aList 数组
        for (i = 0, j = list.length - 1; i < list.length / 2;
             i++, j--) {
            t = list[i];
            list[i] = list[j];
            list[j] = t;
        }
        return list;     //返回 list 数组引用本身
```

```
    }
    public static void main(String[] args) {
        int[] aList = new int[] { 0, 1, 2, 3, 4, 5, 6, 7, 8, 9 };
        int[] bList;
        bList = ArrayAsReturnValue.reverse(aList);
        //调用 reverse 方法
        for (int i : aList) {
            System.out.print(i + ",");
        }
        System.out.println();
        for (int i : bList) {
            System.out.print(i + ",");
        }
        System.out.println();

        bList = ArrayAsReturnValue.reverse2(aList);
        //调用 reverse2 方法
        for (int i : aList) {
            System.out.print(i + ",");
        }
        System.out.println();
        for (int i : bList) {
            System.out.print(i + ",");
        }
        System.out.println();
    }
}
```

程序运行情况如下：

```
0,1,2,3,4,5,6,7,8,9, //第 1 次调用 reverse 方法，aList 数组不变
9,8,7,6,5,4,3,2,1,0, //第 1 次调用 reverse 方法，返回的 bList 数组
9,8,7,6,5,4,3,2,1,0, //第 2 次调用 reverse2 方法，aList 数组逆序
9,8,7,6,5,4,3,2,1,0,//第 2 次调用 reverse2 方法，返回的 bList 数组即 aList 数组
```

5.5 常用类：字符串

字符串是最常用、最重要的数据类型之一，广泛应用在 Java 编程中，表示由多个字符构成的一段文本，诸如名字、说明信息、编号、地址等数据都需要用字符串来表示。

Java 语言处理字符串主要用到三个类：String 类表示只读字符串，StringBuffer 类表示内容可修改的字符串，StringBuilder 类是 StringBuffer 类的非同步版本。

另外，StringTokenizer 类是用来分析和匹配字符串的工具类。

5.5.1 java.lang.String 类

Java 提供了 String 类来创建和操作字符串。java.lang.String 类用来存放字符串常量，创建后字符串的值不再变化。字符串常量 String 类的类头如下：

```
public final class String extends Object implements Serializable,
        Comparable<String>, CharSequence
```

1. String 类的构造方法与创建字符串

String 类的构造方法如表 5-2 所示。

表 5-2 String 类的构造方法

构造方法	说 明
String()	创建一个空 String 对象，即内容为" "的字符串
String(byte[] bytes)	使用平台的默认字符集，根据 bytes 数组的内容，构造一个新的 String
String(byte[] bytes, Charset charset)	使用指定的 charset 解码，根据 bytes 数组的内容，构造一个新的 String
String(byte[] bytes, int offset, int length)	使用平台的默认字符集，从 bytes 数组中截取由 offset 开始的 length 个字符，构造一个新的 String
String(byte[] bytes, int offset, int length, Charset charset)	使用指定的 charset 解码，从 bytes 数组中截取由 offset 开始的 length 个字符，构造一个新的 String
String(byte[] bytes, int offset, int length, String charsetName)	使用指定的字符集解码 charsetName，从 bytes 数组中截取由 offset 开始的 length 个字符，构造一个新的 String
String(byte[] bytes, String charsetName)	使用指定的字符集解码 charsetName，根据 bytes 数组的内容，构造一个新的 String
String(char[] value)	根据 value 数组的内容，构造一个新的 String
String(char[] value, int offset, int count)	从 value 数组中截取由 offset 开始的 length 个字符，构造一个新的 String
String(String original)	根据 original 的内容，创建一个新的 String 对象。新创建的字符串是该参数字符串 original 的拷贝
String(StringBuffer buffer)	根据 buffer 的内容，创建一个新的 String 对象
String(StringBuilder builder)	根据 builder 的内容，创建一个新的 String 对象

例如：

```
byte[] bytes = new byte[] { 97, 98, 99, 100, 101, 102, 103 };
String str1 = new String(bytes);                //"abcdefg"
String str2 = new String(bytes, 2, 5);          //"cdefg"
char[] chars = new char[] { 'h', 'e', 'l', 'l', 'o' };
String str3 = new String(chars, 1, 3);          //"ell"
String str4 = new String("Java");               //"Java"
```

2. String 类的方法

String 类提供了丰富的方法，方便用户对字符串进行各类处理。按照功能可以划分为以下几类。

（1）对字符串整体情况的判断。
- boolean isEmpty()：判断当前字符串是否为空串，返回 true 或 false。
- int length()：返回此字符串的长度。
- boolean matches(String regex)：判断当前字符串是否匹配正则表达式 regex。
- boolean startsWith(String prefix)：判断当前字符串是否以前缀 prefix 开始。
- boolean startsWith(String prefix, int toffset)：判断当前字符串中从指定索引 toffset 开始的子字符串是否以前缀 prefix 开始。
- boolean endsWith(String suffix)：判断当前字符串是否以 suffix 为后缀。
- boolean contains(CharSequence s)：判断当前字符串是否包含指定的字符序列 s。

例如：

```
String str = new String("Hello, welcome to java world!");
System.out.println("isEmpty:" + str.isEmpty());          //isEmpty:false
System.out.println("length:" + str.length());            //length:29
System.out.println("startsWith:" +str.startsWith("hello") );
//startsWith:false
System.out.println("contains:"+str.contains("java")); //contains:true
```

（2）查找字符。
- int indexOf(int ch)：返回字符 ch 在当前字符串中第 1 次出现处的索引。如果不含该字符，返回–1。
- int indexOf(int ch, int fromIndex)：在当前字符串中，从指定的索引 fromIndex 开始搜索字符 ch，返回第 1 次出现处的索引。如果不含该字符，返回–1。
- int indexOf(String str)：返回字符串 str 在当前字符串中第 1 次出现处的索引。如果不含该字符串，返回–1。
- int indexOf(String str, int fromIndex)：当前字符串中，从指定的索引 fromIndex 开始搜索字符串 str，返回第 1 次出现处的索引。如果不含该字符串，返回–1。
- int lastIndexOf(int ch)：返回字符 ch 在当前字符串中最后 1 次出现处的索引。如果不含该字符，返回–1。
- int lastIndexOf(int ch, int fromIndex)：在当前字符串中，从指定的索引 fromIndex 开始搜索字符 ch，返回最后一次出现处的索引。如果不含该字符，返回–1。
- int lastIndexOf(String str)：返回字符串 str 在当前字符串中最后一次出现处的索引。如果不含 str，返回–1。
- int lastIndexOf(String str, int fromIndex)：在当前字符串中，从指定的索引 fromIndex 开始搜索字符串 str，返回最后一次出现处的索引。如果不含该字符串，返回–1。

例如：

```
String str = new String("Hello, welcome to java world!");
System.out.println("first w: " + str.indexOf('w'));        //first w: 7
System.out.println("hello: " + str.indexOf("hello"));      //hello: -1
System.out.println("w(after 10): " + str.indexOf('w', 10));//w(after 10): 23
System.out.println("last w: " + str.lastIndexOf('w'));     //last w: 23
```

（3）获取字符串中的字符或子串。

- char charAt(int index)：返回指定索引 index 处的字符。
- String substring(int beginIndex)：返回当前字符串中从 beginIndex 开始的子串。
- String substring(int beginIndex, int endIndex)：返回当前字符串中从 beginIndex 开始，至 endIndex 前的子串（注：不包含 endIndex 处的字符）。
- CharSequence subSequence(int beginIndex, int endIndex)：返回当前字符串中从 beginIndex 开始，至 endIndex 前的字符序列。

例如：

```
String str = new String("Hello, welcome to java world!");
int idx1=str.indexOf(',');                  //','的索引
int idx2 = str.indexOf('!');                //'!'的索引
System.out.println(str.charAt(idx1));       //,
System.out.println("sub1: " + str.substring(idx1 + 1));
//sub1:  welcome to java world!
System.out.println("sub2:" + str.substring( idx1+1,idx2));
//sub2:  welcome to java world
```

（4）比较字符串的内容。

- int compareTo(String anotherString)：逐字符地比较当前字符串与 anotherString 的内容。两串内容相同，返回 0；当前字符串内容大于 anotherString，返回正值；否则返回负值。
- int compareToIgnoreCase(String str)：忽略大小写，比较当前字符串与 str 的内容。返回正值、负值或 0。
- boolean contentEquals(CharSequence cs)：比较当前字符串与字符序列 cs 的内容是否相等，返回 true/false。
- boolean contentEquals(StringBuffer sb)：比较当前字符串与字符串变量 sb 的内容。
- boolean equals(Object anObject)：比较当前字符串与指定对象 anObject 的内容。
- boolean equalsIgnoreCase(String anotherString)：忽略大小写，比较当前字符串与指定对象 anObject 的内容。
- boolean regionMatches(boolean ignoreCase, int toffset, String other, int ooffset, int len)：将当前字符串从 toffset 开始的 len 个字符与字符串 other 中从 ooffset 开始的 len 个字符进行比较，测试两个字符串区域是否相等，返回 true 或 false。ignoreCase 为 true 时忽略大小写。
- boolean regionMatches(int toffset, String other, int ooffset, int len)：同上，无忽略大

小写选项。

例如：

```
String str1 = new String("Tom Cruise");
String str2 = "tom cruise";
System.out.println(str1.compareTo(str2));                    //-32
System.out.println(str1.compareToIgnoreCase(str2));          //0
System.out.println(str1.equalsIgnoreCase(str2));             //true
System.out.println(str1.regionMatches(4, str2, 4, 5));       //false
System.out.println(str1.regionMatches(true, 4, str2, 4, 5)); //true
```

此处应特别注意，比较两个字符的内容是否相等，应使用 equals 方法。例如：

```
String str1 =new String( "Tom Cruise");
String str2 = new String("Tom Cruise");
```

则比较内容是否相等，应使用 str1.equals(str2)，结果为 true。

若使用 str1==str2，则比较的是两个字符串的引用，结果为 false。

（5）将字符串与其他类型数据进行转换。

- byte[] getBytes()：使用平台的默认字符集将当前字符串编码为 byte 序列，存储到新的 byte 数组中，返回该数组的引用。
- byte[] getBytes(Charset charset)：使用给定的 charset 将当前字符串编码为 byte 序列，存储到新的 byte 数组中，返回该数组的引用。
- byte[] getBytes(String charsetName)：使用给定的 charsetName 将当前字符串编码为 byte 序列，存储到新的 byte 数组中，返回该数组的引用。
- void getChars(int srcBegin, int srcEnd, char[] dst, int dstBegin)：将当前字符串中从 srcBegin 开始至 srcEnd 之前的字符复制到目标字符数组 dst 中 dstBegin 开始的元素（注：不包含 srcEnd 处的字符）。
- char[] toCharArray()：将当前字符串转换为一个新的字符数组。
- static String valueOf(boolean b)：返回 boolean 参数 b 的字符串表示形式。
- static String valueOf(char c)：返回 char 参数 c 的字符串表示形式。
- static String valueOf(char[] data)：返回 char 数组 data 的字符串表示形式。
- static String valueOf(char[] data, int offset, int count)：返回 char 数组 data 中从 offset 开始的 count 个元素的字符串表示形式。
- static String valueOf(double d)：返回 double 参数 d 的字符串表示形式。
- static String valueOf(float f)：返回 float 参数 f 的字符串表示形式。
- static String valueOf(int i)：返回 int 参数 i 的字符串表示形式。
- static String valueOf(long l)：返回 long 参数 l 的字符串表示形式。
- static String valueOf(Object obj)：返回 Object 参数 obj 的字符串表示形式。

例如：

```
String str = new String("Hello,welcome to java world!");
```

```
byte[] bytes = str.getBytes();
System.out.println("length:" + bytes.length);        //length:28
char[] chars = new char[str.length()];
str.getChars(6, 10, chars, 0);    //索引值6至(10-1)的字符复制到chars数组中
System.out.println(chars);                //welc
char[] chars2 = str.toCharArray();        //str字符串转成字符数组
System.out.println(chars2);               //Hello,welcome to java world!
String strb = String.valueOf(false);      //"false"
String strc1 = String.valueOf(',');       //","
String strc2 = String.valueOf(chars2);    //"Hello,welcome to java world!"
String strf = String.valueOf(123.456f);   //"123.456"
String strd = String.valueOf(789.1234);   //"789.1234"
String stri = String.valueOf(1234);       //"1234"
```

(6)修改字符串。

- String replace(char oldChar, char newChar)：用 newChar 替换当前字符串中的所有 oldChar，返回新字符串的引用。
- String replace(CharSequence target, CharSequence replacement)：用字符序列 replacement 替换当前字符串中的所有 target，返回新字符串的引用。
- String replaceAll(String regex, String replacement)：使用 replacement 替换当前字符串中所有匹配正则表达式 regex 的子字符串。
- String replaceFirst(String regex, String replacement)：使用 replacement 替换当前字符串中第一个匹配正则表达式 regex 的子字符串。
- String toLowerCase()：使用默认语言环境的规则将当前字符串中的所有字符都转换为小写。
- String toLowerCase(Locale locale)：使用给定 Locale 规则 locale 将当前字符串中的所有字符都转换为小写。
- String toString()：返回当前字符串本身。
- String toUpperCase()：使用默认语言环境的规则将当前字符串中的所有字符都转换为大写。
- String toUpperCase(Locale locale)：使用给定 Locale 规则 locale 将当前字符串中的所有字符都转换为大写。
- String trim()：返回当前字符串的副本，删除了当前字符串的前导空白和尾部空白。
- String concat(String str)：将字符串 str 连接到此字符串的结尾，返回新字符串引用。

例如：

```
String str ="Hello,welcome to java world!"; //Hello,welcome to java world!
System.out.println(str.replace('H', 'h'));
//hello,welcome to java world!
System.out.println(str.replaceAll("java","python"));
//Hello,welcome to python world!
System.out.println(str.toUpperCase()); //HELLO,WELCOME TO JAVA WORLD!
```

```
System.out.println(str.toLowerCase());    //hello,welcome to java world!
String strcon ="\t ".concat(str);
System.out.println(strcon);               //"  Hello,welcome to java world!"
System.out.println(strcon.trim());        //"Hello,welcome to java world!"
System.out.println(str);                  //Hello,welcome to java world!
```

从程序段的运行结果可以看到，对 String 对象进行任何修改操作，都是生成了一个新的字符串对象，不会影响原有的 String 对象的内容。由此可说，String 类表示只读字符串，一旦创建完，其内容不会发生变化。

（7）拆分字符串。
- String[] split(String regex)：根据正则表达式 regex 的匹配拆分此字符串。
- String[] split(String regex, int limit)：根据匹配给定的正则表达式来拆分此字符串。参数 limit 控制模式应用的次数，影响所得数组的长度。

（8）格式化字符串。String 类的 format()方法用于创建格式化的字符串以及连接多个字符串对象。
- static String format(Locale l, String format, Object…args)：使用指定的语言环境 l、格式字符串 format 和参数 args 生成一个格式化的新字符串，返回其引用。
- static String format(String format, Object…args)：使用格式字符串 format 和参数 args 生成一个格式化的新字符串，返回其引用。

其中，格式字符串 format 是一个 String 对象，可含固定文本以及一个或多个嵌入的格式说明符。主要的格式说明符如表 5-3 所示。

表 5-3 格式说明符

格式说明符	说　　明	示　　例
%s	字符串类型	"mingrisoft"
%c	字符类型	'm'
%b	布尔类型	true
%d	整数类型（十进制）	99
%x	整数类型（十六进制）	FF
%o	整数类型（八进制）	77
%f	浮点类型	99.99
%a	十六进制浮点类型	FF.35AE
%e	指数类型	9.38e+5
%g	通用浮点类型（f 和 e 类型中较短的）	
%h	散列码	
%%	百分号字符	%%
%n	换行符	

例如：

```
String str4=null;
str4=String.format("Hi,%s", "xiao ming");
```

```
System.out.println(str4);              //"Hi,xiao ming"
str4=String.format("Hi,%s:%s.%s","xiao ming","xiao wang","xiao zhang");
System.out.println(str4);              //"Hi,xiao ming:xiao wang.xiao zhang"
System.out.printf("字母 a 的大写是：%c %n", 'A');    //"字母 a 的大写是：A"
System.out.printf("3>7 的结果是：%b %n", 3>7);      //"3>7 的结果是：false"
System.out.printf("100 的一半是：%d %n", 100/2);    //"100 的一半是：50"
System.out.printf("100 的十六进制数是：%x %n", 100); //"100 的十六进制数是：64"
System.out.printf("100 的八进制数是：%o %n", 100);  //"100 的八进制数是：144"
System.out.printf("50 元的书打 8.5 折扣是：%f 元%n", 50*0.85);
                             //"50 元的书打 8.5 折扣是：42.500000 元"
System.out.printf("上面价格的十六进制数是：%a %n", 50*0.85);
                             //"上面价格的十六进制数是：0x1.54p5"
System.out.printf("上面价格的指数表示：%e %n", 50*0.85);
                             //"上面价格的指数表示：4.250000e+01"
System.out.printf("长度较短的是：%g %n", 50*0.85); //"长度较短的是：42.5000"
System.out.printf("上面的折扣是%d%% %n", 85);      //"上面的折扣是 85% "
System.out.printf("字母 A 的散列码是：%h %n", 'A'); //"字母 A 的散列码是：41"
```

由上述代码可知，String.format 作为文本处理工具，为我们提供强大而丰富的字符串格式化功能，能灵活地根据实际数据生成需要的字符串。

（9）其他方法。

- int hashCode()：返回此字符串的哈希码。
- String intern()：返回字符串对象的规范化表示形式。

3. String 连接运算符 "+"

字符串的连接运算符 "+" 用来将一个字符串与任意类型的另一个数据连接起来，形成一个新的字符串。例如：

```
String str1 = "Tom Cruise";
String str2 = "Mission Impossible 6";
System.out.println( str1 + ": " + str2 );//"Tom Cruise: Mission Impossible 6"
System.out.println("3>7 的结果是" + (3 > 7));              //"3>7 的结果是 false"
```

注意，字符串连接运算 "+" 并不影响原始的字符串，而是创建了新的字符串对象。因此程序中频繁对字符串进行合并拼接时，最好使用 StringBuffer 或 StringBuilder 类。

4. 对 String 对象进行多路分支

在 JDK7 之后，switch 语句添加了对字符串和枚举的支持，可以使用 switch 语句对字符串对象进行多路分支，如以下代码段所示。

```
public static void main(String[] args)
{
    String mode = args[0];
    switch (mode)              //对字符串 mode 进行多路分支
    {
        case "ACTIVE":
```

```
            System.out.println("Application is running on Active mode");
            break;
        case "PASSIVE":
            System.out.println("Application is running on Passive mode");
            break;
        case "SAFE":
            System.out.println("Application is running on Safe mode");
    }
}
```

5.5.2 java.lang.StringBuffer 类

StringBuffer 类也称为字符串缓冲区，用来表示字符串变量（即可变字符串），在进行字符串处理时，StringBuffer 对象的每次修改都会改变对象自身，而不生成新的对象，在内存使用上要优于 String 类。因此当需要对一个字符串进行频繁修改（如插入、删除、追加等）时，应使用 StringBuffer 类。

StringBuffer 类中存在很多与 String 类一样的方法，这些方法在功能上与 String 类中的功能是完全一样的。

另外，StringBuffer 是线程安全的，在多线程程序中可以方便地使用，但是程序的执行效率相对来说要稍慢一些。

java.lang.StringBuffer 的类头定义如下：

```
public final class StringBufferextends Object implements Serializable,
            CharSequence
```

1. StringBuffer 类的构造方法与创建字符串

StringBuffer 类的构造方法如表 5-4 所示。

表 5-4 StringBuffer 类的构造方法

构造方法	说　　明
StringBuffer()	创建不含字符的字符串缓冲区，初始容量为 16 个字符
StringBuffer(CharSequence seq)	根据 seq 的内容构造一个字符串缓冲区，初始容量为 16+seq 的长度
StringBuffer(int capacity)	构造一个不含字符、初始容量为 capacity 的字符串缓冲区
StringBuffer(String str)	根据 str 的内容构造一个字符串缓冲区，初始容量为 16+str 的长度

每个 StringBuffer 对象都有一定的容量，只要所包含字符的长度超出此容量，则容量自动增大。

2. StringBuffer 类的方法

StringBuffer 类也提供了丰富的方法，方便用户对字符串进行各类处理。按照功能可以划分为以下几类。

（1）对字符串整体情况的操作。

- int capacity()：返回当前容量。

- void ensureCapacity(int minimumCapacity):设置容量不少于 minimumCapacity。
- int length():返回字符串中的字符个数。
- void setLength(int newLength):设置字符串长度为 newLength。如果 newLength 大于或等于当前字符串的长度,则字符串内容不变;如果 newLength 小于当前字符串的长度,则字符串中超过 newLength 的字符丢失。
- void trimToSize():调整容量为当前字符串长度。
- String toString():返回此序列中数据的字符串表示形式。System.out.println()不能直接输出 StringBuffer 类字符串,必须通过 toString()方法得到 String 进行输出。

例如:

```
StringBuffer sb = new StringBuffer("hello java world goodbye");
System.out.println("capacity=" + sb.capacity());    //capacity=40
System.out.println("length=" + sb.length());        //length=24
sb.setLength(15);                                    //设置 Length 为 15
System.out.println("capacity=" + sb.capacity());    //capacity=40
System.out.println("length=" + sb.length());        //length=15
sb.trimToSize();                                     //调整容量
System.out.println("capacity=" + sb.capacity());    //capacity=15
System.out.println("length=" + sb.length());        //length=15
System.out.println(sb.toString());                   //"hello java worl"
```

(2)在字符串中查找数据。

- char charAt(int index):返回字符串中索引 index 处的字符。
- String substring(int start):返回一个新的 String,包含当前字符串中自 start 开始的字符序列。
- String substring(int start, int end):返回一个新的 String,包含当前字符串中自 start 开始,至 end–1 的字符序列。
- int indexOf(String str):同 String 类的 indexOf 方法。
- int indexOf(String str, int fromIndex):同 String 类的 indexOf 方法。
- int lastIndexOf(String str):同 String 类的 lastIndexOf 方法。
- int lastIndexOf(String str, int fromIndex):同 String 类的 lastIndexOf 方法。
- void getChars(int srcBegin, int srcEnd, char[] dst, int dstBegin):同 String 类的 getChars 方法。
- CharSequence subSequence(int start, int end):同 String 类的 subSequence 方法。

例如:

```
StringBuffer sb = new StringBuffer("hello java world goodbye");
System.out.println(sb.charAt(0));                    //h
System.out.println(sb.substring(6));                 //java world goodbye
System.out.println(sb.substring(6, 10));             //java
System.out.println("index of java:" + sb.indexOf("java"));
                                                     //index of java:6
```

```
System.out.println("last index of o:"+sb.lastIndexOf("o"));
//last index of o:19
char[] chars = new char[5];
sb.getChars(6, 10, chars, 0);        //sb 中索引 6~(10-1)的字符存入 chars 数组
System.out.println(new String(chars));      //java
```

(3) 在字符串后追加数据。

- StringBuffer append(基本类型 d)：将基本类型数据 d 的字符串形式追加到字符串之后。基本类型包括 boolean、char、double、float、int、long。
- StringBuffer append(char[] str)：将 char 数组 str 的字符串形式追加到此序列。
- StringBuffer append(char[] str, int offset, int len)：将 char 数组 str 中自 offset 开始的 length 个字符的字符串形式追加到此序列。
- StringBuffer append(CharSequence s)：将字符序列 s 追加到该序列。
- StringBuffer append(CharSequence s, int start, int end)：将字符序列 s 中从 start 开始到 end-1 结束的子序列追加到此序列。
- StringBuffer append(Object obj)：追加 obj 对象的字符串表示形式。
- StringBuffer append(String str)：将字符串 str 追加到此字符序列。
- StringBuffer append(StringBuffer sb)：将字符串 sb 追加到此序列中。

例如：

```
StringBuffer sb = new StringBuffer("hello");
sb.append(false);                      //hellofalse
sb.append(123.456f);                   //hellofalse123.456
sb.append("java");                     //hellofalse123.456java
char[] chars = new char[]{'a','b','c','d'};
sb.append(chars);                      //hellofalse123.456javaabcd
Object obj = new Object();
sb.append(obj);   //hellofalse123.456javaabcdjava.lang.Object@44cdf872
```

(4) 删除字符串中的数据。

- StringBuffer deleteCharAt(int index)：移除指定位置 index 处的字符。
- StringBuffer delete(int start, int end)：移除子字符串中的字符。

例如：

```
StringBuffer sb = new StringBuffer("hello java world goodbye");
sb.delete(7, 9);                //hello ja world goodbye
sb.deleteCharAt(1);             //hllo ja world goodbye
```

(5) 在字符串的指定位置插入数据。

- StringBuffer insert(int offset, 基本类型 d)：将基本类型数据 d 的字符串表示形式插入到当前字符串的 offset 处，返回当前字符串的引用。基本类型包括 boolean、char、double、float、int、long。
- StringBuffer insert(int offset, char[] str)：将 char 数组 str 的字符串表示形式到当前

字符串的 offset 处。
- StringBuffer insert(int index, char[] str, int offset, int len)：将 str 子数组（从 offset 开始的 len 个字符）的字符串表示形式插入到 index 处。
- StringBuffer insert(int dstOffset, CharSequence s)：将指定字符序列 s 插入到当前字符串的 offset 处。
- StringBuffer insert(int dstOffset, CharSequence s, int start, int end)：将字符序列 s 中自 start 至 end–1 的子序列插入到当前字符串的 dstOffset 处。
- StringBuffer insert(int offset, Object obj)：将 obj 对象的字符串表示形式插入到当前字符串的 offset 处。
- StringBuffer insert(int offset, String str)：将字符串 str 插入到当前字符串的 offset 处。

例如：

```
sb = new StringBuffer("hello");
sb.insert(0, true);                 //truehello
sb.insert(4, 123.456f);             //true123.456hello
char[] chars ="java".toCharArray();
sb.insert(0, chars,1,2);            //avtrue123.456hello
sb.insert(0, "over");               //overavtrue123.456hello
Object obj = new Object();
sb.insert(0, obj);       //java.lang.Object@d98c113overavtrue123.456hello
```

（6）修改字符串的内容。
- StringBuffer replace(int start, int end, String str)：用字符串 str 替换当前字符串中自 start 至 end–1 的字符。
- StringBuffer reverse()：将当前字符序列进行逆序。
- void setCharAt(int index, char ch)：设置 index 处的字符为 ch。

例如：

```
sb = new StringBuffer("hello");      //hello
sb.replace(1, 3, "123");             //h123lo
sb.reverse().toString();             //ol321h
sb.setCharAt(0, '好');               //好l321h
```

5.5.3 java.lang.StringBuilder 类

StringBuffer 中的方法是同步的，适用于多线程的环境，同步的代价是性能的降低。如果不需要在多线程的环境中使用，不需要同步，应该选择 StringBuilder 类而非 StringBuffer 类。StringBuilder 与 StringBuffer 兼容，是 StringBufer 的非同步版本，在大多数实现中比 StringBuffer 快。因此，单线程环境下建议优先采用 StringBuilder 类。

java.lang.StringBuilder 的类头定义如下：

```
public final class StringBuilder extends Object implements Serializable,
    CharSequence
```

StringBuilder 中的方法与 StringBufer 类似,此处不再赘述。

5.6 常用类:基本数据类型的包装类

Java 语言是面向对象的语言,但是 Java 中的基本数据类型却是不面向对象的,这在实际使用时存在很多的不便,为此,Java 为每种基本数据类型设计了一个对应的类,这些和基本数据类型对应的类统称为包装类(Wrapper Class)或数据类型类。使用基本类型的目的在于效率,但是类/对象可以携带更多的信息、进行更多的操作。如果需要让基本类型的数据像对象一样操作,可以用对应的包装类来进行打包和处理。

每个基本类型在 java.lang 包中都有一个相应的包装类,包装类把基本类型数据转换为对象。包装类和基本数据类型的对应关系如表 5-5 所示。

表 5-5 基本类型和包装类

基本数据类型	包装类	基本数据类型	包装类
byte	Byte	int	Integer
boolean	Boolean	long	Long
short	Short	float	Float
char	Character	double	Double

包装类的主要作用有两种:
- 作为与基本数据类型对应的类存在,方便涉及对象的操作。
- 提供每种基本数据类型的相关属性(如最大值、最小值等)和相关的操作方法。

这些包装类的使用比较类似,以下以最常用的 Integer 类为例介绍包装类的使用。Integer 类在对象中包装了一个 int 值。该类提供了多个方法,能在 int 类型和 String 类型之间互相转换。

(1)创建 Integer 类的对象。
- Integer(int value):创建 Integer 对象,表示指定的 value 值。
- Integer(String s):构造 Integer 对象,表示字符串 s 所指定的 int 值。

例如:

```
Integer i1 = new Integer(10);
Integer i2 = new Integer("-10");
```

J2SE 5.0 开始支持基本类型数据的自动装箱(Autoboxing),可以直接将 int 型值打包在对象之中。例如:

```
Integer i3 = 12345;           //自动装箱,对象 i3 中封装 int 值 12345
```

之后就可以调用对象 i3 的方法对 int 值 12345 进行处理或转换。

J2SE 5.0 后也可以自动取出包装类对象中的基本数据，即自动拆箱（Unboxing）。例如：

```
int foo = i3;              //自动拆箱，将对象 i3 中封装的 int 值 12345 取出
```

在具体运算时，编译器可以进行自动拆箱与拆箱。例如：

```
Integer i4 = 10;           //自动装箱
System.out.println(i4 + 10);   //自动拆箱，输出"20"
System.out.println(i4++);      //自动拆箱，输出"10"
System.out.println(i4);        //自动拆箱，输出"11"
```

（2）Integer 类的属性。
- static int MAX_VALUE：值为 $2^{31}-1$ 常量，表示 int 类型能够表示的最大值。
- static int MIN_VALUE：值为 -2^{31} 的常量，表示 int 类型能够表示的最小值。
- static int SIZE：用来以二进制补码形式表示 int 值的比特位数。
- static Class<Integer> TYPE：表示基本类型 int 的 Class 实例。

（3）Integer 类的方法。

获取 Integer 对象的值：
- byte byteValue()：以 byte 类型返回该 Integer 的值。
- double doubleValue()：以 double 类型返回该 Integer 的值。
- float floatValue()：以 float 类型返回该 Integer 的值。
- int intValue()：以 int 类型返回该 Integer 的值。
- long longValue()：以 long 类型返回该 Integer 的值。
- short shortValue()：以 short 类型返回该 Integer 的值。

Integer 对象和 int 值之间的转换：
- static int parseInt(String s)：将字符串 s 转换成整数，s 必须是十进制数的字符串形式，否则会抛出 NumberFormatException 异常。
- static int parseInt(String s, int radix)：将 radix 进制的字符串 s 转换成整数。
- static Integer valueOf(int i)：将 int 值 i 转换成 Integer 对象。
- static Integer valueOf(String s)：将字符串 s 转换成 Integer 对象。
- static Integer valueOf(String s, int radix)：将 radix 进制的字符串 s 转换成 Integer 对象。

进制转换：
- static Integer decode(String nm)：将十进制、八进制、十六进制字符串 nm 解码为 Integer。
- static String toBinaryString(int i)：将 int 值 i 转为二进制数的字符串。
- static String toHexString(int i)：将 int 值 i 转为十六进制的字符串。
- static String toOctalString(int i)：将 int 值 i 转为八进制数的字符串。
- String toString()：将该 Integer 对象的值转换为字符串。
- static String toString(int i)：将 int 值 i 转换为字符串。

- static String toString(int i, int radix): 将 int 值 i 以基数 radix 的形式转换成字符串。

int 值、整数字符串和 Integer 之间可以通过以上方法进行相互转换，转换关系如图 5-15 所示。

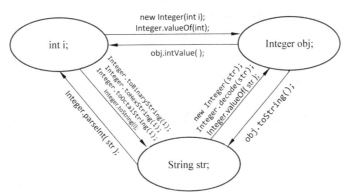

图 5-15 int、String 与 Integer 之间的转换

对 Integer 对象进行处理：

- int compareTo(Integer anotherInteger)：比较当前 Integer 对象和 anotherInteger 的值。相等时返回 0，小于时返回负数，大于时返回正数。
- boolean equals(Object obj)：比较此对象与指定对象 obj。
- static int reverse(int i)：将 int 值 i 的二进制补码进行反转，返回对应的 int 值。
- static int reverseBytes(int i)：反转 int 值 i 的二进制补码中字节的顺序，返回对应的 int 值。
- static int rotateLeft(int i, int distance)：将 int 值 i 的二进制补码循环左移 distance 次，返回对应的 int 值。
- static int rotateRight(int i, int distance)：将 int 值 i 的二进制补码循环右移 distance 次，返回对应的 int 值。
- static int signum(int i)：返回指定 int 值 i 的符号，负返回–1，正返回 1，零返回 0。

整型数据的二进制形式：

- static int bitCount(int i)：获取 int 值 i 的二进制补码形式中的 "1" 的数量。
- static int highestOneBit(int i)：将 int 值 i 的二进制补码中最左侧的 "1" 保留，其他位置 0，返回对应的 int 值。
- static int lowestOneBit(int i)：将 int 值 i 的二进制补码中最右侧的 "1" 保留，其他位置 0，返回对应的 int 值。
- static int numberOfLeadingZeros(int i)：返回 int 值 i 的二进制补码中最左侧的连续 "0" 的个数。
- static int numberOfTrailingZeros(int i)：返回 int 值 i 的二进制补码中最右侧的连续 "0" 的个数。

获取系统属性值的整数值：

- static Integer getInteger(String nm)：获取名称为 nm 的系统属性的整数值。

- static Integer getInteger(String nm, int val)：获取名称为 nm 的系统属性的整数值；如果不存在，则返回 val 对应的 Integer 对象。
- static Integer getInteger(String nm, Integer val)：获取名称为 nm 的系统属性的整数值；如果不存在，则返回 Integer 对象 val。

例如：

```
System.out.println( Integer.MAX_VALUE );  //Integer 的最大值：2147483647
System.out.println( Integer.MIN_VALUE );  //Integer 的最小值：-2147483648
System.out.println( Integer.SIZE );       //int 值的位数：32
System.out.println( Integer.TYPE );       //Integer 的类型：int

int i = 100;
System.out.println( Integer.toBinaryString(i) ); //二进制表示：1100100
System.out.println( Integer.bitCount(i) );    //二进制串中"1"的总数量：3
System.out.println( Integer.numberOfLeadingZeros(i) );
//二进制串中左侧连续的"0"的总数量：25
System.out.println( Integer.numberOfTrailingZeros(i) );
//二进制串中右侧连续的"0"的总数量：2
System.out.println( Integer.highestOneBit(i) );
//二进制串最左侧"1"保留，其他置 0：64（1000000）
System.out.println( Integer.lowestOneBit(i) );
//二进制串最右侧"1"保留，其他置 0：4（00000100）

System.out.println( Integer.decode("0123") );
//八进制 123 对应的整数值：83
System.out.println( Integer.decode("123") );
//十进制 123 对应的整数值：123
System.out.println( Integer.decode("0X123") );
//十六进制 0X123 对应的整数值：291

System.out.println( Integer.reverse(i) );
//100 二进制补码反转：637534208（00100110000000000000000000000000）
System.out.println( Integer.reverseBytes(i) );
//100 二进制补码字节反转：1677721600（1100100 00000000 00000000 00000000）
System.out.println( Integer.rotateLeft(i, 2) );
//将 100 左移 2 位：400（1100100 00）
System.out.println( Integer.rotateRight(i, 2) );
//将 100 右移 2 位：25（11001）

System.out.println( Integer.signum(i) );
//整数 100 的符号：1
System.out.println( Integer.valueOf(i) );
//创建值为 100 的 Integer 对象：100
System.out.println( Integer.valueOf("100", 16) );
//十六进制数 100 的值：256
```

```java
Integer obj = new Integer(100);
System.out.println( obj.byteValue() );
//100 转换为 byte 类型的数为：100
System.out.println( obj.compareTo(new Integer(200)) );
//Integer100 和 Integer200 大小比较：-1
System.out.println( obj.doubleValue() );
//Integer100 转换为 double 类型的数为：100.0
System.out.println( obj.equals(new Integer(200)) );
//Integer100 和 Integer200 大小比较：false
System.out.println( obj.intValue() );          //Integer100 的 int 值：100
System.out.println( obj.longValue() );         //Integer100 的 long 值：100
System.out.println( obj.shortValue() );        //Integer100 的 short 值：100
System.out.println( Integer.parseInt("100"));//将字符串 100 解析为 int 值：100
System.out.println( Integer.parseInt("100", 8));//八进制字符串 100 的值：64

//进制转换
System.out.println( Integer.toBinaryString(i) );
//十进制转成二进制字符串：1100100
System.out.println( Integer.toOctalString(i) );
//十进制转八进制字符串：144
System.out.println( Integer.toHexString(i) );
//十进制转十六进制字符串：64
System.out.println( Integer.valueOf("FFFF", 16).toString() );
//十六进制 FFFF 转成十进制：65535
System.out.println(Integer.toBinaryString(Integer.valueOf("FFFF",16)));
//十六进制字符串"FFFF"转成二进制：1111111111111111
System.out.println(Integer.toOctalString(Integer.valueOf("FFFF",16)));
//十六进制字符串 FFFF 转成八进制：177777
System.out.println( Integer.valueOf("576", 8).toString() );
//八进制字符串"576"转成十进制：382
System.out.println( Integer.toBinaryString(Integer.valueOf("23", 8)) );
//八进制字符串"23"转成二进制：10011
System.out.println( Integer.toHexString(Integer.valueOf("23", 8)) );
//八进制字符串"23"转成十六进制：13
System.out.println( Integer.valueOf("0101", 2).toString() );
//二进制字符串"0101"转十进制：5
System.out.println(Integer.toOctalString(Integer.parseInt("0101",2)));
//二进制字符串"0101"转八进制：5
System.out.println( Integer.toHexString(Integer.parseInt("0101", 2)) );
//二进制字符串"0101"转十六进制：5
System.out.println( Integer.getInteger("sun.arch.data.model") );
//系统属性"sun.arch.data.model"的值：64
```

5.7 常用类：java.lang.Math 类

java.lang.Math 类提供了多个基本数学运算的方法，如指数、对数、平方根、三角函数等。Math 类的属性和方法都是静态方法，可以直接用类名进行访问。

Math 类的属性有两个：
- static double E：表示自然对数 e 的常量。
- static double PI：表示圆周率 π 的常量。

Math 类的主要方法如下：
- static double abs(double a)：返回 double 值 a 的绝对值（有重载方法）。
- static double cbrt(double a)：返回 double 值 a 的立方根。
- static double sqrt(double a)：返回正确舍入的 double 值的正平方根。
- static double exp(double a)：返回 e 的 a 次幂。
- static double log(double a)：返回 double 值 a 的以 e 为底的自然对数。
- static double log10(double a)：返回 double 值 a 以 10 为底。
- static double pow(double a, double b)：返回的 a 的 b 次幂。
- static double random()：返回大于或等于 0.0 且小于 1.0 的随机数。
- static double max(double a, double b)：返回 a 和 b 的较大值（有重载方法）。
- static double min(double a, double b)：返回 a 和 b 的较小值（有重载方法）。
- static double ceil(double a)：向上取整，返回不小于 a 的最小整数对应的 double 值。
- static double floor(double a)：向下取整，返回不大于 a 的最小整数对应的 double 值。
- static long round(double a)：对 a 进行四舍五入。
- static double signum(double d)：d 为 0 返回 0，d>0 返回 1.0，d>0 返回 –1.0（有重载方法）。
- static double acos(double a)：返回 a 的反余弦，返回的角度范围从 0.0 到 pi。
- static double asin(double a)：返回 a 的反正弦，返回的角度范围从 –pi/2 到 pi/2。
- static double atan(double a)：返回 a 的反正切，返回的角度范围从 –pi/2 到 pi/2。
- static double cos(double a)：返回 a 的三角余弦。
- static double cosh(double x)：返回 double 值 x 的双曲余弦。
- static double sin(double a)：返回 double 值的双曲正弦。
- static double sinh(double x)：返回 double 值的双曲正弦。
- static double tan(double a)：返回角的三角函数正切值
- static double tanh(double x)：返回 double 值的双曲正切。

例如：

```
System.out.println(Math.abs(-10.4));       //求绝对值,10.4
System.out.println(Math.ceil(-10.1));      //向上取整,-10.0
System.out.println(Math.ceil(10.7));       //向上取整,11.0
System.out.println(Math.floor(-10.1));     //向下取整,-11.0
System.out.println(Math.floor(10.7));      //向下取整,10.0
System.out.println(Math.max(-5, -7));      //较大数,-5
System.out.println(Math.min(-5, -7));      //较小数,-7
System.out.println(Math.random());         //随机数,0.51910837127650210
System.out.println(Math.random());         //随机数,0.45368330172625904
System.out.println(Math.round(5.7));       //四舍五入,6
System.out.println(Math.round(4.1));       //四舍五入,4
System.out.println(Math.round(-5.6));      //四舍五入,-6
```

5.8 常用类：日期和时间

在 Java 中表示日期和时间可以使用两个类：java.util.Date 类，通常表示日期和时间；java.util.Calendar 类通常用来操作日期。Date 类不便于实现国际化，推荐使用 Calendar 类进行时间和日期处理。

5.8.1 java.util.Date 类

1. Date 类的构造方法

- Date()：创建表示当前日期和时间的 Date 对象，精确到毫秒。
- Date(long date)：创建 Date 对象，表示为自 1970 年 1 月 1 日 00:00:00 GMT 开始经过毫秒数 date 的对应时间点。

例如：

```
Date d1 = new Date();
System.out.println(d1);            //"Fri Apr 28 15:22:38 CST 2017"
Date d2 = new Date(200000);
System.out.println(d2);            //"Thu Jan 01 08:03:20 CST 1970"
```

2. Date 类的常用方法

- boolean after(Date when)：判断当前日期是否在指定日期 when 之后。
- boolean before(Date when)：判断当前日期是否在指定日期 when 之前。
- long getTime()：返回自 1970 年 1 月 1 日 00:00:00 GMT 以来当前对象经过的毫秒数。
- void setTime(long time)：设置当前对象的时间为 time 时间点。
- String toString()：以字符串形式 "week mon dd hh:mm:ss zzz yyyy" 表示对象时间。

例如：

```
Date d1 = new Date();
System.out.println(d1);                //"Fri Apr 28 15:33:46 CST 2017"
System.out.println(d1.getTime());      //1493364826411
```

5.8.2 java.util.Calendar 类

Calendar 类是抽象类，创建对象的过程对用户来说是透明的，只需要使用 Calendar 类的 getInstance 方法创建即可。其类头如下：

```
public abstract class Calendar implements Serializable, Cloneable,
        Comparable<Calendar>
```

1. 创建 Calendar 类的对象表示当前时间

创建 Calendar 类的对象需要调用静态方法 getInstance()。

- static Calendar getInstance()：使用默认时区和语言环境获得一个日历，表示当前时间。
- static Calendar getInstance(Locale aLocale)：使用默认时区和指定语言环境 aLocale 获得一个日历。
- static Calendar getInstance(TimeZone zone)：使用指定时区 zone 和默认语言环境获得一个日历。
- static Calendar getInstance(TimeZone zone, Locale aLocale)：使用指定时区 zone 和语言环境 aLocale 获得一个日历。

例如：

```
Calendar c = Calendar.getInstance();
```

2. 设置 Calendar 对象表示指定时间

- void set(int field, int value)：将日历字段 field 的值设置为 value。其中，参数 field 代表要设置的字段的类型，常见类型如下：
  - Calendar.YEAR：年份。
  - Calendar.MONTH：月份。
  - Calendar.DATE：日期。
  - Calendar.DAY_OF_MONTH：日期，与上面的字段完全相同。
  - Calendar.HOUR：12 小时制的小时数。
  - Calendar.HOUR_OF_DAY：24 小时制的小时数。
  - Calendar.MINUTE：分钟。
  - Calendar.SECOND：秒。
  - Calendar.DAY_OF_WEEK：星期几。
- void set(int year, int month, int date)：设置日历字段 YEAR、MONTH 和 DAY_OF_MONTH 的值。
- void set(int year, int month, int date, int hourOfDay, int minute)：设置日历字段

YEAR、MONTH、DAY_OF_MONTH、HOUR_OF_DAY 和 MINUTE 的值。
- void set(int year, int month, int date, int hourOfDay, int minute, int second)：设置字段 YEAR、MONTH、DAY_OF_MONTH、HOUR、MINUTE 和 SECOND 的值。
- void setTime(Date date)：使用给定的 date 设置此 Calendar 的时间。
- void setTimeInMillis(long millis)：用 millis 设置此 Calendar 的当前时间值。
- void setTimeZone(TimeZone value)：使用给定的时区值来设置时区。
- void roll(int field, int amount)：向字段 field 添加指定的有符号时间量 amount。
- public abstract void add(int field, int amount)：将字段 field 增加时间量 amount。

例如：

```
Calendar c = Calendar.getInstance();    //Fri Apr 28 17:49:04 CST 2017
c.set(2016, 10, 2); //设置为2016年10月2日，"Wed Nov 02 17:49:04 CST 2016"
c.set(Calendar.HOUR_OF_DAY, 19);        //Wed Nov 02 19:49:04 CST 2016
c.roll(Calendar.DATE, 10);              //Wed Nov 12 19:49:04 CST 2016
```

3. 获得 Calendar 类中的信息
- int get(int field)：返回日历字段 field 的值。
- Date getTime()：返回表示此 Calendar 时间值的 Date 对象。
- long getTimeInMillis()：返回此 Calendar 的时间值，以毫秒为单位。
- TimeZone getTimeZone()：获得时区。
- String toString()：返回此日历的字符串表示形式。

例如：

```
Calendar c = Calendar.getInstance();    //Fri Apr 28 18:01:01 CST 2017
System.out.println(c.get(Calendar.YEAR)+"."+(c.get(Calendar.MONTH)+1)
      +"."+ c.get(Calendar.DATE));      //2017.4.28
System.out.println(c.get(Calendar.HOUR_OF_DAY) + ":"
      + c.get(Calendar.MINUTE));        //18:01
System.out.println(c.getTimeInMillis());  //1493373661002
```

5.9 常用类：java.lang.System 类

java.lang.System 是系统类，系统级的很多属性和控制方法都放置在该类的内部。System 类的构造方法是 private 的，因此无法创建该类的对象，即 System 类不能实例化。System 类的属性和方法都是 static 的，可以方便地使用类名进行调用。

1. System 类的属性

System 类有三个属性：out、in 和 err，分别代表标准输出流（显示器）、标准输入流（键盘输入）和标准错误输出流（显示器）。定义如下：

```
public final static PrintStream out;
public final static InputStream in;
```

```
public final static PrintStream err;
```

例如：

```
System.out.print("Hello Java" );           //使用 out 将消息输出到标准输出设备上
System.out.println("Hello Java" );         //同上，并换行
System.err.println( "Runtime Error!" );
                                           //使用 error 将出错消息输出到标准错误输出流中
char c = (char) System.in.read( );         //使用 in 从标准输入流中读入单个字节
```

用户可以调用 System 类中的方法改变 out、in、err 等对应的输入输出流。在学习完后续 I/O 知识以后，读者对 out、in 和 err 属性的使用会更加清楚。

2. System 类的方法

- public static void arraycopy(Object src, int srcPos, Object dest, int destPos, int length)：复制数组，将源数组 src 中自 srcPos 开始的 length 个元素复制到目标数组 dest 的指定位置 destPos。例如：

```
int[ ] array1={1,2,3,4,5};
int[ ] array2 = new int[array1.length-1];
System.arraycopy(array1, 1, array2, 0, array2.length);    //2,3,4,5
```

- static void exit(int status)：终止正在运行的程序和当前 Java 虚拟机。通常在调用该方法时，传递 0 表示正常退出，传递非 0 表示程序的出错信息。
- static long currentTimeMillis()：返回以毫秒为单位的当前时间。返回以毫秒为单位的计算机时间，即从 UTC 的 1970 年 1 月 1 日开始，已经经过的毫秒数。可以在程序代码段的开始和结束处分别调用该方法记录当前时间,两者之差即是该程序段的运行时间。例如：

```
long start = System.currentTimeMillis();
//code block
long end = System.currentTimeMillis();
System.out.println("It took "+ (end-start)+" milliseconds");
```

- static long nanoTime()：返回以纳秒为单位的当前时间，精度更高。
- static void gc()：运行垃圾回收器，启动垃圾回收机制。
- static void setErr(PrintStream err)：设置标准错误输出流为 err。
- static void setIn(InputStream in)：设置标准输入流为 in。
- static void setOut(PrintStream out)：设置标准输出流为 out。

System 类中还有一组关于 Java 属性的方法。属性有系统属性和用户自定义属性之分，每种属性都以键-值对的形式出现。系统属性是指与用户程序相关的操作系统配置信息以及软件信息，例如系统属性 os.name 提供运行 JVM 的操作系统名称。表 5-6 列出了 Java 的系统属性。用户也可以调用方法创建自定义属性。

表 5-6　Java 的系统属性

系统属性	描　　述	系统属性	描　　述
java.version	Java 运行时环境版本	java.class.path	Java 类路径
java.vendor	Java 运行时环境供应商	java.library.path	加载库时要搜索的路径列表
java.version.url	Java 供应商 URL	java.io.tmpdir	默认临时文件路径
java.home	Java 安装路径	java.compiler	可使用的 JIT 编译器名称
java.vm.specification.version	Java 虚拟机规范版本	java.ext.dirs	扩展目录的路径
java.vm.specification.vendor	Java 虚拟机规范供应商	os.name	操作系统名称
java.vm.specification.name	Java 虚拟机规范名称	os.arch	操作系统架构
java.vm.version	Java 虚拟机实现版本	os.version	操作系统版本
java.vm.vendor	Java 虚拟机实现供应商	file.separator	文件分隔符（UNIX 中是 "/"）
java.vm.name	Java 虚拟机实现名称	path.separator	路径分隔符（UNIX 中是 ":"）
java.specification.version	Java 运行时环境规范版本	line.separator	行分隔符（UNIX 中是 "/n"）
java.specification.vendor	Java 运行时环境规范供应商	user.name	用户的账号名称
java.specification.name	Java 运行时环境规范名称	user.home	用户的主目录
java.class.version	Java 类格式化版本号	user.dir	用户的当前目录

- static String getProperty(String key)：获取属性 key 的值。如果不存在，返回 null。例如：

  ```
  System.out.println(System.getProperty("os.name"));   //"Windows 7"
  System.out.println(System.getProperty("java.vm.version"));
  //"24.79-b02"
  ```

- public static String setProperty(String key, String value)：设置属性 key 的值为 value。如果属性 key 不存在，则新建属性 key，设置值为 value。例如：

  ```
  System.setProperty("password","123456");//设置属性 password 的值为 123456
  System.out.println(System.getProperty("password"));   //"123456"
  ```

- public static String clearProperty(String key)：删除系统属性 key，返回之前的值。
- static Properties getProperties()：获取所有的系统属性，返回对应的 Properties 对象。例如：

  ```
  java.util.Properties props = System.getProperties();
  props.list(System.out);
  //调用 Properties 的 list 方法将所有属性值输出到标准输出设备上
  ```

- public static void setProperties(Properties props)：设置系统属性为 props。
- public static String getenv(String name)：获取环境变量 name 的值，不存在时返回

null。例如:

```
System.out.println( System.getenv("CLASSPATH") );
```

结果为:

```
".;C:\Program Files\Java\jdk1.7.0_79\lib\dt.jar;
C:\Program Files\ Java\jdk1.7.0_79\lib\tool.jar"
```

又如:

```
System.out.println( System.getenv("TEMP") );
```

结果为:

```
//"C:\Users\BTBU\AppData\Local\Temp"
```

5.10 常用类:java.util.Scanner 类

java.util.Scanner 类是一个用于解析基本类型和字符串的简单文本扫描器,可以对字符串、标准输入、文件等的内容进行分析,提取其中的不同类型的数据或字符串。借助于 Scanner,用户可以针对任何文本内容编写自定义的语法分析器。

Scanner 使用分隔符模式将其输入分解为标记,默认情况下分隔符为空白符,之后使用不同的 next 方法将得到的标记转换为不同类型的值。Scanner 也可以结合正则表达式来指定分隔符来使用。

1. Scanner 的常用构造方法

Scanner 类的构造方法可以接受多种类型的输入对象,包括 File 对象、InputStream、Readable、String。

- Scanner(String source):针对字符串 source 构造一个 Scanner 对象。
- Scanner(File source):针对文件 source 构造一个 Scanner 对象。
- Scanner(InputStream source):针对输入流 source 构造一个 Scanner 对象。

例如:

```
String input = "1 fish 2 fish 3 red fish 4 blue fish ";
Scanner s = new Scanner(input);           //针对字符串 input 构造 Scanner 对象 s
File file = new File("d:\\1.txt");
Scanner f = new Scanner(file);            //针对文件"d:\1.txt"构造 Scan 对象 f
Scanner sin = new Scanner(System.in);  //针对标准输入 System.in 构造 Scan 对象 sin
```

通过 new Scanner(System.in)创建一个 Scanner 对象后,控制台会一直等待输入,直到用户输入回车键结束,把所输入的内容传给 Scanner,作为扫描对象。

2. 使用 Scanner 来解析数据

Scanner 类默认情况下使用空白字符作为解析内容的分隔符,对内容进行分割。常用的方法有 next()和 hasNext()。

hasNext()方法用来判断输入内容中是否还存在符合条件的标记，返回 boolean 类型的值。

- boolean hasNext()：判断输入内容中是否还有下一个标记。
- boolean hasNextBoolean()：判断输入内容中是否还有下一个 boolean 类型值。

类似的方法还有 hasNextByte()、hasNextDouble()、hasNextFloat()、hasNextInt()、hasNextLong()、hasNextShort()。

- boolean hasNextLine()：判断输入内容中是否还有下一行。
- boolean hasNext(Pattern pattern)：判断下一个完整标记是否与模式 pattern 匹配。
- boolean hasNext(String pattern) ：判断下一个完整标记是否与模式 pattern 匹配。

如果 hasNext()方法返回 true 值，则可以使用 next()方法来提取标记。

- String next()：查找并返回下一个完整标记，自动忽略掉有效字符之前的空白符。
- String next(Pattern pattern)：如果下一个标记与模式 pattern 匹配，返回下一个标记。
- String next(String pattern)：如果下一个标记与模式 pattern 匹配，返回下一个标记。
- boolean nextBoolean()：在输入内容中查找并返回下一个 boolean 类型的值。

类似的方法还有 nextByte()、nextDouble()、nextFloat()、nextInt()、nextLong()、nextShort()等，分别返回对应类型的值。

- String nextLine()：返回输入回车符之前的所有字符。

例如：

```
String input = "1 fish 2 fish 3 red fish 4 blue fish";
Scanner s = new Scanner(input);          //针对字符串 input 构造 Scanner 对象 s
while(s.hasNext())
    System.out.print(s.next()+",");      //输出下一个标记,以空白符为分隔符
```

运行结果如下：

```
1,fish,2,fish,3,red,fish,4,blue,fish,
```

```
Scanner sin = new Scanner(System.in);    //构造标准输入 System.in 的 Scan 对象 sin
String line;
if (sin.hasNextLine())
    System.out.println(sin.nextLine());  //读入键盘输入的单行字符串,以回车符结束
while (sin.hasNextLine())                //用 while 循环读入键盘输入的多行字符串
{   line = sin.nextLine();               //读入一行输入
    if (line.equals("exit"))             //读入为"exit"时结束
       break;
    System.out.println(">>>" + line);    //输出
}
```

运行结果如下：

```
123asdfg
123asdfg
123456
>>>123456
welcome to java
>>>welcome to java
hi everyone
>>>hi everyone
exit
```

又如：

```
double sum = 0;
int m = 0;
while (sin.hasNextDouble())
{
    double x = sin.nextDouble();
    m = m + 1;
    sum = sum + x;
}
System.out.println(m + "个数的和为" + sum);
System.out.println(m + "个数的平均值是" + (sum / m));
```

运行结果如下：

```
123
456
789
end
3 个数的和为1368.0
3 个数的平均值是456.0
```

除使用默认的空白符进行分隔外，Scanner 类还可以使用 useDelimiter()方法来设置各标记之间的分隔符。

- Scanner useDelimiter(Pattern pattern)：设置当前扫描器的分隔模式为 pattern。
- Scanner useDelimiter(String pattern)：设置当前扫描器的分隔模式为 pattern。

例如：

```
String input = "1 fish 2 fish 3 red fish 4 blue fish";
Scanner s = new Scanner(input);           //针对字符串input构造Scanner对象s
s.useDelimiter(" fish ");                 //使用字符串"fish"作为分隔符
while (s.hasNext())
    System.out.print(s.next() + ",");
```

运行结果如下：

```
1,2,3 red,4 blue fish,
```

5.11 本章小结

本章从数据抽象和封装的角度出发,介绍了面向对象思想、类和对象的概念以及面向对象的特点,详细讲述了 Java 中类的定义和使用、包的定义和使用,并讲述了 Java 类库中的常用类,包括数组、字符串、基本类型类、数学类、日期/日历类、系统类和 Scanner 类。在学习完本章内容后,用户应能够针对特定问题来设计类,具体实现类的属性和方法的定义,在程序中创建类的对象进行数据处理,并熟练掌握常用类的使用方法。

5.12 课后习题

1. 单选题

(1) 下列对封装性的描述中,错误的是(   )。
    A. 封装体包含了属性和行为
    B. 封装体中的属性和行为的访问权限是相同的
    C. 被封装的某些信息在封装体外是不可见的
    D. 封装使得抽象的数据类型提高了可重用性

(2) 在类的修饰符中,规定只能被同一包类所使用的修饰符是(   )。
    A. public   B. 默认   C. final   D. abstract

(3) 在属性的修饰符中,规定只允许该类自身访问的修饰符是(   )。
    A. private   B. public   C. 默认   D. protected

(4) 下列关于构造方法的特点的描述中,错误的是(   )。
    A. 不可重载   B. 方法名同类名
    C. 无返回类型   D. 系统自动调用

(5) 下列关于静态方法的描述中,错误的是(   )。
    A. 在类体内说明静态方法使用关键字
    B. 静态方法只能处理静态变量或调用静态方法
    C. 静态方法不占用对象的内存空间,非静态方法占用对象的内存空间
    D. 静态方法只能用类名调用

(6) 下列关于抽象类的描述中,错误的是(   )。
    A. 抽象类是用修饰符 abstract 说明的
    B. 抽象类是不可以定义对象的
    C. 抽象类是不可以有构造方法的
    D. 抽象类通常要有它的子类

(7) 下列关于包的描述中,错误的是(   )。
    A. 包是一种特殊的类   B. 包是若干个类的集合

C. 包是使用 package 语句创建的　　D. 包有有名包和无名包两种

（8）下列常用包中，存放用户图形界面类库的包是（　　）。

  A. java.awt B. java.lang C. java.util D. java.io

（9）已知 A 类被打包在 packageA，B 类被打包在 packageB，且 B 类被声明为 public，且有一个成员变量 x 被声明为 protected 控制方式。C 类也位于 packageA 包，且继承了 B 类。则以下说法正确的是（　　）。

  A. A 类的实例不能访问到 B 类的实例

  B. A 类的实例能够访问到 B 类一个实例的 x 成员

  C. C 类的实例可以访问到 B 类一个实例的 x 成员

  D. C 类的实例不能访问到 B 类的实例

（10）以下程序代码的运行结果，正确的是（　　）。

```
int x = 300, y = 300;
Integer wx = x, wy = y;
System.out.println(wx == wy);
System.out.println(wx.equals(wy));
```

  A. true、true B. true、false C. false、true D. 编译出错

（11）以下程序代码的运行结果，正确的是（　　）。

```
int[ ] arr1 = { 1, 2, 3, 4, 5 };
int[ ] arr2 = new int[arr1.length];
arr2 = arr1;
for(int val:arr1)
    val *= 2;
System.out.println(arr2[2]);
```

  A. 2 B. 4 C. 3 D. 6

（12）以下程序代码的运行结果，正确的是（　　）。

```
int[ ] arr1 = { 1, 2, 3, 4, 5 };
int[ ] arr2 = new int[arr1.length];
arr2 = arr1;
for(int i=0;i<arr1.length;i++)
    arr1[i] *= 2;
System.out.println(arr2[2]);
```

  A. 2 B. 4 C. 3 D. 6

（13）以下程序代码描述，正确的是（　　）。

```
String[] strs = new String[5];
```

  A. 创建了 5 个 String 对象 B. 创建了一个 String 对象

  C. 创建了 0 个 String 对象 D. 编译出错

（14）以下程序代码描述，正确的是（　　）。

```
String[] strs = { "java0", "java1", "java2", "java3", "java4" };
```

A．创建了 5 个 String 对象　　B．创建了一个 String 对象
C．创建了 0 个 String 对象　　D．编译出错

2．编程题

（1）已知类 A 的定义如下：

```
class A
{
    int a1,a2;
    A(int i,int j)
      {  a1=i; a2=j; }
}
```

请编写方法 swap()，交换 A 类的两个属性 a1 和 a2 的值。

（2）设计并实现复数类 complex，有两个属性：实部和虚部，及两个方法：求两个复数和的 add 方法和求两个复数差的 sub 方法，两个初始化复数实部和虚部的构造方法：一个有参数，一个无参数。编程验证该程序的复数加减运算是正确的。

（3）设计并实现类 Point，该类的构成包括某坐标点的 x 和 y 两个坐标，其构造方法、设置和修改坐标、求解两点距离的方法等，编写应用程序生成该类的对象并对其进行操作。

（4）设计并实现矩形类 Rectangle，包括其构造方法、求解矩形面积和周长的方法等，实例化后输出相应的信息。

（5）类 Book 定义如下：

```
class Book {
    private String author;          //作者
    private String ISBN;            //书号
    private double price;           //价格
    public String getAuthor() {   return this.author;  }  //返回作者名
    public void setAuthor(String author){this.author = author;}//设置作者名
    public String getISBN() {   return this.ISBN;   }  //返回书号
    public void setISBN(String ISBN) {  this.ISBN = ISBN; }//设置书号
    public double getPrice() {   return this.price;   }  //返回书价
    public void setPrice(double price){this.price = price;}//设置书价
}
```

请用一个数组存放随机产生的 10 个书籍对象的数据，并显示其中书价最高图书的书号。要求使用对象数组完成。

（6）请编写程序，使用 String 类中的 indexOf()方法计算一个字符串在另一字符串中出现次数。例如，字符串"this"在字符串"this is my first program. this…"中出现了 2 次。

第 6 章

继承与多态

6.1 继 承

6.1.1 Java 中的继承

继承（Inheritance）是面向对象思想中的三大基本特征之一，是实现面向对象程序设计的重要手段。继承是存在于两个类之间的一种关系，主要用于代码复用，避免代码冗余。当一个类（子类）继承另一个类（父类）时，它可以直接拥有父类的所有属性和方法，而不需要在子类中重新定义。一个父类可以派生出多个子类，父类实际上是所有子类的公共属性和公共方法的集合，而每一个子类则是父类的特殊化，是对公共属性和方法在功能、内涵方面的扩展和延伸。

例如，一款 RPG 游戏中设定的初始角色有剑侠和魔法师，为此需要定义剑侠类 SwordMan1 和魔法师类 Magician1，如例 6-1 所示。

例 6-1 PRG1.java

```
class SwordMan1                              class Magician1
{   private String name;   //角色名称       {   private String name;   //角色名称
    private int level;     //角色等级           private int level;     //角色等级
    private int blood;     //角色血量           private int blood;     //角色血量

    public SwordMan1()                           public Magician1()
    {   this(null,0,0);    }                    {   this(null,0,0);    }

    public SwordMan1(String name,                public Magician1(String name,
        int level, int blood)                        int level, int blood)
    {   this.name = name;                        {   this.name = name;
        this.level = level;                          this.level = level;
        this.blood = blood;                          this.blood = blood;
    }                                            }

    public void fight()                          public void fight()
    {                                            {
        System.out.println                           System.out.println
            ("挥剑攻击！");                              ("魔法攻击！");
    }                                            }
}                                            }
```

```
                                              public void cure()
                                              {
                                                  System.out.println
                                                          ("魔法治疗！");
                                              }

    public String getName()                   public String getName()
    {   return name;      }                   {   return name;      }

    public void setName(String name)          public void setName(String name)
    {   this.name = name;      }              {   this.name = name;      }

    public int getLevel()                     public int getLevel()
    {   return level;      }                  {   return level;      }

    public void setLevel(int level)           public void setLevel(int level)
    {   this.level = level;      }            {   this.level = level;      }

    public int getBlood()                     public int getBlood()
    {   return blood;      }                  {   return blood;      }

    public void setBlood(int blood)           public void setBlood(int blood)
    {   this.blood = blood;      }            {   this.blood = blood;      }

}                                             }
```

在以上程序中，剑侠类和魔法师类中存在大量的重复代码，为后期的升级维护留下了潜在的问题。而剑侠和魔法师都是 RPG 游戏中的角色之一，每个 RPG 角色都拥有名字、等级和血量等属性，都可以进行攻击、设置或获取属性等行为，是所有角色的公共特征，因此可以定义角色类为父类，剑侠类和魔法师类是角色类的两个子类。角色类 Role1 的代码如例 6-2 所示。

例 6-2　PRG2.java

```
class Role1 {
    private String name;           //角色名称
    private int level;             //角色等级
    private int blood;             //角色血量

    public Role1()
    {   this(null,0,0);      }

    public Role1(String name, int level, int blood)
    {   this.name = name;
        this.level = level;
```

```
        this.blood = blood;
    }

    public String getName()
    {   return name;            }

    public void setName(String name)
    {   this.name = name;       }

    public int getLevel()
    {   return level;           }

    public void setLevel(int level)
    {   this.level = level;     }

    public int getBlood()
    {   return blood;           }

    public void setBlood(int blood)
    {   this.blood = blood;     }
}
```

1. 继承的语法结构

Java 支持单重继承，一个子类只能有一个父类，在定义子类时用 extends 关键字来指定子类和父类之间的继承关系，语法格式如下：

```
[类修饰符] class ClassName extends superClassName
              [implements interfaceNameList]
```

此时，子类自动拥有父类的属性和方法，无须在子类中重复定义。子类只需要定义子类自己特有的属性和方法即可。

在例 6-2 中，剑侠类和魔法师类是角色类的两个子类，因此自动拥有角色类中的属性（name、level 和 blood）和方法（getName 与 setName、getLevel 与 setLevel 和 getBlood 与 setBlood）。剑侠类需要扩充定义自己的攻击方法 fight 和打印方法 toString，魔法师类需要扩充定义自己的攻击方法 fight、治疗方法 cure 和打印方法 toString。在 PRG2.java 中添加 SwordMan2 类和 Magician2 类的定义，如下所示。

| ```
class SwordMan2 extends Role1
{
   public void fight()
   {
      System.out.println
         ("挥剑攻击！");
   }
``` | ```
class Magician2 extends Role1
{
   public void fight()
   {
      System.out.println
         ("魔法攻击！");
   }
``` |
| --- | --- |

```
                                        public void cure()
                                        {   System.out.println(
                                                "魔法治疗!");
                                        }

    public String toString()            public String toString()
    {                                   {
        return "剑侠: "+                    return "魔法师: "+
            this.getName()+","+             this.getName()+","
            this.getLevel()+                + this.getLevel()+
            "级,"+this.getBlood();          "级,"+this.getBlood();
    }                                   }
}                                       }
```

PRG 游戏中类之间的关系如图 6-1 所示。

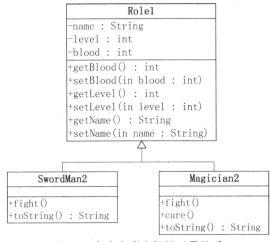

图 6-1 各角色类之间的继承关系

建立继承关系之后，即可在子类中访问父类中的属性和方法。例如：

```
public class RPG2 {
    public static void main(String[] args) {
        SwordMan2 sman = new SwordMan2();      //创建 SwordMan2 类对象 sman
        sman.setName("剑侠 a");                 //调用父类中的方法 setName
        sman.setLevel(2);
        sman.setBlood(100);
        sman.fight();                           //调用子类中的方法 fight
        System.out.println(sman.toString());
        Magician2 mman = new Magician2();       //创建 Magician2 类对象 mman
        mman.setName("魔法师 a");
        mman.setLevel(3);                       //调用父类中的方法 setLevel
        mman.setBlood(200);
        mman.cure();                            //调用子类中的方法 cure
        System.out.println(mman.toString());
```

        }
    }

运行结果如下：

挥剑攻击！
剑侠：剑侠a,2级,100
魔法治疗！
魔法师：魔法师a,3级,200

2. 多层继承链

子类继承父类，子类又可以进一步派生子类，由此可形成多层次的继承关系。此时，某个类可以自动获得所有父类的属性和方法，如图6-2所示。

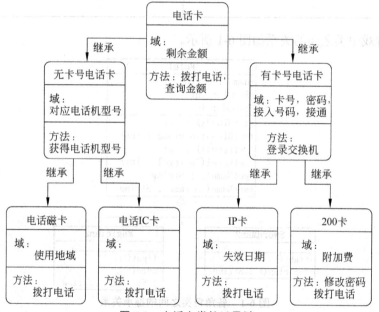

图6-2 电话卡类的继承链

其中，电话磁卡类 magCard 直接继承自无卡号电话卡类 None-Number-PhoneCard，称 None-Number-PhoneCard 类是 magCard 类的直接父类。

电话磁卡类 magCard 的属性如下：

```
double balance;              //继承自 Number-PhoneCard
String phoneSetType;         //继承自 None-Number- PhoneCard
String usefulArea;
```

电话磁卡类 magCard 的方法如下：

```
double getBalance( )         //继承自 Number-PhoneCard
String getSetType( )         //继承自 None-Number-PhoneCard
boolean performDial( )
```

3. IS-A 关系

当建立子父类和子类的继承关系后，一个子类对象即可以被视为父类对象的一种。例如，剑侠是 RPG 游戏中的一种角色，魔法师也是 RPG 游戏中的一种角色；电话磁卡是无卡号电话卡的一种，也是电话卡的一种，子类和父类之间的这种关系称为 IS-A 关系，是实现运行时多态的基础。

在继承机制下，既然子类对象也是父类对象的一种，则父类引用变量可以指向一个父类对象，也可以指向一个子类对象。例如：

```
Role1 role = new Role1();        //父类引用变量 role 指向一个父类对象
Role1 role2 = new SwordMan2();   //父类引用变量 role2 指向一个 SwordMan2 类对象
Role1 role3 = new Magician2();   //父类引用变量 role3 指向一个 Magician2 类对象
```

各引用变量与对象之间的关系如图 6-3 所示。

一个父类引用变量指向子类对象，也称为向上转型，如引用变量 role2 和 role3。但是不能将子类引用变量指向父类对象。例如：

```
Magician2 mg = new Role1();
//错误，"Type mismatch: cannot convert
  from Role1 to Magician2"
```

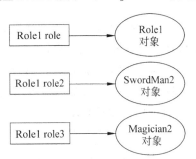

图 6-3　引用变量与对象之间的关系

当父类引用指向子类对象时，只能够通过该引用变量访问父类中的属性或方法，不能访问子类中的属性或方法。例如：

```
role3.getName(); //正确，访问父类方法 getName()
role3.cure();    //错误，"The method cure() is undefined for the type Role1"
```

存在继承关系的父类对象与子类对象的引用变量之间可以在一定条件下相互转换。引用变量 role3 虽然指向 Magician2 类型的对象，但是只能进行 Role1 类的操作。如果需要执行 Magician2 类的操作，则需要使用强制类型转换运算符将 role3 强制转换为 Role1 类的引用。转换方法如下：

```
Magician2 mg = (Magician2) role3;     //强制类型转换运算符
```

如果转换过程中两个类之间不存在继承关系，直接使用强制类型转换会出现 java.lang.ClassCastException 异常。因此，为了避免转换时可能出现的异常，需要在转换之前使用运算符 instanceof 测试引用类型和目标类之间的关系。

```
Magician2 mg;
if(role3 instanceof Magician2)
    mg = (Magician2) role3;
```

转换之后的引用关系如图 6-4 所示。

图 6-4　引用变量类型转换

6.1.2 属性的继承与隐藏

1. 父类属性的访问权限设置

子类继承父类，会自动拥有父类中的所有属性，但能否在子类中访问这些属性，要依据这些属性的访问权限来确定。

例如，Role1 类中的 name、level 和 blood 属性均为 private 属性，只能在 Role1 类中访问，在子类 SwordMan2 和 Magician2 中是不可见的，只能通过 getter 和 setter 方法获取或设置其值。例如：

```
sman.getName();
sman.setLevel(2);
```

如果直接对 sman 对象的 level 属性进行赋值，如 sman.level = 2，则编译器会提示"The field Role1.level is not visible"。

实际上，属性 name、level 和 blood 是每种角色的重要特征。为了能够在子类中便捷地访问这些属性，需要将其访问权限设置为 protected。修改后的程序如例 6-3 所示。

例 6-3 PRG3.java

```java
class Role2 {
    protected String name;    // 角色名称
    protected int level;      // 角色等级
    protected int blood;      // 角色血量

    public Role2() {
    {    this(null,0,0);       }

      public Role2(String name, int level, int blood) {
        this.name = name;
        this.level = level;
        this.blood = blood;
    }

    public String getName() { return name;          }
    public void setName(String name) { this.name = name; }
    public int getLevel() {    return level;       }
    public void setLevel(int level) { this.level = level; }
    public int getBlood() {    return blood;       }
    public void setBlood(int blood) { this.blood = blood; }
}

class SwordMan3 extends Role2 {
    public void fight() {
        System.out.println("挥剑攻击！");
    }
```

```java
        public String toString() {//在子类中直接访问父类中定义的protected成员
            return "剑侠: "+this.name+","+ this.level + "级,"+this.blood;
        }
    }

    class Magician3 extends Role2 {
        public void fight() {
            System.out.println("魔法攻击! ");
        }

        public void cure() {
            System.out.println("魔法治疗! ");
        }

        public String toString(){//在子类中直接访问父类中定义的protected成员
            return "魔法师: "+this.name+","+this.level + "级,"+this.blood;
        }
    }

    public class RPG3 {
        public static void main(String[] args) {
            SwordMan3 sman = new SwordMan3();
            sman.setName("剑侠a");
            sman.setLevel(2);
            sman.setBlood(100);
            sman.fight();
            System.out.println(sman.toString());
            Magician3 mman = new Magician3();
            mman.setName("魔法师a");
            mman.setLevel(3);
            mman.setBlood(200);
            mman.cure();
            System.out.println(mman.toString());
        }
    }
```

运行结果如下：

挥剑攻击!
剑侠：剑侠a,2级,100
魔法治疗!
魔法师：魔法师a,3级,200

2．属性的隐藏

子类中定义了父类中的同名属性，即属性的隐藏。所谓属性的隐藏，是指子类拥有了两个相同名字的属性，一个继承自父类，另一个由自己定义。

此时，当子类执行继承于父类的方法，访问该属性时，操作的是继承自父类的属性；而当子类执行自己定义的方法，访问该属性时，操作的就是自己定义的属性，而把继承自父类的属性"隐藏"起来。如果用户希望引用被继承的父类成员，可以在子类中用关键字 super 来限定，形如 "super.属性名"，如例 6-4 所示。

例 6-4 TestFieldHiding.java

```
class Father {
    int m = 1;
    static int n = 2;
    public void print()
    {   System.out.println("m=" + m + ",n=" + n);    }
}
class Son extends Father {
    int sum()
    {   return m + n;   }            // 访问子类中的属性 m 和 n
}
class Danghter extends Father {
    static double m = 1.23;            // 子类中定义的同名属性 m
    double n = 2.34;                   // 子类中定义的同名属性 n
    double sum()
    {   return m + n;   }            // 访问子类中的同名属性 m 和 n
    double sum2()
    {   return super.m + super.n;  }
    // 使用 super 访问父类中的同名属性 m 和 n
}

public class TestFieldHiding {
    public static void main(String[] args) {
        Son son = new Son();                // 创建子类 Son 的对象 son
        System.out.println(son.m);          // 1
        System.out.println(Son.n);          // 2
        son.print();                        // 调用父类方法 print，输出："m=1,n=2"
        System.out.println(son.sum());      // 调用子类方法 sum，输出："3"

        Danghter danghter = new Danghter();
        // 创建子类 Danghter 的对象 danghter
        System.out.println(Danghter.m);
        // 覆盖父类的同名属性 m，输出 "1.23"
        System.out.println(danghter.n);
        // 覆盖父类的同名属性 n，输出 "2.34"
        danghter.print();
        // 父类方法 print 中访问的是父类属性 m 和 n，输出："m=1,n=2"
        System.out.println(danghter.sum());
        // 调用子类方法 sum，输出："3.57"
        System.out.println(danghter.sum2());
```

```
            //子类方法 sum2 使用 super, 输出:"3.0"
        }
    }
```

3. 关键字 super

关键字 super 表示当前对象的直接父类对象,是当前对象的直接父类对象的引用。关键字 super 和 this 之间的关系如图 6-5 所示。

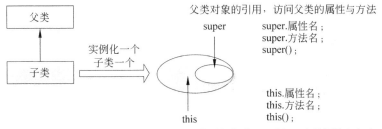

图 6-5 关键字 this 和 super 的关系

super 的主要用法如下:

(1) 访问父类对象的属性与方法。在子类中使用 super.xxx 来引用父类的成员,特别是在发生属性隐藏的情况下,必须使用 super 关键字来访问父类的成员。例如:

```
class Country {
    String name;
    void value()
    {   name = "China";    }
}

class City extends Country {
    String name;
    void value()
    {
        name = "Shanghai";
        super.value();
        //使用 super 调用父类的方法,使父类对象的 name 属性为"China"
        System.out.println(name);
        //直接访问的是子类的 name 属性,输出:"Shanghai"
        System.out.println(super.name);
        //使用 super 访问父类的 name 属性,输出:"China"
    }
}
```

(2) 引用父类的构造函数。子类中可以使用"super(参数);"的形式调用父类的构造函数。该语句应是子类构造函数中的第一条语句,否则编译不能通过。例如:

```
class Country
{
    String name;
    public Country()
    {   name=null;   }
    public Country(String name)
    {   this.name = name;   }
    void value()    {   ...   }
}

class City extends Country
{
    String name;
    public City(String name)
    {
        super();
        // 使用 super 调用父类的无参数构造方法，使父类对象的 name 属性为 null
        this.name = name;
    }
    void value() {   ...   }
}
```

6.1.3 方法的继承与覆盖

1. 子类的方法

子类继承父类，会自动拥有父类的所有方法，但子类中不能调用父类中 private 权限的私有方法。通常，父类中的方法定义的是该类的公共操作，而子类中的方法则定义该子类的特有操作，是对父类功能的扩充或改进。例如，RPG 游戏中角色类 Role 中的方法（getName 与 setName、getLevel 与 setLevel 和 getBlood 与 setBlood）是游戏中所有角色都具有的操作，而魔法师类 Magician 中的治疗方法 cure 则是魔法师们的特有操作，因此需要在子类 Magician 中进行定义和实现。

与属性的继承类似，父类方法需要设置 protected 及以上的权限方可在子类中进行调用。

注意：构造方法是特殊的方法，无论父类中的构造方法的访问属性如何，都不能被子类继承。

2. 方法的覆盖

子类中定义的方法定义的是该子类的特有操作，是对父类功能的扩充或改进。如果子类中定义的方法与父类中方法的方法头相同，则称为方法的覆盖（Override），也称重写方法。

子类方法对父类同名方法进行覆盖之后，子类对象调用该方法时，执行的是子类定义的方法，而不是父类中的同名方法。如需要调用父类中的方法，应在子类中使用关键字 super 进行限定。

子类继承父类时，子类自动拥有了父类的功能。虽然子类具备了该功能，但其具体实现细节却和父类不完全一致。此时，子类中没有必要定义新的功能，可以使用覆盖，保留父类中的功能定义，并重写子类的功能实现细节，以保证类功能的一致性。

例如，在 RPG 游戏中，每个角色都应该具有攻击功能，因此可以在角色类 Role2 中添加 fight 方法。但是每个子类的具体攻击功能不尽相同，因此可以使用方法覆盖，在子类中进行功能的重新实现。类似的还有 toString 方法。具体的实现如例 6-5 所示。

例 6-5 RPG4.java

```java
class Role3 {
    protected String name;        // 角色名称
    protected int level;          // 角色等级
    protected int blood;          // 角色血量

    public Role3() { … }
    public Role3(String name, int level, int blood) { … }
    public String getName() { … }
    public void setName(String name) … }
    public int getLevel() { … }
    public void setLevel(int level) { … }
    public int getBlood() { … }
    public void setBlood(int blood) { … }

    public void fight() { }       // 父类中定义攻击操作
    public String toString()      // 父类中定义转换字符串操作
    {   return this.name+","+this.level+"级,"+this.blood;   }
}

class SwordMan4 extends Role3 {
    public void fight()           // 子类中重新定义子类的攻击操作
    {
        System.out.println("挥剑攻击！");
    }
    public String toString()
    {  // 子类中重新定义子类的转换字符串操作
        return "剑侠: " + super.toString();
        // 使用 super 调用父类中的 toString 方法
    }
}

class Magician4 extends Role3 {
    public void fight()           // 子类中重新定义子类的攻击操作
    {   System.out.println("魔法攻击！");  }

    public void cure() {
```

```
            System.out.println("魔法治疗!");
        }

        public String toString()       // 子类中重新定义子类的转换字符串操作
        {    return "魔法师: " + super.toString(); }
    }

    public class RPG4 {
        public static void main(String[] args)  { … }
    }
```

注意：
① 子类在重定义父类的已有方法时，方法头应与父类方法的完全一致，即具有相同的方法名、返回类型和参数表。
② 父类中的 final 方法不能被重新定义，否则会导致编译错误。
③ 父类方法在子类中重新定义时，访问权限可以保持不变或提高，但不允许降低。访问权限从低到高依次为：private、默认、protected、public，在方法重定义时不能降低，例如：

```
class Father {
   public void a() {    }
   protected void b() {    }
   void c() {    }
   private void d(){    }
}

class Son extends Father {
   protected void a() {    }       // 出错，父类中的权限为 public
   public void b() {    }          // 正确
   private void c() {    }         // 出错，父类中的权限为默认
   void d(){    }
   //正确，定义子类方法 d，父类中的 private 方法不能在子类中访问
}
```

④ 重新定义静态方法和实例方法的区别：子类中重新定义静态方法和实例方法的语法形式是相同的，但在执行结果上却有差异，如例 6-6 所示。

例 6-6 TestMethodOverriding.java

```
class Parent{
   static void staticMethodA()
   {    System.out.println("父类的静态方法 A");    }
   static void staticMethodB()
   {    System.out.println("父类的静态方法 B");
        staticMethodA();
   }
```

```
        void instanceMethodA()
        {    System.out.println("父类的实例方法 A");    }

        void instanceMethodB()
        {    System.out.println("父类的实例方法 B");
             instanceMethodA();
        }
    }

    class Child extends Parent{
        static void staticMethodA()
        {    System.out.println("子类的静态方法 A");    }

        void instanceMethodA()
        {    System.out.println("子类的实例方法 A");    }
    }

    public class TestMethodOverriding {
        public static void main(String[] args) {
            Child child=new Child();

            Child.staticMethodA();        //"子类的静态方法 A"
            System.out.println();

            child.instanceMethodA();      //"子类的实例方法 A"
            System.out.println();

            Child.staticMethodB();        //"父类的静态方法 B"
            System.out.println();         //"父类的静态方法 A"

            child.instanceMethodB();      //"父类的实例方法 B"
            System.out.println();         //"子类的实例方法 A"
        }
    }
```

在例 6-6 中，父类 Parent 中定义了静态方法 staticMethodA 和 staticMethodB，以及实例方法 instanceMethodA 和 instanceMethodB。子类 Child 中重新定义了静态方法 staticMethodA 和实例方法 instanceMethodA。

当调用子类对象 Child 的静态方法 staticMethodB 时，由输出结果可知：
① 执行父类 staticMethodB()中的输出语句，输出"父类的静态方法 B"。
② 调用父类中的 staticMethodA()方法，输出"父类的静态方法 A"，而非调用子类 Child 中的 staticMethodA()。

当调用子类对象 child 的实例方法 instanceMethodB 时，由输出结果可知：
① 执行父类 instanceMethodB()中的输出语句，输出"父类的实例方法 B"。

② 调用子类中的 instanceMethodA()方法，输出"子类的实例方法 A"，而不是调用父类 Parent 中的 instanceMethodA()。

由此可见，虽然子类中重定义了继承于父类的静态方法，但父类不会自动感知到该新方法的变化，因此重定义的静态方法不会影响父类中的方法对它的调用。

而实例方法则不同，子类中重定义了继承于父类的实例方法，父类会自动感知到该实例方法的变化，父类中对该实例方法的调用将被替换为对新方法的调用。

两者的区别如图 6-6 所示。

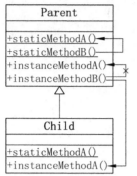

图 6-6 继承中的静态方法和实例方法

⑤ 静态方法不能覆盖父类中的实例方法，而实例方法也不能覆盖父类中的静态方法。例如：

```
class Parent{
    static void staticMethodA() { … }
    static void staticMethodB() { … }
    void instanceMethodA() { … }
    void instanceMethodB() { … }
}

class Child extends Parent{
    void staticMethodA()    { … }
    // 错误，实例方法也不能覆盖父类中的静态方法
    static void instanceMethodA() { … }
    // 错误，静态方法不能覆盖父类中的实例方法
}
```

6.1.4 抽象方法与抽象类

在 RPG 游戏的角色类 Role3 中定义了攻击方法 fight()，用来描述各类角色都具有攻击操作。但是父类 Role3 中并不知晓各类角色子类的具体攻击行为是什么，因此 fight()的方法体为空，没有编写任何程序代码。但是，这种做法并不能强制各个角色子类重新定义 fight()方法，实现具体的攻击操作。如何确保各角色子类务必实现 fight 操作呢？答案是使用抽象方法和抽象类。

1. 抽象方法

如果某个方法体中没有任何程序代码，可以使用关键字 abstract 把该方法定义为抽象方法。抽象方法不用编写方法体，直接用方法头部加";"进行定义。例如：

```
abstract public void fight();        //将 fight 方法定义为抽象方法
```

2. 抽象类

如果类中存在抽象方法，表示这个类的定义不完整，不能用来生成实例对象。这种

存在抽象方法的类称为抽象类,定义时必须以关键字 abstract 作为标志。角色类 Role 中含有抽象方法 fight(),应定义为抽象类:

```java
abstract class Role4 {
    protected String name;              // 角色名称
    protected int level;                // 角色等级
    protected int blood;                // 角色血量

    public Role4() { … }
    public Role4(String name, int level, int blood) { … }

    public String getName() { … }
    public void setName(String name) { … }
    public int getLevel() { … }
    public void setLevel(int level) { … }
    public int getBlood() { … }
    public void setBlood(int blood) { … }
    public String toString() { … }

    abstract public void fight();
}
```

3. 继承抽象类

当子类继承抽象父类时,抽象方法的处理有两种形式:
① 为所有的抽象方法定义具体的方法体,实现抽象方法的操作。
② 未实现某个抽象方法的具体操作,这时子类也必须定义为抽象类。

在设计 RPG 游戏中,剑侠类和魔法师类继承父类 Role4 时,应为抽象方法 fight()定义方法体,代码如下:

```java
class SwordMan5 extends Role4 {
    public void fight()        //在子类 SwordMan5 中为抽象方法 fight()定义方法体
    {   System.out.println("挥剑攻击!");    }

    public String toString() { … }
}

class Magician5 extends Role4 {
    public void fight()        //在子类 Magician5 中为抽象方法 fight()定义方法体
    {   System.out.println("魔法攻击!");    }

    public void cure() { … }
    public String toString() { … }
}
```

Java 类库中定义了许多抽象类,如 java.io.InputStream 的定义:

```
public abstract class InputStream extends Object implements Closeable
{   …
    public abstract int read() throws IOException;    // 抽象方法 read()
    …
}
```

子类 FileInputStream 中所有抽象方法的实现如下：

```
public class FileInputStream extends InputStream
{   …
    public int read() throws IOException  // 子类中抽象方法 read() 的具体实现
    {   Object traceContext = IoTrace.fileReadBegin(path);
        int b = 0;
        try {
           b = read0();
        } finally {
           IoTrace.fileReadEnd(traceContext, b == -1 ? 0 : 1);
        }
        return b;
    }
    …
}
```

抽象类 java.lang.Number 的定义：

```
public abstract class Number implements java.io.Serializable
{
    public abstract int intValue();
    public abstract long longValue();
    public abstract float floatValue();
    public abstract double doubleValue();
    …
}
```

抽象类 Number 是 Byte、Double、Float、Integer、Long、Short、BigDecimal、BigInteger 等类的父类，其继承关系如图 6-7 所示。

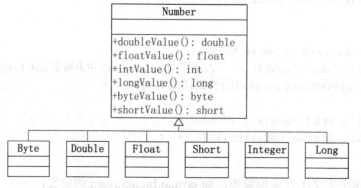

图 6-7 抽象类 Number 的继承关系

以子类 Double 为例，对 Number 类的抽象方法进行了具体实现，代码如下：

```
public final class Double extends Number implements Comparable<Double>
{    private final double value;
     ...
     // 子类中抽象方法 intValue()的具体实现
     public int intValue() { return (int)value; }

     // 子类中抽象方法 longValue()的具体实现
     public long longValue() { return (long)value; }

     // 子类中抽象方法 floatValue()的具体实现
     public float floatValue(){ return (float)value;}

     // 子类中抽象方法 doubleValue()的具体实现
     public double doubleValue() { return (double)value; }
     ...
}
```

6.1.5 最终类

如果在定义类时以 final 关键字进行修饰，则称该类为最终类。最终类不能被继承，即不能派生出子类。

最终类主要适用于以下情形：

（1）对于某些进行特殊运算和操作的类，出于安全性的考虑，不希望他人对该类进行任何改变（进行子类化），如执行密码管理的类、处理数据库信息的管理类等。

（2）出于执行效率的考虑，确保该类各对象的所有行动都尽可能高效。最终类不能被继承，其方法不能被覆盖，所以最终类的地址引用和装载在编译期间完成，而不是在运行期间由 JVM 进行复杂的装载，因而更加简单和高效。

例如，程序中经常使用的 String/StringBuffer、Math 即是最终类，其类头定义如下：

```
public final class String
public final class StringBuffer
public final class Math
```

这些类都是程序中频繁使用的实用工具类，定义为最终类可以保证用户程序不会对类中的操作进行任意修改，保证操作的效率和程序的安全性。

6.1.6 常用类：java.lang.Object 类

java.lang 包中的 Object 类是 Java 类层次结构的根类，是所有 Java 类的直接或间接父类。在定义类时，无论是否使用 extends 指定该类与 Object 之间的继承关系，该类都会从根本上继承 Object 类。所有对象（包括数组）都继承了 Object 类的方法。

例如，RPG 游戏中定义的角色类 Role4，虽未显式地指定与 Object 的关系，Java 默认其父类为 Object 类。即：

```
public class Role4 {    …    }
```

等价于：

```
public class Person extends Object {    …    }
```

由此可形成各角色类之间的继承链，如图 6-8 所示。

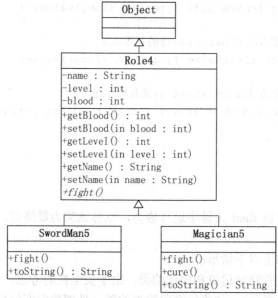

图 6-8 RPG 游戏中的继承链

Object 类有一个默认构造方法：

```
public Object( ) { }
```

在构造子类实例时，都会先调用这个默认的无参构造方法。

Object 类的方法如表 6-1 所示。

表 6-1 Object 类的方法

方　　法	说　　明
protected Object clone()	创建并返回当前对象的一个副本
boolean equals(Object obj)	判断当前对象与 obj 对象是否相等
protected void finalize()	当垃圾回收器确定不存在对该对象的更多引用时，由对象的垃圾回收器调用此方法
Class<?> getClass()	返回当前对象在运行时所对应的类
int hashCode()	返回该对象的哈希值
String toString()	返回当前对象的字符串表示
void notify()	唤醒在此对象监视器上等待的单个线程

续表

方 法	说 明
void notifyAll()	唤醒在此对象监视器上等待的所有线程
void wait()	在其他线程调用此对象的 notify()或 notifyAll()前,使当前线程等待
void wait(long timeout)	在其他线程调用此对象的 notify()或 notifyAll(),或者超过指定的时间量 timeout 前,使当前线程等待
void wait(long timeout, int nanos)	在其他线程调用此对象的 notify()或 notifyAll(),或者其他某个线程中断当前线程,或者已超过实际时间量 1000000*timeout+nanos 毫微秒)前,使当前线程等待

1. clone()方法

Object 类的 clone()方法用来复制当前对象,生成当前对象的一个副本,方法头如下:

```
protected native Object clone() throws CloneNotSupportedException;
```

由定义可知:

- Object 类的 clone()方法是 native 方法。native 方法的效率通常远高于非 native 方法。
- Object 类的 clone()方法是 protected 权限,所有 Java 类默认继承 Object 类,因此都会继承 clone()方法。在具体类中重写 clone()方法时,考虑到让其他类能调用具体类的 clone()方法,应把 clone()方法设置为 public 权限。
- Object.clone()方法返回 Object 对象,程序中应进行强制类型转换,得到需要的类型。

当重写 clone()方法以实现具体类对象的复制时,必须实现 Clonebale 接口。

重写类的 clone()方法主要操作如下:

① 在子类中实现 Cloneable 接口。

② 在子类中重写 clone 方法,声明为 public。

③ 在子类 clone 方法中,创建子类对象引用,调用 super.clone()。

④ 将当前对象的属性值导入新创建的对象中。通常,基本类型的属性直接赋值即可,设置引用类型的属性值时需要注意深层复制和浅层复制的区别。

例如,设计 People 类表示某人,具有 name 和 age 属性,如果希望能够快速复制 People 对象,必须重写 clone()方法,代码如下:

```
class People implements Cloneable
{   private String name;
    private int age;
    public People(String name, int age)
    {   this.name = name;    this.age = age; }
    public int getAge() {    return age;     }
    public void setAge(int age) {  this.age = age;   }
    public String getName() {    return name;    }
```

```java
        public void setName(String name) { this.name = name; }
        @Override
        public Object clone() throws CloneNotSupportedException
        {       //重写的clone()方法
            People p = (People) super.clone();// 创建对象,指向直接父类的复制对象
            p.age = this.age;                 // 属性 age 赋值
            p.name = new String(this.name);   // 属性 name 赋值,此处实现深层复制
            return p;                         // 返回赋值后的对象
        }
}
```

2. equals()方法

equals()方法判断当前对象与参数 obj 对象是否相等,在 Object 类中的具体定义如下:

```java
public boolean equals(Object obj)
{   return (this == obj);   }
```

由代码可知,equals()方法比较当前对象和 obj 对象的引用是否相等,只有当前对象和 obj 执行同一个对象时才返回 true。更多情况下,程序中需要比较的两个对象的内容是否相等,因此需要重写具体类的 equals()方法。例如在 People 类中,判断两个人是否为同一个人,只需要判断 name 和 age 是否相等,重写的代码如下:

```java
class People implements Cloneable
{   private String name;
    private int age;
    public People(String name, int age) {
        this.name = name;   this.age = age; }
    public int getAge() {    return age;   }
    public void setAge(int age) { this.age = age; }
    public String getName() {    return name;   }
    public void setName(String name) { this.name = name; }

    @Override
    public Object clone() throws CloneNotSupportedException
    {       //重写的clone()方法
        People p = (People) super.clone();// 创建对象,指向直接父类的复制对象
        p.age = this.age;                 // 属性 age 赋值
        p.name = new String(this.name);   // 属性 name 赋值,此处实现深层复制
        return p;                         // 返回赋值后的对象
    }

    @Override
    public boolean equals(Object obj) {   // 重写的 equals()方法
        return this.name.equals(((People)obj).name) && this.age ==
                                ((People)obj).age;
    }
}
```

同时，在具体类中重写 equals()方法后，必须重写 hashCode()方法。

3. hashCode()方法

hashCode()方法返回当前对象的哈希值，即虚拟机为当前对象分配的一个 int 类型的整数值。虚拟机使用对象的哈希值来提高存取对象的使用效率。hashCode()的方法头如下：

```
public native int hashCode();
```

例如：

```
Object obj1 = new Object();        // obj1 是新建对象 1 的引用
Object obj2 = new Object();        // obj2 是新建对象 2 的引用
Object obj3 = obj2;                // 通过赋值运算，obj2 是新建对象 2 的引用
System.out.println(obj1.hashCode());
//obj1 引用的对象 1 的哈希值，输出"848618740"
System.out.println(obj2.hashCode());
//obj2 引用的对象 2 的哈希值，输出"1296263453"
System.out.println(obj3.hashCode());
//obj3 引用的对象 2 的哈希值，输出"1296263453"
```

对象哈希值的一般约定规则如下：
- 在程序执行过程中，只要 equals()比较方法中用到的信息未被修改，对同一对象多次调用 hashCode()方法，返回的始终是同一个整数值。在程序的不同执行过程中，对象的哈希值可以不同。
- 如果两个对象相等（依据 equals()），则两个对象的 hashCode()返回相同的哈希值。
- Java 不要求两个不相等的对象调用 hashCode()得到不相等的哈希值，即两个对象不相等（依据 equals()），则 hashCode()返回的整数值可以不同，也可以相同。亦即如果两个对象有相同的哈希值时，这两个对象也不一定相等。
- 如果两个对象的 hashCode()返回不同的哈希值，则这两个对象一定不相等。

设计类时，使不同对象返回不同的 hashCode()可以有效提高存取对象的性能。例如，向某对象集合加入一个对象时，需要先检查该对象是否已经存在于集合中。Java 集合首先根据哈希值判断对象是否存在：如果哈希值不等，则对象不在集合中，直接将其加入集合；如果哈希值已存在，再调用 equals()方法判断是否存在。由于比较整数哈希值的开销远小于对象的 equals()，因此可以提高存取对象的效率。

同时，在类中重写 equals()后，必须重写 hashCode()方法，保证对象的功能兼容。

如下述代码所示，定义 People 时重写 equals()和 hashCode()。People 对象的 name 和 age 同时相等，认为对象相等；每个 People 对象的哈希值依据该对象的 name 和 age 属性计算。

```
class People implements Cloneable
{
    private String name;
    private int age;
```

```java
    public People(String name, int age) {
        this.name = name;    this.age = age; }
    public int getAge() {    return age;    }
    public void setAge(int age) {  this.age = age;    }
    public String getName() {   return name;   }
    public void setName(String name) {  this.name = name;  }

    @Override
    public Object clone() throws CloneNotSupportedException
    {    //重写的clone()方法
        People p = (People) super.clone();// 创建对象，指向直接父类的复制对象
        p.age = this.age;                  // 属性 age 赋值
        p.name = new String(this.name);    // 属性 name 赋值，此处实现深层复制
        return p;                          // 返回赋值后的对象
    }

    @Override
    public boolean equals(Object obj) {  // 重写的 equals()方法
        return this.name.equals(((People)obj).name) && this.age ==
                           ((People)obj).age;
    }

    @Override
    public int hashCode()                    // 重写的 hashCode()方法
    {   return name.hashCode()*37 + age;  }// 依据对象的 name 和 age 计算其哈希值
}
```

4. toString()方法

toString()方法返回当前对象的字符串表示，在 Object 类中的具体实现如下：

```java
public String toString()
{
    return getClass().getName()+"@"+Integer.toHexString(hashCode());
}
```

由此可知，对象的默认字符串表示即是由该对象的类名、@、对象的十六进制哈希值组成的。程序中使用 System.out.println(obj)输出对象时，是自动输出了对象 obj 的 toString()方法返回的字符串。例如：

```java
Object obj1 = new Object();    // obj1 是新建对象 1 的引用
Object obj2 = new Object();    // obj2 是新建对象 2 的引用
Object obj3 = obj2;            // 通过赋值运算，obj2 是新建对象 2 的引用
System.out.println(obj1);      // "java.lang.Object@3294e4f4"
System.out.println(obj2.toString());// "java.lang.Object@4d43691d"
System.out.println(obj3.toString());// "java.lang.Object@4d43691d"
```

在定义具体类时,通常需要重写 toString()方法,形成更加详细的字符串表示。例如,
对以上 People 类重新改写 toString()方法如例 6-7 所示。

例 6-7 TestObject.java

```
Class People implements Cloneable {
{
    private String name;
    private int age;

    public People(String name, int age)
    {   this.name = name;   this.age = age; }

    public int getAge()
    {   return age;    }

    public void setAge(int age)
    {   this.age = age;    }

    public String getName()
    {   return name;    }

    public void setName(String name)
    {   this.name = name;   }

    @Override
    public Object clone() throws CloneNotSupportedException
    //重写的clone()方法
    {   People p = (People) super.clone();
        //创建对象,指向直接父类的复制对象
        p.age = this.age;              // 属性 age 赋值
        p.name = new String(this.name);// 属性 name 赋值,此处实现深层复制
        return p;                      // 返回赋值后的对象
    }

    @Override
    public boolean equals(Object obj) {    // 重写的 equals()方法
        return this.name.equals(((People)obj).name) && this.age ==
                            ((People)obj).age;
    }

    @Override
    public int hashCode()                         // 重写的 hashCode()方法
    {return name.hashCode()*37 + age; }//依据对象的 name 和 age 计算其哈希值
```

```
        @Override
        public String toString()                    //重写的toString()方法
        {    return ("name="+this.name+", age="+this.age);    }
    }

    public class TestObject {
        public static void main(String[] args) {
            People p1 = new People("Jack", 12);
            People p2 = (People) p1.clone();
            System.out.println(p1.hashCode() == p2.hashCode());
            // 输出 "true"
            System.out.println(p1.equals(p2));
            // 输出 "true"

            p2.setAge(20);
            p2.setName("Lina");
            System.out.println(p1.hashCode() == p2.hashCode());
            // 输出 "false"
            System.out.println(p1.equals(p2));
            // 输出 "false"

            System.out.println(p1);
            // 输出 "name=Jack, age=12"
            System.out.println(p2.toString());
            // 输出 "name=Lina, age=20"
        }
    }
```

5. getClass()方法

Obejct 类的 getClass()方法返回当前对象的运行时类。通过返回的 Class 对象可以获知当前对象所属的运行时类的信息。方法头如下：

```
public final Class<?> getClass();
```

例如：

```
    Object obj = new Object();
    String str = new String("abcdefg");
    People p = new People("Jack", 12);
    System.out.println(obj.getClass().getName());
    //输出 obj 对象的类名 "java.lang.Object"
    System.out.println(str.getClass().getSimpleName());
    //输出 str 对象的类名简称 "String"
    System.out.println(p.getClass().isPrimitive());
    //判断 p 对象所属类是否为基本类型，"false"
```

Class 类将在 6.2.4 节中详细介绍。

6. 其他

Object 类的 finalize()方法用于垃圾回收前的清理操作。

notify()与 notifyAll()或 wait()主要用于多线程编程。

在掌握各方法的基础上，可以对 RPG 游戏中的各角色重写相应的方法，如例 6-8 所示。

例 6-8 RPG6.java

```java
abstract class Role5 {
    protected String name;       // 角色名称
    protected int level;         // 角色等级
    protected int blood;         // 角色血量

    public Role5()
    {   this(null,0,0);  }

    public Role5(String name, int level, int blood)
    {   this.name = name; this.level = level; this.blood = blood;  }

    public String getName() {  return name;  }
    public void setName(String name) {  this.name = name;  }
    public int getLevel() {  return level;  }
    public void setLevel(int level) {  this.level = level;    }
    public int getBlood() {   return blood;   }
    public void setBlood(int blood) {  this.blood = blood;     }
    abstract public void fight();

    @Override
    public String toString()     // 重写的 toString()方法
    {   return this.name + "," + this.level + "级," + this.blood;    }
}

class SwordMan6 extends Role5 implements Cloneable {
    public SwordMan6() {   super();     }

    public SwordMan6(String name, int level, int blood)
    {   super(name, level, blood);    }

    public void fight()
    {   System.out.println("挥剑攻击！");     }

    @Override
    public int hashCode()         // 重写的 hashCode()方法
    {   return "SwordMan6".hashCode()+this.name.hashCode()+
              this.blood*this.level;       }
```

```java
    @Override
    public boolean equals(Object obj)   // 重写的equals()方法
    {   boolean b;
        if (obj instanceof SwordMan6) {
            SwordMan6 sm6 = (SwordMan6) obj;
            b=this.name.equals(sm6.name) && this.blood==
                    sm6.blood && this.level==sm6.level;
        } else
            b = false;
        return b;
    }

    @Override
    protected Object clone() throws CloneNotSupportedException
    //重写的clone()方法
    {   String nm = new String(this.name);
        SwordMan6 sm6 = new SwordMan6(nm, this.level, this.blood);
        return sm6;
    }

    @Override
    public String toString()       // 重写的toString()方法
    {   return "剑侠:" + super.toString();  }
}

class Magician6 extends Role5 implements Cloneable {
    public Magician6() { super();     }
    public Magician6(String name, int level, int blood)
    {   super(name, level, blood);    }
    public void fight()
    {   System.out.println("魔法攻击！");   }
    public void cure()
    {   System.out.println("魔法治疗！");   }

    @Override
    public int hashCode()
    {   return "Magician6".hashCode()+this.name.hashCode()+
                    this.blood*this.level;     }

    @Override
    public boolean equals(Object obj)   // 重写的equals()方法
    {   boolean b;
        if (obj instanceof Magician6)
        {   Magician6 sm6 = (Magician6) obj;
            b=this.name.equals(sm6.name) && this.blood==
```

```
                sm6.blood && this.level==sm6.level;
        }
        else
            b = false;
        return b;
    }

    @Override
    protected Object clone() throws CloneNotSupportedException
    //重写的clone()方法
    {   String nm = new String(this.name);
        Magician6 sm6 = new Magician6(nm, this.level, this.blood);
        return sm6;
    }

    @Override
    public String toString()   //重写的toString()方法
    {   return "魔法师: " + super.toString();     }
}

public class RPG6 {
    public static void main(String[] args) {
        SwordMan6 sm = new SwordMan6("剑侠a", 2, 200);
        System.out.println(sm.hashCode());           // "354177531"

        try {
            Magician6 mc = new Magician6("魔法师b", 3, 500);
            Magician6 mc2 = new Magician6("魔法师b", 3, 500);
            Magician6 mc3 = (Magician6) mc.clone();  // 复制mc对象
            System.out.println(mc2.equals(mc3));     // "true"
            mc3.blood++;
            System.out.println(mc2);
            //"魔法师: 魔法师b,3级,500"
            System.out.println(mc3.toString());
            //"魔法师: 魔法师b,3级,501"

        } catch (CloneNotSupportedException e) {
            System.out.println("Exception!");
        }
    }
}
```

6.1.7 对象的创建过程

在继承机制下，父类的构造方法不能被继承到子类中，但参与子类对象的创建过程。

1. 继承下的构造方法

构造方法已在第5章简要介绍了,此处给出更加详细的说明。Java 中关于构造方法的定义、使用方法如下:

- 构造方法必须与类名相同,无返回类型;只能指定访问权限,不能被 static、final、synchronized、abstract、native 等其他方法修饰符进行修饰。
- 构造方法可以被重载,来表达对象的多种初始化行为。在重载的构造方法中可以使用 this 语句来调用其他构造方法,使用时应注意:
  - 如果在构造方法中使用 this 语句,则 this 语句必须作为构造方法的第一条语句;
  - 只能在构造方法中使用 this 语句来调用该类的其他构造方法,不能在成员方法中调用类的构造方法;
  - 只能通过 this 语句来调用其他构造方法,不能通过方法名来直接调用构造方法。例如角色类 Role 的构造方法的定义:

  ```
  public Role5()
  {   this(null,0,0);   }
  public Role5(String name, int level, int blood)
  {    this.name = name; this.level = level; this.blood = blood;  }
  ```

- 构造方法可以有 public、protected、private 和默认四种访问权限。当构造方法为 private 权限时,只能在当前类访问它,不能被继承,不能被其他程序用 new 创建实例对象。
- 如果用户定义类时没有提供任何构造方法,Java 会自动提供一个默认的构造方法,该默认构造方法没有参数,用 public 修饰,且方法体为空。形式如下:

  ```
  public className( ) { }
  ```

- 如果类中显式定义了构造方法,则 Java 不再提供默认的无参构造方法。此时,如果显式定义的构造方法都带有参数,该类就不再含有无参的构造方法。例如:

  ```
  class classA
  {    int n;
       classA(int n) {  this.n = n; }          // 显式定义了构造方法
  }
  classA a = new classA(10);                   // 正确
  classA b = new classA(); //编译出错: The constructor classA() is undefined
  ```

- 父类的构造方法不能被子类继承。但是子类的构造方法中可以通过 super 语句调用父类的构造方法。注意,super 语句必须是子类构造方法的第一条语句。如剑侠类 SwordMan 中:

  ```
  public SwordMan6( )
  {    super();    }
  ```

```
public SwordMan6( String name, int level, int blood )
{    super(name, level, blood);      }
```

- 如果子类构造方法没有用 super 语句显式调用父类构造方法，那么通过该子类构造方法创建子类对象时，JVM 虚拟机会自动先调用父类的默认构造方法。此时若父类没有默认构造方法时，编译出错。例如：

```
class classA
{    int i;
      public classA(int i)  // 显式定义含参数构造方法，不再提供默认的无参构造方法
      {    this.i = i ;          }
}
class classB extends classA {
      // 构造方法中未使用 super 显式调用父类构造方法，将自动调用父类的默认构造方法
      public classB(int i)
      {    // super();                          该行由 JVM 自动添加
           System.out.println(i);
      }
}
classB  b = new classB(2);
// 编译出错：Implicit super constructor classA() is undefined
```

2. 对象的创建过程

创建子类对象时，JVM 将首先执行父类的构造方法，然后再执行子类的构造方法。在多级继承的情况下，将从继承链的最上层父类开始，依次执行各个类的构造方法，保证子类对象从所有直接或间接父类中继承的实例变量都被正确地初始化。例如：

```
class Art
{    public Art()
      {    // super();      由 JVM 自动添加
           System.out.println("Art Constructor");
      }
}

class Drawing extends Art
{    public Drawing()
      {    // super();      由 JVM 自动添加
           System.out.println("Drawing Constructor");
      }
}

class Cartoon extends Drawing
{    public Cartoon()
      {    super();      // 显式调用父类的构造方法
           System.out.println("Cartoon Constructor");
      }
}
```

```
public class TestConstrutor {
    public static void main(String args[]) {
        Cartoon c = new Cartoon();
    }
}
```

程序运行结果如下：

```
Art Constructor
Drawing Constructor
Cartoon Constructor
```

其中各类构造方法之间的调用过程如图 6-9 所示。

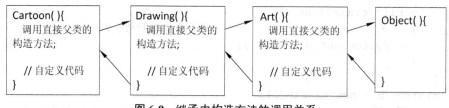

图 6-9　继承中构造方法的调用关系

如果在继承链中向上调用父类构造方法时，该父类构造方法不存在，则编译时报错。

6.1.8　类加载机制

当程序中使用某个类时（如创建该类的对象、调用类的静态方法等），首先需要将这个类加载到 JVM 中。虚拟机把描述类的数据从 .class 文件加载到内存，并对数据进行校验、转换解析和初始化，最终形成可以被虚拟机直接使用的 Java 类型，这就是虚拟机的类加载机制。类加载机制是 Java 技术体系的核心部分，如图 6-10 所示。

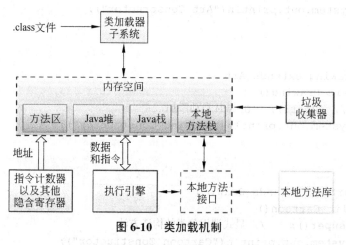

图 6-10　类加载机制

类从被加载到 JVM 内存开始，到卸载出内存为止，它的整个生命周期包括 7 个步骤，如图 6-11 所示。

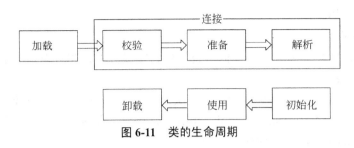

图 6-11　类的生命周期

其中，校验、准备、解析 3 个步骤统称为连接。

1．类加载的过程

类的加载过程由加载、连接和初始化这三个阶段构成。

（1）加载（Loading）阶段。加载阶段的主要目的是在程序运行需要某个类的定义时查找和导入.class 文件，并在 JVM 内存的方法区建立该类的类型信息。类型信息即是该类在运行时的内部结构，包含了定义该类时的所有信息，包括该类的方法代码、类变量、成员变量的定义等。在加载阶段，JVM 需要完成以下 3 件事情：

① 通过一个类的全限定名来获取定义此类的二进制字节流。

虚拟机规范中并没有准确说明二进制字节流应该从哪里获取以及怎样获取，可以通过定义自己的类加载器去控制字节流的获取方式。通常的实现方式有：

- 从 ZIP 包中读取，这是常见的方式，最终称为之后 JAR、EAR、WAR 格式的继承。
- 从网络中获取，典型的应用是应用小程序。
- 运行时计算生成，使用最多的是动态代理技术。
- 由其他文件生成，典型应用是 JSP 应用，即由 JSP 文件生成对应的.class 类。
- 从数据库中读取，如有些中间件服务器（如 SAP Netweaver），相对少见。

② 将这个字节流所代表的静态存储结构转换为方法区的运行时数据结构。

③ 在内存中生成一个代表这个类的 java.lang.Class 对象，作为方法区这个类的各种数据的访问入口。

（2）连接（Linking）阶段。连接阶段的主要功能是把类的二进制数据合并到 JRE 中，包括：

① 校验（Verification）。检查载入的.class 文件数据的正确性，确保.class 文件的字节流中包含的信息符合当前虚拟机的要求，并且不会危害虚拟机自身的安全。校验阶段需要完成文件格式验证、元数据验证、字节码验证和符号引用验证。

② 准备（Preparation）。准备阶段是正式为类的静态变量分配内存并设置其初始值的阶段。类的静态变量所占用的内存都将在方法中进行分配。

③ 解析（Resolution）。在解析阶段，虚拟机将常量池内的符号引用替换为直接引用。符号引用以一组符号来描述所引用的目标；而直接引用则是直接指向目标的指针、相对偏移量或是一个能够间接定位到目标的句柄，和虚拟机实现的内存布局相关。

（3）初始化（Initialization）阶段。在初始化阶段，根据程序代码去初始化类的静态变量和静态代码块。

2. 类加载的特点

当程序中使用某个类时，需要把该类加载到虚拟机中。在考虑到继承的情况下，类加载有以下特征：

- 在加载某个类时，如果它的某个父类尚未加载，则必须首先加载其父类。
- 继承链上的类加载顺序是：从 Object 类开始，直到当前类。在继承链上越接近 Object 的父类，越会优先被加载。
- 默认情况下，同一个类仅需加载一次，即不会重复多次加载同一个类。

例 6-9 中通过继承建立了类的继承链：Object←Father2←Son2←GrandSon2。

例 6-9 TestClassLoadProcess.java

```java
class Father2
{   static int i = 10;                    // Father2 类的静态属性 i
    static {                              // Father2 类的静态初始化块
        System.out.println("i="+i
                +"\tthis is Father's static initializer");
    }
}

class Son2 extends Father2
{   static int j = i + 10;                // Son2 类的静态属性 j
    static {                              // Son2 类的静态初始化块
        System.out.println("j="+j+"\tthis is Son's static initializer");
    }
}

class GrandSon2 extends Son2
{   static int k = j + 10;                // Grandson2 类的静态属性 k
    static {                              // Grandson2 类的静态初始化块
        System.out.println("k="+k+
                "\tthis is GrandSon's static initializer");
    }
}

public class TestClassLoadProcess
{   public static void main(String[] args)
    {   System.out.println(GrandSon2.k);  // 访问子类的静态属性
        GrandSon2.k = Son2.j + 1;
    }
}
```

运行结果如下：

```
i=10    this is Father's static initializer
j=20    this is Son's static initializer
k=30    this is GrandSon's static initializer
```

30

由结果可知，在输出 GrandSon2.k 之前，JVM 依次执行了 Father2、Son2、GrandSon2 的静态初始化块，即 JVM 在加载某个类时，按照继承链上从上到下的顺序依次加载了每个父类，直到加载当前类。

再如，TestClassLoadProcess 类的 main 修改为以下代码时：

```
System.out.println(Son2.j);
System.out.println(GrandSon2.k);
GrandSon2.k = Son2.j + 1;
```

运行结果如下：

```
i=10    this is Father's static initializer
j=20    this is Son's static initializer
20
k=30    this is GrandSon's static initializer
30
```

由结果可知，在输出 Son2.j 之前，JVM 依次加载了 Father2 和 Son2 类，之后输出了 Son2 类的静态属性 j；在输出 GrandSon2.k 之前，由于 Father2 和 Son2 类已加载、当前类 GrandSon2 尚未加载，JVM 又加载了当前类 GrandSon2，之后输出了 GrandSon2 类的静态属性 k。即，同一个类仅需加载一次，JVM 不会重复加载类。

3. 类加载器

类加载器的职责是载入 .class 文件。JDK 本身有默认的类加载器，用户也可以在程序中建立自己的类加载器。了解类加载器层次结构，可以解决 ClassNotFoundException 或 NoClassDefFoundError 等异常问题。

JVM 的类加载是通过 ClassLoader 类及其子类来完成的，加载类的层次关系和加载顺序可以由图 6-12 来描述。

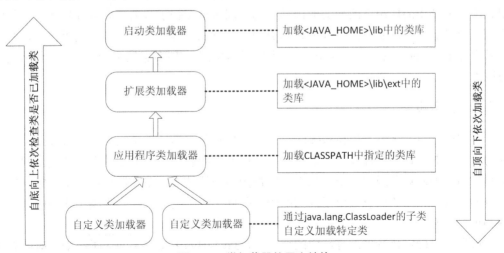

图 6-12　类加载器的层次结构

（1）启动类加载器（Bootstrap ClassLoader）。启动类加载器负责将存放在<JAVA_HOME>\lib 目录中，并且是虚拟机可以识别的类库加载到 JVM 内存中。

（2）扩展类加载器（Extension ClassLoader）。将<JAVA_HOME>\lib\ext 目录下，或者被 java.ext.dirs 系统变量所指定的路径中的所有类库加载。开发者可以直接使用扩展类加载器。

（3）应用程序类加载器（Application ClassLoader）。也称为系统类加载器，负责加载用户类路径（CLASSPATH）上所指定的类库，开发者可直接使用。如果应用程序中没有自定义过自己的类加载器，就将其作为程序中的默认类加载器。

（4）自定义类加载器（User ClassLoader）。应用程序中根据特定需要而自定义的类加载器，如 Tomcat、JBoss 都会根据 JavaEE 规范自行实现。

如果某个类加载器收到了类加载的请求，它会先检查类是否被已加载，检查顺序是自底向上，从 User ClassLoader 到 BootStrap ClassLoader 逐层检查，只要某个 ClassLoader 已加载过该类，就不会再次加载，保证该类仅被加载一次。

加载的顺序则是自顶向下。如果一个类加载器接收到了类加载的请求，它首先把这个请求委托给它的父类加载器去完成，每个层次的类加载器都是如此，因此所有的加载请求都应该传送到顶层的启动类加载器中，只有当父加载器反馈自己无法完成这个加载请求（在搜索范围中没有找到所需的类）时，子加载器才会尝试自己去加载。

自顶向下加载类的好处在于 Java 随着它的类加载器一起具备了一种带有优先级的层次关系。例如类 java.lang.Object 存放在 rt.jar 中，无论哪个类加载器要加载这个类，最终都会委派给启动类加载器进行加载，保证 Object 类在程序的各种类加载器环境中都是同一个类。

6.2 多 态

面向对象编程有三大特性：封装、继承、多态。封装隐藏了类的内部实现机制，可以在不影响使用的情况下改变类的内部结构，同时也保护了数据，即对外界而言，类的内部细节是隐藏的，暴露给外界的只是类的访问方法。继承是为了重用父类代码，两个类若存在 IS-A 的关系就可以使用继承，同时继承也为实现多态做了铺垫。那么什么是多态呢？

6.2.1 多态概念

从字面上讲，多态（Polymorphism）指的是同种物体呈现不同形态、阶段或类型的能力。面向对象程序设计中的多态是指一个程序中同名的不同方法共存的情况。同一个消息作用在不同对象或同一个对象上可以得到不同的结果。多态性允许每个对象以适合自身的方式对相同的消息做出不同的响应，降低了代码的冗余性，提高了代码的可重用性和可扩展性。

根据何时确定执行多态方法中的哪一个，Java 中的多态分为两大类：编译时多态和运行时多态。如果在编译时能够确定执行多态方法中的哪一个，称为编译时多态，否则称为运行时多态。

Java 中的多态有以下三种不同的实现方式：
- 通过子类对父类方法的覆盖实现多态。
- 在同一个类中定义多个同名的不同方法（重载）实现多态。
- 通过父类对象的引用变量来访问子类对象（引用多态）。

6.2.2 编译时多态

编译时多态指在程序中存在同名方法时，Java 程序在编译时能够确定执行同名方法中的哪一个。编译时多态的主要实现方式有两种。

1．方法覆盖实现的多态

方法覆盖指子类中定义了与父类同名的方法来覆盖父类的方法，因此同样的方法在父类与子类中有着不同的内容和实现方法。例如在 RPG 游戏的角色类 Role5 的定义中：

```
class Role5
{
    protected String name;          // 角色名称
    protected int level;            // 角色等级
    protected int blood;            // 角色血量
    ⋮
    @Override
    public String toString()        // 覆盖 Object 类的 toString()
    {    return this.name+","+this.level+"级,"+this.blood;    }
}
```

toString()方法覆盖了 Object 类的 toString 方法，实现了角色类的特定操作。因此角色类对象执行 toString()时，输出的是角色类的各属性信息。如果是 Object 类对象执行 toString()，则输出的是 Object 对象的信息。

2．方法重载实现的多态

方法重载（Overload）指同一类中定义了多个同名方法。同名的原因是它们的最终功能和目的都相同，但是在完成同一功能时可能遇到不同的情况，所以定义具体内容不同的方法，来代表多种具体实现形式。

例如，System 类的 out 属性是 PrintStream 类的，PrintStream 有一组 println 方法，用来向标准输出设备上打印数据。由于数据类型多种多样，为了使打印功能完整，在 PrintStream 类中定义了多个 println 方法，每个方法处理一种具体类型的打印操作，如下所示：

```
public void println();
public void println(boolean x);
public void println(char x);
public void println(int x);
```

```
public void println(long x);
public void println(float x);
public void println(double x);
public void println(char x[]);
public void println(String x);
public void println(Object x) ;
```

在一个类的内部存在多个名字相同的方法，称为方法重载。多个重载的方法依据参数的类型、个数或顺序来区分。程序在编译时，可以通过参数列表来确定执行的是哪个重载方法。

注意，返回值类型不作为方法重载的依据。例如：

```
public class OneClass
{
    public int fun(int i)      { return 1; }
    //Duplicate method fun(int) in type OneClass
    public double fun(int i)   { return 1; }
    //Duplicate method fun(int) in type OneClass
}
```

fun 方法会被编译器视为重复定义而出错。

6.2.3 运行时多态

运行时多态是指程序中定义的引用变量所指向的具体类型和通过该引用变量调用的方法在编程时并不确定，而是在程序运行期间才确定，即一个引用变量到底指向的是哪个类的对象，该引用变量调用的方法到底是哪个类中的方法，必须在程序运行时才能决定。

由于在运行时才确定具体的类，因此不用修改源代码，就可以让引用变量绑定到各种不同的类上，从而使得该引用变量调用的具体方法随之改变，即不修改代码就可以改变程序运行时所绑定的具体代码，让程序可以选择多个运行状态，这就是运行时多态，也称为动态绑定或引用多态。

例如，例 6-10 建立了 Animal 类、Cat 类、Dog 类和 Bird 类之间的继承关系。

例 6-10 TestPolymorphism.java

```
abstract class Animal {
    private String name;
    Animal(String name)
    {   this.name = name;   }
    public abstract void sound();
    //父类 Animal 的抽象方法 sound()
}

class Cat extends Animal {
    private String eyesColor;
```

```java
        Cat(String name, String c)
        {   super(name);
            eyesColor = c;
        }
        public void sound()
         //子类 Cat 中抽象方法 sound()的具体实现
        {   System.out.println("喵喵喵");         }
}

class Dog extends Animal {
    private String furColor;
    Dog(String name, String c) {
        super(name);
        furColor = c;
    }

    public void sound()
     //子类 Dog 中抽象方法 sound()的具体实现
    {   System.out.println("汪汪汪");         }
}

class Bird extends Animal {
    Bird() {
        super("bird");
    }
    public void sound()       //子类 Bird 中抽象方法 sound()的具体实现
    {   System.out.println("啾啾啾");        }
}


public class TestPolymorphism {
    public static void main(String args[]) {
        Animal[] animals = new Animal[3];    //父类引用数组 animals
        animals[0] = new Cat("catname", "blue");
        //animals[0]指向子类 Cat 对象
        animals[1] = new Dog("dogname", "black");
        //animals[1]指向子类 Dog 对象
        animals[2] = new Bird();       //animals[2]指向子类 Bird 对象
        for (int i=0;i<animals.length;i++)
            animals[i].sound();      //访问每个元素指向对象的 sound 方法
    }
}
```

运行结果如下：

喵喵喵

汪汪汪
啾啾啾

以 animals[0]元素为例：animals[0]的类型是父类引用变量，通过赋值语句"animals[0] = new Cat("catname", "blue");"指向了一个 Cat 子类对象。程序在运行过程中执行"animals[0].sound();"时，JVM 会依据当前 animals[0]指向对象的实际类型（当前为 Cat 类），来调用 Cat 类的 sound()方法。

由此可知，运行时多态是指在执行期间（非编译期间）判断引用对象的实际类型，根据实际类型判断并调用相应的属性和方法。运行时多态主要用于继承父类和实现接口时，父类引用指向子类对象。

1. 运行时多态的实现条件

Java 实现运行时多态有三个必要条件：继承、向上转型、重写。

- 继承：在运行时多态中必须存在有继承关系的子类和父类。
- 向上转型：在运行时多态中需要将子类的引用赋给父类引用变量，使得该引用能够调用父类中的方法。
- 重写：子类对父类的方法进行重新定义，在调用该方法时就会调用子类的方法。

只有满足了上述三个条件，才能够在同一个继承结构中使用统一的逻辑实现代码处理不同的对象，从而达到执行不同行为的目的。

对于 Java 而言，运行时多态的实现机制遵循一个原则：当父类引用变量引用子类对象时，是被引用对象的类型而不是引用变量的类型决定了调用谁的成员方法，但这个被调用的方法必须是在父类中定义过的，即被子类覆盖的方法。

2. 运行时多态的作用

运行时多态性使得不同的类对相同的消息做出不同的响应。把不同的子类对象都当作父类来看，可以屏蔽不同子类对象之间的差异，写出通用的代码，进行通用的编程，以适应需求的不断变化。父类引用可以根据当前它所指向的具体对象类型进行不同的操作。

例如，在例 6-10 中继承关系的基础上，定义 Lady 类表示养宠物的女士。宠物可能是 Dog、Cat 或 Bird，因此 Lady 类的 pet 属性定义为父类 Animal 类型的引用变量。在宠物叫喊行为方法 myPetSound()中直接调用 pet 的 sound()方法。

```java
class Lady {
    private String name;
    private Animal pet;              // 宠物定义为父类 Animal 引用变量

    Lady(String name, Animal pet) {  // 创建对象使 pet 属性指向具体的子类对象
        this.name = name;
        this.pet = pet;
    }

    public void myPetSound()         // 宠物叫喊的行为
    {   pet.sound();     }           // 调用 Animal 类的 sound()方法
}
```

在创建 Lady 对象时，需要指定 pet 属性指向的具体子类对象。例如：

```
Cat c = new Cat("catname", "blue");
Dog d = new Dog("dogname", "black");
Bird b = new Bird();
Lady l1 = new Lady("l1", c);        // l1 的 pet 属性指向 Cat
Lady l2 = new Lady("l2", d);        // l2 的 pet 属性指向 Dog
Lady l3 = new Lady("l3", b);        // l3 的 pet 属性指向 Bird
```

此后，在调用 myPetSound() 方法时，会根据当前 pet 指向的具体对象类型进行相应的操作。例如：

```
l1.myPetSound();        // l1 的 pet 属性指向 Cat，输出："喵喵喵"
l2.myPetSound();        // l2 的 pet 属性指向 Dog，输出："汪汪汪"
l3.myPetSound();        // l3 的 pet 属性指向 Bird，输出："啾啾啾"
```

在多态的机制下，myPetSound()不需要逐一地利用 if…else…测试当前 pet 指向的具体类型指向具体的操作，而是由 JVM 依据运行时类型自动地执行不同的操作，屏蔽了不同子类对象之间的差异，实现通用的编程，程序结构更加简洁。

再如，Object 类的 equals()方法中，形参设为 Object 类的引用：

```
public boolean equals(Object obj) { … }
```

由于 Object 类是所有类的父类，依据多态性，可以将任何对象作为 equals 方法的实际参数，与当前对象进行是否等于的比较操作。

又如，Object 类的 clone()方法的类型为 Object 类：

```
protected native Object clone() throws CloneNotSupportedException;
```

则可以将任何对象作为调用 clone 方法的结果返回给主调方法中。

3. 运行时多态的实现形式

Java 实现运行时多态有两种形式：基于继承和基于接口。

基于继承的实现机制主要表现在子类对父类中某些方法的重写，多个子类对同一方法的重写可以表现出不同的行为。在例 6-8 中：

```
abstract class Role5
{
    protected String name;        // 角色名称
    protected int level;          // 角色等级
    protected int blood;          // 角色血量
    …

    @Override
    public String toString()      // 重写了 Object 类的 toString()方法
    {   return this.name + "," + this.level + "级," + this.blood;    }
}
```

```java
class SwordMan6 extends Role5 implements Cloneable
{
    ...
    @Override
    public String toString()        // 重写父类的 toString()方法
    {   return "魔法师：" + super.toString();   }
}

class Magician6 extends Role5 implements Cloneable
{
    ...
    @Override
    public String toString()        // 重写父类的 toString()方法
    {   return "魔法师：" + super.toString();   }
}
```

在上面的代码中，Role5 类默认是 Object 类的子类，并重写了 Object 类的 toString()方法；SwordMan6 和 Magician6 继承了 Role5，并分别重写了父类 Role5 中的 toString()方法。每个类中的 toString()方法实现了各自类的信息表示方式，这就是多态的实现：不同类的对象的行为在顶层定义了统一的接口；实现方式各有不同，在子类中具体实现。

基于接口实现多态将在下一节中具体讲述。

6.2.4 常用类：java.lang.Class 类

在 Java 中，每个类都有一个相应的 Class 对象，用于表示这个类的类型信息。

Java 程序在运行时，Java 运行时系统一直对所有的对象进行运行时类型标识（Run Time Type Identification，RTTI）。这项信息记录了每个对象所属的类，虚拟机通常使用运行时类型信息选择正确方法去执行。用来保存这些类型信息的类是 Class 类。Class 类封装一个对象和接口运行时的状态，当装载某个类时，自动创建该类的 Class 对象。

Class 类也是类的一种，Class 类的对象内容是程序中创建的类的类型信息，例如定义了 Magician 类，那么该类被加载时，Java 会生成一个内容是 Magician 的 Class 类的对象。

Class 类的主要作用是运行时提供或获得某个对象的类型信息，这些信息也可用于反射。

1. 获得 Class 类对象

Class 类没有 public 构造函数，Class 对象是在加载类时由 Java 虚拟机以及通过调用类加载器中的 defineClass()自动构造的，因此不能像普通类一样用 new 运算符显式地创建一个 Class 对象。

Class 类的对象只能由 JVM 创建，获取 Class 对象通常有三种方式：

（1）调用对象的 getClass()方法获取。所有的 Java 类都继承 Object 类，Object 类中的 getClass()返回正是当前对象运行时类的 Class 对象。getClass()方法定义如下：

```
public final native Class<?> getClass();
```

任何对象都可以调用 getClass()方法获取其运行时类的 Class 对象，包括数组。例如：

```
Role5 r1 = new SwordMan6();
Class c1 = r1.getClass();
System.out.println(c1.getName());        //"SwordMan6"

Role5 r2 = new Magician6();
Class c2 = r2.getClass();
System.out.println(c2.getSuperclass());  //"class Role5"

String str = "hello java";
Class c3 = str.getClass();
System.out.println(c3.getName());        //"java.lang.String"

int[] is = new int[10];
Class c4 = is.getClass();
System.out.println(c4.isArray());        //"true"
```

（2）调用 Class 类的静态方法 forName()创建。Class 类提供了静态方法 forName()，用来创建指定类的 Class 对象。方法定义如下：

```
public static Class<?> forName(String className)
            throws ClassNotFoundException;
```

该方法返回类名或接口名为 className 的 Class 对象。className 是该类或接口的完全限定名。例如：

```
Class c5 = Class.forName("Role5");
Class c6 = Class.forName("java.lang.String");
Class c7 = Class.forName("java.lang.Thread");
```

如果无法定位该类，则抛出 ClassNotFoundException 异常。例如：

```
Class c8 = Class.forName("String");
//异常，"java.lang.ClassNotFoundException: String"
```

（3）使用类字面常量获取 Class 对象。如果 T 是一个 Java 类型，那么 T.class 就代表了匹配的类对象。例如：

```
Class c9 = String.class;             //"java.lang.String"
Class c10 = Role5.class;             //"Role5"
Class c11 = int.class;               //"int"
```

对于基本类型的封装类，还可以采用.TYPE 来获取对应的基本类型的 Class 对象。

例如：

```
Class c12 = Integer.TYPE;
System.out.println(c12.getName());   // "int"
```

2. 使用 Class 对象创建对象

在程序运行期间，如果要生成某个类的对象，JVM 会检查该类型的 Class 对象是否已被加载。如果没有被加载，JVM 会根据类的名称找到.class 文件并加载它。一旦某类型的 Class 对象已被加载到内存，就可以用它来产生该类型的所有对象。

Class 类的 newInstance()方法用来创建当前 Class 对象所表示类的一个新实例，调用默认的无参数构造器来创建对象。方法定义如下：

```
public T newInstance();
```

例如：

```
Role5 r1 = new SwordMan6("剑侠一", 3, 200);
Class c1 = r1.getClass();              // 获取 r1 的 Class 对象 c1
System.out.println(c1.getName());      // "SwordMan6"
Object obj = c1.newInstance();         // 使用 c1 生成新的对象 obj
Role5 r = (Role5) obj;                 // 强制转换成 Role5 类型
System.out.println(r.toString());      // 输出新对象的信息："剑侠：null,0 级,0"
```

需要注意，newInstance()并不能直接生成目标类的对象，只能生成 Object 类的对象，需要进行转换。

3. 通过 Class 类对象获取类型信息

Class 类提供了丰富的方法，主要用于得到运行时类的相关信息。常用的有如下一些。

（1）String getName()：以 String 的形式返回此 Class 对象所表示的实体（类、接口、数组类、基本类型或 void）名称，得到其完全限定名。例如：

```
String str = "hello java";
Class c3 = str.getClass();
System.out.println( c3.getName() );// "java.lang.String"
```

（2）Class<? super T> getSuperclass()：返回表示当前 Class 对象所表示的实体（类、接口、基本类型或 void）的父类的 Class 对象。如果当前 Class 对象对应的实体未定义父类，则返回 java.lang.Object 的 Class 对象。例如：

```
int[] is = new int[10];
Class c4 = is.getClass();
System.out.println( c4.getSuperclass() );  // "class java.lang.Object"
```

（3）ClassLoader getClassLoader()：返回该类的类加载器。如果该类由引导类加载器加载，则返回 null。

（4）public Class<?> getComponentType()：返回该数组中数组元素对应类型的 Class

对象。如果当前对象不表示数组类，则返回 null。

```
int[] ints = new int[2];                    // int 型数组 ints
Class arrayClass = ints.getClass();         // 获取 ints 的 Class 对象 arrayClass
Class elementClass = arrayClass.getComponentType();
//获取 arrayClass 的元素类型
System.out.println(elementClass);           // "int"

String[] strs = new String[4];              // String 型数组 strs
Class arrayClass = strs.getClass();
Class elementClass = arrayClass.getComponentType();
System.out.println(elementClass);           // "class java.lang.String"

Button[] buttons = new Button[6];           // Button 型数组 buttons
Class arrayClass = strs.getClass();
Class elementClass = arrayClass.getComponentType();
System.out.println(elementClass);           // "class java.awt.Button"
```

（5）public Package getPackage()：获得当前 Class 对象所在的包。

```
String str = "hello java";
Class c3 = str.getClass();
System.out.println( c3.getPackage() );
// "package java.lang, Java Platform API Specification, version 1.7"

Button btn = new Button();
Class c = btn.getClass();
System.out.println(c3.getPackage());
// "package java.awt, Java Platform API Specification, version 1.7"
```

（6）public int getModifiers()：获得当前类修饰符的整数编码。

Java 的虚拟机规范对类修饰符编码进行了详细说明，如表 6-2 所示。

表 6-2　类修饰符编码

标识名称	编码值	类修饰符
ACC_PUBLIC	0x0001	public
ACC_FINAL	0x0010	final
ACC_INTERFACE	0x0200	interface
ACC_ABSTRACT	0x0400	abstract
ACC_SYNTHETIC	0x1000	synthetic
ACC_ANNOTATION	0x2000	annotation
ACC_ENUM	0x4000	enum

```
Button btn = new Button();                  // public class Button
Class c = btn.getClass();
```

```
System.out.println(c.getModifiers());       // 1

String str = "hello java";                  // public final class String
Class c3 = str.getClass();
System.out.println(c3.getModifiers());      // 17, 0x0001+0x0010
```

（7）public Field[] getFields()：获得该类或接口所有 public 字段的 Field 数组。

返回表示当前类或接口中所有 public 字段的 Field 对象的数组，表示此 Class 对象所表示的类或接口的所有可访问 public 字段。如果类或接口没有可访问的公共字段，或者表示数组类、基本类型或 void，则返回长度为 0 的数组。

注意，如果该 Class 对象表示一个类，则返回该类及其所有父类的公共字段。如果该 Class 对象表示一个接口，则返回该接口及其所有父接口的公共字段。

（8）public Field getField(String name)：获得表示当前类或接口中名为 name 的 public 字段的 Field 对象。查找顺序是从当前类或接口→直接父类或直接父接口→……如果所有类及父类（接口或父接口）中都没有名为 name 的 public 字段，则抛出 NoSuchFieldException 异常。

（9）public Method[] getMethods()：返回表示当前类或接口中所有 public 方法的 Method 对象数组。如果当前类或接口中没有 public 方法，或者表示一个基本类型或 void，返回长度为 0 的数组。如果当前类为数组，返回从 Object 类继承的所有 public 方法。

（10）public Constructor<?>[] getConstructors()：返回表示当前类 public 构造方法的 Constructor 对象数组。如果当前类没有公共构造方法，或该类是一个数组，或该类反映一个基本类型或 void，则返回长度为 0 的数组。

（11）boolean isArray()：判定当前 Class 对象是否为数组类型。

（12）public boolean isEnum()：判定当前 Class 对象是否为枚举类型。

（13）public native boolean isPrimitive()：判定当前 Class 对象是否为基本类型。

（14）public boolean isAnnotation()：判定当前 Class 对象是否为注解类型。

由以上方法介绍可知，通过某个类的 Class 对象，可以在运行时获知该类的类型信息，这些信息可用于反射。Class 对象是 Java 反射机制的根本。

6.2.5 Java 反射机制

反射机制是 Java 非常重要的特性之一，可以使 Java 更加灵活。在运行状态中，对于任意一个类，都能够获取它的所有属性和方法；对于任意一个对象，都能够调用它的任意方法和属性；这种动态获取信息以及动态调用对象方法的功能称为 Java 语言的反射机制。其作用在于：

- 在运行时判断任意一个对象所属的类。
- 在运行时构造任意一个类的对象。
- 在运行时判断任意一个类所具有的成员变量和方法。
- 在运行时调用任意一个对象的方法。
- 生成动态代理。

Class 类是实现反射的重要工具。除此之外，Java 中与反射有关的所有接口和类都在 java.lang.reflect 包里，常用的类如下：

- AccessibleObject：是 FielD. Method 和 Constructor 对象的基类。
- Array：提供动态创建和访问 Java 数组的方法。
- Constructor<T>：表示类的单个构造方法的信息及其访问权限。
- Field：表示类或接口的单个字段的信息及其访问权限。
- Method：表示类或接口中单个方法的信息。
- Modifier：表示类或属性或方法的修饰符，用整数进行编码。
- Proxy：提供用于创建动态代理类和实例的静态方法。
- ReflectPermission：反射操作的 Permission 类。

（1）通过 Class 对象获取类的相关信息。

```
String str = "testReflection";
Class sc = str.getClass();    //获取 str 的 Class 对象，即 String 类的 Class 对象
//通过 Class 对象获取类名
System.out.println( sc.getName() );          // "java.lang.String"

//通过 Class 对象获取父类
System.out.println(sc.getSuperclass());     // "class java.lang.Object"

//获取类实现的接口
Class[] ifs = sc.getInterfaces();
for (int i = 0; i < ifs.length; i++) {
    String IName = ifs[i].getName();
    System.out.println("该类实现的接口: " + IName);
}
// "该类实现的接口：java.io.Serializable
// 该类实现的接口：java.lang.Comparable
// 该类实现的接口：java.lang.CharSequence"

//获取类的修饰符
int code = sc.getModifiers();                //17
System.out.println(Modifier.toString(code)); // "public final"
```

（2）通过 Class 对象获取类的属性。

```
//通过 Class 对象获取类的属性
Field[] fds = sc.getFields();
for (int i = 0; i < fds.length; i++) {
    String fn = fds[i].getName();
    Class tc = fds[i].getType();
    String ft = tc.getName();
    System.out.print("属性名: " + fn);
    System.out.print(", 属性类型: " + ft);
    System.out.println(", 属性修饰符: "+
            Modifier.toString(fds[i].getModifiers()));
```

}
```

输出结果为：

属性名：CASE_INSENSITIVE_ORDER，属性类型：java.util.Comparator，属性修饰符：public static final

(3) 通过 Class 对象获取类的方法。

```
//通过 Class 对象获取类的方法
System.out.println("获得类的所有方法");
Method ml[] = sc.getDeclaredMethods();
for (int i = 0; i < ml.length; i++) {
    Method m = ml[i];
    System.out.println("第" + (i + 1) + "个方法: "+m.getName());
    Class ptype[] = m.getParameterTypes();
    for (int j = 0; j < ptype.length; j++) {
        System.out.println("参数" + (j+1) + ":" + ptype[j]);
    }
    Class gEx[] = m.getExceptionTypes();
    for (int j = 0; j < gEx.length; j++) {
        System.out.println("异常为:" + gEx[j]);
    }
    System.out.println("返回值类型: " + m.getReturnType() + "\n");
}
```

输出结果为：

第 1 个方法：equals
参数 1:class java.lang.Object
返回值类型：boolean

第 2 个方法：toString
返回值类型：class java.lang.String
……

第 37 个方法：getBytes
参数 1:class java.lang.String
异常为:class java.io.UnsupportedEncodingException
返回值类型：class [B
……

第 73 个方法：trim
返回值类型：class java.lang.String

(4) 通过 Class 对象获取类的构造方法。

```
//通过 Class 对象获取类的构造方法
System.out.println("获取类的构造方法");
```
```

```
Constructor ctorlist[] = sc.getDeclaredConstructors();
for (int i = 0; i < ctorlist.length; i++) {
    Constructor con = ctorlist[i];
    System.out.println("构造方法" + i + ":" + con.getName());
    System.out.println("通过构造方法获取类名："+
                con.getDeclaringClass() );
    if (i == 0 || i == 10) { //仅尝试输出第一个和第十个构造方法的参数
        Class cp[] = con.getParameterTypes();
        for (int j = 0; j < cp.length; j++) {
            System.out.println("参数 "+j+": "+cp[j].getSimpleName());
        }
    }
}
```

输出结果为：

构造方法 0:java.lang.String
通过构造方法获取类名：class java.lang.String
参数 0: byte[]
构造方法 1:java.lang.String
通过构造方法获取类名：class java.lang.String
构造方法 2:java.lang.String
通过构造方法获取类名：class java.lang.String
…
构造方法 10:java.lang.String
通过构造方法获取类名：class java.lang.String
参数 0: char[]
参数 1: int
参数 2: int
…
构造方法 16:java.lang.String
通过构造方法获取类名：class java.lang.String

Java 反射机制的功能十分强大。通过 Java 反射机制，可以在程序中访问已经加载到 JVM 中的 Java 对象的描述，实现访问、检测和修改描述 Java 对象本身信息的功能。可用于动态配置和加载类。

6.3 接　　口

面向对象语言中的继承分为单重继承和多重继承。在单重继承中，任何一个类都只有一个单一的父类，相应的程序结构比较简单，是单纯的树结构，易于实现；在多重继承中，一个类可以有多个父类，属性和操作从所有父类中继承，属于网状结构，其设计、实现都比较复杂。多重继承更加贴近客观现实；而单重继承的程序要实现这些问题，需要额外的辅助措施。Java 语言为了安全和可靠性考虑，仅支持单重继承。Java 的接口正是为了在 Java 程序中实现多重继承的功能而设计的。

6.3.1 接口概述

此节以实现宠物商店应用程序为例，介绍什么是接口及其工作原理。

宠物商店里有很多动物，为了表示动物，可以定义如图 6-13 所示的继承链。其中，Animal 类是抽象父类，其中的 makeNoise() 和 eat() 是抽象方法。Animal 类有三个直接子类：Feline 类（表示猫科动物）、Hippo 类（表示河马）和 Canine 类（表示犬科动物）。Feline 类有三个直接子类：Lion 类、Tiger 类和 Cat 类。Canine 类有两个直接子类：Wolf 类和 Dog 类。

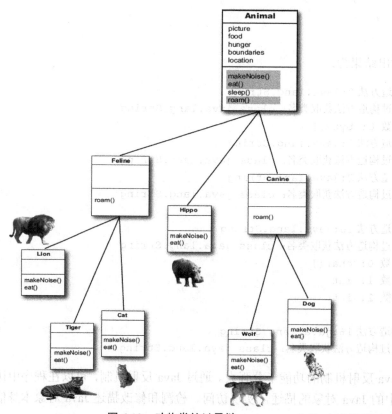

图 6-13 动物类的继承链

但是，并不是所有动物都可以作为宠物饲养，例如 Wolf 类、Lion 类和 Hippo 类。实际上，在图 6-13 的继承链中，只有 Dog 类和 Cat 类适合作为宠物、实现宠物特有的行为或操作。如果定义方法 petMethod() 来实现宠物特有的行为或操作，那么 petMethod() 方法的位置应该在哪里？

首先，不能在 Animal 类中定义并实现 petMethod()，因为 Animal 类仅仅表示抽象的概念，不是实际的动物，无法具体实现 petMethod() 方法；

其次，在 Animal 类中将 petMethod() 定义为抽象方法，在各子类中具体实现，这种方式也不可行，因为一旦在父类 Animal 中定义了抽象方法，那么所有的子类都具有了

petMethod()方法，包括 Lion 类、Hippo 类和 Wolf 类。

也就是说，只能在子类（Dog 或 Cat）中定义并实现 petMethod()方法。实际上，这种方式更像是使用多重继承，使 Dog 类和 Cat 类同时继承了 Animal 类和某个宠物类 Pet，如图 6-14 所示。

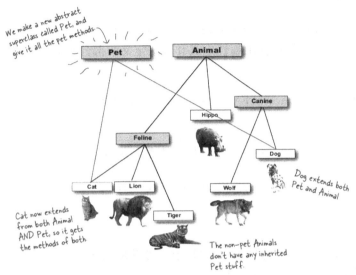

图 6-14　宠物行为设计

由于 Java 只支持单重继承，因此 Java 语言中定义了接口：把 petMethod()方法放入接口 Pet 中；Dog 类和 Cat 类只需要实现 Pet 接口，为 petMethod()方法定义具体行为，即可实现宠物特有的行为。

把用于完成特定功能的若干行为组织成集合；凡是需要实现这些特定功能的类，都可以继承这个集合并在类内使用它，这种集合就是接口。

在 Pet 接口的基础上，机器狗既是一种机器设备，又可以作为宠物设备，因此可以定义 RobotDog 类为 Robot 类的子类，同时实现 Pet 接口，如图 6-15 所示。

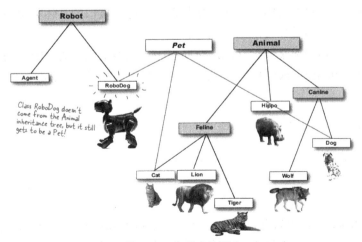

图 6-15　实现宠物行为

一个 Java 类只能定义一个直接父类，但可以实现多个接口，从而在 Java 程序中实现多重继承功能。由于接口可以多继承、多实现，能够利用一组相关或者不相关的接口进行功能的组合与扩充，能够对外提供一致的服务接口，因此灵活性更好。

6.3.2 声明接口

声明接口需要使用关键字 interface。接口的定义与类的定义类似，也分为接口的声明和接口体部分，其中接口体由属性定义和方法定义两部分构成。定义接口的语法格式如下：

```
[public] interface 接口名 [extends 父接口名列表]
{
    //常量属性声明
    [public static final] 数据类型  属性名 = 常量值;
    //抽象方法声明
    [public abstract] 返回值 方法名(参数列表);
}
```

其中：
- 接口修饰符用来指定接口的访问权限，可以是 public 或缺省。
- 接口名应是合法的 Java 标识符。
- 定义接口可以使用 extends 指定其父接口，一个接口可以指定多个父接口，父接口之间用 "," 隔开。
- 接口中的属性都是公有静态常量，无论是否指定了修饰符 "public static final"。
- 接口中的方法都是没有方法体的抽象方法，无论是否指定了修饰符 "public abstract"。
- 存放接口定义的文件名必须与接口名相同，类似于类文件。

从定义形式上看，接口本质上是由常量和抽象方法组成的特殊类。一个类只能有一个父类，但它可以同时实现多个接口。

接口中的方法都是没有具体实现的抽象方法，即接口仅仅定义了实现特定功能的规范，并没有真正实现这个功能。这些功能是在实现这个接口的具体类中完成的，由这些类来具体定义接口中各抽象方法的方法体。

通常，一个接口对应某一种功能，帮助程序实现多重继承的功能。例如，图形界面程序中使用的 ActionListener 就是系统定义的接口，代表了监听并处理动作事件的功能，其定义如下：

```
public interface ActionListener extends EventListener
{
    // Invoked when an action occurs.
    public void actionPerformed(ActionEvent e);
}
```

ActionListener 接口中只有一个抽象方法 actionPerformed()，所有希望能够处理动作事件（如单击按钮、在文本框中回车等）的类都必须实现 ActionListener 接口，定义其

actionPerformed()方法的具体内容。

Pet 接口可以如下定义，对应的源程序名为 Pet.java。

```
public interface Pet
{
    public abstract void beFriendly();
    public abstract void play();
}
```

接口与类有很多相似点。例如：
- 一个接口可以有多个方法。
- 接口文件保存在以.java 为扩展名的文件中，文件名使用接口名。
- 接口的字节码文件保存在以.class 为扩展名的文件中。
- 接口相应的字节码文件必须在与包名称相匹配的目录结构中。

但是接口与普通类存在相当大的区别：
- 接口不能用 new 运算符实例化对象。例如：

    ```
    Pet aPet = new Pet();            // 错误
    ```

- 接口没有构造方法。
- 接口中所有的方法必须是抽象方法。
- 接口中所有的属性必须是 static 和 final。
- 接口支持多重继承，例如：

    ```
    public final class String implements java.io.Serializable,
              Comparable<String>, CharSequence
    ```

- 接口不能被类继承，而是要被类实现。

也就是说，虽然接口和类的定义形式很相似，但是接口和类属于不同的概念。类描述对象的属性和方法，而接口则指定类需要具备某种功能时应实现的方法。

6.3.3 实现接口

定义接口仅仅确定了方法的特征（方法名、参数、类型）、便于对外提供统一的服务接口，并没有给出该方法的具体实现。当某个类需要实现接口的功能时，必须为接口中的抽象方法定义具体的方法体，称为实现接口。

类要实现接口，需要在类的声明部分，用 implements 关键字声明，形式如下：

```
[类修饰符] class ClassName [extends superClassName]
          implements interfaceNameList
```

同时，在类体中为该接口的所有方法定义方法体部分。例如：

```
import java.applet.*;
import java.awt.*;
```

```
import java.awt.event.*;

public class MyApplet extends Applet implements ActionListener
//定义 MyApplet 类时指定该类实现 ActionListener 接口
{    TextField password = new TextField("我是密码  ");
    Button btn = new Button("隐藏");
    public void init()
    {    add(password);
        add(btn);
        btn.addActionListener(this);
    }
    public void actionPerformed( ActionEvent e )
    //在类体中具体实现接口中方法
    {    password.setEchoChar('*');
        password.selectAll();
    }
}
```

类在实现接口时应注意：
- 类在实现接口的抽象方法时，方法头部分应该与接口中的定义完全一致，有完全相同的返回值和参数列表。
- 必须要实现接口内的所有方法，否则应声明为抽象类；如果实现接口的类本身就是抽象类，则无须实现该接口的方法。
- 类实现方法时，必须使用 public 修饰符。
- 类在实现接口的方法时不能抛出强制性异常，只能在接口中或继承接口的抽象类中抛出强制性异常。

在上文中，为宠物商店应用程序定义了 Pet 接口，则 Cat 类和 Dog 类的定义如下：

```
abstract class Animal                          // 定义抽象父类 Animal
{
    protected String name;
    public abstract void sound();
}

class Cat extends Animal implements Pet      // 定义 Cat 类，实现 Pet 接口
{
    protected String eyesColor;
    Cat( String name, String c )
    {    super(name);
        eyesColor = c;
    }

    public void sound()
    {    System.out.println("喵喵喵");    }
```

```java
        @Override
        public void beFriendly()              // 具体实现Cat类的beFriendly()方法
        {    System.out.println("Hello, I\'m Cat " + name);    }

        @Override
        public void play()                    // 具体实现Cat类的play()方法
        {    System.out.println("Cat " + name + " is playing");    }
}

class Dog extends Animal implements Pet {     // 定义Dog类，实现Pet接口
    protected String furColor;
    Dog(String name, String c)
    {
        super(name);
        furColor = c;
    }

    public void sound()
    {    System.out.println("汪汪汪");    }

    @Override
    public void beFriendly()              // 具体实现Dog类的beFriendly()方法
    {    System.out.println("Hello, I\'m Dog " + name);    }

    @Override
    public void play()                    // 具体实现Dog类的play()方法
    {    System.out.println("Dog " + name + " is playing");    }
}
```

如果需要使机器狗也能实现宠物行为，则可以如下定义：

```java
class RobotDog implements Pet                 // 定义RobotDog类，实现Pet接口
{
    protected String name;
    protected String type;

    RobotDog(String name, String t) {    …    }

    @Override
    public void beFriendly()              // 具体实现RobotDog的beFriendly()方法
    {    …    }

    @Override
    public void play()                    // 具体实现RobotDog类的play()方法
    {    …    }
}
```

6.3.4 基于接口实现多态

接口中只有方法的特征，而没有方法的实现。接口中的方法在不同的类被实现时，可以具有完全不同的行为。这也是一种多态的实现，即基于接口实现的多态。

虽然不能实例化接口对象，但在程序中可以声明接口类型的引用变量，指向一个实现该接口的类的对象。在运行时，JVM 根据引用变量指向的实际对象来执行对应的方法。

例如：

```
Pet[] pets = new Pet[3];                              // 定义 pets 数组
pets[0] = new Cat("Kitty", "yellow");                 // pets[0]指向 Cat 对象
pets[1] = new Dog("Hush", "black");                   // pets[1]指向 Dog 对象
pets[2] = new RobotDog("Lucky", "Dalmatian");         // pets[2]指向 RobotDog 对象
for (Pet aPet : pets)
    aPet.play();                                      // 调用 play()方法
```

输出结果为：

```
Cat Kitty is playing
Dog Hush is playing
RobotDog Lucky is playing
```

即在运行时 JVM 根据引用变量动态绑定的类型来调用相应的方法，实现多态。

6.3.5 常用接口：java.lang.Comparable

java.lang.Comparable 接口用来实现对象的比较，其定义如下：

```
package java.lang;
import java.util.*;
public interface Comparable<T> {
    public int compareTo(T o);
}
```

Comparable 接口中只有一个需要重写的方法：

```
int compareTo(T o);
```

如果定义 i = x.compareTo(y)，i 为 0 表示 x 对象和 y 对象相等；i>0 表示 x>y；若 i<0 表示 x<y。

当某个类的对象之间需要比较大小时（如排序、查找等），该类必须实现 Comparable 接口，以说明对象的大小如何比较；否则，JVM 无从知晓如何进行比较。

例如，Student 类的定义如下：

```
class Student implements Comparable              //Student 类实现 Comparable
{
    private String name;
```

```java
    private int ID;

    public Student(String name, int id)
    {   this.name = name;    this.ID = id;    }

    public String toString()
    {   return this.name + ":" + this.ID;    }

    @Override
    public int compareTo(Object o)              //compareTo()实现具体比较
    {
        Student stu = (Student) o;
        if (this.ID == stu.ID)          return 0;
        else if (this.ID < stu.ID)      return -1;
        else     return 1;
    }
}
```

此后在排序、查找等操作中，可以依据 compareTo() 的具体实现进行对象间的比较。

```java
Student[] ss = new Student[3];
ss[0] = new Student("xiao ming", 1013);
ss[1] = new Student("xiao qiang", 1011);
ss[2] = new Student("xiao wang", 1012);
Arrays.sort(ss);      //调用 Arrays 类的静态方法 sort 对数组 ss 排序
```

compareTo() 中依据 ID 进行排序，排序之后数组 ss 中的内容如图 6-16 所示。

ss		Student[3] (id=17)
▲ [0]		Student (id=23)
	ID	1011
	name	"xiao qiang" (id=27)
▲ [1]		Student (id=24)
	ID	1012
	name	"xiao wang" (id=30)
▲ [2]		Student (id=26)
	ID	1013
	name	"xiao ming" (id=31)

图 6-16 排序之后的数组 ss

如果在定义 Student 类时未实现 Comparable 接口，则上述代码在运行时将会抛出异常："Exception in thread "main" java.lang.ClassCastException: Student cannot be cast to java.lang.Comparable"。

6.3.6 常用接口：java.lang.Cloneable

java.lang.Cloneable 接口是一个标识接口，用来实现对象的复制，其定义如下：

```java
package java.lang;
public interface Cloneable {
}
```

由定义可知，Cloneable 接口中并不包含任何方法。这种没有任何方法的接口称为标识接口。由于没有任何方法，标识接口对实现它的类没有任何语法上的要求，类中不需要实现任何方法。标识接口仅仅起到标识、说明性的作用，用来表明实现它的类属于一个特定的类型。

Cloneable 接口的用法如下：

（1）如果某个类实现了 Cloneable 接口，说明 Object 的 clone()方法可以合法地对该类的对象按照字段进行复制。

（2）如果在没有实现 Cloneable 接口的类上调用 Object 的 clone()方法，会抛出 CloneNotSupporteddException 异常。

（3）通常，实现 Cloneable 接口的类应该重写 Object 的 clone()方法，明确指出复制对象的具体操作。

Java 中实现 Cloneable 接口的类有很多，如 ArrayList、Calendar、Date、HashMap、Hashtable、HashSet、LinkedList 等。

例如，java.util.Calendar 类的定义：

```
public abstract class Calendar extends Object implements Serializable,
                Cloneable, comparable< Calendar>
```

在 Calendar 的类体中重写了 clone()方法：

```
public Object clone()
{
    try {
        Calendar other = (Calendar) super.clone();
        other.fields = new int[FIELD_COUNT];
        other.isSet = new boolean[FIELD_COUNT];
        other.stamp = new int[FIELD_COUNT];
        for (int i = 0; i < FIELD_COUNT; i++) {
            other.fields[i] = fields[i];
            other.stamp[i] = stamp[i];
            other.isSet[i] = isSet[i];
        }
        other.zone = (TimeZone) zone.clone();
        return other;
    }
    catch (CloneNotSupportedException e) {
        throw new InternalError();
    }
}
```

6.3.7 常用接口：java.io.Serializable

java.io.Serializable 接口是一个标识接口，用来实现对象的序列化，其定义如下：

```
package java.io;
public interface Serializable {
}
```

如果一个类实现 Serializable 接口，表示该类可以序列化。序列化的目的是将实现 Serializable 接口的对象转换成一个字节序列，可以把该字节序列保存起来（如保存在文件里），之后可以随时将该字节序列恢复为原来的对象，甚至可以将该字节序列存放到其他计算机上，或通过网络传输到其他计算机上恢复，只要该计算机平台存在相应的类就可以正常恢复为原来的对象。

6.3.8 匿名类

匿名类是一种特殊的内部类，没有类名，创建方式比较特殊。匿名类对象的创建方法如下：

```
new 父类构造方法(参数列表) | 实现接口() {
    //匿名内部类的类体部分
}
```

由定义可知，使用匿名类时，必须且仅能继承一个父类或者实现一个接口。同时，匿名类定义时不使用 class 关键字，而是直接使用 new 来生成一个匿名类对象的引用。

在以下程序中创建了匿名类：

```
public class A {
    public A()                         // A类的无参构造方法
    {   System.out.println("Constructor A()");        }

    public A(int v)                    // A类的有参构造方法
    {   System.out.println("Constructor A(int v)");  }

    void method()                      // A类的method()方法
    {   System.out.println("method() in A ");        }

    public static void main(String[] args) {
        new A().method();
        A a = new A() {                // 创建A类的匿名子类的对象a
            void method()              // 在匿名子类中重写了method()方法
            {   System.out.println("method() in anonymous class");   }
        };
        a.method();                    // 调用匿名子类对象a的method()方法
    }
}
```

以上程序中，"new A() {...}" 定义了 A 类的匿名子类，"{...}" 是匿名子类的类体部分，new 运算符创建了匿名子类的对象，并返回该对象的引用。

以上程序的运行结果为：

```
Constructor A()
method() in A
Constructor A()
method() in anonymous class
```

以下程序中创建了实现接口的匿名类：

```
Runnable r = new Runnable(){
    public void run() {
        for(int i=0;i<100;i++)
            System.out.println(i);
    }
};
```

以上程序中，"new Runnable() {...}"定义了一个实现接口 Runnable 的匿名子类，"{...}"是匿名子类的类体部分，new 运算符创建了匿名子类的对象，并返回该对象的引用。

在编写程序的过程中，如果只需要创建内部类的一个对象，而后续不再使用该类，就可以使用匿名类来实现。匿名类使得程序代码更加简洁。

6.4 本章小结

本章围绕继承和重载，介绍了 OOP 中一些较深入的问题。6.1 节介绍了继承，具体阐述了属性的继承和方法的继承，讲述了抽象类和最终类的具体概念，并介绍了 Java 的根类 Object，以及构造方法的继承和对象的创建过程，并简要介绍了类加载机制；6.2 节讲述了多态，具体阐述了多态的概念和多态的具体实现方式，并介绍了 Java 反射机制及 Class 类；6.3 节介绍接口，具体说明了接口的概念和作用，如何声明和实现接口，并介绍了常用的接口。

6.5 课后习题

1. 单选题

（1）下列关于继承的描述，正确的是（   ）。

    A．子类继承父类的构造方法

    B．抽象类的子类不能是抽象类

    C．final 可以有子类

    D．子类重写或新增的方法也可以访问被子类隐藏的父类属性

（2）下列关于抽象类的定义，正确的是（   ）。

    A．class A {   abstract void fun1();   }

    B．abstract class A {   abstract void fun1();   }

C. abstract class A {   abstract void fun1(){}   }

D. abstract class A {   void fun1(){};   }

（3）在子类中通过 super 关键字调用父类的带参数构造方法时，该语句（　　）。

A. 必须在子类构造方法中的第一条

B. 可以在子类构造方法中的任意位置

C. 必须在子类构造方法中的最后一条

D. 可有可无

（4）在子类中重写父类方法的过程称为（　　）。

A. 方法重载　　B. 方法重用　　C. 方法覆盖　　D. 方法继承

（5）假设 A 为 B 的父类，B 为 C 的父类，Cat 是 C 类的对象，Bird 是 B 类的对象，则下列叙述中错误的是（　　）。

A. cat instanceof B 的值是 true

B. bird instanceof A 的值是 true

C. cat instanceof A 的值是 true

D. bird instanceof C 的值是 true

（6）下列程序中错误的代码行是（　　）。

```
class A{
    static int m;
    static void f(){
        m = 20;           // A
    }
}
class B extends A{
    void f()              // B
    {   m = 222; }        // C
}
class E {
    public static void main(String args[]){
        A.f();            // D
    }
}
```

（7）有以下代码，空白处填入（　　）将导致编译错误。

```
class A{
    public float getNum() { return 3.0f; }
}
public class B exends A {　　　　　　}
```

A. public float getNum() { return 4.0f; }

B. public void getNum() { }

C. public void getNum(double d) { }

D. public double getNum(float d) { return 4.0d; }

（8）下列是系统提供的常用的类，所有 Java 类的父类是（　　）。

　　A. Math　　B. System　　C. Object　　D. String

（9）下列方法中，不是正确的重载方法的是（　　）。

　　A. int addValue(int a, int b){ ... }

　　B. int addValue(float a, float b){ ... }

　　C. float addValue(float a, float b){ ... }

　　D. int addValue(double a, double b){ ... }

（10）下列关于接口的描述中，错误的是（　　）。

　　A. 接口实际上是由常量和抽象方法构成的特殊类

　　B. 一个类只允许继承一个接口

　　C. 定义接口使用的关键字是 interface

　　D. 在继承接口的类中通常要给出接口中定义的抽象方法的具体实现

2. 代码分析题

（1）请写出以下程序的执行结果。

```java
class A {
    int x = 1234;
    String a = "aaa";
    void show() {   System.out.println("class A");   }
}

class B extends A {
    double x = 567.89;

    void show() {
        super.show();
        System.out.println("class B");
        System.out.println(a);
        a = "bbb";
        System.out.println(super.a + ", " + this.a);
    }
}

class C extends B {
    char x = 'C';

    void show() {   System.out.println("class C");   }

    void showABC() {
        System.out.println(super.x + ", " + x + ", " + a);
        super.show();
        System.out.println(a);
```

```
        show();
    }
}

public class Chap6_2_1 {
    public static void main(String[] args) {
        C cc = new C();
        cc.showABC();
    }
}
```

(2) 请写出以下程序的执行结果。

```
class Man {
    void drink() {   System.out.println("drink water");   }
}

class OldMan extends Man {
    void drink() {   System.out.println("drink tea");   }
}

class YoungMan extends Man {
    void drink() {   System.out.println("drink bear");   }

    void dance() {   System.out.println("I can dance");   }
}

public class Chap6_2_2 {
    public static void main(String[] args) {
        Man tom = new Man();
        Man jack = new YoungMan();
        Man mary = new OldMan();
        tom.drink();
        jack.drink();
        mary.drink();
        if (jack instanceof YoungMan)
            ((YoungMan) jack).dance();
    }
}
```

3. 编程题

(1) 按照以下要求编写程序。

① 定义表示圆的类 Circle，具有属性 radius 表示半径。

方法如下：

Circle()：构造方法，置半径为 0。

Circle(double r)：构造方法，置半径为 r。
double getRadius()：获取半径的值。
double getPerimeter()：获取圆周长。
double getArea()：获取圆面积。
void disp()：显示圆的半径、周长和面积。
② 定义 Circle 子类 Cylinder，表示圆柱体，具有属性 height 表示圆柱体的高。方法如下：
Cylinder(double r, double h)：构造方法，创建半径为 r、高为 h 的圆柱体。
double getHeight()：获得圆柱体的高。
double getCylinderArea()：获得圆柱体的面积。
double getVol()：获得圆柱体的体积。
void disp()：显示圆柱体的半径、高和体积。

（2）定义接口 Area，其中包含一个计算面积的方法 ComputeArea()。设计类 MyCircle 和类 MyRectangle，均实现接口 Area，分别用来计算圆和矩形的面积。最后写出测试类 TestArea 来验证以上类和方法是否正常实现功能。

第 7 章

异 常 处 理

软件程序中或多或少都会存在意外的错误,如除零溢出、数组越界、文件找不到等。这些事件的发生将阻止程序的正常运行。在程序中考虑到可能发生的异常事件并做出相应的处理,可以极大地改善程序的可读性、可靠性以及可维护性。Java 语言用异常来表示错误,采用异常处理机制使程序员对程序运行时发生的异常进行恰当的处理和挽救,避免程序因错误而终止。本章介绍异常的相关概念、Java 异常类结构、如何抛出异常和处理异常,并介绍自定义异常的定义和使用。

7.1 异常概述

Java 程序在运行期间产生了某些问题,导致执行中断,这些问题即是异常。异常的产生有各种各样的原因,如输入无效数据,需要打开的文件不存在,网络连接丢失,JVM 内存耗尽,调用空指针,等等。程序中应对这些异常进行控制和处理,防止程序意外中断,提高程序的健壮性。

异常(Exception)是特殊的运行时错误,对应着 Java 语言特定的运行错误处理机制。为了处理程序中的运行错误,Java 中引入了异常和异常类。与其他对象一样,异常是面向对象的一部分,是异常类的对象。

运行时的错误多种多样,因此 Java 中定义了很多异常类,每个异常类代表了一种运行错误,类中包含了该运行错误的信息和处理错误的方法等内容。

当 Java 程序运行过程中发生运行错误时,如果该运行错误是程序中已经定义过、可以被识别的错误,系统就会自动产生一个相应的异常类的对象,即产生一个异常。

一旦产生了一个异常对象,系统中就一定有相应的机制来处理它,以确保不会产生死机、死循环或其他对操作系统的损害,保证整个程序运行的安全性。这就是 Java 的异常处理机制。

7.2 Java 异常类

7.2.1 异常类的结构

Java 的异常类是处理运行时错误的特殊类,每一种异常类对应一种特定的运行错误。其中 java.lang.Throwable 是 Java 语言中所有错误或异常的父类。

Throwable 类派生了两个重要的子类,即 Exception 和 Error,两者又各自派生出不同的子类。异常类的继承结构如图 7-1 所示。

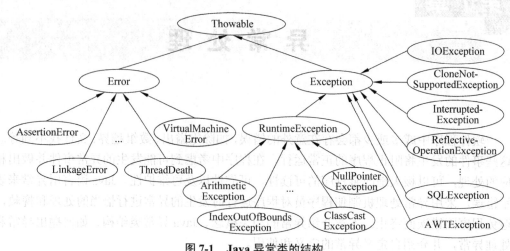

图 7-1 Java 异常类的结构

Error 类是程序无法处理的错误，用于表示应用程序不应该试图捕获的严重问题，如虚拟机运行错误（java.lang.VirtualMachineError）、存在依赖关系的类被修改而无法连接（java.lang.LinkageError）、发生严重的 Abstract Window Toolkit 错误（java.awt.AWTError）、JVM 内存不足（java.lang.OutOfMemoryError）等。这些错误不应该由应用程序进行控制和处理，虚拟机通常选择终止线程。编写程序时不需要、也不应该试图去处理这类异常。

Exception 类则提供给应用程序使用，是程序本身可以处理的异常。所有的 Java 异常类都是 Exception 类的子类。用户自定义的异常类也必须是 Exception 的子类。

众多的 Java 异常类可以按照编译器检查方式划分为受检异常（Checked Exception）和非受检异常（Unchecked Exception）。

受检异常是编译器要求程序必须处理的异常类，是程序在运行中很容易出现的、可以预计的异常状况，必须在程序中对其进行处理。RuntimeException 以外的 Exception 子类都属于受检异常，如 IOException、SQLException、用户自定义异常等。其特点是编译器会检查它是否在程序中被处理。也就是说，当程序中可能出现这类异常时，要么用 try-catch 语句捕获它，要么用 throws 子句声明抛出它，否则编译不能通过。

非受检异常包括 Error 类和 RuntimeException 类及其子类，编译器不检查方法是否处理或者抛出这两种类型的异常，因此编译期间出现这种类型的异常不会报错，默认由虚拟机进行处理。其中 RuntimeException 类的异常通常是由程序逻辑错误引起的，程序应该从逻辑角度尽可能避免这类异常的发生。例如，程序中除数为 0 引起的错误、数组下标越界错误等，这类异常不是由程序主动抛出，而是在程序运行中产生的，称为运行时异常。

7.2.2 Throwable 类

java.lang.Throwable 类是 Java 语言中所有错误或异常的父类。Error 类和 Exception 类是 Throwable 类的两个直接子类。Throwable 类的定义如下：

```
public class Throwable extends Object implements Serializable
```

Throwable 的 private 属性 detailMessage 为 String 类型，用来说明该异常类的详细信息，其定义如下：

```
private String detailMessage;
```

例如，IOException 类对应的详细信息为"java.io.IOException"，ArithmeticException 类对应的详细信息为"java.lang.ArithmeticException"，用户也可以在创建异常对象时指定该异常对象的详细信息。用户可通过异常类对象的详细信息大致了解程序中出现异常的原因，更正程序。

（1）Throwable 类的构造方法。Throwable 类的构造方法如表 7-1 所示。

表 7-1　Throwable 类的构造方法

构 造 方 法	说　　　明
Throwable()	创建一个 Throwable 对象，详细信息为 null
Throwable(String message)	创建一个 Throwable 对象，详细信息为 message
Throwable(Throwable cause)	创建一个由 cause 引起的 Throwable 对象，详细信息为 cause.toString()
Throwable(String message, Throwable cause)	创建一个由 cause 引起的 Throwable 对象，详细信息为 message

例如：

```
new Throwable("temperature is too high");
new Throwable("余额不足！");
```

（2）Throwable 类的常用方法如下。

- public String getMessage()：返回该异常对象的详细信息字符串。如果在创建对象时指定了详细信息 message，直接返回该字符串；否则，返回值为 null。
- String getLocalizedMessage()：创建此 Throwable 的本地化描述。
- public String toString()：返回字符串，包含该异常类的名字和详细信息。
- public Throwable getCause()：返回引起当前异常的 Throwable 对象。如果不存在或未知，则返回 null。

例如：

```
Throwable th = new Throwable("My Exception");   // 创建 Throwable 对象 th
System.out.println(th.getMessage());            // 输出：My Exception
System.out.println(th.toString());//输出：java.lang.Throwable:My Exception
System.out.println(th.getCause());              // 输出：null
```

（3）异常堆栈追踪（Stack Trace）。在多重方法调用下，异常发生点可能是在某个方法之中，如需获知异常发生的根源和传播情况，可以利用异常对象的堆栈追踪来取得相关信息。

- public void printStackTrace()：将当前异常对象及其堆栈追踪信息输出至标准错误流。

直接调用异常对象的 printStackTrace()方法是查看堆栈追踪最简单、最常用的方法，如例 7-1 所示。

例 7-1 TestStackTrace.java

```java
import java.util.Scanner;

public class TestStackTrace {
    double f( )
    {   Scanner scanner = new Scanner(System.in);
        double sum = 0;
        int n = 0, number;
        while (true) {
            number = scanner.nextInt();        // 要求从键盘读入一个整数
            if (number == 0)
                break;
            sum += number;
            n++;
        }
        scanner.close();
        return sum / n;
    }

    public static void main(String[] args)
    {
        TestStackTrace tst = new TestStackTrace();
        double average = tst.f();
        System.out.println("Average = " + average);
    }
}
```

在例 7-1 中，TestStackTrace类的f()不断从键盘读入多个整型数，计算其平均值。如果程序运行时用户输入的不是整型数，scanner的nextInt()会出现 InputMismatchException 异常。例如，用户输入为"10 20 3o 0"时，程序输出结果为：

```
Exception in thread "main" java.util.InputMismatchException
    at java.util.Scanner.throwFor(Scanner.java:909)
    at java.util.Scanner.next(Scanner.java:1530)
    at java.util.Scanner.nextInt(Scanner.java:2160)
    at java.util.Scanner.nextInt(Scanner.java:2119)
    at TestStackTrace.f(TestStackTrace.java:10)
    at TestStackTrace.main(TestStackTrace.java:22)
```

其中，第 1 行表示程序运行时出现了 java.util.InputMismatchException 异常，即说明输入不符合 scanner 对象的期望（希望读到整型数）。

第 2 行之后说明了异常的堆栈追踪信息，可知上述异常是 TestStackTrace.main()调用

TestStackTrace.f(),TestStackTrace.f()又进一步调用 java.util.Scanner.nextInt()时产生的。

根据堆栈追踪信息,可获知异常发生的位置、原因,进行合理的纠错。

- void printStackTrace(PrintStream s):将当前异常对象及其堆栈追踪信息输出至输出流 s。
- void printStackTrace(PrintWriter s):将当前异常对象及其堆栈追踪信息输出至输出流 s。
- public StackTraceElement[] getStackTrace():返回堆栈追踪信息的数组。索引为 0 的元素表示堆栈的顶部,最后一个元素表示堆栈的底部。

例 7-1 中的异常对象被捕获后,调用其 getStackTrace()可获取堆栈追踪数组 ses,信息如图 7-2 所示。

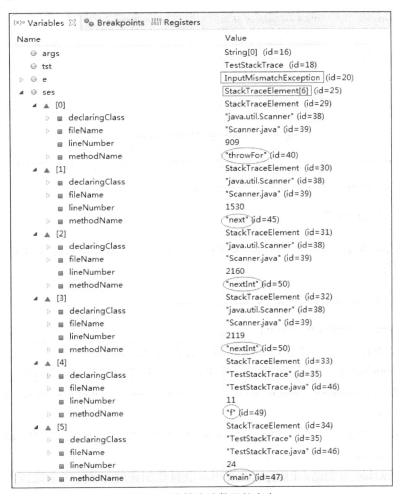

图 7-2 堆栈追踪数组的内容

由图 7-2 可知,异常对象的堆栈追踪数组完整地记录了该异常发生的原因、位置及方法的调用顺序,用户可依此进行程序排错。

- void setStackTrace(StackTraceElement[] stackTrace):设置当前异常对象的堆栈追

踪数组为 stackTrace，即重写当前对象的堆栈追踪信息。

例如：

```
Throwable t = new Throwable("This is new Exception");
StackTraceElement[] trace = new StackTraceElement[] {
    new StackTraceElement ("ClassName", "methodName", "fileName", 10)
};
// sets the stack trace elements
t.setStackTrace(trace);
```

调用 setStackTrace 方法前后的堆栈追踪数组内容分别如图 7-3（a）和（b）。

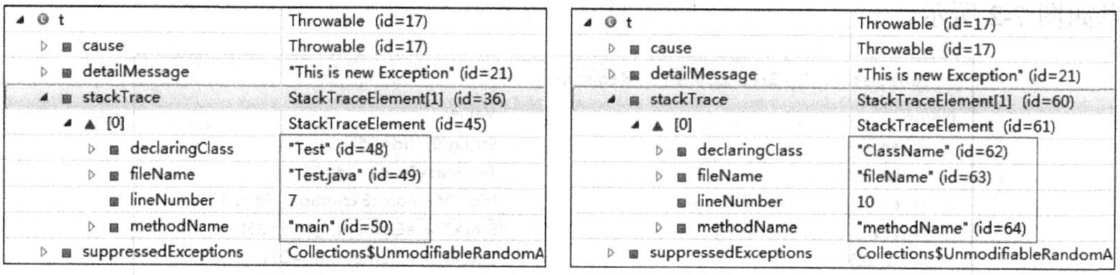

▲ ⊙ t	Throwable (id=17)
▷ ■ cause	Throwable (id=17)
▷ ■ detailMessage	"This is new Exception" (id=21)
▲ ■ stackTrace	StackTraceElement[1] (id=36)
▲ ▲ [0]	StackTraceElement (id=45)
▷ ■ declaringClass	"Test" (id=48)
▷ ■ fileName	"Test.java" (id=49)
■ lineNumber	7
▷ ■ methodName	"main" (id=50)
▷ ■ suppressedExceptions	Collections$UnmodifiableRandomA

(a) 调用前

▲ ⊙ t	Throwable (id=17)
▷ ■ cause	Throwable (id=17)
▷ ■ detailMessage	"This is new Exception" (id=21)
▲ ■ stackTrace	StackTraceElement[1] (id=60)
▲ ▲ [0]	StackTraceElement (id=61)
▷ ■ declaringClass	"ClassName" (id=62)
▷ ■ fileName	"fileName" (id=63)
■ lineNumber	10
▷ ■ methodName	"methodName" (id=64)
▷ ■ suppressedExceptions	Collections$UnmodifiableRandomA

(b) 调用后

图 7-3 设置异常对象的堆栈追踪数组

- public Throwable fillInStackTrace()：清空当前异常对象的堆栈追踪信息，并在当前调用位置处重新建立堆栈追踪信息。

7.2.3 Exception 类

Exception 类及其子类是 Throwable 的一种，表示应用程序应该抛出或处理的异常情况，其定义如下：

```
public class Exception extends Throwable
```

Exception 类的构造方法如下：

Exception()：创建一个 Exception 对象，详细信息为 null。

Exception(String message)：创建一个 Exception 对象，详细信息为 message。

Exception(Throwable cause)：创建一个由 cause 引起的 Exception 对象，详细信息为 cause.toString()。

Exception(String message, Throwable cause)：创建一个由 cause 引起的 Exception 对象，详细信息为 message。

与 Throwable 类相比，Exception 类中并没有增加新的方法。两者之间的关系如下：

Throwable 是所有异常对象的基类，从 Object 直接继承而来，实现了 Serializable 接口。从 Throwable 直接派生出的异常类有 Error 和 Exception。

Error 表示 Java 系统中出现了一个非常严重的异常错误，并且这个错误可能是应用程序所不能恢复的，如 LinkageError、ThreadDeath 等。

Exception 代表了真正实际意义上的异常对象的根基类，是程序员最为熟悉的。

Exception 及其子类都是应用程序能够捕获到、可以进行处理的异常类型。程序中进行异常处理都是针对 Exception 类及其子类进行处理。用户自定义异常类也是 Exception 的子类。

7.3 自定义异常类

现实世界中的问题是非常复杂的，不同问题会有不同的约束要求。例如，编写统计河堤水位的程序时，"水位过高"对程序本身只是一个较大的数字而已，不会引发 Java 类库中的异常；但在现实中，"水位过高"就是一个致命的异常。此时，Java 类库中的异常处理类已经不能满足用户的特殊要求，需要定义一个新的异常类来表示"水位过高"这种异常情况。这就是用户自定义的异常类。

自定义异常类必须继承自 Exception 类，语法格式如下：

```
class 异常类名 extends Exception
{
    // 属性定义
    // 方法定义
}
```

假如定义表示"水位过高"的异常类 HighWaterLevelException 如下：

```
class HighWaterLevelException extends Exception
{
    private int i;
    public HighWaterLevelException(int a)
    {   i = a;   }
    public String toString()
    {   return "水位:" + i + ", 过高!";   }
}
```

再如，用户程序中进行除法运算时，要求除数为正，不能为零或负数，可以定义两个异常类：

```
class ZeroDivisorException extends Exception
{
    public ZeroDivisorException()
    {   super("Divided by zero");   }
}
class NegativeDivisorException extends Exception
{
    public NegativeDivisorException(int i)
    {   super("Divided by negative " + i);   }
}
```

使用自定义异常的好处是实现用户的特殊业务逻辑，并且在异常对象中可以添加运行时数据（如水位值、除数值等），便于程序员进行后续的逻辑纠错。但由于该异常是用户自定义的，Java 虚拟机不会自动识别和抛出，也不能自动处理一个自定义异常。发现异常、抛出异常以及处理异常的工作必须由程序员在代码中利用异常处理机制自己完成。

7.4 异常的抛出

抛出异常是指 Java 程序中执行某方法出现了某种错误、引发异常时，创建异常对象并交付给 Java 运行时系统，由运行时系统负责寻找处置异常的代码并执行。通常，异常对象中包含了异常类型和异常出现时的程序状态等信息。

Java 程序中可能会抛出异常的情况包括：
- 调用的方法抛出了异常。
- 检测到了错误并使用 throw 语句抛出异常。
- 程序代码有错误，从而导致异常，如出现数组越界错误、空指针等运行时异常情况（RuntimeException）。

抛出异常的操作可以是 JVM 自动抛出，也可以由程序员在编写程序时手动抛出。由于程序中处理的 Exception 可分为运行时异常（RuntimeException）和受检异常（非 RuntimeException 的 Exception 子类），这两种异常的抛出方式也有所不同。

7.4.1 由 JVM 自动抛出异常

由于运行时异常（RuntimeException）的不可查性，为了更合理和容易地实现应用程序，Java 规定运行时异常由 Java 运行时系统自动抛出，允许应用程序忽略运行时异常。也就是说，程序运行过程中出现了运行时异常时，JVM 自动识别该异常类型、自动生成该异常类的对象并抛出。

常见的运行时异常子类如表 7-2 所示。

表 7-2 RuntimeException 的常见子类

类 名	描 述
java.lang.ArrayIndexOutOfBoundsException	数组索引越界异常
java.lang.ArithmeticException	算术条件异常，如除零
java.lang.NullPointerException	空指针异常，如访问 null 对象的成员等
java.lang.ClassNotFoundException	找不到类异常。根据类名构造类而找不到对应的 class 文件时，抛出该异常
java.lang.NegativeArraySizeException	数组长度为负异常
java.lang.ArrayStoreException	数组中包含不兼容的值抛出的异常
java.lang.SecurityException	安全性异常
java.lang.IllegalArgumentException	非法参数异常

Java 异常类库中的受检异常也是 Java 运行时系统可以识别并抛出的异常子类。一旦

运行时出现这类异常，JVM 也可以自动抛出异常类的对象。常见的受检异常类如表 7-3 所示。

表 7-3 常见的受检异常类

类 名	描 述
java.lang.ClassNotFoundException	通过字符串名加载类时，未找到类的定义
java.lang.CloneNotSupportedException	类未实现 Cloneable 接口而调用 clone 方法
java.lang.InstantiationException	使用 Class 类中的 newInstance 方法创建类的实例，而指定的类对象无法被实例化
java.lang.InterruptedException	当线程在活动之前或活动期间处于正在等待、休眠或占用状态且该线程被中断时，抛出该异常
java.lang.NoSuchFieldException	类不包含指定名称的字段
java.lang.NoSuchMethodException	类不包含指定名称的方法
java.lang.NumberFormatException	字符串转换为数字时抛出的异常
java.sql.SQLException	操作数据库异常类
java.io.IOException	I/O 异常
java.awt.AWTException	Absract Window Toolkit 异常

7.4.2 使用 throw 语句抛出异常

除了 JVM 可以自动抛出系统定义异常类外，程序中也可使用 throw 语句来手动抛出异常对象。throw 语句的语法格式如下：

```
throw ExceptionInstance;
```

由语法格式可知，throw 语句抛出的不是异常类，而是异常类的对象，而且每次只能抛出一个异常对象。例如：

```
NullPointerException ex = new NullPointerException();
throw ex;
```

或：

```
throw new NullPointerException();

int waterLevel = scanner.nextInt();
if( waterLevel > 10 )
    throw new HighWaterLevelException(waterLevel);

public File(String pathname) {   // java.io.File 类的构造方法
    if (pathname == null) {
        throw new NullPointerException();
    }
    this.path = fs.normalize(pathname);
```

```
    this.prefixLength = fs.prefixLength(this.path);
}
```

throw 语句抛出的对象可以是系统定义的运行时异常、受检异常，也可以是自定义异常类的对象。其中前两者可以由 JVM 自动识别并抛出，也可以使用 throw 语句抛出；但是自定义异常类是无法由 JVM 识别并抛出的，必须使用 throw 语句手动抛出。

7.4.3 使用 throws 声明异常

任何抛出异常的方法都是导致程序死亡的陷阱，如果没有任何代码来处理方法抛出的异常，就会导致程序结束。因此，如果一个方法可能会出现异常，但在方法中没有处理该异常，则应主动告知调用者该方法可能会抛出什么样的异常，以利于调用者应该对异常进行合理的处理。如同汽车在运行时可能会出现故障，汽车本身无法处理这个故障，应该通知使用汽车的人来处理故障。

在方法定义时使用 throws 子句来声明抛出异常，语法格式如下：

[方法修饰符] 返回类型 methodName(参数列表) throws 异常列表

throws 子句用在方法定义时声明该方法可能抛出的异常类型，多个异常类之间使用逗号分割。当方法在执行时抛出异常列表中的异常时，方法本身不处理这些异常（及其子类），而将异常对象抛向该方法的调用者，由它去处理。例如：

```
public int read() throws java.io.IOException       // 方法定义时声明异常
{    throw new org.omg.CORBA.NO_IMPLEMENT();    }   // 方法体内抛出异常

void judgeWaterLevel() throws HighWaterLevelException
// 方法定义时声明异常
{
    Scanner scanner = new Scanner(System.in);
    int waterLevel = scanner.nextInt();
    if(waterLevel > 10)
        throw new HighWaterLevelException(waterLevel);
        // 方法体内抛出异常
}
```

方法执行时抛出的异常对象可以是系统定义的运行时异常、受检异常，也可以是自定义异常类的对象。运行时异常可以不在方法定义时声明，但所有的受检异常（包括系统定义的受检异常、自定义异常）如果在方法内没有处理，则必须在方法定义时进行声明。例如：

```
void judgeWaterLevel()         // 正确，运行时异常可以忽略不考虑
{    throw new ArithmeticException();        }

void judgeWaterLevel()         // 错误，未处理的受检异常必须声明
{    throw new HighWaterLevelException(10);        }
```

例 7-2 说明了 throws 声明的使用方法。

例 7-2　TestThrowException.java

```java
public class TestThrowException
{
    public static void throwChecked(int a) throws Exception
    // 方法定义时声明受检异常
    {
        if (a > 0)
        {   // 自行抛出 Exception 异常
            // 该代码必须处于 try 块里，或处于带 throws 声明的方法中
            throw new Exception("a 的值大于 0，不符合要求");
        }
    }

    public static void throwRuntime(int a)  // 方法定义时无须声明运行时异常
    {
        if (a > 0)
        {   // 自行抛出 RuntimeException 异常，既可以显式捕获该异常
            // 也可完全不理会该异常，把该异常交给该方法调用者处理
            throw new RuntimeException("a 的值大于 0，不符合要求");
        }
    }

    public static void main(String[] args)
    {
        try {
            // 调用声明抛出受检异常的方法，或者显式捕获该异常并处理
            // 或者在 main 方法中再次声明抛出
            throwChecked(3);
        } catch (Exception e) {
            System.out.println(e.getMessage());
        }
        // 调用声明抛出运行时异常的方法时，既可以显式捕获该异常，
        // 也可不理会该异常，由当前方法（main）的调用者去处理
        throwRuntime(3);
    }
}
```

程序运行结果为：

a 的值大于 0，不符合要求
Exception in thread "main" java.lang.RuntimeException:a 的值大于 0，不符合要求
    at TestThrowException.throwRuntime(TestThrowException.java:16)
    at TestThrowException.main(TestThrowException.java:30)

7.5 异常的处理

当方法在运行时抛出异常对象之后，Java 运行时系统将寻找合适的异常处理器来处理该异常。Java 的异常是通过 try-catch 语句、try-catch-finally 语句、try-finally 语句、try-with-resources 语句等进行处理的。

7.5.1 使用 try-catch 语句

将程序中可能发生异常的语句添加到 try-catch 语句中，可以对运行时发生的异常进行相应的处理。try-catch 语句的语法格式如下：

```
try {
    // 可能发生异常的语句块
}catch( ExceptionType1 ex){
    // catch 语句块 1，处理 ExceptionType1 类型异常的代码
}catch( ExceptionType2 ex){
    // catch 语句块 2，处理 ExceptionType2 类型异常的代码
}
...
catch( ExceptionTypeN ex){
    // catch 语句块 N，处理 ExceptionTypeN 类型异常的代码
}
```

在 try-catch 语句中，

- 关键字 try 之后的语句块是程序需要正常执行、有可能发生异常的语句，加入到 try-catch 语句中，运行时系统会实时监测该语句块在运行过程中是否发生了异常情况。一旦其中某条语句发生了某种异常，JVM 会自动生成相应类型的异常对象，当前的执行流程会停止，转去进行异常处理。
- catch 子句用来处理特定类型的异常对象，关键字 catch 后小括号内的 ExcepionType1 等即是该 catch 子句要处理的异常类型，引用变量 ex 用来接收异常对象的地址，即 ex 是系统自动生成的异常对象的引用；关键字 catch 后大括号中的代码用来对该类型的异常对象 ex 进行处理，例如输出异常对象的详细信息、堆栈信息等，跳过异常输入等。
- try 语句块可能发生的异常情况各有不同，即 try 语句块会抛出不同类型的异常对象，因此 catch 子句也应有多个。

try-catch 语句的执行流程如下：

- 顺序执行 try 语句块中的各条语句，如未发生异常，接着执行 try-catch 的后续语句；
- 如在执行 try 语句块中的语句 i 时发生特定异常，则抛出该异常对象（运行时系统自动生成异常对象并抛出，或代码抛出异常对象），终止 try 语句块中的后续语句的执行，依次判断该异常类型是否为 ExceptionType1，ExceptionType2，…，ExceptionTypeN，后续执行流程如图 7-4 所示。

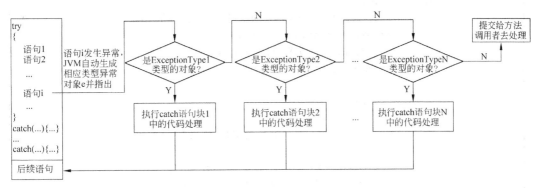

图 7-4　try-catch 语句的执行流程

由图 7-4 可知，

- try 语句块中的某条语句一旦发生异常，则 try 语句块中的剩余语句被跳过不再执行。
- 运行时系统依次判断发生的异常是否匹配各 catch 子句中指定类型；匹配的原则是：抛出的异常对象属于 catch 子句的异常类，或者属于该异常类的子类，则认为生成的异常对象与 catch 块捕获的异常类型相匹配，异常对象将被该 catch 子句接收。
- 一旦进入到某个 catch 子句 i 中去执行异常处理代码，其他的 catch 子句便不再判断和执行。
- catch 子句执行完毕，直接转到 try-catch 语句的后续语句去执行。
- 如果所有的 catch 子句都无法处理发生的异常，则说明当前方法无法处理该异常，运行时系统将把该异常对象提交给当前方法的调用者去处理。并且，如果该异常类型为受检异常，方法头必须用关键字 throws 声明。

例 7-1 中的 TestStackTrace 类的 f()不断从键盘读入多个整型数，计算其平均值。如果程序运行时用户输入的不是整型数，scanner 的 nextInt()会出现 InputMismatchException 异常。为了有效处理该异常，可以使用 try-catch 语句进行异常的捕获及处理，如例 7-3 所示。

例 7-3　TestTryCatch.java

```java
import java.util.InputMismatchException;
import java.util.Scanner;

public class TestTryCatch{

    double f() {
        Scanner scanner = new Scanner(System.in);
        double sum = 0;
        int n = 0, number;
```

```java
        while (true) {
            try {        // 监测 try 语句块中可能发生的异常情况
                number = scanner.nextInt();
                // 从键盘读入一个整数,如果输入非整数,
                // 抛出 InputMismatchException 异常对象
                if (number == 0)
                    break;
                sum += number;
                n++;              // 输入为整数,则累加,计数

            } catch (InputMismatchException e) {
                // catch 子句捕获 InputMismatchException 异常
                scanner.next(); // 输入的数据不是整数,调用 next 方法跳过该非法数据
            }
        }
        scanner.close();
        return (n == 0) ? 0 : sum / n;
    }

    public static void main(String[] args) {
        TestTryCatch tst = new TestTryCatch();
        double average = tst.f();
        System.out.println("Average = " + average);
    }
}
```

在例 7-3 中，TestTryCatch类的f()不断从键盘读入整型数，计算其平均值。如果程序运行时用户输入的不是整型数，scanner 的 nextInt() 会出现 InputMismatchException 异常，此时 catch 子句中对该异常进行的处理是调用 next 方法跳过了该数据，当次循环结束，进行下一次循环。例如，用户输入为 "10 20 3o 0" 时，程序输出结果为 "Average = 15.0"。

例 7-4 TestHandleException.java

```java
public class TestHandleException {
    public static void main(String[] args) {
        int[] a = { 0, 1, 2 };
        int n, i;

        for (i = 0; i < a.length; i++)
        {
            try {
                n = (int) (Math.random() * 4) - 2; // n 为-2~1 的随机数
                System.out.println("n=" + n);
                System.out.println("a["+n+"] % "+n+" = "+ a[n]%n);
```

```
                // a[n]%n 可能越界,也可能除零
            } catch (ArrayIndexOutOfBoundsException e) {   // 处理数组越界异常
                System.out.println("a 数组下标越界异常。");
            } catch (ArithmeticException e) {              // 处理除零异常
                System.out.println("除数为 0 异常。");
            }
        }
        System.out.println("程序正常结束。");
    }
}
```

例 7-4 的一次运行结果如下：

n=1
a[1] % 1 = 0
n=0
除数为 0 异常。
n=-1
a 数组下标越界异常。

程序正常结束。

在例 7-4 中，for 循环执行了 3 次，每次生成-2～1 的随机数 n，在计算 a[n]/n 时，有可能因 n<0 发生 ArrayIndexOutOfBoundsException，也有可能因 n 为 0 发生 ArithmeticException 异常，因此在循环体中加入 try-catch 语句，依次对两种异常进行捕获和处理，保证程序执行不会因出现这两种异常而非正常结束。

1. catch 子句的顺序

在处理多异常的 try-catch 语句中，catch 子句的先后顺序应该特别注意，特别是多个异常之间存在继承关系的情况。由图 7-4 所示，当 try 语句块中产生异常对象时，运行时系统将按照 catch 子句的先后顺序，依次匹配相应的异常类型，一旦匹配、进入 catch 子句中执行，执行完毕整个 try-catch 语句结束，之后的 catch 子句不再有匹配和捕获异常类型的机会。因此，对于有多个 catch 子句的异常程序而言，如果多个异常之间存在继承关系，要将捕获底层具体异常类的 catch 子句放在前，而将捕获高层通用异常类的 catch 子句放在后，以防捕获底层异常类的 catch 子句被屏蔽。例如，ArrayIndexOutOfBoundsException 和 ArithmeticException 都是 RuntimeException 的子类，如果将处理 RuntimeException 的 catch 子句放在前：

```
try {
    n = (int) (Math.random() * 4) - 2;          // n 为-2～1 的随机数
    System.out.println("n=" + n);
    System.out.println("a["+n+"] % "+n+" = "+ a[n]%n);
    // a[n]%n 可能越界、也可能除零
}
catch (RuntimeException e) {  // 处理 RuntimeException，屏蔽后续子类异常
    e.getMessage();
```

```
        }
        catch (ArrayIndexOutOfBoundsException e) {        // 处理数组越界异常
            System.out.println("a 数组下标越界异常。");
        }
        catch (ArithmeticException e) {                   // 处理除零异常
            System.out.println("除数为 0 异常。");
        }
```

编译时会提示错误:"Unreachable catch block for ArrayIndexOutOfBoundsException. It is already handled by the catch block for RuntimeException" 和 "Unreachable catch block for ArithmeticException. It is already handled by the catch block for RuntimeException",即处理 RuntimeException 的 catch 子句屏蔽了处理 ArrayIndexOutOfBoundsException 和 RuntimeException 的 catch 子句,无法获知异常的更详细信息。

2. 异常的响应

在异常处理机制中,若 try 语句块中抛出的异常没有能够捕获它的 catch 块,说明当前方法不能处理这个异常对象 ex,程序流程将返回到调用该方法的主调方法。

如果这个主调方法中定义了异常对象 ex 相匹配的 catch 块,流程就跳转到这个 catch 块中;否则,继续回溯更上层的方法。

如果所有的方法中都找不到合适的 catch 块,则由系统来处理这个异常对象,通常中止程序的执行,退出虚拟机返回操作系统,并在标准输出上打印相关的异常信息。

如果 try 块中所有语句都没有引发异常,则所有的 catch 块都会被忽略,不予执行。

3. 捕获多异常的 catch 子句

在 Java 7 及之后的版本中,如果处理多种异常的代码相同,可以在一个 catch 子句中捕获,从而减少代码重复度。捕获多异常的 try-catch 语句的语法如下:

```
try {
    // 可能发生异常的语句块
}
catch( ExceptionType1 | ExceptionType2 |...| ExceptionTypeN ex){
    // 多异常catch 语句块,处理多种类型异常的代码
}
```

例如,上例可以改写为:

```
for (int i = 0; i < a.length; i++) {
    try {
        n = (int) (Math.random() * 4) - 2;       // n 为-2~1 的随机数
        System.out.println("n=" + n);
        System.out.println("a[" + n + "] % " + n + " = " + a[n] % n);
        // a[n]%n 可能越界,也可能除零
    }
    catch (ArrayIndexOutOfBoundsException | ArithmeticException e) {
        System.out.println(e.getMessage());      // 获取异常的详细信息
    }
```

}

同样，在多异常的 catch 子句中，捕获的异常类型也应该按照先具体后通用的顺序来书写。

7.5.2 使用 try-catch-finally 语句

try-catch-finally 语句中的 finally 子句表示无论是否出现异常都应当执行的内容。try-catch-finally 语句的一般语法形式为：

```
try {
    // 可能发生异常的语句块
} catch( ExceptionType1 ex){
    // catch 语句块 1，处理 ExceptionType1 类型异常的代码
} catch( ExceptionType2 ex){
    // catch 语句块 2，处理 ExceptionType2 类型异常的代码
}
...
catch( ExceptionTypeN ex){
    // catch 语句块 N，处理 ExceptionTypeN 类型异常的代码
} finally {
    // 无论是否发生异常都将执行的语句块
}
```

在 try-catch-finally 语句中，无论 try 语句块中是否发生异常，程序流程是执行到 try 语句块结束，还是执行完某个 catch 子句，都将进入 finally 子句继续执行。finally 子句通常用于执行垃圾回收、释放资源等操作。

例如，Java 程序中进行 I/O 操作后应关闭 I/O 流，释放内存资源，可以将关闭 I/O 流的操作放在 finally 子句中。如方法 readInfo()从文件 sample.txt 中读取字符，用 finally 子句确保输入流 in 一定会被关闭掉。

```
public void readInfo() {              // 定义方法
    FileInputStream in = null;        // 声明 FileInputStream 对象 in
    try {
        // 创建 FileInputStream 对象 in
        in = new FileReader("sample.txt");
        System.out.println("创建 I/O 流，分配内存资源。");
    }
    catch (IOException io) {
        io.printStackTrace();         // 输出异常堆栈
        System.out.println("创建 I/O 对象发生异常。");
    }
    finally {    // finally 子句，确保文件输入流 in 被关闭；可以嵌套
        if (in != null) {
            try {
                in.close();           // 关闭 in，释放资源
```

```
            System.out.println("关闭 I/O 流,释放内存资源。");
        }
        catch (IOException ioe) {
            ioe.printStackTrace();           // 输出异常堆栈
            System.out.println("关闭 I/O 对象发生异常。");
        }
    }
}
```

又如例 7-中依次读入若干整数进行统计,可以加入 finally 子句,每处理一个数据,输出一行分隔符,如例 7-5 所示。

例 7-5 TestTryCatchFinally.java

```
import java.util.InputMismatchException;
import java.util.Scanner;
public class TestTryCatchFinally {
    double f()
    {
        Scanner scanner = new Scanner(System.in);
        double sum = 0;
        int n = 0, number;
        String next;
        while (true) {
            try { // 监测try语句块中可能发生的异常情况
                number = scanner.nextInt();//
                从键盘读入一个整数,若非整数,抛出异常
                if (number == 0)
                    break;
                System.out.println("处理整数: " + number);
                sum += number;
                n++; // 输入为整数,则累加,计数

            }
            catch (InputMismatchException e) {
                // catch子句捕获 InputMismatchException 异常
                System.out.println("跳过非整数: " + scanner.next());
            }
            finally {
                System.out.println("------------");
                //finally子句,处理一个数据后输出分隔符
            }
        }
        scanner.close();
        return (n == 0) ? 0 : sum / n;
    }
```

```java
    public static void main(String[] args) {
        TestTryCatchFinally tst = new TestTryCatchFinally();
        try {
            double average = tst.f();
            System.out.println("Average = " + average);
        }
        catch (InputMismatchException e) {
            StackTraceElement[] ses = e.getStackTrace();
            System.out.println(ses.length);
        }
    }
}
```

程序运行结果如下：

```
10 20 3o 40 0↙
处理整数：10
-------------
处理整数：20
-------------
跳过非整数：3o
-------------
处理整数：40
-------------
-------------
Average = 23.333333333333332
```

7.5.3 使用 try-finally 语句

try-finally 语句通常用于当前方法无法处理特定异常、需要向上提交异常对象的情况，语法格式如下：

```
try {
    // 可能发生异常的语句块
}
finally {
    // 无论是否发生异常，都将执行的语句块
}
```

在 try-finally 语句中，一旦 try 子句中出现异常，由于没有 catch 子句，当前方法将向上层方法提交异常对象；由于存在 finally 子句，提交异常对象之前将首先执行 finally 子句，通常用于关闭资源、进行清理操作。

具体来说，是使用 try-finally，还是使用 try-catch-finally，取决于方法本身是否能够处理 try 中出现的异常。如果方法本身可以处理，那么直接捕获，不用抛给方法的调用

者；如果方法本身不知道怎么处理，就应该将异常向外抛，让调用者知道发生了异常，即在方法头中声明 throws 可能出现而自己又无法处理的异常，但要在方法内部完成释放资源等操作。

例如，打开数据库连接后，一定要在该连接使用完毕调用其 close 方法关闭连接，可以使用 try-finally 语句实现。

```
Connection conn = null;
try {
    // 打开连接
    // 读写数据库操作
}
finally {        // 确保关闭数据库连接
    if (conn != null)
        try {
            conn.close();
        }
        catch (SQLException e) {
            e.printStackTrace();
        }
}
```

特别地，当在 try 块或 catch 块中遇到 return 语句时，finally 语句块将先执行，return 语句之后执行。具体说明如下：

- 不管是否出现异常，finally 子句中的代码都会执行。
- 当 try 子句或 catch 子句中有 return 语句时，finally 子句仍然会执行。
- finally 子句是在 return 语句的表达式运算后执行的（此时并没有返回运算后的值，而是先把要返回的值保存起来，不管 finally 子句中的代码怎么样，返回的值都不会改变，依然是之前保存的值），所以函数返回值是在 finally 执行前确定的。
- finally 中最好不要包含 return 语句，否则程序流程会提前退出，返回的值不再是 try 或 catch 中保存的返回值。

例如：

```
public static int test()
{
    int x = 1;
    try {
        x++;           // x = 2
        return x;      // 返回值为 2 首先保存，再去执行 finally 子句
    }
    finally {
        ++x;
    }
}
```

分析：在 try 语句中执行 return 语句时，要返回的结果已经保存完毕（x=2），此时程序转到 finally 子句去执行。虽然 finally 子句将 x 的值修改为 3，但是取出的返回结果依然为 2，调用该方法得到的值为 2。

7.5.4　使用 try-with-resource 语句尝试自动关闭资源

许多 Java 操作涉及用后必须关闭的资源，如 Scanner、数据库连接 Connection、输入输出流等。在 JDK 7 之前，通常在 finally 子句中调用资源的 close 方法进行关闭。如果 close 方法本身能够抛出异常，还需要在 finally 子句中嵌套 try-catch 语句，语法上过于冗长。

JDK 7 之后增加了 try-with-resource 语句，可以自动关闭资源。语法格式如下：

```
try ( resources) {
    // 使用资源的代码块，可能抛出异常
}
catch( ExceptionType e) {
    // 处理异常对象 e 的代码
}
```

其中，需要尝试自动关闭的资源对象编写在 try 之后的圆括号中；资源对象可以有多个，之间用分号";"分隔；在关闭资源时，越后面编写的对象资源越早被关闭。

try-with-resource 语句也可以有 catch 子句和 finally 子句。任意的 catch 子句或者 finally 子句都是在声明的资源被关闭以后才运行。如果无须捕获处理异常，catch 子句可以不用编写，也不需要编写 finally 子句来自行尝试关闭资源。

例如，7.5.2 节中的方法 readInfo() 中通过文件字符输入流对象 in 从 sample.txt 中读取数据，用户需要将资源 in 关闭，可以使用 try-with-resource 语句来实现，代码如下：

```
try (FileReader in = new FileReader("sample.txt")) {
// 创建 FileInputStream 对象 in
    System.out.println("创建 I/O 流，分配内存资源。");
}
catch (IOException io) {
    io.printStackTrace();                // 输出践踪迹
    System.out.println("创建 I/O 对象发生异常。");
}
```

再如，使用 Scanner 读入据时，也可以使用 try-with-resource 语句来自动关闭资源，代码如下：

```
try (Scanner scanner = new Scanner(System.in)) {
    // 创建 Scanner 对象读入标准输入的数据
    // 输入操作
}
catch (Exception e) {
    e.printStackTrace();
```

使用 try-with-resource 语句仅能协助程序员关闭资源，而非处理异常。对特定异常的处理仍需要程序员自行完成。

使用 try-with-resource 语句尝试自动关闭的资源对象必须实现 java.lang.AutoCloseable 接口。AutoCloseable 接口是 JDK 7 新增的接口，其中仅定义了 close 方法：

```java
public interface AutoCloseable {
    void close() throws Exception;     //关闭此流,释放关联的所有系统资源
}
```

所有需要在 try-with-resource 语句中自动关闭的资源必须实现 AutoCloseable 接口，如例 7-6 所示。

例 7-6 TestTryCatchFinally.java

```java
    class myClass1 implements AutoCloseable {
        public void work() {
            System.out.println("myClass1 is working...");
        }

        @Override
        public void close() throws Exception {
            System.out.println("myClass1 is closing....");
        }
    }

    class myClass2 implements AutoCloseable {
        public void work() {
            System.out.println("myClass2 is working...");
        }

        @Override
        public void close() throws Exception {
            System.out.println("myClass2 is closing....");
        }
    }

    public class TestTryWithResource {
        public static void main(String[] args) {
            try (myClass1 mc1 = new myClass1(); myClass2 mc2 =
                            new myClass2()) {
                // 尝试自动关闭多个资源：mc1 和 mc2
                mc1.work();
                mc2.work();
```

```
            } catch (Exception e) {
                e.printStackTrace();
            }
        }
    }
```

程序运行结果如下：

```
myClass1 is working...
myClass2 is working...
myClass2 is closing....
myClass1 is closing....
```

由结果可知，使用 try-with-resource 语句自动关闭资源时，系统自动调用了该资源对象的 close 方法。强制类实现 AutoCloseable 接口确保了该资源对象一定具有 close 方法、释放关联的系统资源，并且在自动关闭多个资源时，越靠后的资源越早被关闭。

7.6 本章小结

本章介绍了 Java 的异常处理机制。通过本章的学习，读者应了解异常的概念和 Java 的异常类结构及其分类，学会异常类的定义，掌握异常的抛出、捕获及处理，重点掌握异常处理语句 try-catch、try-catch-finally、try-finally，并了解自动关闭资源语句 try-with-resource 的使用。

7.7 课后习题

1. 单选题

（1）为了捕获一个异常，代码必须放在下面（　　）语句块中。

　　　　A. try　　　　　　B. catch　　　　　　C. throws　　　　　　D. finally

（2）在代码中，使用 catch(Exception e) 的好处是（　　）。

　　　　A. 只会捕获个别类型的异常

　　　　B. 捕获 try 块中产生的所有类型的异常

　　　　C. 忽略一些异常

　　　　D. 执行一些程序

（3）下列中，异常包含的内容是（　　）。

　　　　A. 程序中的语法错误

　　　　B. 程序的编译错误

　　　　C. 程序执行过程中遇到的事先没有预料到的情况

　　　　D. 程序事先定义好的可能出现的意外情况

（4）下列系统定义的异常中，有可能是网络原因导致的异常是（　　）。

A. ClassNotFoundException B. IOException
C. FileNotFoundException D. UnknownHostException

(5) 下列不会抛出异常的操作是（　　）。

A. 打开不存在的文件 B. 用负数索引访问数组
C. 浮点数除以 0 D. 浮点数乘以 0

(6) 如果一个程序中有多个 catch 语句块，则程序执行情况是（　　）。

A. 找到合适的异常类型后继续执行后续的 catch 语句块
B. 找到每个匹配的 catch 语句块都会执行一次
C. 找到合适的异常类型处理后就不再执行后续的 catch 语句块
D. 对每个 catch 都执行一次

(7) 关于异常处理的语法 try-catch-finally，下列描述正确的是（　　）。

A. try-catch 必须配对使用
B. try 可以单独使用
C. try-finally 必须配对使用
D. 在 try-catch 后，如果定义了 finally，则 finally 都会执行

(8) 有以下代码段，如果 method 方法正常运行并返回，则程序的输出结果为（　　）。

```java
class Animal {
    void method() { ... }
    void cat() {
        try {
            method();
        } catch (ArrayIndexOutOfBoundsException e) {
            System.out.println("Exception1");
        } catch (Exception e) {
            System.out.println("Exception2");
        } finally {
            System.out.println("Hello World!!");
        }
    }
    public static void main(String[] args) {
        Animal animal = new Animal();
        animal.cat();
    }
}
```

A. Hello World!! B. Exception1
C. Exception2 D. Hello World

(9) 下段代码的编译和运行情况为（　　）。

```java
int i = 0;
String gs[] = { "Hello World!", "Hello!", "HELLO" };
while (i < 4) {
```

```
    System.out.println(gs[i]);
    i++;
}
```

A. 第 2 行编译出错

B. 第 4 行编译出错

C. 编译正确，但运行程序时第 4 行出错

D. 编译正确，运行程序正常输出信息

2. 编程题

（1）定义异常类 MyException。

定义类 Student，该类有一个产生异常的方法 public void speak(int m) throws MyException，要求参数 m 的值大于 1000 时，方法抛出一个 MyException 对象。

编写测试类，在 main 方法中用 Student 创建一个对象，让该对象调用 speak 方法。

（2）编写程序，从命令行参数输入 10 个数作为学生成绩，需要对成绩进行有效性判断，如果成绩有误，则通过异常处理显示错误信息，并将成绩按高到低排序打印输出。

提示：如果输入数据不为整数，需捕获 Integer.parseInt()产生的异常，显示"请输入整数成绩"；如果参数不足 10 个，请捕获参数不足 10 个的异常，显示"请输入最少 10 个成绩"。

第 8 章　输入输出处理

Java 中的输入输出（Input Output，I/O）指程序与外部设备或其他计算机进行数据交换的过程，如与键盘显示器的交互，从本地或网络主机上的文件读取数据或写入数据等。输入还是输出是针对程序而言，例如，将文件中的数据读取至程序的过程称为输入，将内存中的数据写至文件的过程称为输出。

对程序员而言，创建一个好的输入输出系统是一项艰难的任务：不仅存在各种 I/O 的源头以及想要与之通信的接收端（文件、控制台、网络连接等），而且还需要以多种不同的方式与它们进行通信（顺序、随机、缓冲、二进制、按数据类型、按对象、按字符、按行等）。Java 用"流"的方式处理 I/O，对应不同类型的 I/O 问题，会有相应的流对象提供解决方案。JDK 1.0 版本中设计了面向字节的 I/O 流，JDK 1.1 对基本的 I/O 流类库进行了重大的修改，增加了面向字符的 I/O 流，这些流对应的类和接口位于 java.io 包下。在 JDK 1.4 中添加了 nio 类用于改进性能和功能，这些类位于 java.nio 包下。

Java 的 I/O 流按流的方向分为**输入流**和**输出流**两种。每种流通常又可以按照数据传输单位分为**字节流**和**字符流**两大类。除此之外，还可以按照功能分为底层的**节点流**和上层的**处理流**（或称为包装流），各种节点流用于与底层不同的物理存储节点（如文件、内存、控制台、网络连接等）关联，处理流用于对节点流进行包装，丰富其功能，提供统一的操作方式，实现使用统一的代码读取不同的物理存储节点。

Java 类库 I/O 部分以"流"为主，也包括非流式部分，其内容非常庞大。本章将学习相当数量的类。

8.1　文　　件

本节首先介绍 Java 的 I/O 体系中非流式部分的常用类：File 类和 RandomAccessFile 类等。

8.1.1　java.io.File 类

文件系统是操作系统中负责管理和存储文件信息的部分，它负责为用户建立文件、控制文件的存取、管理文件等。文件系统管理的对象包括磁盘、文件夹（目录）、文件等。

Java 中的 File 类用于表示文件系统中的文件或文件夹，File 不能访问文件的内容，只包含文件系统中对文件或文件夹的增、删、改、查等管理操作，如创建、删除文件或文件夹，修改文件或文件夹的名称，查询文件或文件夹的路径、大小、创建或修改时间等。

File 类的构造方法如下：

- File(String pathname)：根据指定路径名字 pathname 来创建 File 对象。
- File(File parent, String child)：创建目录 parent 下 child 对应的 File 对象。
- File(String parent, String child)：创建目录 parent 下 child 对应的 File 对象。

例如：

```
File f1 = new File("t1.txt");           // 创建当前目录下 t1.txt 对应的 File 对象
File f2=new File("temp\\t2.txt");
File fdir = new File("g:\\temp");       // 创建 g:\temp 对应的 File 对象
File f3 = new File("g:\\temp","t3.txt");// 创建 g:\temp 下 t3.txt 对应的 File 对象
File f4 = new File(fdir,"t4.txt");      // 创建 g:\temp 下 t4.txt 对应的 File 对象
```

常用的方法如下：

- File[] listFiles()：获取 File 对象的所有子文件或文件夹，返回 File 数组。
- boolean isDirectory()：检测 File 对象所对应的是否是文件夹。
- boolean isFile()：检测 File 对象是否是文件。
- String getName()：返回 File 对象的名称。
- boolean exists()：测试路径名表示的文件或者文件夹是否存在，存在返回 true。
- Date lastModified()：获取文件的最后修改时间。
- int length()：返回文件内容的长度。

其他关于 File 的方法可以查阅 API 文档。

【例 8-1】 输出一个目录中所有扩展名为.txt 的文件。

首先，使用 File 类构建表示当前目录的 file 对象；然后，使用 File 类的 listFiles()方法获取当前目录下的所有文件；最后，遍历 listFiles()方法返回的数组，如果是文件类型（不是文件夹）且文件扩展名是.txt，则将其打印输出。代码如下：

```
public class TestFile {
    public static void main(String[] args) {
        File dir = new File("f:\\");        //指定输出 f:盘根目录下的 txt 文件
        File[] subs = dir.listFiles();      //获取该路径下的所有文件或文件夹
        for (File sub : subs) {             //遍历该数组
            if(sub.isFile() && sub.getName().endsWith(".txt")){
                System.out.println(sub);
            }
        }
    }
}
```

需要注意的是，因为字符"\"是转义字符的起始标志，所以当表示 Windows 操作系统下路径间的分隔符"\"时，需要用"\\"表示。

说明：创建一个文件对象和创建一个文件在 Java 中是两个不同的概念。前者是在

JVM 中创建了一个表示文件的对象，并没有将它真正地创建到操作系统的文件系统中，随着 JVM 的关闭这个对象也随之消失。

8.1.2 java.io.RandomAccessFile 类

RandomAccessFile 不是"流"系列的类，用于文件的随机访问。

1. RandomAccessFile 的特点

Java 语言中流的特点包括：

- 只能顺序存取：可以一个接一个地向流中写入一串字节，读出时也将按写入顺序读取一串字节，不能随机访问中间的数据。
- 只读或只写：每个流只能是输入流或输出流的一种，不能同时具备两个功能，在同一个数据传输通道中，如果既要读取数据，又要写入数据，要分别使用两个流。

而 RandomAccessFile 类以字节为单位进行文件内容的存取，在 Java 的 I/O 体系中相对独立。RandomAccessFile 类与流的不同之处包括：

- RandomAccessFile 提供对文件的"随机访问"方式，在 RandomAccessFile 类中定义了文件记录指针，标识当前正在读写的位置,它可以指向文件中的任意位置,由此可以随机访问文件的任意地方。所谓"随机"（random）即"任意"的意思。如果程序只是访问文件的一部分内容，而不是从头到尾的所有内容，使用 RandomAccessFile 类是最好的选择。
- RandomAccessFile 既可以读取文件的内容，也可以向文件输出数据，集读、写功能于一身。

2. RandomAccessFile 中的读写方法

RandomAccessFile 提供了丰富的输入输出方法，包括 3 个基本的 read()方法，3 个基本的 write()方法，以及按照各种基本数据类型进行读写的方法。

新建 RandomAccessFile 对象时，文件记录指针位于文件头处，随着文件的读写操作，文件记录指针也将随之向后移动相应字节。

- int read()：从文件的记录指针处向后读取 1 字节，其余高 24 位为 0。以整数形式返回此字节，范围为 0~255，如果已到达文件的末尾，则返回–1。
- int read(byte[] b)：将最多 b.length 个数据字节从此文件读入字节数组，方法返回读入缓冲区的总字节数，如果由于已到达此文件的末尾而不再有数据，则返回–1。
- int read(byte[] b, int off, int len)：将从参数 off 位置开始的最多 len 个数据字节从此文件读入字节数组。返回值情况同上。
- void write(int b)：向此文件对象写入 int 型参数的低 8 位，文件记录指针自动移动到下一个位置，准备再次写入。
- void write(byte[] b)：将指定字节数组的 b.length 字节，从文件对象的文件指针开始处写入。
- void write(byte[] b, int off, int len)：将指定字节数组从偏移量 off 处开始的 len 字节，写入到文件对象。

这些基本的 read()和 write()方法每次读写一个字节，其他的读写方法都是基于它们而实现的。read()和 write()方法都会抛出 IOException 异常，需要进行异常处理。

以下是 RandomAccessFile 提供的按各种基本数据类型进行读写的方法。

- boolean readBoolean()，byte readByte()…：从文件的记录指针处读取指定的数据类型长度的数据，并解释成该类型数据返回。
- void writeBoolean(boolean v)，void writeByte(int v)：将参数按相应数据类型的数据取值写入文件对象。

3. RandomAccessFile 中的文件记录指针操作

RandomAccessFile 中还有如下涉及文件记录指针操作的重要方法：

- long getFilePointer()：返回文件记录指针的当前位置。
- void seek(long pos)：将文件记录指针定位在 pos 位置。
- int skipBytes(int n)：文件记录指针跳过 n 字节。

通过它们可以获取和操作文件记录指针，实现 RandomAccessFile 的定位随机访问。

4. RandomAccessFile 的常用访问方式

创建 RandomAccessFile 对象时，需要指定文件的访问方式，常用的包括下面两种：

- "r"：以只读方式打开指定文件。
- "rw"：以读、写方式打开指定文件，如果文件不存在，则尝试创建该文件。

RandomAccessFile 没有只写的访问方式。

以下代码利用 RandomAccessFile 对象往 data.dat 文件中写入字符和 int 型数据，每次写入后检测文件记录指针的取值。

```
File demo = new File("data.dat");                // 创建文件对象 demo
RandomAccessFile rf = new RandomAccessFile(demo,"rw");
// 创建随机访问文件对象 rf
System.out.println(rf.getFilePointer());         // 输出：0
rf.write('A');                    // write()方法每次写入1字节，低8位
System.out.println(rf.getFilePointer());         // 输出：1
int i = 0x41;
rf.write(i);                      // write()方法每次写入1字节，变量i的低8位
System.out.println(rf.getFilePointer());         // 输出：2
rf.writeInt(i);                   // writeInt()方法写入一个int：4字节
System.out.println(rf.getFilePointer());         // 输出：6
rf.close();                       //文件读写完成以后一定关闭文件
```

因为 RandomAccessFile 没有只写的访问方式，所以使用"rw"方式。

在程序中，write()方法每次向文件写入 1 字节，即字符'A'的低 8 位和变量 i 的低 8 位。字符'A'的 Unicode 编码为 0x0041（16 位），低 8 位对应 0x41，写入文件后仍是'A'；变量 i 占 4 字节 0x00000041，低 8 位对应 0x41，写入文件后也是'A'。

writeInt()方法向文件写入一个 int，占 4 字节，虽然写入文件的 i 依然按文本解释为'A'，但却占 4 字节，这些可以从上述代码中 getFilePointer()方法获取的指针获悉。

文件读写完成以后一定要进行关闭。因为输入输出已经超越了 JVM 管辖范畴，所以必须由程序员释放资源。

以下程序代码中 RandomAccessFile 类进行文件的读写操作，要求如下：

（1）使用 RandomAccessFile 的 write(byte[])方法向文件 raf.dat 写入字符串"HelloWorld"。

（2）设置指针读取 raf.dat 中的字符串"World"，并打印到控制台。

思路：需要对文件进行读写两种操作，所以使用"rw"方式创建流对象。

使用 write(byte[])方法将字符串写入文件，因此先将字符串"HelloWorld"转换为字节数组后；读出时也是将读取的结果存储在字节数组中，再转换为字符串输出到控制台。

如果要读取字符串"World"，需将文件指针移动到"World"的起始处，即字符串"Hello"的末尾处。因为在文件中每个字符占 1 字节，因此"Hello"的长度即为"World"的起始位置。

```java
public static void main(String[] args) throws Exception{
  RandomAccessFile raf = new RandomAccessFile("raf.dat", "rw");
  byte[] buf = "HelloWorld".getBytes();      // 将字符串转换为字节数组
  raf.write(buf);                             // 将字节数组中所有字节一次性写入文件
  raf.seek("Hello".length());                 // 将文件指针置为"World"的起始处
  byte[] buf2 = new byte[5];
  int len = raf.read(buf2);                   // 读取 5 字节存入数组，返回值为读取的字节量
  System.out.println("读取到了:" + len + "字节");
  System.out.println(new String(buf2));       //将字节数组封装为字符串并输出:"World"
  raf.close();                                //关闭资源
}
```

RandomAccessFile 类适合处理大小已知的数据所组成的文件，可以使用 seek()将文件记录指针从一处移到另一处，然后读取或写入数据。文件中数据的大小不一定都相同，只要能够确定数据有多大以及它们在文件中的位置即可。

与文件的写操作不同，读取一个文件的前提是必须对文件有足够清晰的了解，需要清楚到它的每一个字节。

8.2 输入输出流概述

学习具体的 I/O 流之前，本节先介绍"流"的概念和 Java 输入输出流的体系结构。

8.2.1 流的概念

在编程语言的 I/O 类库中常使用"流"（stream）这个抽象概念，它代表任何有能力产出数据的数据源或有能力接收数据的接收端。"流"代表了一种数据传输的模式，可以把流想象为一串连续不断的数据集合，它屏蔽了实际 I/O 设备中处理数据的细节。

"流"类似于水管里的水流，水管的一端一点一滴地供水，水管的另一端看到的是一股连续不断的水流。数据写入程序类似于一段一段地向数据流管道中写入数据，这些数据段会按先后顺序形成一个长的数据流。对读取数据的程序来说，看不到数据流在写入时的分段情况，每次可以读取其中任意长度的数据（但只能按照水流的方向，先读取前

面的数据,再读取后面的数据)。不管写入时是将数据分多次,还是一次,都不会影响读取时的效果。

流不存在大小问题,也避免了完整性问题。非流的数据传输,比如下载一张图片,需要整幅图片下载完之后才能使用。而流则不同,就像水,取一杯可以,取一桶也可以。流的好处是接收方不必等待数据的完整到达就可以开始处理,这样缩短了等待时间,提高了响应速度。

在 Java 程序中,当需要读取数据到 JVM 时,就会开启一个通向数据源的输入流,这个数据源可以是文件、内存或是网络连接。类似地,当程序需要将 JVM 中的数据读出时,就会开启一个通向目的地的输出流,这个数据源同样可以是文件、内存或是网络连接。一个文件,当向其写数据时,它就是一个输出流;当从中读取数据时,它就是一个输入流。

8.2.2 Java I/O 体系结构

在 Java 类库中,I/O 部分的内容非常庞大,其中输入输出流是主体部分,包括图 8-1 所示的由抽象类 InputStream 和 OutputStream 派生出来的字节流类体系,以及图 8-2 所示的由抽象类 Reader 和 Writer 派生出来的字符流类体系。

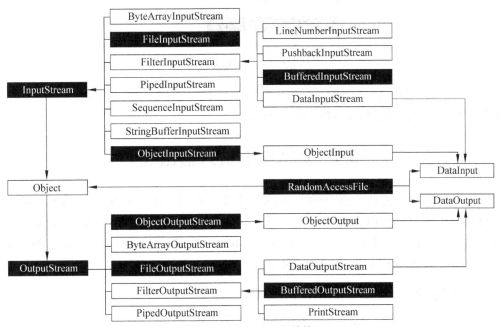

图 8-1 字节流层次结构

字节流读写的最小单位是 1 字节,字符流读写的最小单位是 2 字节(Unicode 编码,每个字符为 2 字节)。任何继承自 InputStream 和 Reader 的类都含有名为 read() 的基本方法,用于读取单个字节或字节数组。任何继承自 OutputStream 和 Writer 的类都含有名为 write() 的基本方法,用于写单个字节或字节数组。这些基本的 read() 和 write() 方法被直接使用的概率比较小,它们通常是提供给子类去实现更有用的 read()

和 write()方法。

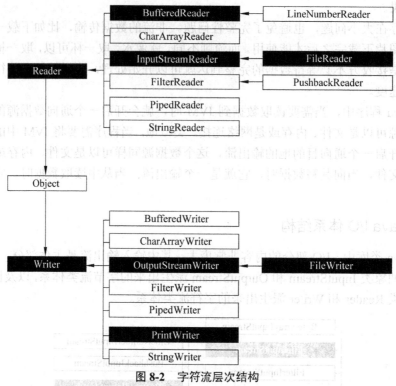

图 8-2 字符流层次结构

本章介绍字节流和字符流体系中的常用类（图 8-1 与图 8-2 中的加底纹部分），其余各类读者可根据体系结构及 API 文档自行学习。

8.3 基本字节输入输出流

字节流以字节为单位进行输入和输出处理。本节主要介绍字节流的顶层抽象类 InputStream 和 OutputStream，以及三对常用字节流：文件字节流 FileInputStream 和 FileOutputStream，缓冲字节流 BufferedInputStream 和 BufferedOutputStream，对象字节流 ObjectInputStream 和 ObjectOutputStream。

8.3.1 抽象类 InputStream 和 OutputStream

InputStream 和 OutputStream 是字节流的抽象父类，以字节为单位进行 I/O 操作。

1. InputStream 类

InputStream 类用来表示那些从不同数据源产生输入的类，如图 8-1 所示。这些数据源包括字节数组（ByteArrayInputStream）、字符串（StringBufferInputStream）、文件（FileInputStream）、管道（PipedInputStream）、流序列（SequenceInputStream），以及网络连接等。

InputStream 主要有以下子类。

- ByteArrayInputStream：把内存中的一个缓冲区作为 InputStream，读取该缓冲区内容。
- StringBufferInputStream：把一个字符串对象转换成 InputStream。
- FileInputStream：把文件作为 InputStream，用于从文件中读取信息。
- PipedInputStream：实现了管道（pipe）的概念，产生用于写入 PipedOutputStream 的数据，在线程通信中使用。
- SequenceInputStream：把多个 InputStream 合并为一个 InputStream。

InputStream 中定义了 3 个输入方法：int read()、int read(byte[] b)和 int read(byte[] b, int off, int len)，用法同 RandomAccessFile 类。

除此之外，还有以下几个常用方法。

- int available()：返回流中可用字节数。需要注意的是，如果输入阻塞，当前线程将被挂起时调用这个方法只会返回 0。
- void close()：关闭输入流，并释放与该流关联的所有系统资源。

对于带有缓冲区的 InputStream，还可以使用以下几个方法进行读写指针的设置。

- long skip(long n)：跳过数据流中指定数量的字节不读；返回跳过的字节数。
- void mark(int limit)：在流中的当前位置做标记（以后可能再返回该位置继续读操作）。"流"如同它的名字，像流水一样不可逆，所以如果要返回，则需要提前做好标记，这样系统会将标记后的数据缓存起来以便再次读取。例如，mark(1024) 表示在当前位置做标记，并缓存从当前位置开始的 1024 字节。
- void reset()：返回上一个标记过的位置。
- boolean markSupported()：是否支持标记和复位操作。

2. OutputStream 类

OutputStream 类用于表示输出要去往的目标，如字节数组（ByteArrayOutputStream）、文件（FileOutputStream）或者管道（PipedOutputStream）。

OutputStream 类的主要子类如下。

- ByteArrayOutputStream：在内存中创建缓冲区，所有送往"流"的数据都先放置在此缓冲区。
- FileOutputStream：用于将信息写入文件。
- PipedOutputStream：配合 PipedInputStream 类在线程间通信。

OutputStream 类中定义了 write(int b)、write(byte[] b)和 write(byte[] b, int off, int len) 3 个输出方法，用法同 RandomAccessFile 类。

除此之外，OutputStream 类还有如下两个常用方法。

- void close()：关闭输出流。
- void flush()：强制刷新输出缓冲区内容，将输出缓冲区内容写入流。对于带有缓冲区的 OutputStream 类，还可以使用 flush()方法。

8.3.2 文件流 FileInputStream 和 FileOutputStream

FileInputStream 类和 FileOutputStream 类基于字节，广泛用于操作文件。

FileInputStream 类用于读取一个文件，FileOutputStream 类用于将数据写入一个文件。FileInputStream 类的常用构造方法如下。

- FileInputStream(String name)。
- FileInputStream(File file)。

它们都会打开一个到实际文件的连接，并创建一个文件输入流，如果该文件不存在，或者它是一个目录，或者因为其他原因而无法打开，会抛出 FileNotFoundException 异常。前者的文件通过路径名 name 指定，后者则通过 File 对象指定。

FileOutputStream 常用构造方法如下。

- FileOutputStream(String name)。
- FileOutputStream(File file)。
- FileOutputStream(String name, boolean isAppend)。
- FileOutputStream(File file, boolean isAppend)。

它们都会创建一个向文件中写入数据的文件输出流。如果该文件存在，但它是一个目录；或者该文件不存在，且无法创建它，或者因为其他原因而无法打开它，则抛出 FileNotFoundException 异常。在前两个构造方法中，如果原来已存在这个文件，则会把原来的删掉，再创建一个新的。后两个构造方法由参数 isAppend 指定，当文件已存在时，是否采取追加方式。若该参数为 true，则采用追加方式，不新建文件而是从文件末尾处开始写入。

【例 8-2】 编写一个对指定文件进行复制的程序。

复制文件就是将一个文件读出再写入另一个文件的过程，无论哪种类型的文件，都可以按照字节一一读出，一一写入，所以使用 FileInputStream 和 FileOutputStream 可以实现任意文件的复制。

read()方法每次从文件中读取 1 字节，范围为 0～255，如果已到达文件的末尾，则返回–1，所以循环读取的条件为：检测读到的数据是否为–1。

例 8-2   TestFileIO.java

```
import java.io.*;

public class TestFileIO {
    public static void main(String[] args) {
        FileInputStream fis = null;      // 定义文件字节输入流对象 fis
        FileOutputStream fos = null;     // 定义文件字节输出流对象 fos
        int data;
        try {
            fis = new FileInputStream("a.jpg");// 创建文件字节输入流对象 fis
            fos=new FileOutputStream("b.jpg");//创建文件字节输出流对象 fos
            while ((data = fis.read()) != -1) {
                // 从输入流 fis 中读入一个字节的数据
                fos.write(data);              // 将该数据输出到输出流 fos 中
            }
```

```
            } catch (IOException e) {
               e.printStackTrace();
            } finally {
               if (fis != null)
                  try {
                     fis.close();
                  } catch (IOException e) {
                  }
               if (fos != null)
                  try {
                     fos.close();
                  } catch (IOException e) {
                  }
            }
         }
      }
```

通过以上程序，可以得到 Java 中输入输出操作的基本步骤：

（1）声明流对象的引用变量，赋初值为 null。
（2）在 try 代码块中完成对输入流、输出流的操作。
（3）在 catch 代码块中对可能抛出的异常进行捕获处理。
（4）在 finally 代码块中关闭输入输出流，关闭操作也需要在 try-catch 代码块中书写。

8.3.3 缓冲流 BufferedInputStream 和 BufferedOutputStream

在 Java 中很少使用单一的类来创建流对象，通常是通过几个流的叠加包装最终提供所期望的功能，这被称作"装饰器"设计模式。FilterInputStream 和 FilterOutputStream 是 InputStream 和 OutputStream 的子类，它们是"装饰器"类的基类。

通过处理流对底层节点流进行包装，利用处理流提供更丰富的操作方式及功能。例如，为读写数据增加缓冲，将字节数据结合成有意义的基本数据类型数据，等等，它们在读写数据的同时可以对数据进行特殊处理。这些也称为"处理流"，与"节点流"的概念相对应。

BufferedInputStream 和 BufferedOutputStream 是 FilterInputStream 和 FilterOutputStream 的子类，为普通的字节流增加了缓冲区功能，将 InputStream 和 OutputStream 对象包装为一个带缓冲的字节流。

因为内存的读写速度快，而磁盘的读写速度慢，两者间的数据传输堵塞严重。所以，为了减少对磁盘的存取，通常在内存和磁盘间建立一个缓冲区，从磁盘中读数据时一次读入一个缓冲区大小的数量，数据写入磁盘时也是先将缓冲区装满后，再将缓冲区数据一次性写入到磁盘，由此提高了文件存取的效率。

BufferedInputStream 和 BufferedOutputStream 提供的缓冲机制可以提高输入输出流的读取效率，支持 skip()、reset() 等操作。

BufferedInputStream 的构造方法如下。

- BufferedInputStream(InputStream in)：包装 InputStream 对象，创建 BufferedInputStream 对象，并创建一个默认大小（8192 字节）的字节数组作为缓冲区。
- BufferedInputStream(InputStream in, int size)：包装 InputStream 对象，创建指定缓冲区大小的 BufferedInputStream 对象。

BufferedOutputStream 的构造方法与之相似，BufferedOutputStream 对象默认的缓冲区大小为 8192 字节。当使用 write()方法写入数据时，会先将数据写至缓冲区，待缓冲区满后才会执行 write()方法，将缓冲区数据写入目的地。

缓冲流的工作原理如图 8-3 所示。

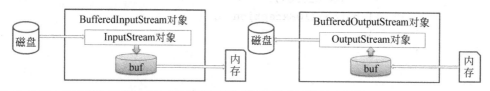

图 8-3　内部带缓冲区成员的缓冲流读写示意图

【例 8-3】　比较带缓冲区文件复制与不带缓冲区文件复制的性能。通过完成相同的复制工作所花费的时间对比，得到带缓冲区与不带缓冲区间的差别。

例 8-3　TestBufferdStream.java

```java
import java.io.*;
import java.util.Date;

public class TestBufferdStream {
    public static void main(String[] args) {
        FileInputStream fis = null;
        FileOutputStream fos = null;
        BufferedInputStream bis = null;          // 定义缓冲输入流对象 bis
        BufferedOutputStream bos = null;         // 定义缓冲输出流对象 bos
        try {
            int data;
            fis = new FileInputStream("a.jpg");
            fos = new FileOutputStream("b.jpg");
            Date d1 = new Date();                // I/O 前创建当前日期对象 d1
            while ((data = fis.read()) != -1) {  // 非缓冲读取，逐字节
                fos.write(data);
            }
            Date d2 = new Date();                // I/O 后创建当前日期对象 d2
            System.out.println("非缓冲输入输出消耗时间：" +
                               (d2.getTime() - d1.getTime()));
            // 计算消耗的时间
            fis.close();
            fos.close();
```

```
                // 创建缓冲输入流对象bis, 对文件流进行缓冲包装
                bis = new BufferedInputStream(new FileInputStream("a.jpg"));
                // 创建缓冲输出流对象bos, 对文件流进行缓冲包装
                bos =
                    new BufferedOutputStream(new FileOutputStream("b.jpg"));
                d1 = new Date();                    // I/O 前创建当前日期对象d1
                while ((data = bis.read()) != -1) {
                    // 缓冲读取, 并不是一字节一字节地读
                    bos.write(data);
                }
                d2 = new Date();                    // I/O 后创建当前日期对象d2
                System.out.println("缓冲输入输出消耗时间: " +
                                (d2.getTime() - d1.getTime()));
                // 计算消耗的时间

            } catch (IOException e) {
                e.printStackTrace();
            } finally {
                if (bis != null)
                    try {
                        bis.close();
                    } catch (IOException e) {
                    }
                if (bos != null)
                    try {
                        bos.close();
                    } catch (IOException e) {
                    }
            }
        }
    }
```

程序运行结果为:

非缓冲输入输出消耗时间: 78
缓冲输入输出消耗时间: 3

通过对比可知,带缓冲区的复制操作要比不带缓冲区的复制操作所用的时间少很多。

在关闭流时,流之间存在依赖关系时,根据依赖关系,如果流 a 依赖流 b,则应先关闭流 a,再关闭流 b。例如,缓冲流 bos 依赖节点流 fos,应该先关闭缓冲流 bos,再关闭节点流 fos。但是,因为处理流在关闭的时候,会自动调用节点流的关闭方法,所以通常只关闭处理流。本例 finally 中的处理即只关闭了处理流 bis 和 bos 两个对象。

对于 BufferedOutputStream,只有缓冲区满时,才会将数据真正送到输出流。因此,有些情况下就需要人为地调用 flush()方法将尚未填满的缓冲区中的数据送出。例如,数据已经读取完毕,但缓冲区尚未装满,这时必须由程序调用 flush()方法强制刷新缓

冲区。

一般情况下，如果调用 close()方法，会隐含 flush()操作。但是有些特殊情况下通信双方需要保持通信，建立的流不能关闭。例如，两台计算机使用 QQ 软件聊天，流对象需长期保持连接，而聊天数据都是在本地计算机的输出缓冲区，不一定被装满，此时不能关闭流，每次必须调用 flush()操作将数据发送给对方。

8.3.4 对象流 ObjectInputStream 和 ObjectOutputStream

如果希望把以对象方式存在于内存中的数据存储至文件（持久化到文件），需要时再将其从文件中读出还原为对象，或者在网络上传送对象，可以使用 Java 提供的对象流 ObjectInputStream 和 ObjectOutputStream。

把 Java 对象转换为字节序列的过程称为对象的序列化，把字节序列恢复为 Java 对象的过程称为对象的反序列化。

1. 实现序列化接口 Serializable

如果对象需要被持久化到文件，或者在网络上传送对象，则定义该对象的类必须实现 Serializable 接口。Serializable 接口中并没有任何方法，这个接口只具有标识性的意义，代表该对象是可以序列化的。

以下代码定义一个 Student 类：

```java
class Student implements Serializable {
    private static final long serialVersionUID = -7108027765951316257L;
    private String name;
    private int age;

    public Student(String name, int age)
    {   this.name = name;   this.age = age;    }

    public String getName() {    return name;    }

    public void setName(String name)    {    this.name = name;    }

    public int getAge() {    return age;    }

    public void setAge(int age) {    this.age = age;    }
}
```

Student 类中有一个常量 serialVersionUID 代表了可序列化对象的版本。Java 的序列化机制是通过运行时判断类的 serialVersionUID 来验证版本一致性的。在进行反序列化时，JVM 会把传来的字节流中的 serialVersionUID 与本地相应类的 serialVersionUID 进行比较，如果相同就认为是一致的，可以进行反序列化，否则就会出现序列化版本不一致的 InvalidCastException 异常。因此，为了维持版本信息的一致和提高 serialVersionUID 的独立性和确定性，建议显式定义 serialVersionUID，并为其赋予明确的取值。

一个类实现了 Serializable 接口，如果没有显式地定义 serialVersionUID，Eclipse 会给出警告，提示去定义。两种常用的 serialVersionUID 生成方式如下。

- 默认值如下：

```
private static final long serialVersionUID = 1L;
```

- 根据类名、接口名、成员方法及属性等来生成一个 64 位的哈希字段：

```
private static final long serialVersionUID = xxxxL;
```

为了区分序列化对象，建议采用第二种方式生成 serialVersionUID，令不同的类对象对应不同的 serialVersionUID 取值。

2. 对象流 ObjectInputStream 和 ObjectOutputStream

ObjectInputStream 和 ObjectOutputStream 在 InputStream 和 OutputStream 的基础上增加了对象的读写功能。

- void writeObject(Object)：写入对象。
- Object readObject()：读出对象，返回值为 Object 类型，需要将其强转为对象原来的类型。

【例 8-4】 将一个 Student 对象持久化到文件，并从文件读出、打印。

例 8-4 TestObjectStream.java

```
import java.io.*;
public class TestObjectStream {
    public static void main(String[] args) {
        FileInputStream fis = null;
        FileOutputStream fos = null;
        ObjectInputStream ois = null;         // 定义对象输入流对象 ois
        ObjectOutputStream oos = null;        // 定义对象输出流对象 oos
        try {
            fos = new FileOutputStream("object.dat");
            // 创建文件输出流对象 fos
            oos = new ObjectOutputStream(fos);
            // 创建对象输出流对象 oos，包装 fos
            Student stu = new Student("Lucy", 15);// 创建对象 stu
            System.out.println(stu.getName() + "," + stu.getAge());
            // Lucy,15
            System.out.println(stu);
            oos.writeObject(stu);              // 将 stu 输出到文件中
            oos.flush();                       // 清空缓冲区
        } catch (IOException e) {
            e.printStackTrace();
        } finally {
            if (oos != null)
```

```java
            try {
                oos.close();
            } catch (IOException e) {
            }
        }
        try {
            fis = new FileInputStream("object.dat");
            // 创建文件输入流对象 fis
            ois = new ObjectInputStream(fis);
            // 创建对象输入流对象 ois, 包装 fis
            Student stu = (Student) ois.readObject();
            // 从文件读取一个对象
            System.out.println(stu.getName() + "," + stu.getAge());
            // Lucy,15
            System.out.println(stu);
        } catch (Exception e) {
            e.printStackTrace();
        } finally {
            if (ois != null)
                try {
                    ois.close();
                } catch (IOException e) {
                }
        }
    }
}
```

运行结果如下：

```
Lucy,15
Student@39890510
Lucy,15
Student@4edf9252
```

将写入文件前的 Student 对象的地址和从文件读出的 Student 对象的地址进行对比，发现两个地址并不相同，这说明，持久化到文件中的对象是原对象的一个副本，其取值与原对象相同，但并非原对象（原对象也存在于 JVM 中）。

8.4 字符输入输出流

字符流以字符为单位进行输入输出处理，字符会涉及不同的编码方式。本节主要介绍字符流的顶层抽象类 Reader 和 Writer，以及三对常用字符流：转换流 InputStreamReader 和 OutputStreamWriter，缓冲流 BufferedReader 和 PrintWriter 类，文本文件的读写流 FileReader 和 FileWriter。

8.4.1 抽象类 Reader 和 Writer

如图 8-2 所示，几乎所有的原始 I/O 流都有相应的 Reader 和 Writer 类来提供字符操作（但这不意味着任何场合都要使用字符流，字节流仍然有其特定的应用场合）。

Reader 类中定义了如下 3 个基本的读取数据的方法。

- int read()：从输入流中读取单个字符。因为 Java 采用 Unicode 编码，每个字符分配 2 字节的存储空间，所以 read()方法将读取 2 字节，返回所读取的字符数据的 Unicode 编码。
- int read(char[] cbuf)：从输入流中最多读取 cbuf.length 个字符的数据，并将其存储在字符数组 cbuf 中，返回实际读取的字符数。
- int read(char[] cbuf, int off, int len)：从输入流中最多读取 len 个字符的数据，并将其存储在字符数组 cbuf 中，从数组的 off 位置开始存储。

所有 read()方法在读取流数据时，如果已到达流的末尾，则返回-1。

Writer 类中定义的往输出流写出数据的方法，既包括写出字符、字符数组，同时也包括写出字符串，如下：

- void write(int c)：将指定的字符输出到输出流。
- void write(char[] cbuf)：将字符数组 cbuf 中的数据输出到指定输出流。
- void write(char[] cbuf, int off, int len)：将字符数组 cbuf 从 off 位置开始的 len 个字符输出到指定输出流。
- void write(String str)：将 str 字符串中的字符输出到指定输出流。
- void write(String str, int off, int len)：将 str 字符串中从 off 位置开始的 len 个字符输出到指定输出流。

8.4.2 转换流 InputStreamReader 和 OutputStreamWriter

有时需要把来自于"字节"层次结构中的类和"字符"层次结构中的类结合起来使用，为了实现这个目的，要用到 InputStreamReader 把 InputStream 转换为 Reader，用 OuputStreamWriter 把 OutputStream 转换为 Writer。

1. 关于字符编码

读取字符流时，最主要的问题是字符编码的转换。

我们所看到的计算机中的文本文件、数据文件、图片文件等其实只是一种表象，所有文件在底层都是二进制文件,即存储的全部都是二进制字节数据。对于文本文件而言，之所以可以看到一个个字符，是因为系统已经将底层的二进制序列按照某种字符编码转换成了字符。

当需要保存文本文件时，程序必须先把文件中的每个字符翻译成二进制序列，这个过程称为编码（encode）；当读取文本文件时，程序需要将底层二进制序列转换为一个个的字符，这个过程称为解码（decode）。

常用的编码方案包括如下。

- ASCII：美国国家信息交换标准码，使用 7 个或 8 个二进制位进行编码，最多可以给 256 个字符（包括字母、数字、标点符号、控制字符及其他符号）编码。其他所有的编码方案都兼容 ASCII，所以 ASCII 范围内的字符不会出现乱码。
- 汉字编码。
  - GB2312：GB2312 编码使用 2 字节表示一个汉字，由 1 字节的区码和 1 字节的位码组成。为了与西文加以区分，每个汉字的区位码在原始区码和位码的基础上各自加上 0x20 得到。
  - GBK：GBK 是 GB2312 的扩展方案，使用了 GB2312 中原来编码空间的一些空位，增加了一些汉字，因此向下兼容 GB2312，是 Windows 中文系统的默认字符集。
- 国际编码。
  - Unicode：国际统一的编码方式，2 字节表示一个字符。对所有的字符一视同仁，原有的 ASCII 字符通过在高位加 0x00 来兼容 Unicode。Unicode 编码的文件可以同时对地球上几乎所有已知的文字字符进行书写和表示。缺点是网络传输速度慢，且一旦有 1 字节丢失即会出现乱码。
  - UTF-8：建立在 Unicode 基础上，采用变长字节，对于英文 1 字节，对于汉字 2 字节或 3 字节，能够更有效地利用存储空间，同时克服了 Unicode 编码因丢失某字节而造成全部乱码的情况。
- ISO-8859-1（ISO 拉丁字母表，也称 ISO-LATIN-1）：单字节编码，将汉字的双字节解释成两个单独的 ASCII 字符。使用 HTTP 网络协议进行数据传输时，所有的信息都是按照 ISO-8859-1 编码方式进行编码，浏览器默认采用 ISO-8859-1 来解码。

例如，"北京 Bei"这几个字符用 GBK、Unicode、UTF-8 方案编码的形式如表 8-1 所示。

表 8-1 字符编码示例

编码	北	京	B	e	i	特　　点
GBK	B1B1	BEA9	42	65	69	汉字 2 字节，西文字节
Unicode	5317	4EAC	0042	0065	0069	全部 2 字节
UTF-8	E58C97	E4BAAC	42	65	69	汉字 2 字节或 3 字节，西文 1 字节

2. 利用转换流设置字符编码

Reader 类将输入流中采用其他编码方式的字节流转换为 Unicode 字符，然后在内存中为这些 Unicode 字符分配内存。Writer 类能将内存中的 Unicode 字符转换为其他的编码方式的字节流，再写到输出流。在默认情况下，Reader 和 Writer 会在本地平台默认字符编码和 Unicode 编码间进行转换，中文 Windows 操作系统中默认的是 GBK 编码（中文 Linux 操作系统中默认的是 UTF-8 编码）。

如果需要输入、输出流采用特定编码方案，可以使用 InputStreamReader 和 OutputStreamWriter 类，它们在将字节流转换为字符流的同时，可以指定字符编码方式。

InputStreamReader 和 OutputStreamWriter 工作在字节流与字符流之间，被称作转换

流，InputStreamReader 可以将一个字节流中的若干字节解码成字符，OutputStreamWriter 可以将写入的字符编码成若干字节的二进制数据。

常用的构造方法如下：
- InputStreamReader(InputStream in)：创建一个使用默认字符集的 InputStreamReader。
- InputStreamReader(InputStream in, String charsetName)：创建使用指定字符集的 InputStreamReader。
- OutputStreamWriter(OutputStream out)：创建使用默认字符编码的 OutputStreamWriter。
- OutputStreamWriter(OutputStream out, String charsetName)：创建使用指定字符集的 OutputStreamWriter。

【例 8-5】 往文件中写入一个中文字符串，再将其从文件读出。

说明：为了演示汉字编码的使用，利用两种编码往输出流中写入字符串"北京"，一次使用默认的本地编码方案 GBK，一次指定编码方式 UTF-8。从输入流读取数据时使用 UTF-8 编码。

例 8-5 TestEncoding.java

```java
import java.io.*;

public class TestEncoding {
    public static void main(String[] args) {
        FileOutputStream fos = null;          // 定义文件输出流 fos
        OutputStreamWriter osw = null;        // 定义转换输出流 osw
        FileInputStream fis = null;           // 定义文件输入流 fis
        InputStreamReader isr = null;         // 定义转换输入流 isr
        try {
            fos = new FileOutputStream("a.dat"); // 创建文件输出流对象 fos
            osw = new OutputStreamWriter(fos);
            // 创建转换输出流对象 osw，采用 Windows 默认编码方案 GBK
            osw.write("北京");                  // 输出"北京"
            osw.flush();                       // 清空缓冲区

            osw = new OutputStreamWriter(fos, "UTF-8");
            // 创建转换输出流对象 osw，使用 UTF-8 编码
            osw.write("北京");                  // 输出"北京"
        } catch (FileNotFoundException e) {
            e.printStackTrace();
        } catch (IOException e) {
            e.printStackTrace();
        } finally {
            if (osw != null)
                try {
```

```
            osw.close();
        } catch (IOException e) {
            e.printStackTrace();
        }
    }
}

int ch;

try {
    fis = new FileInputStream("a.dat");
    // 创建文件输入流对象 fis
    isr = new InputStreamReader(fis, "UTF-8");
    // 创建转换输入流对象 isr，指定编码方案 UTF-8
    while ((ch = isr.read()) != -1) {    // 逐个读取字符：2Bytes
        System.out.print((char) ch); // 强转为 Unicode 编码字符输出
    }
} catch (FileNotFoundException e) {
    e.printStackTrace();
} catch (IOException e) {
    e.printStackTrace();
} finally {
    if (isr != null)
        try {
            isr.close();
        } catch (IOException e) {
            e.printStackTrace();
        }
}
```

程序运行结果如下：

????北京

如图 8-4 所示，Java 程序中的字符串"北京"默认采用 Unicode 编码，它首先按照本地默认编码 GBK 转换为相应的中文字符编码，这些 GBK 形式的编码所对应的二进制序列被写入到底层文件中；然后，字符串"北京"从 Unicode 编码转换为 OutputStreamWriter 指定的 UTF-8 编码，并将这些 UTF-8 编码所对应的二进制序列写入底层文件。

当从文件读出这些二进制序列后，InputStreamReader 类指定编码方案为 UTF-8，所以这些二进制数据将按照 UTF-8 编码的方案进行重组。显然，写入和读出都使用 UTF-8 编码方案的中文字符串被正确地解读；但用 GBK 方式写入，用 UTF-8 方式读出的中文字符因无法解读而出现了乱码。所以，为了保证不出现中文乱码，在写入和读出时都传递编码方式，且使用统一的编码方案（或者是兼容的编码方案亦可，如 GBK 兼容 GB2312），实现跨平台的特性。

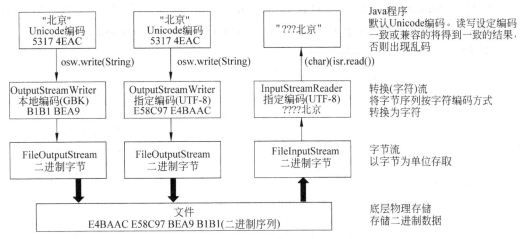

图 8-4　汉字字符的读写与编码关系

8.4.3　BufferedReader 和 PrintWriter 类

实际应用中，BufferedReader 和 PrintWriter 类经常配合使用，它们的最佳组合是按行进行读写，BufferedReader 按行读取，PrintWriter 按行写出。

BufferedReader 类带有 8192 个字符的缓冲区，缓冲区的作用与 BufferedInputStream 类相同。BufferedReader 类可以"文本行"为基本单位读取数据，文本行是以回车换行结束的字符序列，方法如下：

（1）String readLine()：从输入流中读取一行字符，如果遇到流结束，则返回 null。

（2）PrintWriter()：是带有行刷新的缓冲字符输出流，它支持国际化，且可以用与平台无关的方式处理换行。PrintWriter 提供了既能接收 Writer 对象又能接收 OutputStream 对象的构造方法，简化了输出流对象的创建过程。它提供了丰富的重载 print()与 println() 方法。其中，println 方法在于输出目标数据后自动输出一个系统支持的换行符。

【例 8-6】　生成一个文本文件用于记录多行日志信息。

设日志文件为 blog.txt，往其中写入几行文字，如图 8-5 所示。

为了往文本文件中写入多行日志信息，首先需要创建一个 PrintWriter 对象，然后调用 println() 方法按行写入文本，最后关闭 PrintWriter 对象。

图 8-5　日志文件示例

因为 PrintWriter 不能直接包装 FileOutputStream 输出流，所以中间引入 OutputStreamWriter 流，按照 FileOutputStream→OutputStreamWriter→PrintWriter 顺序进行包装。

要将 blog.txt 文件中的数据读出，可以使用 BufferedReader 的 readLine()方法每次读出一行，这样最为便捷。

但是，BufferedReader 不能直接包装 FileInputStream，所以在中间引入转换流 InputStreamReader，即 FileInputStream→InputStreamReader→BufferedReader。

例 8-6 TestBufferedReader.java

```java
import java.io.*;
public class TestBufferedReader {
    public static void main(String[] args) {
        FileOutputStream fos = null;          // 定义文件输出流 fos
        OutputStreamWriter osr = null;        // 定义转换输出流 osr
        PrintWriter pw = null;                // 定义打印输出流 pw
        try {
            fos = new FileOutputStream("blog.txt");// 创建文件输出流 fos
            osr = new OutputStreamWriter(fos);     // 创建转换输出流 osr
            pw = new PrintWriter(osr);             // 创建打印输出流 pw
            pw.println("大家好！");                 // 输出一行
            pw.println("这是美好的一天……");        // 输出一行
            pw.println("Fighting！！");            // 输出一行
        } catch (Exception e) {
            e.printStackTrace();
        } finally {
            if (pw != null)
                try {
                    pw.close();
                } catch (Exception e) {
                    e.printStackTrace();
                }
        }

        FileInputStream fis = null;           // 定义文件输入流 fis
        InputStreamReader isr = null;         // 定义转换输入流 isr
        BufferedReader br = null;             // 定义缓冲输入流 br
        try {
            fis = new FileInputStream("blog.txt");// 创建文件输入流 fis
            isr = new InputStreamReader(fis);     // 创建转换输入流 isr
            br = new BufferedReader(isr);         // 创建缓冲输入流 br

            String line = null;
            while ((line = br.readLine()) != null) {  // 逐行读入
                System.out.println(line);             // 在屏幕上输出
            }
        } catch (Exception e) {
            e.printStackTrace();
        } finally {
            if (br != null)
                try {
```

```
            br.close();
        } catch (Exception e) {
            e.printStackTrace();
        }
    }
}
```

PrintWriter 的按行写方法 println()和 BufferedReader 的按行读方法 readLine()，为文本文件的读写提供了极大的便利。

8.4.4 文件流 FileReader 和 FileWriter

如果存取文本文件，可以直接使用 FileReader 和 FileWriter 类，它们分别继承自 InputStreamReader 和 OutputStreamWriter。

FileReader 类用于文本文件的读取，每次读取一个字符或一个字符数组。FileWriter 类用于文本文件的写入，每次写入一个字符、一个数组或一个字符串。通常可以将 FileReader 对象看作一个以字符为单位的无格式的字符输入流，将 FileWriter 对象看作以字符为单位的无格式的字符输出流。

FileReader 和 FileWriter 类只能按照平台默认的字符编码进行字符的读写，若要指定编码，则还是要使用 InputStreamReader 和 OutputStreamWriter。

【例 8-7】 将九九乘法表保存在文本文件中。

例 8-7 TestFileReaderWriter.java

```
import java.io.*;
public class TestFileReaderWriter {
    public static void main(String[] args) {
        FileWriter fw = null;              // 定义文件输出流 fw
        FileReader fr = null;              // 定义文件输入流 fr
        int ch;
        try {
            fw = new FileWriter("aa.txt");     // 创建文件输出流 fw
            for (int i = 1; i <= 9; i++) {
                for (int j = 1; j <= i; j++) {
                    // 写入字符串
                    fw.write(j + "*" + i + "=" + (i * j) + "\t");
                }
                fw.write("\n");                // 每行结束后输出一个回车换行
            }
            fw.flush(); // 强制刷新
            // 读出并在控制台打印
            fr = new FileReader("aa.txt");    // 创建文件输入流 fr
            while ((ch = fr.read()) != -1) { // 每次读取一个字符
                System.out.print((char) ch);
```

```
            }
        } catch (FileNotFoundException e) {
            e.printStackTrace();
        } catch (IOException e) {
            e.printStackTrace();
        } finally {
            if (fw != null)
                try {
                    fw.close();
                } catch (IOException e) {
                    e.printStackTrace();
                }
            if (fr != null)
                try {
                    fr.close();
                } catch (IOException e) {
                    e.printStackTrace();
                }
        }
    }
}
```

运行结果如图 8-6 所示。

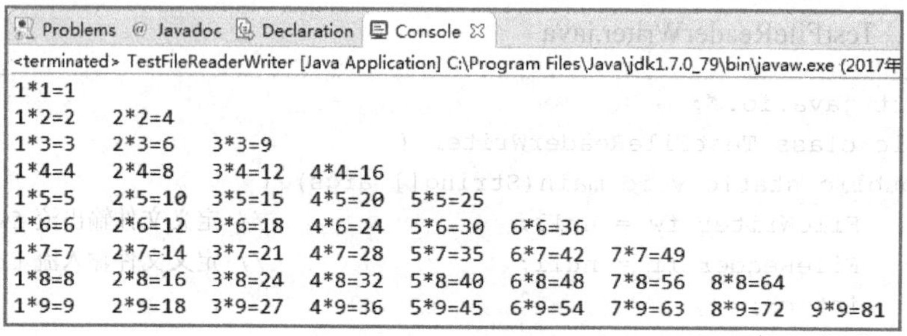
Problems Javadoc Declaration Console
<terminated> TestFileReaderWriter [Java Application] C:\Program Files\Java\jdk1.7.0_79\bin\javaw.exe (2017年
1*1=1
1*2=2 2*2=4
1*3=3 2*3=6 3*3=9
1*4=4 2*4=8 3*4=12 4*4=16
1*5=5 2*5=10 3*5=15 4*5=20 5*5=25
1*6=6 2*6=12 3*6=18 4*6=24 5*6=30 6*6=36
1*7=7 2*7=14 3*7=21 4*7=28 5*7=35 6*7=42 7*7=49
1*8=8 2*8=16 3*8=24 4*8=32 5*8=40 6*8=48 7*8=56 8*8=64
1*9=9 2*9=18 3*9=27 4*9=36 5*9=45 6*9=54 7*9=63 8*9=72 9*9=81

图 8-6 运行结果

8.5 本 章 小 结

本章介绍了 Java 语言程序与外部设备或其他计算机进行数据交换的输入和输出处理，详细叙述了输入输出流体系，以及常用的输入输出字节流与字符流。

（1）读写文件的字节流和字符流：FileInputStream 和 FileOutputStream（所有文件）；FileReader 和 FileWriter（文本文件）。

（2）读写对象的字节流：ObjectInputStream 和 ObjectOutputStream。

（3）格式化输出流：PrintWriter。

（4）对数据进行缓存读写的字节流和字符流：BufferedInputStream、BufferedOutputStream、BufferedReader。

（5）按照一定的编码方式将字节流转换为字符流的转换流：InputStreamReader、OutputStreamWriter。

字节流和字符流都由与底层直接打交道的节点流和对节点流进行包装处理的处理流组成，处理流对字节序列或者字符序列进行加工处理。

转换流工作在字节流和字符流间，实现加入编码方式的字节数据与字符数据间的转换。

学习本章后，应掌握根据不同的读写来源、去处、数据特征选择恰当的流为之服务；并适当使用处理流对原始的字节流、字符流进行包装，从而提高解决问题的效率。同时，还应掌握获取文件信息的 File 类，以及可以随机读写的 RandomAccessFile 类的使用。

8.6　课后习题

1．单选题

（1）要从文件 file.dat 中读出第 10 字节到变量 c 中，合适的方法是（　　）。

  A．FileInputStream in=new FileInputStream("file.dat"); int c=in.read();

  B．FileInputStream in=new FileInputStream("file.dat"); in.skip(9); int c=in.read();

  C．FileInputStream in=new FileInputStream("file.dat"); in.skip(10); int c=in.read();

  D．RandomAccessFile in=new RandomAccessFile("file.dat");

   in.skip(9);

   int c=in.readByte();

（2）下列流中使用了缓冲区技术的是（　　）。

  A．BufferedOutputStream

  B．FileInputStream

  C．PrintWriter

  D．OutputStream

（3）创建一个往文件 file.txt 追加内容的输出流对象的语句是（　　）。

  A．OutputStream out=new FileOutputStream("file.txt");

  B．OutputStream out=new FileOutputStream("file.txt", "append");

  C．FileOutputStream out=new FileOutputStream("file.txt", true);

  D．FileOutputStream out=new FileOutputStream(new file("file.txt"));

（4）下面类中，属于过滤流 FilterInputStream 的子类的是（　　）。

  A．DataInputStream

  B．DataOutputStream

  C．PrintStream

  D．BufferedOutputStream

2．编程题

（1）编写程序，模拟实现 Windows 操作系统中的 dir 命令，如图 8-7 所示。

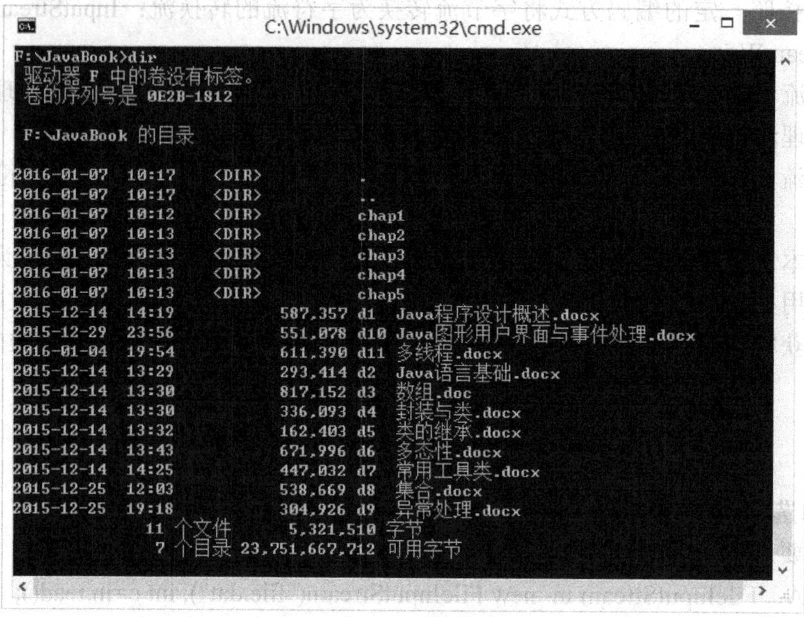

图 8-7 dir 命令效果图

(2) 将几个 int 型整数写到一个文件中,并按相反顺序读出这些数据。

(3) 在一个数组中存储几个自定义类对象,将它们持久化保存在一个文件中,再进行读取(提示:写入的最后应加入一个结束标志以供读取时使用)。

(4) 将一个 Java 源文件的内容按行读出,每读出一行就顺序地添加行号,并写入另外一个文件中。

(5) 向一个文件写入 20 行的杨辉三角形。

第 9 章 图形用户界面程序设计

图形用户界面（Graphics User Interface，GUI）是用户与程序交互的窗口。与之前的命令行界面相比，图形用户界面的程序通过键盘、鼠标等操作与程序进行交互，更加直观，也更方便用户操作。

9.1 概 述

Java 语言中用于 GUI 程序开发的工具包括 AWT（Abstract Window Toolkit）和 Swing 两部分。

9.1.1 AWT 概述

AWT 是 Java 最早的支持 GUI 设计的工具集（JDK 1.0 和 JDK 1.1 版本），用于开发平台无关的 GUI 程序。java.awt 包中包含了用于创建用户界面和绘制图形图像的所有类。

在 AWT 术语中，用户界面中的各种对象（如按钮、标签、菜单等）称为组件（Component），可以相互搭配，快速创建 GUI 程序。java.awt 包中的 Component 类是所有 AWT 组件的根，直接继承自 Object 类。GUI 组件按照功能可分为基本组件和容器组件。

容器（Container）是一个可以包含组件和其他容器的组件，由 java.awt.Container 及其子类实现。容器的布局管理器（Layout）用来控制容器中各组件的可视化布局，java.awt 包具有多个布局管理器类和一个接口，该接口可用于构建自己的布局管理器。

在 GUI 程序运行时，当用户使用键盘、鼠标等与组件交互时，不同组件会触发不同的事件（Event）。java.awt.AWTEvent 类及其子类用来表示 AWT 组件能够触发的各类事件。

java.awt 包的类结构如图 9-1 所示。

1. 基本组件

基本组件通常具有一定的形状、位置和尺寸，有各自的属性与方法。基本组件无法独立存在于应用程序中，必须放置在容器组件中，并随着容器窗口一起显示。

基本组件的位置、大小和排列状况一般要由所在容器的布局管理器类决定。

可以通过调用基本组件的相应方法来设置该组件的位置、大小、颜色、字体等，这些方法大多是从抽象父类 Component 继承而来。其常用的方法如表 9-1 所示。

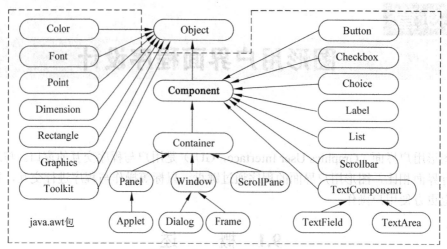

图 9-1　java.awt 包的类结构

表 9-1　Component 类设置组件属性的常用方法

方　　法	说　　明
void setBackground(Color c)	设置组件的背景色
void setBounds(int x, int y, int width, int height)	移动组件并调整其大小
void setBounds(Rectangle r)	移动组件并调整其大小，使其符合新的有界矩形 r
void setCursor(Cursor cursor)	为指定的光标设置光标图像
void setEnabled(boolean b)	根据参数 b 的值启用或禁用此组件
void setFont(Font f)	设置组件的字体
void setForeground(Color c)	设置组件的前景色
void setLocale(Locale l)	设置组件的语言环境
void setLocation(int x, int y)	将组件移到新位置
void setLocation(Point p)	将组件移到新位置
void setMaximumSize(Dimension maximumSize)	将组件的最大大小设置为常量值
void setMinimumSize(Dimension minimumSize)	将组件的最小大小设置为常量值
void setName(String name)	将组件的名称设置为指定的字符串
void setSize(Dimension d)	调整组件的大小，使其宽度为 d.width，高度为 d.height
void setSize(int width, int height)	调整组件的大小，使其宽度为 width，高度为 height
void setVisible(boolean b)	根据参数 b 的值显示或隐藏此组件

相应地，可以调用基本组件的 get 方法来获取该组件的位置、大小、颜色、字体等，如表 9-2 所示。

表 9-2 Component 类获取组件属性的常用方法

方 法	说 明
float getAlignmentX()	返回 x 轴的对齐方式
float getAlignmentY()	返回 y 轴的对齐方式
Color getBackground()	获取组件的背景色
Rectangle getBounds()	以 Rectangle 对象的形式获取组件的边界
Component getComponentAt(Point p)	返回包含指定点的组件或子组件
Cursor getCursor()	获取组件中的光标集合
Font getFont()	获取组件的字体
Color getForeground()	获取组件的前景色
Graphics getGraphics()	为组件创建一个图形上下文
int getHeight()	返回组件的当前高度
Locale getLocale()	获取组件的语言环境
Point getLocation()	获取组件的位置，形式是指定组件左上角的一个点
Dimension getMaximumSize()	获取组件的最大大小
Dimension getMinimumSize()	获取组件的最小大小
String getName()	获取组件的名称
Dimension getSize()	以 Dimension 对象的形式返回组件的大小
Toolkit getToolkit()	获取此组件的工具包
int getWidth()	返回组件的当前宽度
int getX()	返回组件原点的当前 x 坐标
int getY()	返回组件原点的当前 y 坐标

Component 类的以下子类表示可以在 GUI 程序中绘制的常用基本组件。

- Label：表示不可编辑的文本。
- Button：表示可以单击的按钮。
- Checkbox：表示复选框。
- Choice：表示下拉列表。
- List：表示可滚动的文本项列表，允许用户进行单项或多项选择。
- TextField：表示单行文本框。
- TextArea：表示多行文本框。

图 9-2 展示了各类常用基本组件的实例。

2. 容器组件

容器是指可以放置其他容器和各种组件

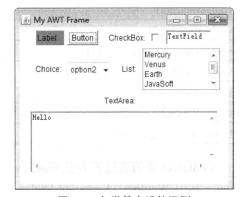

图 9-2 各类基本组件示例

的对象，由 java.awt.Container 类及其子类实现。基本组件不能直接在程序运行界面中显示，必须放置在容器组件中呈现。由图 9-1 可知，Container 类继承自 Component 类，因此容器本身也是一种组件，具有其他组件的共同特征。容器的特殊性在于容纳其他组件或容器，即容器可以嵌套使用。

作为一种特殊的组件，容器具有以下特征：
- 容器有一定的空间范围和尺寸，一般是矩形的。
- 容器有一定的位置坐标。
- 容器一般可以设定自己的背景颜色，也可以将图像加载到容器上作为背景。
- 加载到容器内的组件会随着容器的打开与显示而同步显示；容器隐藏或关闭时，这些组件也会同时被隐藏或关闭。
- 容器组件可以嵌套，即可以把某容器对象加载到其他容器中，构建更为丰富、复杂的 GUI。

Container 类提供了一些常用的方法，用来添加或删除容器中的组件，如表 9-3 所示。

表 9-3 Container 类常用方法

方 法	说 明
Component **add**(Component comp)	将指定组件追加到此容器的尾部
Component **add**(Component comp, int index)	将指定组件添加到此容器的给定位置上
float getAlignmentX()	返回沿 x 轴的对齐方式
float getAlignmentY()	返回沿 y 轴的对齐方式
Component getComponent(int n)	获取此容器中的第 n 个组件
Component getComponentAt(int x, int y)	对包含 x、y 位置的组件进行定位
Component getComponentAt(Point p)	获取包含指定点的组件
int getComponentCount()	获取此面板中的组件数
Component[] getComponents()	获取此容器中的所有组件
ContainerListener[] getContainerListeners()	返回已在此容器上注册的所有容器侦听器的数组
LayoutManager getLayout()	获取此容器的布局管理器
void invalidate()	使容器失效
void **paint**(Graphics g)	绘制容器
void **remove**(Component comp)	从此容器中移除指定组件
void **removeAll**()	从此容器中移除所有组件
void setFont(Font f)	设置此容器的字体
void **setLayout**(LayoutManager mgr)	设置此容器的布局管理器
LayoutManager **getLayout**()	获取此容器的布局管理器

Container 类的直接子类有 Window 类、Panel 类和 ScrollPane 类，继承关系如图 9-3 所示。其中 Window、Frame 和 Dialog 统称顶级容器，可以直接加载到桌面，由桌面管理系统来管理，不需要放置在任何其他容器对象内使用。顶级容器能作为其他容器的属主（owner）。

其中，窗口 java.awt.Window 是最基本的容器，表示一个没有边界、标题栏和菜单栏的顶层窗口，大小不可以调整。Window 类是 Frame 和 Dialog 的直接父类。用户编程时很少直接使用 Window 类对象作为程序的界面窗口，通常使用 Frame 子类生成应用窗口。

框架容器 java.awt.Frame 是 Window 的直接子类，是 AWT 应用程序最常使用的基本容器。Frame 对象可以带有边框、标题栏、菜单栏和窗口缩放功能按钮（包括窗口最大化、最小化及关闭按钮），图 9-2 即是一个典型的框架窗口。Frame 类提供了大量的方法来进行窗口对象的设置。Frame 组件能够独立地作为应用程序的顶级窗口，为应用提供主界面。

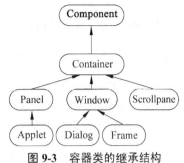

图 9-3 容器类的继承结构

对话框容器 java.awt.Dialog 也是 Window 的直接子类，用来显示一个弹出式的信息窗口。对话框有边框界和标题栏，没有菜单条与工具栏；位置可以移动，但不支持缩放。Dialog 对象不能独立存在，必须有一个上一级的顶级容器来充当激活 Dialog 窗口的属主。

面板容器 java.awt.Panel 是可以容纳其他组件的非顶层容器，不能独立存在，必须添加到其他顶级容器中才能显示出来。Panel 对象确定一个矩形区域，其中可以添加各类 GUI 组件，并以特定的背景和边框显示在属主窗口中，通常的作用是为其他容器提供分类或分组的手段。

Panel 类的子类 java.applet.Applet 是一种不能单独运行，但可嵌入在 Web 页面中运行的小程序。

滚动面板容器 java.awt.ScrollPane 用于构建滚动窗口，通过滚动条在一个较小的容器窗口中显示较大的部件（如多行文本框）。

3. AWT 常用工具类

除了基本组件和容器类外，AWT 中还包含多个在 GUI 程序中经常使用的工具类。

（1）java.awt.Color。Color 类用于封装标准 RGB 颜色空间中的颜色。可以调用构造方法来创建一个 Color 对象：

```
Color(int r, int g, int b);
// 创建指定红-绿-蓝（RGB）颜色，参数均在(0～255)的范围内
```

例如：

```
Color gray= new Color(192, 192, 192);
```

另外，Color 类定义了多个静态最终属性来表示各种常用颜色，如 white/WHITE、lightGray /LIGHT_GRAY、gray/GRAY、darkGray/DARK_GRAY、black/BLACK、red/RED、pink/PINK、orange/ORANGE、yellow/YELLOW、green/GREEN、magenta/MAGENTA、cyan/CYAN、blue/BLUE。也可以通过这些属性来创建 Color 对象，例如：

```
Color color = Color.gray;
```

在 GUI 程序中，可以调用组件的 setForeground 和 setBackground 方法来设置组件的颜色：

```
aComponent.setBackground(Color.GRAY);
aComponent.setForeground(Color.BULE);
```

（2）java.awt.Font。Font 类表示字体。Font 类的构造方法如下：

```
public Font(String name, int style, int size);
```

其中，name 为字体名（如 Arial、Times New Roman）；size 为字体的字号，单位是磅；style 为字体的风格，可以为 Font.PLAIN（普通）、Font.BOLD（粗体）、Font.ITALIC（斜体）或者组合使用。例如：

```
Font font1 = new Font("Arial", Font.BOLD, 12);
Font font2 = new Font("Courier", Font.BOLD|Font.ITALIC, 12);
```

（3）java.awt.Point。Point 类表示坐标系中的点，有两个 int 属性 x 和 y。Point 类的构造方法如下：

```
Point();              // 构造 Point 对象，表示坐标空间的原点(0,0)
Point(int x, int y);  // 构造 Point 对象，表示坐标空间的点 (x,y)
```

Point 类的 getX 和 getY 方法分别返回该点的 x 属性和 y 属性。

（4）java.awt.Dimension。Dimension 表示 int 格式的宽度和高度，通常表示组件的大小。其属性 width 和 height 分别表示宽度和高度，getWidth 和 getHeight 方法返回 double 格式的属性值。构造方法如下：

```
Dimension();                          // 创建 Dimension 对象，宽度和高度为零
Dimension(Dimension d);               // 创建 Dimension 对象，宽度和高度同 d
Dimension(int width, int height);     //创建 Dimension 对象，宽度为 width，高度为 height
```

（5）java.awt.Graphics。Graphics 类是一个用来渲染组件的抽象类。如果需要修改组件的外观、创建自定义组件等，需要覆盖组件的 paint 方法：

```
public void paint(Graphics g);
```

Component 类的 paint 方法用于绘制当前组件，在需要绘制当前组件时系统自动调用该方法（如首次显示组件，或组件需要修复更新时）。可以在该方法体中通过调用参数 g 的各类方法来绘制组件。

Graphics 类提供的方法如表 9-4 所示。

表 9-4 Graphics 类的常用方法

方　　法	说　　明
abstract void clearRect(int x, int y, int width, int height)	清除指定的矩形，使用当前绘图表面的背景色填充
abstract Graphics create()	创建当前 Graphics 副本对象
void draw3DRect(int x, int y, int width, int height, boolean raised)	绘制指定矩形的 3D 高亮显示边框

续表

方 法	说 明
abstract void drawArc(int x, int y, int width, int height, int startAngle, int arcAngle)	绘制一个覆盖指定矩形的圆弧或椭圆弧边框
void drawChars(char[] data, int offset, int length, int x, int y)	使用当前字体和颜色绘制由指定字符数组的文本
abstract boolean drawImage(Image img, int x, int y, Color bgcolor, ImageObserver observer)	绘制指定图像中当前可用的图像
abstract void drawLine(int x1, int y1, int x2, int y2)	在此图形上下文的坐标系中,使用当前颜色在点(x1,y1)和(x2,y2)之间画一条线
abstract void drawOval(int x, int y, int width, int height)	绘制椭圆的边框
abstract void drawPolygon(int[] xPoints, int[] yPoints, int nPoints)	绘制一个由 x 和 y 坐标数组定义的闭合多边形
void drawRect(int x, int y, int width, int height)	绘制指定矩形的边框
abstract void drawString(String str, int x, int y)	使用此图形上下文的当前字体和颜色绘制由指定 string 给定的文本
void fill3DRect(int x, int y, int width, int height, boolean raised)	绘制一个用当前颜色填充的 3D 高亮显示矩形
abstract void fillArc(int x, int y, int width, int height, int startAngle, int arcAngle)	填充覆盖指定矩形的圆弧或椭圆弧
abstract void fillOval(int x, int y, int width, int height)	使用当前颜色填充外接指定矩形框的椭圆
abstract void fillPolygon(int[] xPoints, int[] yPoints, int nPoints)	填充由 x 和 y 坐标数组定义的闭合多边形
abstract void fillRect(int x, int y, int width, int height)	填充指定的矩形

下例是一个 Frame 组件的 paint 方法,运行效果如图 9-4 所示。

```
public void paint(Graphics g) {
    super.paintComponent(g);
    setBackground(Color.gray); // 背景色为灰色
    g.setColor(Color.green);
    g.fillRect(20, 20, 80, 40);
    g.setColor(Color.yellow);
    g.fillOval(100, 20, 80, 40);
    g.setColor(Color.blue);
    g.fillArc(20, 70, 80, 60, 90, 60);
    g.setColor(Color.red);
    g.drawString("hello,GUI", 100, 100);
    g.setColor(Color.black);
    g.drawLine(40, 120, 180, 150);
    g.setColor(Color.yellow);
    g.drawLine(20, 110, 160, 110);
}
```

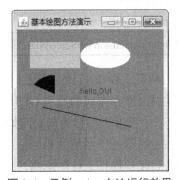

图 9-4 示例 paint 方法运行效果

（6）java.awt.Toolkit。Toolkit 类是一个 AWT 工具箱，提供对本地 GUI 底层的 Java 访问途径，用于将各种组件绑定到本机工具包进行具体实现，含有把图形数据转换为可显示的图像、返回字体信息、得出显示尺寸和分辨率以及获得系统属性信息的方法。大多情况下，这个类不直接用在小应用程序或应用程序中。

Toolkit 类的常用方法如表 9-5 所示。

表 9-5 Toolkit 类的常用方法

方 法	说 明
abstract void beep()	发出一个音频嘟嘟声
Image createImage(byte[] imagedata)	创建一幅图像，该图像对存储在指定字节数组中的图像进行解码
protected abstract java.awt.peer.MenuPeer createMenu(Menu target)	创建此工具包的 Menu 实现
protected abstract java.awt.peer.ScrollbarPeer createScrollbar(Scrollbar target)	创建此工具包的 Scrollbar 实现
protected abstract java.awt.peer.ScrollPanePeer createScrollPane(ScrollPane target)	创建此工具包的 ScrollPane 实现
protected abstract java.awt.peer.TextAreaPeer createTextArea(TextArea target)	创建此工具包的 TextArea 实现
protected abstract java.awt.peer.TextFieldPeer createTextField(TextField target)	创建此工具包的 TextField 实现
protected abstract java.awt.peer.WindowPeer createWindow(Window target)	创建此工具包的 Window 实现
static Toolkit getDefaultToolkit()	获取默认工具包
abstract Image getImage(String filename)	返回一幅图像，该图像从指定文件中获取像素数据，图像格式可以是 GIF、JPEG 或 PNG
static String getProperty(String key, String defaultValue)	获取具有指定键和默认值的属性
abstract int getScreenResolution()	返回屏幕分辨率，以每英寸的点数为单位
abstract Dimension getScreenSize()	获取屏幕的大小

AWT 主要由 C 语言开发，抽取了不同软硬件平台中所实现的窗口界面的公共特性，通过调用操作系统的原生 GUI 函数来绘制图形组件，这意味着 AWT 界面在 Windows 和 UNIX 中看上去不尽相同。例如，当 Java 程序调用 AWT 方法来绘制按钮时，AWT 将把任务委托给操作系统的相应原生函数来实现，因此 AWT 依赖于操作系统，组件的外观会受到底层操作系统的影响，属于重量级的 Java 组件。

AWT 的工作方式使得移植 AWT 部分到不同平台相当困难。虽然大多数的图形化操作系统都有类似的基本组件，但外观和行为互异。因此，AWT 所设计的界面独立于具体的界面实现,如何让 AWT 程序在不同的平台上可靠地运作是个难题。目前,AWT 已经被 Swing 所取代,但 Swing 依赖于 AWT 的各种类、事件处理机制和布局管理器,因此读者仍然需要了解 AWT 知识。

9.1.2 Swing 概述

Swing 是 Java 2 发布的功能更加强大的 GUI 组件类库,包含了 250 多个丰富的类与接口,支持复杂 GUI 系统的开发,它提供了比 AWT 更多的特性和工具,但仍然要使用 AWT 中的事件处理机制。与 AWT 的重量级组件不同,Swing 中大部分是轻量级组件:每个 Swing 组件负责绘制自己的外观以及处理鼠标和键盘事件,不需要底层操作系统的协助,可以完全实现界面与平台无关,开发的图形界面在不同平台下保持一致。

Swing 主要由纯 Java 代码实现,是围绕着实现 AWT 各部分的 API 构筑的。Swing 组件包含在 javax.swing 包中。图 9-5 描述了 Swing 包中的层次结构,其中未标明包名的类都在 javax.swing 包中。

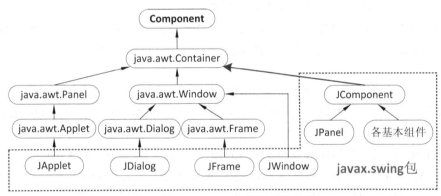

图 9-5 javax.swing 包的类层次结构

由图 9-5 可知,所有 Swing 组件都是 AWT 的 Container 类的直接或间接子类,因此所有组件均可以作为容器来使用。

类似于 java.awt 包,javax.swing 包中主要定义了两种类型的组件:容器和轻量级的基本组件。所有 Swing 组件的名称均有前缀 J,以区别于 AWT 组件。

根据组件之间的依附关系,由 Swing 构建的图形界面可以分为三层结构:

- 第 1 层由 Swing 中的顶层容器组件构成,包括框架(JFrame)、对话框(JDialog)、小应用程序窗口框架(JApplet)和窗口(JWindow)。
- 第 2 层由 JPanel、JScrollPane、JSplitPane 等组件构成,称为中间容器组件。
- 第 3 层是由 Swing 的按钮(JButton)、列表(JList)、标签(JLabel)、文本框(JTextField)、复选框(JCheckbox)、单选按钮(JRadioButton)等基本组件构成。该层的组件不能再包容其他的组件。

图 9-6 所示是一个典型的 Swing 图形用户界面结构。

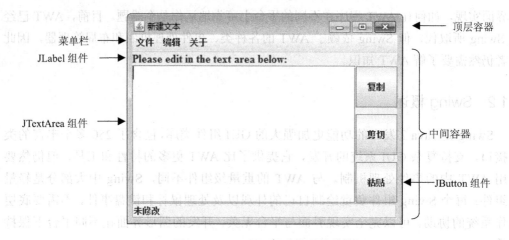

图 9-6 Swing 图形用户界面的结构

9.2 Swing 容器

Swing 中的容器分为顶层容器和中间容器。

顶层容器包括框架（JFrame）、对话框（JDialog）、小应用程序窗口框架（JApplet）和窗口（JWindow）。顶层容器是容纳其他组件的基础，即设计图形化程序必须要有顶层容器。

中间容器是可以包含其他相应组件的容器，但是中间容器不能单独存在，要包含在顶层容器中使用，包括面板（JPanel）、滚动面板（JScrollPane）、选项卡（JTabbedPane）和工具栏（JToolBar）等。

所有的容器均间接地由 java.awt.Container 类派生，因此可以调用 Container 类的各个方法来进行容器类的各种操作，例如，调用 add 方法向容器中添加组件，调用 remove 方法删除容器中的组件，调用 setLayout 方法设置容器的布局管理器，调用 paint 方法绘制容器，等等，更具体的方法见表 9-3。

9.2.1 顶层容器 JFrame

JFrame 是用于实现框架窗口的类，带有边框、标题栏、菜单栏和窗口缩放功能按钮等，是 GUI 程序中最常使用的容器。

（1）JFrame 类的构造方法如下：

```
JFrame();                    // 创建一个无标题、初始不可见的框架
JFrame(String title);        // 创建一个标题为 title、初始不可见的框架
```

（2）设置框架窗口外观的常用方法。新建的 JFrame 窗口初始不可见，默认位置在(0,0)，默认宽度和高度均为 0，因此需要调用各种方法对该窗口的外观进行设置。常用方法如表 9-6 所示。

表 9-6　JFrame 类中设置窗口外观的常用方法

方　　法	说　　明	继承自
void setTitle(String title)	设置标题为 title	Frame
void setSize(int width, int height)	调整框架窗口宽和高	Component
void setVisible(boolean b)	设置框架窗口是否可见	Component
void setLocation(int x, int y)	设置框架窗口的位置为(x,y)	Component
void setResizable(boolean resizable)	设置框架窗口的大小是否可调整	Frame
void setDefaultCloseOperation(int operation)	设置单击窗口关闭按钮时的默认操作	—
void setLayout(LayoutManager manager)	设置框架窗口的布局管理器为 manager	—

其中，JFrame.setDefaultCloseOperation(int operation)方法用来设置 JFrame 窗口关闭按钮的操作。Java 为窗口关闭提供了四种常用的方式，可以使用以下 javax.swing.WindowConstants 接口的静态最终属性作为参数：

- WindowConstants.DO_NOTHING_ON_CLOSE：什么都不做，将窗口关闭。
- WindowConstants.HIDE_ON_CLOSE（默认）：调用完框架窗口注册的 WindowListener 对象后自动隐藏该窗体。此时没有关闭程序，只是将程序界面隐藏了。
- WindowConstants.DISPOSE_ON_CLOSE：调用完框架窗口注册的 WindowListener 对象后自动隐藏并释放该窗体。但继续运行应用程序，释放了窗体中占用的资源。
- WindowConstants.EXIT_ON_CLOSE：调用 System.exit()退出应用程序，窗口关闭。

由于 JFrame 实现了 javax.swing.WindowConstants 接口，因此在 JFrame 内部可以直接使用属性名，如例 9-1 所示。

例 9-1　JFrameDemo1.java

```
import javax.swing.*;              //使用 Swing 类，必须引入 Swing 包
import java.awt.FlowLayout;
public class JFrameDemo1 {
    public static void main(String args[]) {
        JFrame f = new JFrame("A Simple JFrame Demo");
        // 直接定义 JFrame 类的对象来创建窗口
        f.setLocation(300, 200);       // 设置窗体左上角的坐标（300，200）
        f.setSize(300, 200);           // 设置窗体的大小为 300×200 像素
        f.setResizable(false);         // 设置窗体不可调整大小
        f.setDefaultCloseOperation(JFrame.EXIT_ON_CLOSE);
        // 用户单击窗口的关闭按钮时程序执行的操作
        f.setLayout(new FlowLayout()); // 设窗体的布局管理器为 FlowLayout
        f.setVisible(true);            // 设置窗体可见，必须设置
    }
}
```

在此例的主方法中通过直接定义 JFrame 对象创建了一个空的框架窗口。程序运行情况如图 9-7。

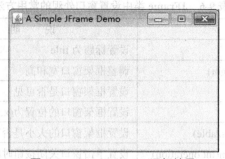

图 9-7 JFrameDemo1 运行结果

也可以直接定义 JFrame 类的子类来创建框架窗口，如例 9-2 所示。

例 9-2 JFrameDemo2.java

```java
import javax.swing.*;
import java.awt.FlowLayout;
class MyFrame extends JFrame        // 创建子类 MyFrame，继承父类 JFrame
{
    // 定义构造函数，带有四个参数，用于设置窗口位置和大小
    MyFrame(int x, int y, int h, int w) {
        super("A Simple JFrame Demo");   // 调用父类方法，为窗口定义标题
        setLocation(x, y);
        setSize(h, w);
        setResizable(false);
        setDefaultCloseOperation(EXIT_ON_CLOSE);
        setLayout(new FlowLayout());
        setVisible(true);
    }
}

public class JFrameDemo2 {
    public static void main(String args[]) {
        MyFrame f = new MyFrame(300, 200, 300, 200); // 创建对象，设置参数
    }
}
```

还可以在 JFrame 子类中不使用新的构造函数，而是调用框架对象的方法来设置窗口的外观，如例 9-3 所示。

例 9-3 JFrameDemo3.java

```java
import javax.swing.*;

class MyFrame2 extends JFrame {
    MyFrame2() {}
}
```

```
    public class JFrameDemo3 {
        public static void main(String args[]) {
            MyFrame2 f = new MyFrame2();
            f.setTitle("一个简单窗口");
            f.setSize(300, 200);
            f.setLocation(300, 200);
            f.setResizable(false);
            f.setDefaultCloseOperation(WindowConstants.EXIT_ON_CLOSE);
            f.setLayout(new FlowLayout());
            f.setVisible(true);
        }
    }
```

程序运行情况同图 9-7。

例 9-3 中创建的 JFrame 窗口是空窗口，需要调用 JFrame 类的 add 方法向窗口中加入各类组件。add 方法继承自 java.awt.Container 类，定义如下：

```
Component add(Component comp);        //将指定组件追加到此容器的尾部
```

例 9-4 在窗体中加入了标签、文本框和命令按钮。

例 9-4　JFrameDemo4.java

```
    import java.awt.FlowLayout;
    import javax.swing.*;

    public class JFrameDemo4 extends JFrame {
        JLabel label;
        JTextField tf;
        JButton btn;

        // 定义构造函数，带有四个参数，用于设置窗口位置和大小
        JFrameDemo4(int x, int y, int h, int w) {
            super("A Simple JFrame Demo");
            setLocation(x, y);
            setSize(h, w);
            setResizable(false);
            setDefaultCloseOperation(EXIT_ON_CLOSE);
            setLayout(new FlowLayout());

            label = new JLabel("Name:");  // 创建标签 label
            add(label);                   // 调用 add 方法向窗体中加入标签组件
            tf = new JTextField("Please input your name", 15);  // 创建文本框 tf
            add(tf);                      // 调用 add 方法向窗体中加入文本框组件
            btn = new JButton("Click");   // 创建命令按钮 btn
            add(btn);                     // 调用 add 方法向窗体中加入按钮组件
```

```
            setVisible(true);
        }

        public static void main(String args[]) {
            JFrameDemo4 f = new JFrameDemo4(300, 200, 300, 200);
            // 创建对象，设置参数
        }
    }
```

运行结果如图 9-8 所示。

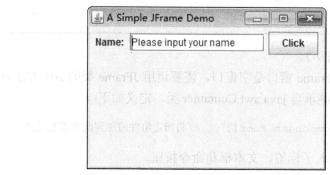

图 9-8 JFrameDemo4 的运行结果

另外，SUN 公司建议调用 javax.swing.SwingUtilities 类的静态方法 invokeLater()来通过创建一个特殊线程（称为事件调度线程）实现 GUI 的创建。用法如例 9-5 所示。

例 9-5 JFrameDemo5.java

```
    import java.awt.FlowLayout;
    import javax.swing.*;

    public class JFrameDemo5 {

        private static void constructGUI() {    // 该方法创建一个JFrame 窗口
            JFrame frame = new JFrame("A Simple JFrame Demo");
            frame.setLocation(300, 200);
            frame.setSize(300, 200);
            frame.setResizable(false);
            frame.setDefaultCloseOperation(JFrame.EXIT_ON_CLOSE);
            frame.setLayout(new FlowLayout());

            JLabel label = new JLabel("Name: ");
            frame.add(label);
            JTextField tf = new JTextField("Please input your name", 15);
            frame.add(tf);
            JButton btn = new JButton("Click");
            frame.add(btn);
```

```
            frame.setVisible(true);
        }

    public static void main(String args[]) {
        // invokeLater 方法使参数对象的 run()方法在 AWT 事件调度线程上异步执行
        SwingUtilities.invokeLater(new Runnable() {
            public void run() {
                constructGUI();
                //run 方法中调用 constructGUI()来创建 JFrame 窗口
            }
        });
    }
}
```

在例 9-5 中，main 方法中调用了 SwingUtilities 类的 invokeLater()方法。该方法将使参数对象（某个线程）的 run 方法在事件调度线程上异步执行。run 方法中调用 constructGUI()创建窗体。使用这种方式创建 JFrame 窗体会使代码更加复杂一些，但能够确保 Swing 应用程序正常显示。因此更建议使用 SwingUtilities.invokeLater()来构建 GUI。

JFrame 类的其他方法如下。

- void remove(Component comp)：从该容器中移除指定组件 comp。
- JMenuBar getJMenuBar()：返回此窗体上设置的菜单栏。
- void setJMenuBar(JMenuBar menubar)：设置此窗体的菜单栏。
- int getDefaultCloseOperation()：返回用户在此窗体上单击关闭按钮时执行的操作。
- Graphics getGraphics()：为组件创建一个图形上下文。
- protected void processWindowEvent(WindowEvent e)：处理此窗体上发生的窗口事件。
- void repaint(long time, int x, int y, int width, int height)：在 time 毫秒内重绘指定矩形区域。
- void setIconImage(Image image)：设置该窗口图标的图像为 image。
- void update(Graphics g)：调用 paint(g)。
- void pack()：调整窗口大小使其能适合各组件的大小和布局。

9.2.2 顶层容器 JDialog

JDialog 表示对话框，继承自 java.awt.Dialog 类。JDialog 是一个顶层容器，其功能是创建窗口来与用户进行交互，例如显示信息、接收用户输入等。

JDialog 对话框可以是模态的（modal）或非模态的（modaless）。当模态对话框可见时，用户不能在同一应用程序的其他窗口进行输入；非模态对话框则不会阻止用户在其他窗口输入数据。

JDialog 对话框可以属于另一个对话框或框架窗口，也可以独立存在。大多数情况下，对话框属于框架的一部分，称其所属的框架窗口为父窗体/所有者（owner），当父窗体被撤销时，该对话框会被撤销。

JDialog 类的常用构造方法如下：

- JDialog()：创建一个没有标题和父窗体的非模态对话框。
- JDialog(Frame owner)：创建一个没有标题、父窗体为 owner 的非模态对话框。
- JDialog(Frame owner, boolean modal)：创建一个没有标题、父窗体为 owner 的对话框，如果 modal 为 true，则为模态对话框，否则为非模态对话框。
- JDialog(Frame owner, String title)：创建一个父窗体为 owner、标题为 title 的非模态对话框。
- JDialog(Frame owner, String title, boolean modal)：创建一个指定父窗体、标题和模态的对话框。

例 9-6 在例 9-5 的基础上，添加了按钮组件的事件处理，显示了对话框的应用。

例 9-6 JDialogTest.java

```java
import java.awt.FlowLayout;
import java.awt.event.ActionEvent;
import java.awt.event.ActionListener;
import javax.swing.*;

class MyDialog extends JDialog {
    public MyDialog(String name) {
        // 创建对话框对象，指定标题为"JDialogDemo"，父窗体为 JDialog 窗口对象
        super(new JDialogTest(), "JDialogDemo");
        add(new JLabel("Hello, " + name));
        setSize(100, 75);
        setLocation(350, 300);
        setVisible(true);
    }
}

public class JDialogTest extends JFrame implements ActionListener {
    JLabel label;
    JTextField tf;
    JButton btn;

    public JDialogTest() { // 构造方法，创建一个 JFrame 窗口
        super("JDialog Test");
        setLocation(300, 200);
        setSize(300, 200);
        setResizable(false);
        setDefaultCloseOperation(JFrame.EXIT_ON_CLOSE);
        setLayout(new FlowLayout());

        label = new JLabel("Name: ");
```

```
        add(label);
        tf = new JTextField(15);
        add(tf);
        btn = new JButton("Click");
        btn.addActionListener(this);        // 当前窗口响应 btn 的单击事件
        add(btn);
        setVisible(true);
    }
    public void actionPerformed(ActionEvent e) {    // 单击 btn 时执行
        String name = this.tf.getText().trim();     // 获取文本框的内容
        new MyDialog(name).setVisible(true); // 新建对话框对象,并设可见
    }
    public static void main(String args[]) {
        new JDialogTest();                          // 主方法创建窗口
    }
}
```

在例 9-6 中,主方法创建了应用程序的主窗体(JDialogTest 为 JFrame 的子类),其中包括标签 label、文本框 tf 和命令按钮 btn,并在构造方法设置了按钮 btn 的单击事件由当前窗口(即按钮所在的窗体)来响应。在按钮单击事件的响应方法(actionPerformed 方法)中,使用 name 接收文本框中用户输入的姓名,以此创建对话框对象,并设置对话框可见。运行结果如图 9-9 所示。

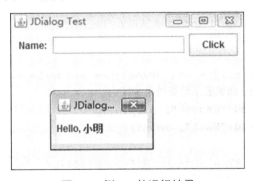

图 9-9 例 9-6 的运行结果

9.2.3 中间容器 JPanel

面板容器 JPanel 继承自 javax.swing.JComponent,是最灵活、最常用的中间容器。JPanel 不能独立存在和显示,必须加入到 JFrame 窗体中来使用。JPanel 的作用就是放置 Swing 轻量级组件,然后作为一个整体对象放置在顶层容器中。使用 JPanel 类结合布局管理器,通过容器的嵌套使用,可以实现窗口的复杂布局。

例 9-7 使用两个 JPanel 构建了一个简单计算器的界面。

例 9-7　JCalculator.java

```
import java.awt.*;
import java.awt.event.*;
```

```java
import javax.swing.*;

public class JCalculator extends JFrame implements ActionListener {
    // Strings for Digit & Operator buttons.
    private final String[] str = { "7", "8", "9", "/", "4", "5", "6",
            "*", "1", "2", "3", "-", ".", "0", "=", "+" };

    // 各个按钮
    JButton[] buttons = new JButton[str.length];

    // 重置按钮
    JButton reset = new JButton("CE");

    // 存放结果的文本框
    JTextField display = new JTextField("0");

    public JCalculator() {
        super("Calculator");
        JPanel panel1 = new JPanel(new GridLayout(4, 4));
        // panel1 面板表示数字区域
        int i;
        for (i = 0; i < str.length; i++) {
            buttons[i] = new JButton(str[i]);
            panel1.add(buttons[i]);
        }

        JPanel panel2 = new JPanel(new BorderLayout());
        // panel2 面板表示运算结果区域
        panel2.add("Center", display);
        panel2.add("East", reset);

        this.setLayout(new BorderLayout()); // 设置布局管理器
        this.add("North", panel2); // 将panel2 添加到窗体北部
        this.add("Center", panel1); // 将panel1 添加到窗体中部
        this.setDefaultCloseOperation(JFrame.EXIT_ON_CLOSE);
        this.setLocation(300, 300);
        this.setSize(800, 800);
        this.setVisible(true);
        this.pack();
    }

    public static void main(String[] args) {
        new JCalculator();
    }
}
```

其运行界面如图 9-10 所示。

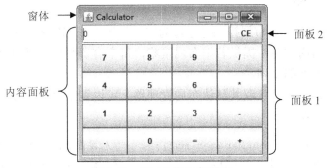

图 9-10　例 9-7 的运行界面

构成计算器窗体的内容面板中包含了 panel1 和 panel2 两个面板，窗体整体上采用 BorderLayout 布局管理模式，panel1 面板位于窗体中部， panel2 面板位于窗体北部。其中 panel1 面板为运算结果区域，由文本框 display 和按钮 reset 组成，采用 GridLayout 布局管理模式；panel2 面板为数字区域，由多个按钮组成，采用 BorderLayout 布局管理模式。

9.2.4　其他容器类

在设置界面时，有时会遇到在一个较小的容器窗体中显示一个较大内容的情况，此时可以使用 JScrollPane 滚动面板。JScrollPane 面板表示带滚动条的面板，只能放置一个组件，并且不可以使用布局管理器。如果需要在 JScrollPane 面板中放置多个组件，可将多个组件放置在 JPanel 面板上，然后将 JPanel 作为一个整体组件添加到 JScrollPane 组件上。

如果需要在界面上放置很多组件，可以使用 JTabbedPane 选项卡面板。选项卡面板可以包含多个 Tab 页，叠放在一起，每个 Tab 也可以由 JPanel 实现。可以将不同类别的控件放到不同的 Tab 页上，通过需要单击相应的 Tab 页，此时该 Tab 页的内容显示，其他 Tab 页的内容被隐藏。效果如图 9-11 所示。

如果需要将多个组件显示在不同的区域，可以使用 JSplitPane 分隔面板。JSplitPane 可以实现水平分割或垂直分割。分隔面板的效果实例如图 9-12 所示。

图 9-11　JTabbedPane 的简单实例

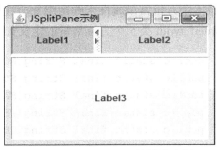

图 9-12　JSplitPane 的简单实例

9.2.5 布局管理器

在 Java GUI 设计中，布局控制是通过为容器设置布局编辑器来实现的。所谓布局管理器，就是为容器内的组件提供若干布局策略，每个容器都拥有某种默认布局管理器，用于负责其内部组件的排列。

容器对象创建后自动获取其默认布局管理器。可以调用容器对象的以下方法来设置和获取其布局管理器。

```
void setLayout(LayoutManager mgr);      // 设置此容器的布局管理器
LayoutManager getLayout();              // 获取此容器的布局管理器
```

常用的布局管理器有 BorderLayout、FlowLayout、GridLayout、GridBagLayout、CardLayout、BoxLayout、SpringLayout、GroupLayout、OverlayLayout、ScrollPaneLayout、TextLayout 等。

各容器类的默认布局管理器如表 9-7 所示。

表 9-7　各容器类的默认布局管理器

容器	默认布局方式	容器	默认布局方式
JFrame	BorderLayout（边界布局）	JApplet	FlowLayout（流式布局）
JDialog	BorderLayout（边界布局）	JPanel	FlowLayout（流式布局）

1. java.awt.BorderLayout（边界布局）

BorderLayout 布局将容器划分为东、西、南、北、中 5 个区域，每个区域放置一个组件，如图 9-13 所示。

南、北控件各占据一行，控件宽度将自动布满整行。东、西和中间位置占据一列。如果东、西、南、北无控件，则中间控件将自动布满整个屏幕。若东、西、南、北中无论某个位置没有控件，则中间控件将自动占据该位置。

边界布局是 JFrame 窗体、JDialog 对话框的默认布局方式。向容器中添加组件时需要通过 BorderLayout 中的 5 个方位常量属性来确定组件所在位置。如果未指定位置，则默认的位置是 CENTER。BorderLayout 类 5 个方位常量的定义如下：

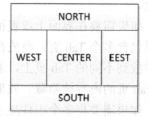

图 9-13　BorderLayout 布局

```
public static final String NORTH  = "North";
public static final String SOUTH  = "South";
public static final String EAST   = "East";
public static final String WEST   = "West";
public static final String CENTER = "Center";
```

可以调用以下构造方法来创建边界布局管理器对象。

```
BorderLayout();        // 构造边界布局管理器对象，组件之间没有间距
BorderLayout(int hgap, int vgap); // 构造具有指定组件间距的边界布局管理器对象
```

也可以通过以下方法来获取/设置间距。

```
int getHgap();                 // 返回组件之间的水平间距
int getVgap();                 // 返回组件之间的垂直间距
void setHgap(int hgap);        // 设置组件之间的水平间距
void setVgap(int vgap);        // 设置组件之间的垂直间距
```

可以调用 java.awt.Container.add(Component comp, Object constraints)方法来向容器的指定位置添加指定的组件。例如：

```
frame.add(east, BorderLayout.EAST);
frame.add(center, "Center");
```

边界布局的典型用法如例 9-8 所示。

例 9-8 TestBorderLayout.java

```
import java.awt.*;
import javax.swing.*;

public class TestBorderLayout {

    private static void constructGUI() {
        JFrame frame = new JFrame("BorderLayoutDemo");
        // frame 窗体默认布局为 BorderLayout
        frame.setLocation(300, 200);
        frame.setSize(300, 200);
        frame.setResizable(true);
        frame.setDefaultCloseOperation(JFrame.EXIT_ON_CLOSE);

        JButton north = new JButton("north");
        JButton south = new JButton("south");
        JButton west = new JButton("west");
        JButton east = new JButton("east");
        JButton center = new JButton("center");

        frame.add(north, BorderLayout.NORTH);
        // 调用 add 方法在容器北部添加 north 按钮
        frame.add(south, BorderLayout.SOUTH);
        frame.add(west, "West");
        frame.add(east, BorderLayout.EAST);
        frame.add(center, "Center");

        frame.setVisible(true);
```

```
        }
    public static void main(String args[]) {
        // invokeLater 方法使参数线程的 run()方法在 AWT 事件调度线程上异步执行
        SwingUtilities.invokeLater(new Runnable() {
            public void run() {
                constructGUI();
                // run 方法中调用 constructGUI()来创建 JFrame 窗口
            }
        });
    }
}
```

运行界面如图 9-14 所示。

如果需要实现更复杂的布局,可以在相应位置添加中间容器,中间容器设置布局管理器,添加组件,以达到效果。

2. java.awt.FlowLayout（流式布局）

在 FlowLayout 中,组件根据加入的先后顺序按照设置的对齐方式（居中、左对齐、右对齐等）从左向右排列,一行排满（即组件超过容器宽度后）到下一行开始继续排列。每一行的组件

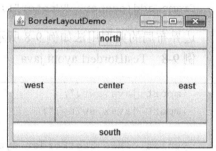

图 9-14　例 9-8 的运行结果

都是居中排列的。流式布局是 JPanel 面板、JApplet 的默认布局方式。

可以使用 FlowLayout 类的常量属性设置流式布局的对齐方式,其定义如下:

```
public static final int LEFT = 0;        // 每一行组件左对齐
public static final int CENTER = 1;      // 每一行组件居中
public static final int RIGHT = 2;       // 每一行组件右对齐
public static final int LEADING = 3;     // 每一行组件与容器方向的开始边对齐
public static final int TRAILING = 4;    // 每一行组件与容器方向的结束边对齐
```

可以调用以下构造方法来创建流式布局管理器对象。

```
FlowLayout();         // 构造流式布局管理器对象,居中对齐,默认间隙 5 个单位
FlowLayout(int align);// 构造指定对齐方式的流式布局管理器对象,默认间隙 5 个单位
FlowLayout(int align, int hgap, int vgap)
// 构造指定对齐方式、指定间距的流式布局管理器对象
```

也可以通过以下方法来获取与设置间距和对齐方式。

```
int getHgap();                           // 返回组件之间的水平间距
void setHgap(int hgap);                  // 设置组件之间的水平间距
int getVgap();                           // 返回组件之间的垂直间距
void setVgap(int vgap);                  // 设置组件之间的垂直间距
int getAlignment();                      // 获取此布局的对齐方式
```

```
void setAlignment(int align);              // 设置此布局的对齐方式
```

典型示例如例 9-9 所示。

例 9-9　TestFlowLayout.java

```java
import java.awt.*;
import javax.swing.*;

public class TestFlowLayout {

    private static void constructGUI() { // 该方法创建一个JFrame窗口
        // JFrame.setDefaultLookAndFeelDecorated(true);
        JFrame frame = new JFrame("FlowLayoutDemo");
        frame.setLocation(300, 200);
        frame.setSize(300, 200);
        frame.setResizable(true);
        frame.setDefaultCloseOperation(JFrame.EXIT_ON_CLOSE);

        JPanel panel = new JPanel();
        FlowLayout flayout = new FlowLayout(FlowLayout.LEFT);
        // 定义左对齐的流式布局对象
        panel.setLayout(flayout);      // 设置panel的布局管理器为flayout
        String[] str = { "0", "1", "2", "3", "4", "5", "6", "7", "8", "9" };
        JButton[] buttons = new JButton[str.length];
        int i;
        for (i = 0; i < str.length; i++) {
            buttons[i] = new JButton(str[i]);
            panel.add(buttons[i]);     // 依次向panel中加入10个按钮
        }
        frame.add(panel, BorderLayout.CENTER);
        frame.setVisible(true);
    }
    public static void main(String args[]) {
        // invokeLater方法使参数线程的run()方法在AWT事件调度线程上异步执行
        SwingUtilities.invokeLater(new Runnable() {
            public void run() {
                constructGUI();
                // run方法中调用constructGUI()来创建JFrame窗口
            }
        });
    }
}
```

依次将例 9-9 中的对齐方式设置为 FlowLayout.LEFT、FlowLayout.CENTER 和 FlowLayout.RIGHT，运行结果如图 9-15 所示。

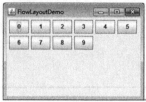 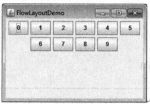 

(a) 左对齐　　　　　　　　　(b) 中间对齐　　　　　　　　　(c) 右对齐

图 9-15　流式布局的运行效果

3. java.awt.GridLayout（网格布局）

GridLayout 将容器的布局空间划分成 M×N 的网格区域，每个区域放置一个组件。各组件的排列方式为从上到下、从左到右，组件放入容器的次序决定了它在容器中的位置。容器大小改变时，组件的大小改变，但相对位置不变。当添加的组件数超过网格设定的个数时，布局管理器在保持行数不变的情况下自动增加网格个数。

可以调用以下构造方法来创建边界布局管理器对象。

```
GridLayout();                           // 创建默认的网格布局，每个组件占据一行一列
GridLayout(int rows, int cols);//创建指定行数和列数的网格布局
GridLayout(int rows, int cols, int hgap, int vgap);
// 创建指定行数、列数和间隔的网格布局
```

可以通过以下方法来获取/设置间距或行列数：

```
int getColumns();                       // 获取此布局中的列数
void setColumns(int cols);              // 将此布局中的列数设置为指定值
int getRows();                          // 获取此布局中的行数
void setRows(int rows);                 // 将此布局中的行数设置为指定值
int getHgap();                          // 获取组件之间的水平间距
void setHgap(int hgap);                 // 将组件之间的水平间距设置为指定值
int getVgap();                          // 获取组件之间的垂直间距
void setVgap(int vgap);                 // 将组件之间的垂直间距设置为指定值
void removeLayoutComponent(Component comp) ;  // 从布局移除指定组件
```

示例如例 9-10 所示。

例 9-10　TestGridLayout.java

```java
import java.awt.*;
import javax.swing.*;

public class TestGridLayout {

    private static void constructGUI() { // 该方法创建一个 JFrame 窗口
        // JFrame.setDefaultLookAndFeelDecorated(true);
        JFrame frame = new JFrame("GridLayoutDemo");
        frame.setLocation(300, 200);
        frame.setSize(300, 200);
```

```java
            frame.setResizable(true);
            frame.setDefaultCloseOperation(JFrame.EXIT_ON_CLOSE);

            JButton north = new JButton("north");
            JButton south = new JButton("south");
            JButton west = new JButton("west");
            JButton east = new JButton("east");

            JPanel center = new JPanel();    // 创建面板 center
            center.setLayout(new GridLayout(4,3,5,5));
            // 设置 center 为 4 行 3 列的网格布局
            center.setBackground(Color.lightGray);
            String[] str = { "1", "2", "3", "4", "5", "6", "7", "8", "9", "0" };
            JButton[] buttons = new JButton[str.length];
            int i;
            for (i = 0; i < str.length; i++) {
                buttons[i] = new JButton(str[i]);
                center.add(buttons[i]);        // 向面板 center 中逐个加入数字按钮
            }

            frame.add(north, BorderLayout.NORTH);
            frame.add(south, BorderLayout.SOUTH);
            frame.add(west, "West");
            frame.add(east, BorderLayout.EAST);
            frame.add(center, "Center");
            // 将面板 center 添加到 frame 窗体的中间位置
            frame.setVisible(true);
        }

    public static void main(String args[]) {
        // invokeLater 方法使参数线程的 run()方法在 AWT 事件调度线程上异步执行
        SwingUtilities.invokeLater(new Runnable() {
            public void run() {
                constructGUI();
                // run 方法中调用 constructGUI()来创建 JFrame 窗口
            }
        });
    }
}
```

在例 9-10 中，窗体的布局为默认的 BorderLayout，在 constructGUI()方法中创建了面板 center，并设置其为 4 行 3 列、间距为 5 的网格布局。通过 for 循环语句依次向面板 center 中添加了 10 个数字按钮，运行结果如图 9-16 所示。

4. java.awt.GridBagLayout（网格包布局）

GridBagLayout 是 GridLayout 的升级版，每个 GridBagLayout 对象维持一个动态的矩

形单元网格,组件仍然是按照行、列放置,但是每个组件可占据多个网格,可以实现更灵活、更复杂的布局。图 9-17 是典型的网格包布局。

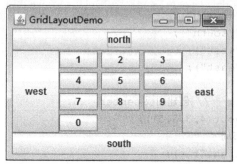

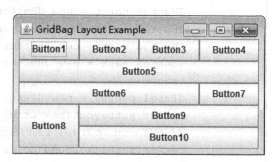

图 9-16 例 9-10 的运行结果　　　　图 9-17 GridBagLayout 布局示例

网格的总体方向取决于容器的 ComponentOrientation 属性。对于水平从左到右的方向,网格坐标(0,0)位于容器的左上角,其中 X 向右递增,Y 向下递增。对于水平从右到左的方向,网格坐标(0,0)则位于容器的右上角。

使用网格包布局的主要工作是设置组件的约束,通过 GridBagConstraints 类的对象进行设置。GridBagConstraints 定义组件在容器中的位置、大小等属性。为了有效地使用网格包布局,必须定义与组件相关联的 GridBagConstraints 对象,并设置 GridBagConstraints 对象的属性。

GridBagConstraints 类的属性如下。

(1) gridx:组件的横坐标,即该组件的开始边位于第几行。其中开始边指的是水平从左到右的容器的左边缘,或者水平的从右到左的容器的右边缘。行的第一个单元格的值 gridx 为 0。gridx 的默认值为 GridBagConstraints.RELATIVE,表示将组件放置到之前刚添加到容器中的组件的后面。gridx 应为非负值。

(2) gridy:组件的纵坐标,即该组件的开始边位于第几列。列的最上边单元格的 gridy 值为 0。gridy 的默认值为 GridBagConstraints.RELATIVE,表示将组件放置到之前刚刚添加到容器中的组件的下面。gridy 应为非负值。

(3) gridwidth:组件所占列数,即组件的宽度。值为 0 表示该组件是该行的最后一个。默认值为 1。可以设置其值为 GridBagConstraints.REMAINDER,表示该组件是所在行的最后一个组件。可以设置其值为 GridBagConstraints.RELATIVE,表示该组件的显示区域是从 gridx 开始,至本行最后一个组件之前。

(4) gridheight:组件所占行数,即组件的高度。默认值为 1。可以设置其值为 GridBagConstraints.REMAINDER 或 GridBagConstraints.RELATIVE,意义同上。

gridwidth 和 gridheight 的默认值都为 1,即默认组件占一个网格的位置。

(5) weightx:设置同一行组件之间的相对大小。

(6) weighty:设置同一列组件之间的相对大小。

如果不需要给组件提供不同的权重,应对同一行(列)中的组件设置相同的值。

(7) fill:当组件的显示区域大于组件大小时,通过 fill 的值来设定填充方式。fill 有

4 个值：GridBagConstraints.NONE（默认值）、GridBagConstraints.HORIZONTAL（加宽组件在水平方向上填满其显示区域，高度不变）、GridBagConstraints.VERTICAL（加高组件在垂直方向上填满其显示区域，宽度不变）和 GridBagConstraints.BOTH（使组件完全填满其显示区域）。

（8）ipadx：组件间的横向间距，默认值为 0。

（9）ipady：组件间的纵向间距，默认值为 0。

（10）insets：一个 Insets 对象表示组件和网格边界之间的空隙。它有 4 个参数，分别表示上、左、下、右，默认值为 new Insets(0, 0, 0, 0)。当组件不能填满网格时，通过 insets 来指定四周（即上、下、左、右）所留空隙。

（11）anchor：当组件不能填满网格时，通过 anchor 来设置组件在网格中的位置。anchor 值有 3 种：绝对值、方向相对值和基线相对值。其中，方向相对值是相对于容器的组件方向属性进行解释的；基线相对值是相对于基线进行解释的；绝对值则不然。

- 绝对值：有 CENTER、NORTH、NORTHEAST、EAST、SOUTHEAST、SOUTH、SOUTHWEST、WEST 和 NORTHWEST。
- 方向相对值：有 PAGE_START、PAGE_END、LINE_START、LINE_END、FIRST_LINE_START、FIRST_LINE_END、LAST_LINE_START 和 LAST_LINE_END。
- 基线相对值：有 BASELINE、BASELINE_LEADING、BASELINE_TRAILING、ABOVE_BASELINE、ABOVE_BASELINE_LEADING、ABOVE_BASELINE_TRAILING、BELOW_BASELINE、BELOW_BASELINE_LEADING 和 BELOW_BASELINE_TRAILING。

anchor 的默认值为 CENTER。

使用 GridBagLayout 布局的典型代码段如下：

```
JFrame f=new JFrame();                                 // 创建窗体 f
GridBagLayout gridbag = new GridBagLayout();  // 创建网格包布局对象 gridbag
GridBagConstraints gc = new GridBagConstraints();   // 创建网格包约束对象 gc
f.setLayout(gridbag);                                  // 设置窗体 f 的布局管理器
JButton button = new JButton("Button");                // 创建组件
// 设置约束对象 gc 的属性值
gc.gridx = 0;
gc.gridy = 0;
gc.gridwidth = 2;
gc.gridheight = 1;
gc.weightx = 50;
gc.weighty = 100;
gc.fill = GridBagConstraints.NONE;
gc.anchor = GridBagConstraints.CENTER;
gridbag.setConstraints(button, gc);                    // 为组件 button 设置约束 gc
f.add(button);
```

以上代码设置了这样的约束条件：将 button 放在容器(0,0)处，宽为 2 个网格，高为

1个网格，组件居中（gc.anchor = GridBagConstraints.CENTER），且不会扩大以填满网格（gc.fill = GridBagConstraints.NONE）。

例 9-11 展示了 GridBagLayout 和 GridBagConstraints 的具体用法，其运行结果如图 9-17 所示。

例 9-11　TestGridBagLayout.java

```java
    import java.awt.*;
    import java.applet.Applet;

    public class TestGridBagLayout extends Applet {

        protected void makebutton(String name, GridBagLayout gridbag,
                    GridBagConstraints c) {
            Button button = new Button(name);
            gridbag.setConstraints(button, c);
            add(button);
        }

        public void init() {
            GridBagLayout gridbag = new GridBagLayout();
            GridBagConstraints c = new GridBagConstraints();

            setFont(new Font("SansSerif", Font.PLAIN, 14));
            setLayout(gridbag);

            c.fill = GridBagConstraints.BOTH;
            c.weightx = 1.0;
            makebutton("Button1", gridbag, c);
            makebutton("Button2", gridbag, c);
            makebutton("Button3", gridbag, c);

            c.gridwidth = GridBagConstraints.REMAINDER;
            makebutton("Button4", gridbag, c); // 第1行结束，Button1~Button4

            c.weightx = 0.0;
            makebutton("Button5", gridbag, c);  // 第2行结束，Button5

            c.gridwidth = GridBagConstraints.RELATIVE;
            makebutton("Button6", gridbag, c);

            c.gridwidth = GridBagConstraints.REMAINDER;
            makebutton("Button7", gridbag, c); // 第3行结束，Button6~Button7

            c.gridwidth = 1; // reset to the default
            c.gridheight = 2;
```

```
            c.weighty = 1.0;
            makebutton("Button8", gridbag, c); // 第 4 行，Button8 占 2 列

            c.weighty = 0.0; // reset to the default
            c.gridwidth = GridBagConstraints.REMAINDER;
            c.gridheight = 1; // reset to the default
            makebutton("Button9", gridbag, c);  // 第 4 行结束,Button8,Button9
            makebutton("Button10", gridbag, c); // 第 5 行结束,Button8,Button10

            setSize(300, 100);
        }

        public static void main(String args[]) {
            Frame f = new Frame("GridBag Layout Example");
            TestGridBagLayout ex1 = new TestGridBagLayout();
            ex1.init();
            f.add("Center", ex1);
            f.setVisible(true);
        }
    }
```

例 9-12 展示了 GridBagLayout 和 GridBagConstraints 的具体用法，其运行结果如图 9-18 所示。

例 9-12　TestGridBagLayout2.java

```
    import java.awt.*;
    import javax.swing.*;

    public class TestGridBagLayout2 {

        public static void constructGUI() {
            JFrame frame = new JFrame("GridBagLayout_NotePad");
            frame.setSize(400, 300);
            frame.setLocation(300, 300);
            frame.setDefaultCloseOperation(JFrame.EXIT_ON_CLOSE);
            GridBagLayout layout = new GridBagLayout();
            GridBagConstraints s = new GridBagConstraints();
            frame.setLayout(layout);

            JButton j1 = new JButton("Open");
            s.fill = GridBagConstraints.BOTH;
            s.gridwidth = 1;
            s.weightx = 0;
            s.weighty = 0;
```

```java
            layout.setConstraints(j1, s);      // 设置组件j1
            frame.add(j1);

            JButton j2 = new JButton("Save");
            s.gridwidth = 1;
            s.weightx = 0;
            s.weighty = 0;
            layout.setConstraints(j2, s);      // 设置组件j2
            frame.add(j2);

            JButton j3 = new JButton("Save As");
            s.gridwidth = 1;
            s.weightx = 0;
            s.weighty = 0;
            layout.setConstraints(j3, s);      // 设置组件j3
            frame.add(j3);

            JPanel j4 = new JPanel();
            s.gridwidth = 0;                    // 第1行结束
            s.weightx = 0;
            s.weighty = 0;
            layout.setConstraints(j4, s);
            frame.add(j4);

            String[] str = { "C", "C++", "Java", "C#" };
            JComboBox j5 = new JComboBox(str);
            s.gridwidth = 2;
            s.weightx = 0;
            s.weighty = 0;
            layout.setConstraints(j5, s);
            frame.add(j5);

            JTextField j6 = new JTextField();
            s.gridwidth = 4;
            s.weightx = 1;
            s.weighty = 0;
            layout.setConstraints(j6, s);
            frame.add(j6);

            JButton j7 = new JButton("Clear");
            s.gridwidth = 0;                    // 第2行结束
            s.weightx = 0;
            s.weighty = 0;
            layout.setConstraints(j7, s);
            frame.add(j7);
```

```
            JList j8 = new JList(str);
            s.gridwidth = 2;
            s.weightx = 0;
            s.weighty = 1;
            layout.setConstraints(j8, s);
            frame.add(j8);

            JTextArea j9 = new JTextArea();
            j9.setBackground(Color.lightGray);
            s.gridwidth = 5;
            s.weightx = 0;
            s.weighty = 1;
            layout.setConstraints(j9, s);
            frame.add(j9);

            frame.setVisible(true);
        }

    public static void main(String args[]) {
        //invokeLater方法使参数线程的run()方法在AWT事件调度线程上异步执行
        SwingUtilities.invokeLater(new Runnable() {
            public void run() {
                constructGUI();
            }
        });
    }
}
```

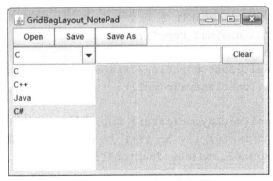

图 9-18 例 9-12 的运行结果

使用 GridBagLayout 布局管理时，程序员应提前设计好图形界面，根据各组件的位置和大小来编写程序实现。

5. java.awt.CardLayout（卡片布局）

CardLayout 布局将容器中的每个组件当作一个卡片，叠放在一起，每次只能显示其中的一个组件，适用于在一个空间中放置多个组件的情况。初始时在该空间中显示第一个添加的组件,通过 CardLayout 类提供的方法可以切换该空间中显示的组件。

CardLayout 的常用方法如下。

- CardLayout():创建间距大小为 0 的卡片布局对象。
- CardLayout(int hgap, int vgap):创建具有指定水平间距和垂直间距的卡片布局对象。
- void first(Container parent):翻转到容器的第一张卡片。
- void last(Container parent):翻转到容器的最后一张卡片。
- void next(Container parent):翻转到指定容器的下一张卡片。
- void previous(Container parent):翻转到指定容器的前一张卡片。
- void removeLayoutComponent(Component comp):从布局中移除指定的组件。
- void show(Container parent, String name):显示指定 name 的组件。

例 9-13 展示了 CardLayout 的具体用法,其运行结果如图 9-19 所示。

例 9-13 TestCardLayout.java

```java
import java.awt.*;
import javax.swing.*;
import java.awt.event.*;
public class TestCardLayout extends JFrame implements ActionListener
{
    JButton nextButton;
    JButton preButton;
    Panel cardPanel = new Panel();
    Panel controlpaPanel = new Panel();
    CardLayout card = new CardLayout();      // 定义卡片布局对象

    public TestCardLayout() {                 // 定义构造函数
        super("CardLayout Demo");
        setSize(300, 200);
        setDefaultCloseOperation(JFrame.EXIT_ON_CLOSE);
        setLocationRelativeTo(null);

        cardPanel.setLayout(card);   // 设置 cardPanel 面板对象为卡片布局
        for (int i = 0; i < 5; i++)  // 在 cardPanel 面板对象中添加 5 个按钮
            cardPanel.add(new JButton("按钮" + i));

        nextButton = new JButton("下一张");
        preButton = new JButton("上一张");
        nextButton.addActionListener(this);
        // 为按钮对象 nextButton 注册监听器
        preButton.addActionListener(this);
        // 为按钮对象 preButton 注册监听器
        controlpaPanel.add(preButton);
        controlpaPanel.add(nextButton);
```

```
            add(cardPanel, BorderLayout.CENTER);
            // 将 cardPanel 面板放置在窗口的中间
            add(controlpaPanel, BorderLayout.SOUTH);
            // 将 controlpaPanel 面板放置在窗口的南边
            setVisible(true);
    }
    // 实现按钮的监听触发时的处理
    public void actionPerformed(ActionEvent e) {
        if (e.getSource() == nextButton) {
        // 用户单击 nextButton,执行的语句
            card.next(cardPanel);
            // 切换 cardPanel 面板中当前组件之后的一个组件
        }
        if (e.getSource() == preButton){//用户单击 preButton,执行的语句
            card.previous(cardPanel);
            // 切换 cardPanel 面板中当前组件之前的一个组件
        }
    }
    public static void main(String[] args) {
        TestCardLayout tcl = new TestCardLayout();
    }
}
```

图 9-19　例 9-13 的运行结果

6. 其他的布局管理器

其他的常用布局管理器如表 9-8 所示。

表 9-8　其他的常用布局管理器

名　　称	说　　明
javax.swing.BoxLayout（箱式布局）	允许在容器中纵向或者横向放置多个控件
javax.swing.SpringLayout（弹性布局）	根据一组约束条件放置控件
null（空布局）	不使用布局管理器，通过控件的 setBounds 方法设置控件的大小、位置来将控件放在固定的位置上

Java 中的每种布局管理器都有自己特定的用途：GridLayout 适合按行和列显示同样

大小的组件；如果需要尽量使用所有的空间来显示组件，可以使用 BorderLayout 或 GridBagLayout；如果需要在紧凑的行中按照组件的自然尺寸显示组件，可以使用 FlowLayout。程序员在设计 GUI 时，应根据具体情况来选择合适的布局管理器。

9.3 Swing 常用组件

组件（JComponent）是构成 GUI 的基本元素。组件具有以下特点：运行时可见，具有坐标位置、尺寸、字体、颜色等属性，能获得焦点，可被操作，可响应事件等。javax.swing 包中的常用组件如图 9-20 所示。

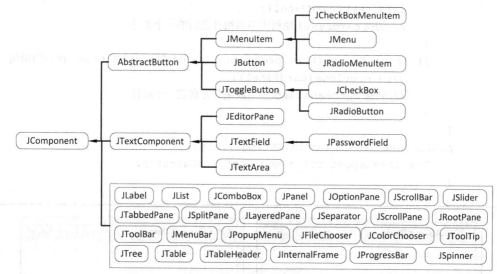

图 9-20 Swing 的常用组件

9.3.1 Swing 组件类 JComponent

JComponent 类是除顶层容器外所有 Swing 组件的基类。JComponent 类提供的方法是以上所有组件都具体的功能。读者应了解的常用方法如下。

- boolean contains(int x, int y)：指定的点(x,y)是否在当前组件内。
- float getAlignmentX()：重写 Container.getAlignmentX 以返回垂直对齐方式。
- float getAlignmentY()：重写 Container.getAlignmentY 以返回水平对齐方式。
- int getBaseline(int width, int height)：返回基线。
- Border getBorder()：返回此组件的边框；如果当前未设置边框，则返回 null。
- Rectangle getBounds(Rectangle rv)：将此组件的边界存储到"返回值" rv 中并返回 rv。
- JPopupMenu getComponentPopupMenu()：返回为此组件分配的 JPopupMenu。
- static Locale getDefaultLocale()：返回在创建时，用于初始化每个 JComponent 的语言环境属性的默认语言环境。
- Graphics getGraphics()：返回此组件的图形上下文，该上下文允许绘制组件。

- int getHeight()：返回此组件的当前高度。
- Insets getInsets()：如果已在此组件上设置了边框，则返回该边框的 insets；否则调用 super.getInsets。
- Insets getInsets(Insets insets)：返回包含此组件 inset 值的 Insets 对象。
- Point getLocation(Point rv)：将此组件的 x、y 存储到"返回值"rv 中并返回 rv。
- Dimension getMaximumSize()：如果已将最大大小设置为一个非 null 值，则返回该值。
- Dimension getMinimumSize()：如果已将最小大小设置为一个非 null 值，则返回该值。
- Point getPopupLocation(MouseEvent event)：返回在此组件坐标系统中显示弹出式菜单的首选位置。
- Dimension getPreferredSize()：如果 preferredSize 已设置为一个非 null 值，则返回该值。
- KeyStroke[] getRegisteredKeyStrokes()：返回启动已注册动作的 KeyStrokes。
- JRootPane getRootPane()：返回此组件的 JRootPane 祖先。
- Dimension getSize(Dimension rv)：将此组件的宽度/高度存储到"返回值"rv 中并返回 rv。
- int getWidth()：返回此组件的当前宽度。
- int getX()：返回组件原点的当前 x 坐标。
- int getY()：返回组件原点的当前 y 坐标。
- void paint(Graphics g)：由 Swing 调用，以绘制组件。
- protected void paintBorder(Graphics g)：绘制组件的边框。
- void setAlignmentX(float alignmentX)：设置垂直对齐方式。
- void setAlignmentY(float alignmentY)：设置水平对齐方式。
- void setBackground(Color bg)：设置此组件的背景色。
- void setBorder(Border border)：设置此组件的边框。
- void setComponentPopupMenu(JPopupMenu popup)：设置此 JComponent 的 JPopupMenu。
- static void setDefaultLocale(Locale l)：设置在创建时，用于初始化每个 JComponent 的语言环境属性的默认语言环境。
- void setEnabled(boolean enabled)：设置是否启用此组件。
- void setFont(Font font)：设置此组件的字体。
- void setForeground(Color fg)：设置此组件的前景色。
- void setMaximumSize(Dimension maximumSize)：将此组件的最大大小设置为一个常量值。
- void setMinimumSize(Dimension minimumSize)：将此组件的最小大小设置为一个常量值。
- void setOpaque(boolean isOpaque)：如果为 true，则该组件绘制其边界内的所有

像素。
- void setPreferredSize(Dimension preferredSize)：设置此组件的首选大小。
- void setToolTipText(String text)：注册要在工具提示中显示的文本。
- void setVisible(boolean aFlag)：使该组件可见或不可见。
- void update(Graphics g)：调用 paint。

由以上方法列表可知，程序员可以通过 set 与 get 方法来设置与获取当前组件的各类属性，包括大小、字体、位置、对齐方式、可见性等。因此，所有的 JComponent 组件都可以通过这些方法来获取与设置组件的属性。

9.3.2 标签组件 JLabel

JLabel（标签）表示一个不可编辑文本的显示区域。它既可以显示文本，也可以显示图形，或者在标签文本里嵌入 HTML 标签，实现一个简单超链接组件。JLabel 类提供以下构造方法：

- JLabel()：创建无图像、无显示内容的 JLabel 对象。
- JLabel(String text)：创建显示内容为 text 的 JLabel 对象。
- JLabel(String text, int horizontalAlignment)：创建指定内容、水平对齐方式的 JLabel 对象。
- JLabel(Icon image)：创建具有指定图像的 JLabel 对象。
- JLabel(Icon image, int horizontalAlignment)：创建指定图像和水平对齐方式的 JLabel 对象。
- JLabel(String text, Icon image, int horizontalAlignment)：创建指定内容、图像和水平对齐方式的 JLabel 对象。

其中参数 horizontalAlignment 的值可以是 SwingConstants 接口中定义的常量：LEFT、CENTER、RIGHT、LEADING 或 TRAILING。

可以调用以下方法来获取与设置相关属性：

- String getText()：获取该标签的文本内容。
- void setText(String text)：设置该标签的文本内容。
- Icon getIcon()：获取该标签显示的图像。
- void setIcon(Icon icon)：设置该标签显示的图像。
- int getHorizontalAlignment()：获取该标签的水平对齐方式。
- void setHorizontalAlignment(int alignment)：设置该标签的水平对齐方式。

例如：

```
JLabel label1 = new JLabel("First Name");
label1.setFont(new Font("Courier New", Font.ITALIC, 12));
label1.setForeground(Color.GRAY);

JLabel label2 = new JLabel();
label2.setText("<html>Last Name<br><font face='courier new'" +
```

```
            " color=red>(mandatory)</font></html>");

JLabel label3 = new JLabel();
label3.setText("<html>Last Name<br><font face=garamond " +
            "color=red>(mandatory)</font></html>");

ImageIcon imageIcon = new ImageIcon("triangle.jpg");
JLabel label4 = new JLabel(imageIcon);

ImageIcon imageIcon2 = new ImageIcon("icon.jpg");
JLabel label5 = new JLabel("Mixed", imageIcon2, SwingConstants.CENTER);
```

以上 5 个标签组件的显示效果如图 9-21 所示。

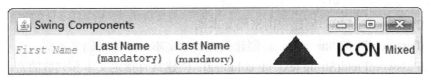

图 9-21 JLabel 示例

9.3.3 文本组件

文本组件用来接收用户输入文本信息的区域。Swing 包中的文本组件包括 JTextField、JPasswordField 和 JTextArea 等组件，它们之间的继承关系如图 9-22 所示。通过这些文本组件，用户可以轻松处理单行文字、多行文字或口令字段。

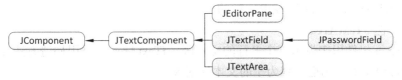

图 9-22 文本组件的类结构

JtextComponent 类中定义了以下方法，可以实现文本组件中内容的复制、剪切和粘贴。

- void copy()：将文本组件中当前选定的范围传输到系统剪贴板。
- void cut()：将文本组件中当前选定的范围传输到系统剪贴板，并从文本组件中删除选中内容。
- void paste()：将系统剪贴板的内容传输到文本组件的当前位置处中。

1. 单行文本框 JTextField

JTextField 组件用于创建单行文本框。当用户输入文本信息后，如果为 JTextField 对象添加了事件处理，按回车键后就会触发一定的操作。

JTextField 的常见构造方法如下：

- JTextField()：创建一个空文本框。

- JTextField(String text):创建一个具有初始文本 text 的文本框。
- JTextField(String text, int columns):创建具有初始文本 text 以及指定列数的文本框。

JTextField 的常用方法有:
- void setText(String):设置文本框的显示内容。
- String getText():获取文本框的当前内容。
- void setEditable(Boolean):设置文本域框否只读。

2. 密码文本框 JPasswordField

密码文本框组件 JPasswordField 是 JTextField 的子类,也用来接收单行文本信息输入,但是会用回显字符串代替输入的文本信息。JPasswordField 默认的回显字符是"*",用户可以自行设置回显字符。

JPasswordField 的构造方法有如下几种:
- JPasswordField():创建空的密码文本框。
- JPasswordField(String text):创建具有初始文本 text 的密码文本框。
- JPasswordField(String text, int columns):创建具有指定文本和列数的密码文本框。
- JPasswordField(int columns):创建指定列数的密码文本框。

JPasswordField 是 JTextField 的子类,因此 JPasswordField 具有和 JTextField 类似的方法,此外,它还具有自己的独特方法:
- boolean echoCharIsSet():获取设置回显字符的状态。
- void setEchoChar(char):设置回显字符。
- void getEchoChar():获取回显字符。
- char[] getPassword():获取组件的文本。

3. 文本区 JTextArea

JTextArea 组件用来表示一个多行的文本区。JTextArea 的常用构造方法如下:
- JTextArea():构造内容为空的文本区对象。
- JTextArea(String text):构造内容为 text 的文本区对象。
- JTextArea(int rows, int columns):构造指定行数和列数、内容为空的文本区对象。
- JTextArea(String text, int rows, int columns):构造指定行数和列数、内容为 text 的文本区对象。

JTextArea 的常用方法如下:
- void append(String str):将文本 str 追加到文档结尾。
- void insert(String str, int pos):将文本 str 插入指定位置 pos。
- void replaceRange(String str, int start, int end):用文本 str 替换从起始位置 start 到结尾位置 end 的文本。
- int getColumns():获取该文本区中的列数。
- void setColumns(int columns):设置该文本区中的列数。
- int getRows():获取该文本区中的行数。
- void setRows(int rows):设置该文本区的行数。

- int getLineCount()：获取文本区中所包含的行数。
- void setFont(Font f)：设置文本区的当前字体。
- void setLineWrap(boolean wrap)：设置文本区内是否自动换行。
- void setWrapStyleWord(boolean word)：设置文本区内单词的换行方式。

当文本区中的内容超过了文本区的初始大小时，可以将 JTextArea 对象放置在 JScrollPane 中，为文本区添加滚动条，利用滚动的效果看到输入超过 JTextArea 范围的文字。

文本区组件的使用示例如下：

```
JLabel label6 = new JLabel("User Name:", SwingConstants.RIGHT);
JTextField userNameField = new JTextField(20);    // 宽度为 20 的单行文本框
JLabel label7 = new JLabel("Password:", SwingConstants.RIGHT);
JPasswordField passwordField = new JPasswordField(20);
// 宽度为 20 的密码文本框

JLabel label8 = new JLabel("Introduction:", SwingConstants.RIGHT);
String text = "A JTextArea object represents" +
              "a multiline area for displaying text. " +
              "You can change the number of lines " +
              "that can be displayed at a time, " +
              "as well as the number of columns. " +
              "You can wrap lines and words too. " +
              "You can also put your JTextArea in a " +
              "JScrollPane to make it scrollable.";
JTextArea textArea = new JTextArea(text, 5, 20); // 5 行 20 列的文本区
textArea.setLineWrap(true);                      // 设置文本区内自动换行
JScrollPane scrollPane = new JScrollPane(textArea,
              JScrollPane.VERTICAL_SCROLLBAR_ALWAYS,
JScrollPane.HORIZONTAL_SCROLLBAR_ALWAYS);
// 通过 JScrollPane 为文本区添加水平和垂直滚动条
```

以上文本区组件的显示效果如图 9-23 所示。

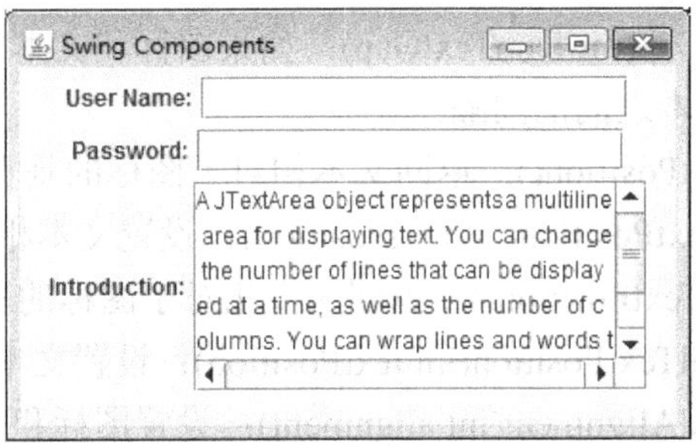

图 9-23　文本区组件示例

9.3.4 按钮组件

Swing 按钮组件的继承关系如图 9-24 所示。

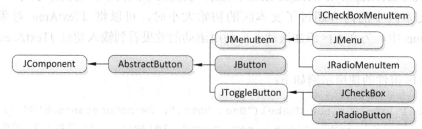

图 9-24　Swing 按钮组件的继承结构

由图 9-24 可知，所有的按钮类均继承自 AbstractButton 类，它提供了按钮类的常用方法。其中，与 AbstractButton 的显示格式有关的方法如下：

- Icon getIcon()：返回默认图标。
- void setIcon(Icon defaultIcon)：设置按钮的默认图标。
- Icon getDisabledIcon()：返回禁用按钮时按钮使用的图标。
- void setDisabledIcon(Icon disabledIcon)：设置按钮的禁用图标。
- Icon getDisabledSelectedIcon()：返回禁用并选择按钮时按钮使用的图标。
- void setDisabledSelectedIcon(Icon disabledSelectedIcon)：设置按钮禁用选择图标。
- Icon getPressedIcon()：返回按钮的按下图标。
- void setPressedIcon(Icon pressedIcon)：设置按钮的按下图标。
- Icon getRolloverIcon()：返回按钮的翻转图标。
- void setRolloverIcon(Icon rolloverIcon)：设置按钮的翻转图标。
- Icon getRolloverSelectedIcon()：返回按钮的翻转选定图标。
- void setRolloverSelectedIcon(Icon rolloverSelectedIcon)：设置按钮的翻转选择图标。
- Icon getSelectedIcon()：返回按钮的选择图标。
- void setSelectedIcon(Icon selectedIcon)：设置按钮的选择图标。
- String getText()：返回按钮的文本。
- void setText(String text)：设置按钮的文本。
- void setIconTextGap(int iconTextGap)：如果图标和文本的属性都已设置，则此属性定义图标和文本之间的间隔。
- int getVerticalTextPosition()：返回文本相对于图标的垂直位置。
- void setVerticalTextPosition(int textPosition)：设置文本相对于图标的垂直位置。
- int getHorizontalTextPosition()：返回文本相对于图标的水平位置。
- void setHorizontalTextPosition(int textPosition)：设置文本相对于图标的水平位置。
- void setHorizontalAlignment(int alignment)：设置图标和文本的水平对齐方式。
- int getHorizontalAlignment()：返回图标和文本的水平对齐方式。

- void setVerticalAlignment(int alignment)：设置图标和文本的垂直对齐方式。
- int getVerticalAlignment()：返回文本和图标的垂直对齐方式。
- void setMargin(Insets m)：设置按钮边框和标签之间的空白。
- Insets getMargin()：返回按钮边框和标签之间的空白。
- void setBorderPainted(boolean b)：设置 borderPainted 属性。
- boolean isBorderPainted()：获取 borderPainted 属性。
- protected void paintBorder(Graphics g)：如果 BorderPainted 为 true 并且按钮有边框，则绘制该按钮边框。
- void setContentAreaFilled(boolean b)：设置 contentAreaFilled 属性。
- boolean isContentAreaFilled()：获取 contentAreaFilled 属性。
- void setLayout(LayoutManager mgr)：为此容器设置布局管理器。
- void setRolloverEnabled(boolean b)：设置 rolloverEnabled 属性，若需要翻转效果，该属性必须为 true。
- boolean isRolloverEnabled()：获取 rolloverEnabled 属性。
- void setEnabled(boolean b)：启用（或禁用）按钮。
- void setSelected(boolean b)：设置按钮的状态。
- boolean isSelected()：返回按钮的状态。

与 AbstractButton 事件处理有关的方法如下：

- void addActionListener(ActionListener l)：为按钮添加 ActionListener l。
- void addChangeListener(ChangeListener l)：为按钮添加 ChangeListener l。
- void addItemListener(ItemListener l)：为 CheckBox 按钮添加 ItemListener l。
- ActionListener[] getActionListeners()：返回当前 AbstractButton 的所有 ActionListener。
- ChangeListener[] getChangeListeners()：返回当前 AbstractButton 的所有 ChangeListener。
- ItemListener[] getItemListeners()：返回当前 AbstractButton 的所有 ItemListener。
- Action getAction()：返回当前为此 ActionEvent 源设置的 Action，若未设置则返回 null。
- void setAction(Action a)：设置 Action。
- String getActionCommand()：返回此按钮的动作命令。
- void setActionCommand(String actionCommand)：设置此按钮的动作命令。

其他方法如下：

- void doClick()：以编程方式执行"单击"事件。
- void doClick(int pressTime)：以编程方式执行"单击"事件。
- void setMultiClickThreshhold(long threshhold)：设置按下按钮到生成相应动作事件所需的时间（以毫秒为单位）。

1. 按钮组件 JButton

按钮组件 JButton 是 javax.swing.AbstracButton 类的子类，是 GUI 中最常用的一种组

件。按钮组件可以捕捉到用户的单击事件,同时利用按钮事件处理机制响应用户的请求。

JButton 提供以下常用的构造方法:

- JButton(Icon icon):创建按钮,按钮上显示图标。
- JButton(String text):创建按钮,按钮上显示字符串。
- JButton(String text, Icon icon):创建按钮,按钮上既显示图标又显示字符。

JButton 类的常用方法大部分继承自 AbstractButton 类。

例如,以下代码段定义的按钮如图 9-25 所示。

```
JButton loginButton = new JButton("Login", imageIcon);
JButton yes = new JButton("Yes");
JButton no = new JButton("No");
JButton undecided = new JButton("Undecided");
```

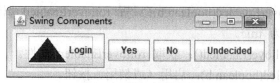

图 9-25 按钮组件示例

GUI 程序运行时,用户单击 JButton 按钮时会产生一个 ActionEvent 事件。该事件需要由组件的事件监听器来进行处理。JButton 的 addActionListener(ActionListener l)方法即为该按钮注册了事件监听器 l。具体的事件处理机制将在 9.4 节中详细介绍。

2. 复选按钮 JCheckBox

复选按钮 JCheckBox 也称为复选框,可以实现多项选中或取消。复选框可以为每一次的单击操作添加一个事件。

JCheckBox 类的构造方法如下:

- JCheckBox(Icon icon):创建图标为 icon、未选中的复选框。
- JCheckBox(Icon icon, boolean selected):创建图标为 icon、选中状态为 selected 的复选框。
- JCheckBox(String text):创建显示内容为 text、未选中的复选框。
- JCheckBox(String text, boolean selected):创建显示内容为 text、选中状态为 selected 的复选框。
- JCheckBox(String text, Icon icon):创建指定内容和图标、未选中的复选框。
- JCheckBox(String text,Icon icon,boolean selected):创建指定内容、图标和选中状态的复选框。

JCheckBox 类的常用方法大多继承自 AbstractButton 类。

例如,以下代码段创建的复选按钮如图 9-26 所示。

```
JCheckBox ac = new JCheckBox("A/C");
ac.setSelected(true);
JCheckBox cdPlayer = new JCheckBox("CD Player");
JCheckBox cruiseControl = new JCheckBox("Cruise Control");
```

```
JCheckBox keylessEntry = new JCheckBox("Keyless Entry");
JCheckBox antiTheft = new JCheckBox("Anti-Theft Alarm");
JCheckBox centralLock = new JCheckBox("Central Lock");
```

图 9-26　复选按钮示例

当 JCheckBox 被选中或取消时，会触发 ItemEvent 的事件。具体的事件处理机制将在 9.4 节中详细介绍。

3. 单选按钮 JRadioButton 和单选按钮组 ButtonGroup

JRadioButton 组件表示单选按钮。JRadioButton 类可以单独使用，可以被选定和取消选定；也可以与 ButtonGroup 类组合使用，表示单选按钮的逻辑组，用户只能在单选按钮中选择其一。在组合构成单选按钮组时，需要使用 add()方法将 JRadioButton 添加到 ButtonGroup 中。

JRadioButton 组件的常用构造方法如下：

- JRadioButton()：创建新 JRadioButton。
- JRadioButton(Icon icon)：创建有图像、没有文字的 JRadioButton。
- JRadioButton(Icon icon, boolean selected)：创建有图像、没有文字的 JRadioButton，并设置其是否被选中。
- JRadioButton(String text)：创建有文字的 JRadioButton。
- JRadioButton(String text,boolean selected)：创建有文字的 JRadioButton，并设置其是否被选中。
- JRadioButton(String text,Icon icon)：创建有文字、有图像、未选中的 JRadioButton。
- JRadioButton(String text, Icon icon,boolean selected)：创建有文字、有图像的 JRadioButton，并设置其是否被选中。

ButtonGroup 类提供以下方法用于单选按钮组的操作。

- void add(AbstractButton b)：将按钮添加到组中。
- void clearSelection()：清除选中内容，即不选择 ButtonGroup 中的任何按钮。
- int getButtonCount()：返回此组中的按钮数。
- Enumeration<AbstractButton> getElements()：返回此组中的所有按钮。
- ButtonModel getSelection()：返回选择按钮的模型。
- boolean isSelected(ButtonModel m)：返回对是否已选择一个 ButtonModel 的判断。
- void remove(AbstractButton b)：从按钮组中移除按钮。
- void setSelected(ButtonModel m, boolean b)：为 ButtonModel 设置选择值。

例如，以下代码的结果如图 9-27 所示：

```
JRadioButton button1 = new JRadioButton("Red");
JRadioButton button2 = new JRadioButton("Green");
JRadioButton button3 = new JRadioButton("Blue");
```

```
ButtonGroup colorButtonGroup = new ButtonGroup();
// 新建单选按钮组 colorButtonGroup
colorButtonGroup.add(button1);   // 将 button1 加入到 colorButtonGroup 中
colorButtonGroup.add(button2);   // 将 button2 加入到 colorButtonGroup 中
colorButtonGroup.add(button3);   // 将 button3 加入到 colorButtonGroup 中
button1.setSelected(true);       // 设置 button1 被选中
panel.add(new JLabel("Color:"));
panel.add(button1);              // 将各个单选按钮添加到容器中
panel.add(button2);
panel.add(button3);
```

图 9-27 单选按钮示例

9.3.5 列表框和组合框

列表框和组合框都用来表示多个选项，用户可以从中选择需要的选项。列表框将所有的选项罗列出来，更加直观；组合框则将所有的选项隐藏起来，用户单击下拉按钮时才会显示出选项。

1. 列表框 JList

列表框 JList 用来显示一组选项，用户可以选择其中的一个或多个。

构造 JList 的方法如下：

- JList()：创建空的 JList 组件。
- JList(ListModel dataModel)：利用指定的模型 dataModel 创建 JList 组件。
- JList(Object[] listData)：创建 JList 对象，显示指定数组中的元素。
- JList(Vector listData)：创建 JList 对象，显示指定 Vector 中的元素。

JList 的 setSelectionMode 方法用来确定列表的选择模式，决定用户是否可以从 JList 中选择一项或多项。方法定义如下：

- void setSelectionMode(int selectionMode)：设置列表的选择模式。
- int getSelectionMode()：返回列表的当前选择模式。

其中，selectionMode 的有效值为：

- ListSelectionModel.SINGLE_SELECTION：只允许选择一项。
- ListSelectionModel.SINGLE_INTERVAL_SELECTION：允许选择多项，选项必须连续。
- ListSelectionModel.MULTIPLE_INTERVAL_SELECTION：允许选择多项，不要求连续（默认）。

可以使用 setSelectedIndex 方法和 setSelectedIndices 方法来设置初始选项，索引从 0 开始。

- void setSelectedIndex(int index)：选择单个单元。
- void setSelectedIndices(int[] indices)：选择索引为 indices 中数组元素的多个单元。
- void setSelectedValue(Object anObject, boolean shouldScroll)：选择列表中指定的对象。

以下是对应的查询方法：
- int getSelectedIndex()：返回选择的最小单元索引。
- int[] getSelectedIndices()：返回所选的全部索引的数组（按索引升序排列）。
- Object getSelectedValue()：返回最小的选择单元索引的值。
- Object[] getSelectedValues()：返回所有选择值的数组（按索引升序排列）。

其他常用的方法如下：
- void setVisibleRowCount(int visibleRowCount)：设置 visibleRowCount 属性。
- int getVisibleRowCount()：返回 visibleRowCount 属性的值。
- boolean isSelectedIndex(int index)：是否选择了指定的索引 index。
- boolean isSelectionEmpty()：是否未选择任何单元。
- void setLayoutOrientation(int layoutOrientation)：定义布置列表单元的方式。
- void clearSelection()：清除选择。

例如，以下代码运行结果如图 9-28 所示。

```
String[] selections = { "green", "red", "orange", "dark blue" };
JList list = new JList(selections);
list.setSelectedIndex(1);
list.setSelectionMode(ListSelectionModel.SINGLE_SELECTION);
```

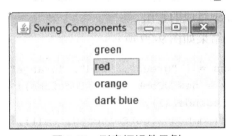

图 9-28 列表框组件示例

与事件处理有关的方法如下：
- void addListSelectionListener(ListSelectionListener listener)：为列表添加监听器 listener，每次选择发生更改时触发事件。这是侦听选择状态更改的首选方式。
- ListSelectionListener[] getListSelectionListeners()：获取当前列表注册所有的监听器。

JList 每次选中的单元发生更改时，会触发 ListSelectionEvent 事件。具体的事件处理机制将在 9.4 节中详细介绍。

2. 组合框组件 JComboBox

JComboBox 组件用来创建组合框对象。通常，根据组合框是否可编辑的状态，可以将组合框分成两种常见的外观。可编辑状态外观可视为文本框和下拉列表的组合，不可编辑状态的外观可视为按钮和下拉列表的组合。在按钮或文本框的右边有一个带三角符号的下拉按钮，用户单击该下拉按钮，便可出现一个内容列表，这也正是组合框的得名。用户只能在组合框的内容列表中选择一项。

JComboBox 的构造方法有如下几种：

- JComboBox()：创建默认的组合框。
- JComboBox(Object[] items)：创建具有指定内容列表 items 的组合框。

JComboBox 类的以下方法可以获取选中的选项。

- int getSelectedIndex()：返回列表中与给定项匹配的第一个选项。
- Object getSelectedItem()：返回当前所选项。
- Object[] getSelectedObjects()：返回包含所选项的数组，数组长度最多为 1。

其他常用的方法如下：

- void addItem(Object anObject)：添加项 anObject。
- Object getItemAt(int index)：返回指定索引处的列表项。
- int getItemCount()：返回列表中的项数。

与事件处理有关的方法如下：

- void addActionListener(ActionListener l)：添加 ActionListener。
- void addItemListener(ItemListener aListener)：添加 ItemListener。
- ActionListener[] getActionListeners()：返回使用 addActionListener() 添加到此 JComboBox 的所有 ActionListener 组成的数组。
- ItemListener[] getItemListeners()：返回使用 addItemListener() 添加到此 JComboBox 中的所有 ItemListener 组成的数组。

例如，以下代码运行结果如图 9-29 所示。

```
String[] selections = { "green", "red", "orange", "dark blue" };
JComboBox comboBox = new JComboBox(selections);
comboBox.setSelectedIndex(1);
System.out.println(comboBox.getSelectedItem());
```

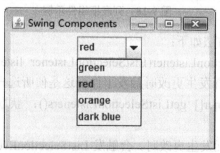

图 9-29 组合框示例

JCombo 组件每次进行选择时触发 ActionEvent 事件，组件的 ActionListener 将处理该事件。当所选选项发生更改时，会触发 ItemEvent 事件，组件的 ItemListener 将处理该事件。

9.3.6 菜单类组件

与菜单相关的类包括菜单组件 JMenu、菜单项组件 JMenuItem、菜单栏组件 JMenuBar 和弹出菜单组件 JPopupMenu，它们的继承关系如图 9-30 所示。

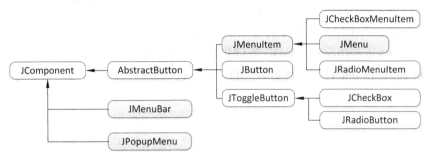

图 9-30　菜单类组件的结构

在图形界面中的具体显示形式如图 9-31 所示。

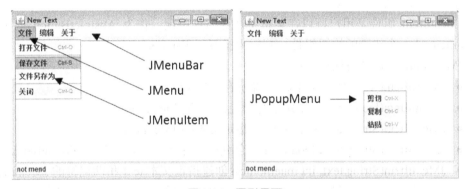

图 9-31　图形界面

1. 菜单组件 JMenu 和菜单项组件 JMenuItem

菜单组件 JMenu 和菜单项组件 JMenuItem 均为 AbstractButton 的子类，因此可以借助按钮类的事件处理方法对单击菜单项的事件进行处理。

其中 JMenu 又被定义为 JMenuItem 的子类，即一个菜单又可以作为某个菜单项来使用，由此构成多级的菜单结构。

JMenu 组件是用来存放和整合 JMenuItem 的组件，也是在构成菜单时不可或缺的组件之一。

JMenu 的常用构造方法如下：
- JMenu()：创建新 JMenu。
- JMenu(String s)：创建内容为 s 的 JMenu。

可以调用 JMenu 提供的方法来向菜单中添加、插入、删除各菜单项，方法如下：
- JMenuItem add(JMenuItem menuItem)：将菜单项 menuItem 添加到菜单末尾。
- JMenuItem add(String s)：创建具有内容为 s 的新菜单项，并添加到菜单末尾。

- void addSeparator()：将新分隔符添加到菜单末尾。
- JMenuItem insert(JMenuItem mi, int pos)：在指定位置 pos 处插入菜单项 mi。
- void insert(String s, int pos)：在指定位置 pos 处插入新建的内容为 s 的菜单项。
- void insertSeparator(int index)：在指定位置 pos 处插入分隔符。
- void remove(int pos)：从菜单移除指定位置 pos 处的菜单项。
- void remove(JMenuItem item)：从菜单移除指定的菜单项 item。
- void removeAll()：从菜单移除所有菜单项。
- JMenuItem getItem(int pos)：返回指定位置 pos 处的 JMenuItem。
- int getItemCount()：返回菜单上的项数，包括分隔符。

例如：

```
JMenu fileMenu = new JMenu("文件");        // 设置"文件"菜单
JMenu editMenu = new JMenu("编辑");        // 设置"编辑"菜单
JMenu aboutMenu = new JMenu("关于");       // 设置"关于"菜单
```

以上语句创建了 3 个菜单，但是每个菜单下并没有任何菜单项，需要使用 JMenuItem 组件来创建相关的菜单项。

JMenuItem 组件是用户可以在菜单中选择的菜单项。作为 AbstractButton 的子类，JMenuItem 是一个特殊的按钮组件，其行为类似于 JButton。

JMenuItem 的构造方法如下：
- JMenuItem()：创建无文本、无图标的 JMenuItem。
- JMenuItem(Icon icon)：创建带有指定图标的 JMenuItem。
- JMenuItem(String text)：创建带有指定文本的 JMenuItem。
- JMenuItem(String text, Icon icon)：创建带有指定文本和图标的 JMenuItem。
- JMenuItem(String text, int mnemonic)：创建指定文本 text 和助记符的 JMenuItem。

其中，助记符也称热键，通常跟在菜单项文本的后面以下画线形式显示，当该菜单项显示时可以使用键盘来执行该菜单项命令，方便用户使用。助记符是通过 java.awt.event.KeyEvent 类中的不同常量来标识的。

可以调用 JMenuItem 类的以下方法对菜单项进行控制和处理：
- void setEnabled(boolean b)：启用或禁用菜单项。
- void setAccelerator(KeyStroke keyStroke)：设置菜单项的快捷键，通过该快捷键可以直接使用键盘来执行该菜单项命令，无论该菜单项是否已经显示。
- KeyStroke getAccelerator()：返回菜单项的快捷键。

例如：

```
// 设置"文件"菜单的菜单项
JMenuItem menuOpen = new JMenuItem("打开文件");        // 菜单项"打开文件"
JMenuItem menuSave = new JMenuItem("保存文件");        // 菜单项"保存文件"
JMenuItem menuSaveAs = new JMenuItem("文件另存为");    // 菜单项"文件另存为"
JMenuItem menuClose = new JMenuItem("关闭");          // 菜单项"关闭"
fileMenu.add(menuOpen);                              // 向 fileMenu 菜单加入菜单项 menuOpen
```

```
fileMenu.addSeparator();                    // 向 fileMenu 菜单加入分隔符
fileMenu.add(menuSave);                     // 向 fileMenu 菜单加入菜单项 menuSave
fileMenu.add(menuSaveAs);                   // 向 fileMenu 菜单加入菜单项 menuSaveAs
fileMenu.addSeparator();                    // 向 fileMenu 菜单加入分隔符
fileMenu.add(menuClose);                    // 向 fileMenu 菜单加入菜单项 menuClose
// 设置"编辑"菜单的菜单项
JMenuItem menuCut = new JMenuItem("剪切");
JMenuItem menuCopy = new JMenuItem("复制");
JMenuItem menuPaste = new JMenuItem("粘贴");
editMenu.add(menuCut);
editMenu.add(menuCopy);
editMenu.add(menuPaste);
// 设置"关于"菜单的菜单项
JMenuItem menuAbout = new JMenuItem("关于 JNotePad");
menuAbout.setMnemonic(KeyEvent.VK_A);
aboutMenu.add(menuAbout);
// 设置菜单项的快捷键
menuOpen.setAccelerator(KeyStroke.getKeyStroke((char) KeyEvent.VK_O,
        InputEvent.CTRL_MASK));       // 设置 menuOpen 菜单项的快捷键为 Ctrl+O
menuSave.setAccelerator(KeyStroke.getKeyStroke((char) KeyEvent.VK_S,
        InputEvent.CTRL_MASK));       // 设置 menuSave 菜单项的快捷键为 Ctrl+S
menuClose.setAccelerator(KeyStroke.getKeyStroke((char) KeyEvent.VK_Q,
        InputEvent.CTRL_MASK));       // 设置 menuClose 菜单项的快捷键为 Ctrl+Q
menuCut.setAccelerator(KeyStroke.getKeyStroke((char) KeyEvent.VK_X,
        InputEvent.CTRL_MASK));       // 设置 menuCut 菜单项的快捷键为 Ctrl+X
menuCopy.setAccelerator(KeyStroke.getKeyStroke((char) KeyEvent.VK_C,
        InputEvent.CTRL_MASK));       // 设置 menuCopy 菜单项的快捷键为 Ctrl+C
menuPaste.setAccelerator(KeyStroke.getKeyStroke((char) KeyEvent.VK_V,
        InputEvent.CTRL_MASK));       // 设置 menuPaste 菜单项的快捷键为 Ctrl+V
```

以上代码段创建的菜单如图 9-32 所示。

图 9-32 菜单项示例

菜单项命令的事件处理也将在 9.4 节中详细介绍。

2. 菜单栏组件 JMenuBar

JMenuBar 组件的功能是放置 JMenu 组件。创建多个 JMenu 组件后，需要通过 JMenuBar 组件来将 JMenu 组件加入到窗口中。JMenuBar 组件只有一种构造方法，是构

造窗口菜单的不可缺少的组件。JMenuBar 构造函数如下:
- JMenuBar():创建一个新的 JMenuBar。

构造一个空的 JMenuBar 并设置到窗口上是没有意义的,JMenuBar 组件需要结合 JMenu 组件才能在窗口中显示。JMenuBar 提供了以下常用方法:
- JMenu add(JMenu c):将指定的菜单添加到菜单栏的末尾。
- JMenu getMenu(int index):返回菜单栏中指定位置的菜单。
- int getMenuCount():返回菜单栏上的菜单数。

例如:

```
JMenuBar menuBar = new JMenuBar();        // 创建菜单栏对象
menuBar.add(fileMenu);                    // 向菜单栏中加入 fileMenu 菜单
menuBar.add(editMenu);                    // 向菜单栏中加入 editMenu 菜单
menuBar.add(aboutMenu);                   // 向菜单栏中加入 aboutMenu 菜单
```

之后需要将 JMenuBar 组件设置为窗体的菜单栏,方可在窗体中显示。JFrame 提供了与 JMenuBar 有关的方法如下:
- void setJMenuBar(JMenuBar menubar):设置当前窗体的菜单栏。
- JMenuBar getJMenuBar():返回此窗体上设置的菜单栏。

例如:

```
JFrame frame = new JFrame("New Text");
frame.setJMenuBar(menuBar);
```

3. 弹出菜单组件 JPopupMenu

JPopupMenu 是一种可弹出并显示一系列选项的小窗口,其性质与 JMenu 类似,可以使用 add 方法添加 JMenu 或者 JMenuItem。但 JPopupMenu 并不在窗口的固定位置。

JPopupMenu 可在用户在菜单栏上选择菜单时显示,也可在用户选择菜单项时显示(实现多级的子菜单),还可以在任何其他位置使用(例如用户在指定区域中右击时显示)。

创建 JPopupMenu 时使用以下构造方法:
- JPopupMenu():建立一个新的 JPopupMenu。
- JPopupMenu(String label):建立一个指定标题的 JPopupMenu。

也可以调用 JMenu 对象的 getPopupMenu 方法将 JMenu 菜单设置为弹出菜单。JMenu 类的 getPopupMenu 方法定义如下:
- JPopupMenu getPopupMenu():返回与此菜单关联的弹出菜单。

例如:

```
JPopupMenu popupMenu = editMenu.getPopupMenu();
```

JPopupMenu 的常用的方法如下:
- JMenuItem add(JMenuItem menuItem):将指定菜单项添加到此菜单的末尾。
- void addSeparator():将新分隔符添加到菜单的末尾。
- void insert(Component component, int index):将指定组件插入到菜单的给定位置。

- void remove(int pos)：从此弹出菜单移除指定索引处的组件。
- int getComponentIndex(Component c)：返回指定组件的索引。
- boolean isVisible()：查询弹出菜单是否可见（当前显示）。
- void setVisible(boolean b)：设置弹出菜单的可见性。
- void setInvoker(Component invoker)：设置此弹出菜单的调用者，即弹出菜单在其中显示的组件。
- Component getInvoker()：返回作为此弹出菜单的"调用者"的组件。
- void setLocation(int x, int y)：使用 x、y 坐标设置弹出菜单的左上角的位置。
- void setPopupSize(Dimension d)：使用 Dimension 对象设置弹出窗口的大小。
- void setPopupSize(int width, int height)：将弹出窗口的大小设置为指定的宽度和高度。
- void show(Component invoker, int x, int y)：在组件调用者 invoker 的坐标空间中位置(x, y)处显示弹出菜单。

要想激活一个弹出菜单，需要在指定组件上单击鼠标（例如在文本框中编辑文本时单击右键激活弹出菜单、菜单项上单击鼠标激活子菜单等）。实现的前提是在该组件注册 MouseListener，由鼠标事件监听器中来通过调用 JPopupMenu 的 show 方法实现弹出菜单的显示。

例如，希望在一个文本区域 textArea 中通过鼠标右键弹出 popupMenu，实现代码如下：

```
// 为 textArea 组件注册鼠标事件监听器
textArea.addMouseListener(new MouseAdapter() {
    public void mouseReleased(MouseEvent e) {        // 鼠标弹起事件处理
        if (e.getButton() == MouseEvent.BUTTON3)
            popupMenu.show(editMenu, e.getX(), e.getY());// 显示 popupMenu
    }
    public void mouseClicked(MouseEvent e) {         // 鼠标按下事件处理
        if (e.getButton() == MouseEvent.BUTTON1)
            popupMenu.setVisible(false);             // 隐藏 popupMenu
    }
});
```

更加详细的事件处理参见 9.4 节。

9.3.7 对话框组件 JOptionPane

应用程序在执行过程中经常会出现一些提示性的对话框,用来确认下一步操作或显示提示信息。javax.swing.JOptionPane 组件用来构建多种形式的标准对话框,实现显示信息、提出问题、警告、用户输入参数等功能。具体来说，JOptionPane 对话框可分为如下 4 种：

- MessageDialog：显示消息。
- ConfirmDialog：确认对话框。提出问题，由用户进行确认（Yes 或 No 按钮）。
- InputDialog：获取用户输入。
- OptionDialog：组合以上三种对话框。

所有对话框都是模态的。在用户交互完成之前，用户不能在同一应用程序的其他窗口进行输入。

JOptionPane 类提供了许多方法，但是大多数应用中均使用表 9-9 中的静态方法来生成对话框。每种 showXXXDialog 方法都定义了多个重载方法，使用不同的参数列表来便捷地实现不同的对话框。

表 9-9 JOptionPane 的常用静态方法

方法名	描 述
showConfirmDialog	显示确认对话框，询问一个确认问题
showInputDialog	显示输入对话框，提示要求某些输入
showMessageDialog	显示消息对话框，告知用户信息
showOptionDialog	显示选择性对话框，为上述三类的组合

JOptionPane 类运行时的典型显示界面由图标、消息、输入值和选项按钮构成，如图 9-33 所示。

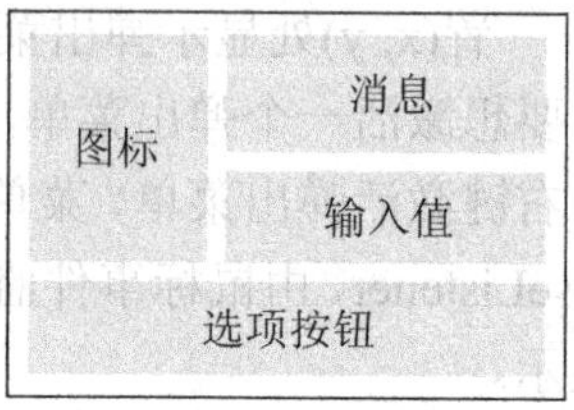

1. 使用 JOptionPane 显示消息

- static void showMessageDialog(Component parent, Object message)。
- static void showMessageDialog(Component parent, Object message, String title, int messageType)。
- static void showMessageDialog(Component parent, Object message, String title, int messageType, Icon icon)。

图 9-33 JOptionPane 的显示界面

其中：

参数 parent 指定该对话框是在 parent 组件中显示，若为 null 表示使用默认的框架。
参数 message 指定要显示的消息。
参数 title 指定对话框窗口的标题。
参数 messageType 的值可以为：

- JOptionPane.ERROR_MESSAGE。
- JOptionPane.INFORMATION_MESSAGE。
- JOptionPane.WARNING_MESSAGE。
- JOptionPane.QUESTION_MESSAGE。
- JOptionPane.PLAIN_MESSAGE（不使用图标）。

每个 messageType 值都表示使用不同的默认图标。
参数 icon 指定对话框的图标。
以下代码生成的对话框如图 9-34 所示。

```
JOptionPane.showMessageDialog(null, "message");
JOptionPane.showMessageDialog(null, "Thank you for visiting our store",
    "JOptionPane.INFORMATION_MESSAGE",JOptionPane.INFORMATION_MESSAGE);
JOptionPane.showMessageDialog(null, "You have not saved this document",
    "JOptionPane.WARNING_MESSAGE", JOptionPane.WARNING_MESSAGE);
```

```
JOptionPane.showMessageDialog(null, "First Name can't be empty",
    "JOptionPane.ERROR_MESSAGE", JOptionPane.ERROR_MESSAGE);
```

图 9-34　各类消息对话框示例

2. 使用 JOptionPane 请求用户确认

- static int showConfirmDialog(Component parent, Object message)。
- static int showConfirmDialog(Component parent, Object message, String title, int optionType)。
- static int showConfirmDialog(Component parent, Object message, String title, int optionType, int messageType)。
- static int showConfirmDialog(Component parent, Object message, String title, int optionType, int messageType, Icon icon)。

其中：

参数 parent 指定该对话框是在 parent 窗体中显示，若为 null 表示使用默认的框架。

参数 message 指定要显示的消息。

参数 title 指定对话框窗口的标题。

参数 optionType 指定了要显示的按钮，其值如下：

- JOptionPane.YES_NO_OPTION：显示"是""否"按钮。
- JOptionPane.YES_NO_CANCEL_OPTION：显示"是""否""取消"按钮，默认选项类型。
- JOptionPane.OK_CANCEL_OPTION：显示"是""取消"按钮。
- JOptionPane.DEFAULT_OPTION：显示"确定"按钮。

参数 messageType 和参数 icon 的含义如上节。

showConfirmDialog 方法的返回值为 int 类型，表示用户在确认对话框中单击了哪个按钮。"是"、"否"、"取消"和"确认"按钮对应的常量分别是 JOptionPane.YES_OPTION（0）、JOptionPane.NO_OPTION（1）、JOptionPane.CANCEL_OPTION（2）、JOptionPane.OK_OPTION（0），如果按下的是对话框中的"关闭"按钮，返回值是 JOptionPane.CLOSED_OPTION（-1）。

通常在程序中根据返回值来进行不同的处理逻辑，例如：

```
int response = JOptionPane.showConfirmDialog(null,"提示信息","标题",
    JOptionPane.DEFAULT_OPTION );
if( response == JOptionPane.YES_OPTION )  …
else if(response == JOptionPane.NO_OPTION )  …
else if(response == JOptionPane.CANCEL_OPTION )  …
else if(response == JOptionPane.OK_OPTION )  …
else if (response == JOptionPane.CLOSED_OPTION )  …
```

以下代码生成的对话框如图 9-35 所示。

```
JOptionPane.showConfirmDialog(null, "Do you want to continue?");
JOptionPane.showConfirmDialog(null, "Do you want to continue?",
    "JOptionPane.YES_NO_OPTION", JOptionPane.YES_NO_OPTION);
JOptionPane.showConfirmDialog(null, "Do you want to continue?",
    "JOptionPane.OK_CANCEL_OPTION", JOptionPane.OK_CANCEL_OPTION);
JOptionPane.showConfirmDialog(null, "Do you want to continue?",
    "JOptionPane.DEFAULT_OPTION",JOptionPane.DEFAULT_OPTION,
    JOptionPane.WARNING_MESSAGE);
```

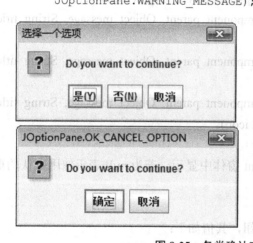
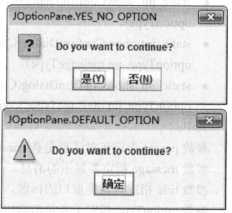

图 9-35　各类确认对话框示例

3. 使用 JOptionPane 获取用户输入

JOptionPane 的 showInputDialog 方法可以获取用户输入，在对话框窗口中带有输入框，用户在其中输入值。

- static String showInputDialog(Component parent, Object message)。
- static String showInputDialog(Component parent, Object message, Object initialSelectionValue)。
- static String showInputDialog(Component parent, Object message, String title, int messageType)。
- static Object showInputDialog(Component parent, Object message, String title, int messageType, Icon icon, Object[] selectionValues, Object initialSelectionValue)。

- static String showInputDialog(Object message)。
- static String showInputDialog(Object message, Object initialSelectionValue)。

其中：

参数 parent 指定该对话框是在 parent 窗体中显示，若为 null 表示使用默认的框架。

参数 message 指定要显示的消息。

参数 title 指定对话框窗口的标题。

参数 messageType 指定了消息的类型，其值如下：

- JOptionPane.ERROR_MESSAGE。
- JOptionPane.INFORMATION_MESSAGE。
- JOptionPane.WARNING_MESSAGE。
- JOptionPane.QUESTION_MESSAGE(默认)。
- JOptionPane.PLAIN_MESSAGE。

参数 selectionValues 指定从该数组的数据中选择其一作为输入值。

参数 initialSelectionValue 设置输入框的初始值。

参数 messageType 和参数 icon 的含义如前所述。

showInputDialog()方法的返回值为 String，含义如下：

- 如果用户在输入值之后单击"确定"按钮，则返回用户输入的字符串。
- 如果用户没有输入值，并且输入框也没有初始值、单击"确定"按钮，则返回空串。
- 如果用户单击关闭或"取消"按钮来关闭对话框，则返回 null；
- 如果用户选择输入框中的任一预定义选项（selectionValues），则返回该 Object 对象。

例如，以下代码生成的对话框如图 9-36 所示。

```
String input = JOptionPane.showInputDialog(null, "Enter your name: ",
        "John Brown");
Object[] selectionValues = { "Panda", "Dog", "Horse", "Cat" };
String initialSelection = "Dog";
Object selection = JOptionPane.showInputDialog(null,
        "What's your favorite animals?",
        "JOptionPane.showInputDialog",JOptionPane.QUESTION_MESSAGE,
        null, selectionValues, initialSelection);
```

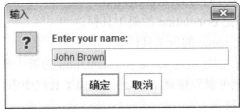 

图 9-36 各位输入对话框示例

4. 使用 JOptionPane 显示多项选择框

多项选择框是以上三类对话框的组合，JOptionPane.showOptionDialog()可以实现选择性对话框，方法定义如下：

- static int showOptionDialog(Component parent, Object message, String title, int optionType, int messageType, Icon icon, Object[] options, Object initialValue)：调出一个带有指定图标 icon 的对话框，标题为 title，显示的消息内容为 message，optionType 指定要显示的按钮，messageType 指定消息的类型，选项内容由 options 参数确定，初始值为 initialValue。

返回值为用户所选选项的在 options 数组中的索引值；如果用户关闭对话框，则返回 JOptionPane.CLOSED_OPTION（-1）。

例如，以下代码构成的对话框如图 9-37 所示。

```
String selectionValues[] = { "Panda", "Dog", "Horse", "Cat"};
JOptionPane.showOptionDialog(null, "which animal do you like?\n",
    "animals", JOptionPane.YES_NO_CANCEL_OPTION,JOptionPane.QUESTION_
    MESSAGE, null, selectionValues, "Dog");
String options[] = { "方案1", "方案2", "方案3" };
int value = JOptionPane.showOptionDialog(null, "请选择一个方案：", "方案",
    JOptionPane.OK_CANCEL_OPTION, JOptionPane.QUESTION_MESSAGE, null,
    options, "方案1");
```

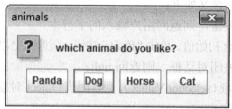 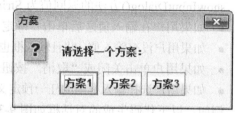

图 9-37 多项选择框示例

9.3.8 工具栏组件 JToolBar

工具栏是 GUI 界面的重要组成部分。工具栏向用户提供了对于常用命令的简单访问。JToolBar 工具栏组件支持工具类功能，是一种存放组件的特殊 Swing 容器，可以在程序的主窗口之外浮动或是拖动。

创建 JToolBar 组件时需要调用以下构造方法：

- JToolBar()：创建新的工具栏；默认的方向为 HORIZONTAL。
- JToolBar(int orientation)：创建具有指定 orientation 的新工具栏。
- JToolBar(String name)：创建具有指定 name 的新工具栏。
- JToolBar(String name, int orientation)：创建指定 name 和 orientation 的新工具栏。

由于 JToolBar 继承自 JComponent，因此可以直接调用 add()方法向工具栏中添加组件。也可调用 addSeparator()方法来加入分隔符。

例如，以下代码实现的工具栏如图 9-38 所示。

```
JToolBar jToolBar = new JToolBar("my toolbar");
jToolBar.setFloatable(true);           // 设置可以拖动
JButton jbtNew = new JButton("new");
```

```
JButton jbtOpen = new JButton("open");
JButton jbtPrint = new JButton("print");
jToolBar.add(jbtNew);                            // 向里面添加按钮
jToolBar.add(jbtOpen);
jToolBar.add(jbtPrint);
jbtNew.setToolTipText("New");                    // 设置按钮的提示文字
jbtOpen.setToolTipText("Open");
jbtPrint.setToolTipText("Print");
frame.add(jToolBar, BorderLayout.NORTH);         // 添加到窗口的上侧
```

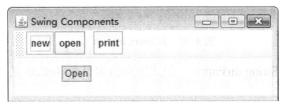

图 9-38　JToolBar 示例

单击工具栏上各个组件时如何进行处理,应在该组件的事件处理方法中设置。JToolBar 是一个 Container,所以也可以监听 Container 组件的事件。

9.3.9　选色器组件 JColorChooser

选色器组件 JColorChooser 也称颜色选择对话框,表示供用户操作和选择颜色的控制器窗格。

JColorChooser 的常用使用方式是使用 JColorChooser 的静态方法 showDialog()来显示颜色选择对话框,方法的返回值为用户所选择的颜色,或是 null(用户没有选择颜色时)。showDialog 静态方法定义如下:

```
public static Color showDialog(Component component,String title,Color initial);
```

其中,参数 component 指定对话框所依附的组件,title 指定对话框标题,initial 指定初始颜色。当选择一种颜色并单击"确定"按钮,返回选中颜色,关闭对话框;单击"取消"按钮,关闭对话框,返回 null。

例如,以下语句实现的拾色器窗口如图 9-39 所示。

```
Color color = JColorChooser.showDialog(null, "Choose Color", Color.RED);
```

9.3.10　文件选择器组件 JFileChooser

JFileChooser 组件是专门用于让用户选择一个或多个文件的对话框。JFileChooser 的用法非常简单:

(1) 首先调用构造方法创建 JFileChooser 对象:
- JFileChooser():　创建指向用户默认目录的 JFileChooser。
- JFileChooser(File dir):　创建指向给定目录 dir 的 JFileChooser。

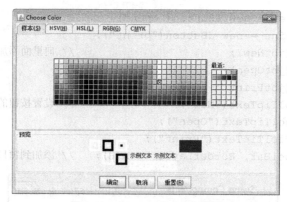

图 9-39　JColorChooser 示例

- JFileChooser(String dirPath)：创建指向给定目录 dirPath 的 JFileChooser。

例如：

```
JFileChooser jfc = new JFileChooser();
```

（2）通过以下方法设置文件选择器的各项属性：
- void setControlButtonsAreShown(boolean b)：是否显示"确定"和"取消"按钮。
- void setDialogTitle(String dialogTitle)：设置标题栏字符串。
- void setDragEnabled(boolean b)：设置是否启用自动拖动处理。
- void setFileHidingEnabled(boolean b)：设置是否显示隐藏文件。
- void setFileSelectionMode(int mode)：设置文件选择方式，mode 可以为：
  - JFileChooser.FILES_ONLY：只选择文件。
  - JFileChooser.DIRECTORIES_ONLY：只选择目录。
  - JFileChooser.FILES_AND_DIRECTORIES：可选择文件和目录。
- void setMultiSelectionEnabled(boolean b)：设置是否允许选择多个文件。

例如：

```
jfc.setFileSelectionMode(JFileChooser.FILES_AND_DIRECTORIES);
```

（3）调用 showXXX 方法使文件选择器对话框可见：
- public int showDialog(Component parent, String approveButtonText)：显示 JFileChooser 对话框，"确定"按钮的文本为 approveButtonText。
- public int showOpenDialog(Component parent)：以 OpenFile 模式显示 JFileChooser。
- public int showSaveDialog(Component parent)：以 SaveFile 模式显示 JFileChooser。

这三个方法的返回值可以是以下值之一：
  - JFileChooser.CANCEL_OPTION：用户单击"取消"按钮。
  - JFileChooser.APPROVE_OPTION：用户单击"确定""打开""保存"按钮。
  - JFileChooser.ERROR_OPTION：用户关闭对话框。

当 showDialog() 方法的返回值为 JFileChooser.APPROVE_OPTION 时，可以调用

JFileChooser 的以下方法来获取选中的文件：
- public File getSelectedFile()：返回选中的文件。
- public File[] getSelectedFiles()：返回选中文件列表（允许选择多个文件时）。

例如，以下代码显示的文件选择器对话框如图 9-40 所示。

```java
JFileChooser jfc = new JFileChooser();          // 创建文件选择器对象
jfc.setFileSelectionMode(JFileChooser.FILES_AND_DIRECTORIES);
//设置可选文件或目录
int returnValue = jfc.showDialog(new JLabel(), "选择");// 显示文件选择器对话框
if (returnValue == JFileChooser.APPROVE_OPTION)// 用户单击了"选择按钮"
{    File file = jfc.getSelectedFile();         // 获取用户选择的文件
     if (file.isDirectory())
         System.out.println("文件夹:" + file.getAbsolutePath());
     else if (file.isFile())
         System.out.println("文件:" + file.getAbsolutePath());
     System.out.println(jfc.getSelectedFile().getName());
}
```

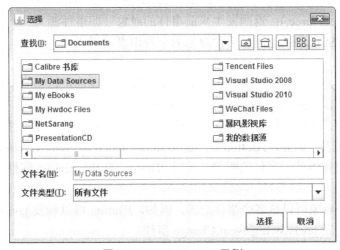

图 9-40　JFileChooser 示例

9.4　事件处理

在设计好 Swing 应用程序图形用户界面之后，还需要对相应组件进行事件处理。Swing 应用程序采用事件驱动方式：组件可以触发事件，程序员编写代码来处理相应事件，这种事件驱动方式是 Swing 应用程序中用户交互的基础。

9.4.1　Java 事件模型

在 Java 事件模型中，任何对象都可以把它的状态变化通知给其他的对象。在事件驱动编程时，这样的状态变化称为事件。Java 事件模型中有三个要素：
- 事件源（Event Source）：指状态发生改变、产生事件的对象，通常即是各个组件。

- 事件（Event）：指事件源上发生的状态变化，事件信息被封装在一个事件对象中。
- 事件监听器（Event Listener）：指事件发生时被通知的对象，负责监听事件源上发生的特定类型的事件，当事件发生时负责处理相应的事件。

例如，当用户单击了某个按钮组件、按钮组件被按下时，则该按钮组件就是事件源，其上发生的事件是"按钮被按下"，用来处理该事件的对象即是该事件的监听器。

具体说明如下。

1. 事件

事件通常是指用户在界面上的一个操作（通常使用各种输入设备，如单击鼠标、按下键盘、关闭窗口等），导致事件源发生状态改变。当一个事件发生时，系统根据用户的操作构造一个相应事件类的对象，该事件对象中封装特定类型的信息。

事件是有不同的类别的，不同的组件会产生不同类型的事件，比如单击按钮、单击菜单项等事件就属于"动作事件"，而关闭窗口、最小化窗口等事件属于"窗口事件"。Java 定义了不同的事件类来描述不同类型的用户操作。常用的事件类包含在 java.awt.event 中，如表 9-10 所示。

所有的 Java 事件类均派生自 java.util.EventObject，其中包含两个方法：
- Object getSource()：返回发生当前事件的对象（即事件源）。
- String toString()：返回该事件对象的字符串表示形式。

2. 事件源

事件源是状态发生改变、产生事件的对象。任何对象都可以是一个事件源。例如，JButton 在被单击时会产生一个动作事件，JButton 就是一个事件源。

作为事件源，必须提供方法来注册或注销其事件监听器，同时事件源必须维护自己的事件监听器列表。例如，JButton 的 addActionListener()和 removeActionListener()方法用来注册和注销该组件的事件监听器，同时 JButton 的 listenerList 属性存放该组件的已注册监听器。

另外，一个对象可以是多个事件的源，例如，JButton 可以触发 java.awt.ActionEvent 事件，也可以触发 javax.swing.event.Change 事件。

3. 事件监听器

事件监听器是用于接收事件对象，并对其进行处理的对象。一个事件监听器类必须实现相应的事件监听器接口，或继承相应的事件监听器适配器类。

其中，事件监听器接口定义了处理事件必须实现的方法。例如，接口 java.awt.event.ActionListener 中定义了 actionPerformed()方法，在组件上发生 ActionEvent 事件时，该方法被自动调用，以处理该事件。actionPerformed()的方法定义如下：

void actionPerformed(ActionEvent e)：发生按钮单击等事件时自动调用。

事件监听器适配器类是对事件监听器接口的简单实现，目的是为了减少编程的工作量。

java.awt.event 包和 javax.swing.event 包中定义了不同类型的事件监听器用来接收不同类型的事件对象，检查该类事件是否发生，如果发生，就激活事件处理器进行处理，如表 9-10 所示。

表 9-10 常用的事件类

事件类型	事件类名	事件监听器	事件适配器	事件源	简要说明
动作事件	ActionEvent	ActionListener	无	JButton, JCheckBox, JRadioButton, JMenuItem…	按下按钮，或在 TextField 中按 Enter 键
键盘事件	KeyEvent	KeyListener	KeyAdapter	JFrame, JDialog, 所有 Swing 组件	按键按下、释放、键入字符
鼠标事件	MouseEvent	MouseListener	MouseAdapter	JFrame, JDialog, 所有 Swing 组件	鼠标按下、释放、单击
		MouseMotionListener			拖动或移动鼠标
文本事件	TextEvent	TextListener	无	JTextField, JTextArea	文本对象的内容发生变化
窗体事件	WindowEvent	WindowFocusListener	WindowAdapter	JFrame, JDialog	窗体获得或失去焦点
		WindowStateListener			窗体状态发生变化（图标化、最大化）
		WindowListener			窗体打开、关闭
容器事件	ContainerEvent	ContainerListener	ContainerAdapter	Container	组件增加、移动，AWT 自动处理
焦点事件	FocusEvent	FocusListener	FocusAdapter	Component	获得焦点、失去焦点
组件事件	ComponentEvent	ComponentListener	ComponentAdapter	Component	组件尺寸变化、移动等，AWT 自动处理
选项事件	ItemEvent	ItemListener	无	JList, JComboBox, JCheckBox, JRadioButton…	选项被选定或取消
调节事件	AdjustmentEvent	AdjustmentListener	无	JscrollBar, Scrollbar…	在滚动条上移动滑块以调节数值

9.4.2 Java 事件处理机制

当事件源上发生了某个事件，并且该事件源注册了该事件的监听器时，JVM 会自动调用该监听器的相应方法对该事件进行处理，这就是 Java 的事件处理机制。

例如，JButton 对象 btn 是事件源，btn 被单击时会自动触发 ActionEvent 事件（JVM 自动生成 ActionEvent 类的事件对象）。如果 btn 已注册了动作事件的监听器对象，则 JVM 自动执行该监听器对象的相应方法（actionPerformed()方法）对该事件对象进行处理，如

图 9-41 所示。

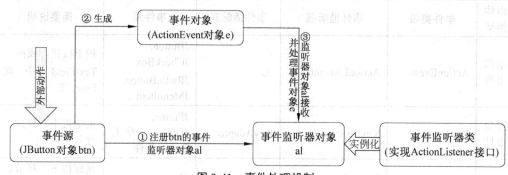

图 9-41 事件处理机制

由此可知,图形用户界面进行事件处理的过程如下:
(1) 编写事件监听器类,实现对应的事件监听器接口。
(2) 为事件源对象注册事件监听器对象。
(3) 当事件源对象上发生对象事件时,事件监听器会监听到事件,并调用相应方法处理该事件。

其中,(1) 和 (2) 需要程序员在程序中实现,(3) 则由 JVM 自动实现。

1. 事件监听器类实现对应的事件监听器接口

每个事件类对应一个事件监听器接口,例如 ActionEvent 对应 ActionListener 接口,KeyEvent 对应 KeyListener 接口。如果程序中需要处理某种事件,就需要实现相应的事件监听接口。常用的事件监听器接口如表 9-11 所示。

表 9-11 常用的事件监听器接口

事件监听器接口	接口声明的方法	描述
ActionListener 单击事件监听器接口	actionPerformed(ActionEvent e)	发生单击操作时调用
KeyListener 键盘事件监听器接口	keyTyped(KeyEvent e)	键入某个键时调用
	keyPressed(KeyEvent e)	键盘按下时调用
	keyReleased(KeyEvent e)	键盘松开时调用
MouseListener 鼠标事件监听器接口	mouseClicked(MouseEvent e)	鼠标单击时(按下并释放)
	mousePressed(MouseEvent e)	鼠标按下时调用
	mouseReleased(MouseEvent e)	鼠标松开时调用
	mouseEntered(MouseEvent e)	鼠标进入到组件时调用
	mouseExited(MouseEvent e)	鼠标离开组件时调用
MouseMotionListener 鼠标移动事件监听接口	mouseDragged(MouseEvent e)	在组件上按下并拖动时调用
	mouseMoved(MouseEvent e)	鼠标移动到组件时调用
FocusListener 焦点事件监听器接口	focusGained(FocusEvent e)	获得焦点
	focusLost(FocusEvent e)	失去焦点

续表

事件监听器接口	接口声明的方法	描述
WindowListener 窗口事件监听器接口	windowActivated(WindowEvent e)	窗口变为活动窗口时触发
	windowDeactivated(WindowEvent e)	窗口变为不活动窗口时触发
	windowClosed(WindowEvent e)	当窗口被关闭时触发
	windowClosing(WindowEvent e)	当窗口正在关闭时触发
	windowIconified(WindowEvent e)	窗口最小化时触发
	windowDeiconified(WindowEvent e)	从最小化恢复到正常时触发
	windowOpened(WindowEvent e)	窗口打开时触发

实现监听器接口有以下几种实现方式。

（1）用内部类实现监听器接口。用内部类实现监听器接口的好处是可以直接访问外部类的属性和方法，如例 9-14 所示。

例 9-14 TestListenerInnerClass.java

```java
import javax.swing.*;
import java.awt.*;
import java.awt.event.*;

public class TestListenerInnerClass extends JFrame {
    private JButton btn;
    private JLabel label;

    public TestListenerInnerClass(String title) {
        super(title);
        btn = new JButton("1");
        label = new JLabel("请单击按钮:");
        setSize(300, 150);
        setDefaultCloseOperation(JFrame.EXIT_ON_CLOSE);
        // 为 btn 注册事件监听器
        btn.addActionListener(new ActionListener() {
        //内部类实现监听器接口 ActionListener
            // 具体实现 ActionListener 中的 actionPerformed 方法
            public void actionPerformed(ActionEvent e) {
                // 有 ActionEvent 事件发生时执行
                int count = Integer.parseInt(btn.getText());
                // 取 btn 的数字
                count++;            // 数字加 1
                btn.setText(new Integer(count).toString());// 显示在 btn 上
            }
        });
        add(label, BorderLayout.NORTH);
        add(btn);
```

```
            setVisible(true);
        }

    public static void main(String[] args) {
        new TestListenerInnerClass("使用内部类实现监听器接口");
    }
}
```

在例 9-14 的 TestListenerInnerClass 类中定义了一个内部匿名类,它实现了 ActionListener 接口。btn 的 addActionListener()方法负责将这个内部类的对象注册为 btn 的 Action 事件监听器。当用户单击 btn 时,会触发一个 ActionEvent 事件,该事件被监听器对象接收,其 actionPerformed()方法被执行,将 btn 上的值增加 1。

运行结果如图 9-42 所示。

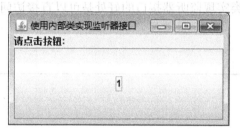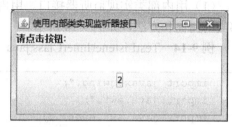

图 9-42 例 9-14 的运行结果

(2) 用容器类实现监听器接口。容器类也可以实现监听器接口。Java 支持类实现多个接口,因此容器类可以实现多个监听器接口。容器中的组件可以将所在容器对象本身注册为监听器,如例 9-15 所示。

例 9-15 TestListenerContainer.java

```
import javax.swing.*;
import java.awt.*;
import java.awt.event.*;

public class TestListenerContainer extends JFrame
        implements ActionListener {
    private JButton btn;
    private JLabel label;

    public TestListenerContainer(String title) {
        super(title);
        btn = new JButton("1");
        label = new JLabel("请单击按钮:");
        setSize(300, 150);
        setDefaultCloseOperation(JFrame.EXIT_ON_CLOSE);
        btn.addActionListener(this);
        // 为 btn 注册 ActionEvent 事件监听器,监听器为当前容器对象
```

```java
        add(label, BorderLayout.NORTH);
        add(btn);
        setVisible(true);
    }

    public static void main(String[] args) {
        new TestListenerContainer("使用容器类实现监听器接口");
    }

    public void actionPerformed(ActionEvent e) {
        //实现ActionListener中的actionPerformed方法
        int count = Integer.parseInt(btn.getText());
        count++;
        btn.setText(new Integer(count).toString());
    }
}
```

在例 9-15 中，TestListenerContainer 类实现了 ActionListener 接口，btn 将当前容器对象注册为事件监听器，由当前容器对象的 actionPerformed()方法处理 ActionEvent。

（3）定义专门的类实现监听器接口。程序员可以定义专门的类来实现监听器接口，使处理事件的代码与创建 GUI 界面的代码分离，程序逻辑更加清晰。缺点是在监听器中无法直接访问事件源，必须通过事件类的 getSource()方法来获取事件源，如例 9-16 所示。

例 9-16 TestListenerAnotherClass.java

```java
import javax.swing.*;
import java.awt.*;
import java.awt.event.*;
public class TestListenerAnotherClass extends JFrame {
    private JButton btn;
    private JLabel label;

    public TestListenerAnotherClass(String title) {
        super(title);
        btn = new JButton("1");
        label = new JLabel("请单击按钮:");
        setSize(300, 150);
        setDefaultCloseOperation(JFrame.EXIT_ON_CLOSE);
        btn.addActionListener(new MyListener());
        // 为btn注册事件监听器为MyListener对象
        add(label, BorderLayout.NORTH);
        add(btn);
        setVisible(true);
    }
```

```java
        public static void main(String[] args) {
            new TestListenerAnotherClass("定义专门的类实现监听器接口");
        }
    }

    class MyListener implements ActionListener {
        //定义MyListener类实现ActionListener接口
        public MyListener() {  }
        public void actionPerformed(ActionEvent e) {
            //实现ActionListener中的actionPerformed方法
            JButton btn = (JButton) e.getSource();     // 获取事件源
            int count = Integer.parseInt(btn.getText());
            count++;
            btn.setText(new Integer(count).toString());
        }
    }
```

在例 9-16 中，TestListenerAnotherClass 类负责创建 GUI 界面，MyListener 类负责监听并处理 ActionEvent 事件。在处理事件时，需要首先调用事件对象 e 的 getSource()方法来获取事件源。

（4）使用事件适配器。当类实现一个监听器接口时，必须实现接口中的所有方法。例如，接口 MouseListener 中定义了 5 个方法：mouseClicked()、mousePressed()、mouseReleased()、mouseEntered()和 mouseExited()，实现 MouseListener 接口时就需要为这 5 个方法编写方法体。但是实际应用中，往往不需要实现接口中的所有方法。为了编程方便，AWT 为部分方法较多的监听器接口提供了适配器类。适配器类实现了监听器接口中的所有方法，方法体均为空。例如，MouseListener 的适配器类为 MouseAdapter，其定义如下：

```java
public abstract class MouseAdapter implements MouseListener,
        MouseWheelListener, MouseMotionListener
{
    public void mouseClicked(MouseEvent e) {}
    public void mousePressed(MouseEvent e) {}
    public void mouseReleased(MouseEvent e) {}
    public void mouseEntered(MouseEvent e) {}
    public void mouseExited(MouseEvent e) {}
    public void mouseWheelMoved(MouseWheelEvent e){}
    public void mouseDragged(MouseEvent e){}
    public void mouseMoved(MouseEvent e){}
}
```

在程序中可以定义适配器类的子类来作为监听器，在该子类中，只用根据实际的需要来实现个别事件处理方法，覆盖父类适配器中的空方法即可，其余无关方法可以不必重写，如例 9-17 所示。

例 9-17 TestListenerAdapter.java

```java
import javax.swing.*;
import java.awt.*;
import java.awt.event.*;

public class TestListenerAdapter extends JFrame {
    private JButton btn;
    private JLabel label;
    public TestListenerAdapter(String title) {
        super(title);
        btn = new JButton("1");
        label = new JLabel("请单击按钮:");
        setSize(300, 150);
        setDefaultCloseOperation(JFrame.EXIT_ON_CLOSE);
        btn.addMouseListener(new MyMouseListener());
        // 为 btn 注册 MouseEvent 事件监听器，监听器为适配器子类对象
        add(label, BorderLayout.NORTH);
        add(btn);
        setVisible(true);
    }
    public static void main(String[] args) {
        new TestListenerAdapter("定义专门的类实现监听器接口");
    }
}

class MyMouseListener extends MouseAdapter {
    // MyMouseListener 派生自适配器类 MouseAdapter
    public void mousePressed(MouseEvent e) {
        // 具体实现 mousePressed()方法
        JButton btn = (JButton) e.getSource();
        int count = Integer.parseInt(btn.getText());
        count++;
        btn.setText(new Integer(count).toString());
    }
}
```

在例 9-17 中，TestListenerAdapter 类负责创建 GUI 界面，MyMouseListener 类负责监听 MouseEvent 事件。MyMouseListener 继承了 MouseAdapter 适配器类，其 mousePressed()方法负责处理鼠标键按下的动作。

注意，由于 Java 的单一继承机制，当需要多种监听器或此类已有父类时，无法采用事件适配器子类进行事件处理，可以通过实现多个监听器接口进行处理。

（5）注册多个监听器。一个组件可以注册多个不同的监听器，来处理该组件上发生的不同事件。当组件上注册了多个监听器时，监听器按照何种次序来处理事件是不确定

的，与组件注册监听器的顺序无关，如例 9-18 所示。

例 9-18 TestMultiListeners.java

```java
import javax.swing.*;
import java.awt.Color;
import java.awt.event.*;

public class TestMultiListeners extends JFrame {
    private static final long serialVersionUID = 1L;
    private JButton btn;
    private Color color = Color.BLACK;
    private Color colors[]={ Color.black,Color.blue,Color.red,
                    Color.green,Color.gray };

    public TestMultiListeners(String title) {
        super(title);
        setSize(300, 150);
        setDefaultCloseOperation(JFrame.EXIT_ON_CLOSE);
        btn = new JButton("Change Color! ");
        btn.addActionListener(new ActionListener() {
            // 为btn注册第一个事件监听器
            public void actionPerformed(ActionEvent e) {
                // 发生ActionEvent时执行
                int i = (int) (Math.random() * 5); // 生成0~4的随机数
                color = colors[i];                 // 选择该颜色
                btn.setBackground(color);          // 改变背景色为随机生成的颜色
            }
        });

        btn.addActionListener(new ActionListener() {
            // 为btn注册第二个事件监听器
            public void actionPerformed(ActionEvent e) {
                System.out.println(color.toString());// 在屏幕输出当前颜色
            }
        });

        add(btn);
        setVisible(true);
    }

    public static void main(String[] args) {
        new TestMultiListeners("注册多个监听器接口");
    }
}
```

在例 9-18 中，为 btn 注册了两个监听器。第一个监听器将 btn 的背景颜色设置为数组 colors 中的某随机颜色,第二个监听器将该随机颜色输出在屏幕中。运行效果如图 9-43 所示。

图 9-43 例 9-18 的运行结果

2. 注册事件监听器

为了能够让事件监听器检查某个组件（事件源）是否发生了某些事件，并且在发生时激活事件处理器进行相应的处理，必须在事件源上注册事件监听器。注册事件监听器是通过调用事件源组件的以下方法来完成的：

- void addXXXListener(XXXListener l)：XXX 为相应的事件类名。

例如：

```
btn.addActionListener(l1);
// 为 btn 对象注册动作事件监听器 l1，l1 对象必须实现 ActionListener 接口
o1.addFocusListener(l2);
// 为 o1 对象注册焦点事件监听器 l2，l2 对象必须实现 FocusListener 接口
o2.addMouseListener(l3);
// 为 o2 对象注册鼠标事件监听器 l3，l3 对象必须实现 MouseListener 接口
o2.addKeyListener(l4);
// 为 o2 对象注册键盘事件监听器 l4，l4 对象必须实现 KeyListener 接口
```

9.4.3 处理 ActionEvent

ActionEvent 事件可以由 JButton、JCheckBox、JRadioButton、JMenuItem 等组件触发，表示按下 JButton 或 JCheckBox 被选中/未选中，这些动作是通过单击鼠标或者敲击键盘来进行的。

（1）java.awt.event.ActionEvent 类。ActionEvent 类提供了以下常用的方法：

- public Object getSource()：获取发生该 Event 的对象，继承自 java.util.EventObject。
- String getActionCommand()：返回与此动作相关的命令字符串，通常是触发事件的组件中的文本。
- long getWhen()：返回此事件发生时的时间戳。

（2）java.awt.event.ActionListener 接口。处理 ActionEvent 事件需要实现 ActionListener 接口。该接口只定义了一个方法：

- public void actionPerformed(ActionEvent e)。

当发生 ActionEvent 事件时，JVM 自动生成一个 ActionEvent 事件对象，其中封装了该事件的相关信息；JVM 会主动调用事件源的已注册监听器的 actionPerformed()方法，并将生成的事件对象以实参的形式传递进来。程序员可以在 actionPerformed()方法中通过形参 e 来访问该事件对象，进行特定处理。

(3) 处理组件的 ActionEvent。例如，假设已创建好如图 9-44 左图所示的菜单，可以为菜单"文件"的菜单项"打开文档"注册动作事件监听器，当用户单击该菜单项时，弹出文件选择器，供用户选择使用。代码如下：

```java
// 菜单项 - 打开文档
menuOpen.addActionListener(new ActionListener() {
    public void actionPerformed(ActionEvent e)
    {
        JFileChooser fileChooser = new JFileChooser();
        int option = fileChooser.showDialog(null, null);
        if (option == JFileChooser.APPROVE_OPTION) { // 确认键
            try {
                setTitle(fileChooser.getSelectedFile().toString());
                textArea.setText("");
                String filename = fileChooser.getSelectedFile().toString();
                // 获取选中文件名
                // 读取文件内容存入 text 中
                textArea.setText(text);    // 将读取的文件内容显示在 textArea 中
            } catch (Throwable e) {        // 无法打开文档时弹出对话框
                JOptionPane.showMessageDialog(null,
                    e.toString(), "打开文档失败",
                    JOptionPane.ERROR_MESSAGE);
            }
        } // end-if
    } // end- actionPerformed
});
```

图 9-44　ActionEvent 事件处理示例

9.4.4　处理 MouseEvent

MouseEvent 事件可以由所有的 Swing 组件触发，表示按下鼠标按键、松开鼠标按键、单击鼠标按键（按下并松开）、把鼠标指针移入或移出某个组件区域等。

1. java.awt.event.MouseEvent 类

MouseEvent 封装鼠标事件，提供的常用方法如下：

- public Object getSource()：获取发生该 Event 的对象，继承自 java.util.EventObject。
- int getButton()：返回更改了状态的鼠标按键，返回值为 MouseEvent.NOBUTTON、

MouseEvent.BUTTON1、MouseEvent.BUTTON2 和 MouseEvent.BUTTON3 之一，分别表示未按下鼠标按钮、按下鼠标左键、按下鼠标滚轮、按下鼠标右键。
- int getClickCount()：获取单击鼠标按键的次数。
- Point getPoint()：返回发生鼠标事件组件的左上角的坐标。
- int getX()：返回发生鼠标事件组件的左边缘的水平坐标。
- int getY()：返回发生鼠标事件组件的上边缘的垂直坐标。

2. java.awt.event.MouseListener 接口

MouseListener 接口用来捕捉鼠标事件，它定义的 5 个方法如下：

```
public interface MouseListener extends EventListener {
    public void mouseClicked(MouseEvent e);
    // 鼠标按键在组件上单击（按下并释放）时调用
    public void mousePressed(MouseEvent e);    // 鼠标按键在组件上按下时调用
    public void mouseReleased(MouseEvent e);   // 鼠标按键在组件上释放时调用
    public void mouseEntered(MouseEvent e);    // 鼠标指针进入到组件上时调用
    public void mouseExited(MouseEvent e);     // 鼠标指针离开组件上时调用
}
```

3. java.awt.event.MouseMotionListener 接口

MouseListener 接口用来捕捉鼠标移动事件，它定义的 2 个方法如下：

```
public interface MouseMotionListener extends EventListener {
    public void mouseDragged(MouseEvent e);// 鼠标按键在组件上按下并拖动时调用
    public void mouseMoved(MouseEvent e);
    // 鼠标光标移动到组件上但无按键按下时调用
}
```

4. java.awt.event.MouseAdapter 鼠标事件适配器

鼠标事件适配器类对 MouseListener、MouseMotionListener 和 MouseWheelListener 进行了具体的实现，其定义如下：

```
public abstract class MouseAdapter implements MouseListener,
        MouseWheelListener, MouseMotionListener {
    public void mouseClicked(MouseEvent e) {}
    public void mousePressed(MouseEvent e) {}
    public void mouseReleased(MouseEvent e) {}
    public void mouseEntered(MouseEvent e) {}
    public void mouseExited(MouseEvent e) {}
    public void mouseWheelMoved(MouseWheelEvent e){}
    public void mouseDragged(MouseEvent e){}
    public void mouseMoved(MouseEvent e){}
}
```

由定义可知，所有事件处理函数的方法体都是空的，因此定义适配器的子类来对组件鼠标事件进行处理时，只需要在子类中对特定事件处理函数进行具体实现，从而覆盖掉适配器类的空方法,其他的事件处理函数无须更改,采用适配器中的空方法即可。

5. 处理组件的 MouseEvent

处理组件的 MouseEvent 事件如例 9-19 所示。

例 9-19 TestMouseEvent.java

```java
    import java.awt.*;
    import javax.swing.*;

    public class TestMouseEvent extends JFrame {
        public static void main(String args[]) {
            TestMouseEvent frame = new TestMouseEvent("处理鼠标事件示例");
            frame.setVisible(true);   // 设置窗体可见,默认为不可见
        }
        public TestMouseEvent(String title) {
            super(title);
            setBounds(100, 100, 300, 100);
            setDefaultCloseOperation(JFrame.EXIT_ON_CLOSE);

            final JLabel label = new JLabel("This is a JLabel");
            label.setHorizontalAlignment(SwingConstants.CENTER);
            // label 内容居中
            label.addMouseListener(new MouseListener() {
                public void mouseEntered(MouseEvent e) {// 光标移入组件时被触发
                    label.setText("光标移入组件");
                }

                public void mousePressed(MouseEvent e){// 鼠标按键被按下时被触发
                    int i = e.getButton();     // 通过该值可以判断按下的是哪个键
                    if (i == MouseEvent.BUTTON1)
                        label.setText("按下的是鼠标左键");
                    if (i == MouseEvent.BUTTON2)
                        label.setText("按下的是鼠标滚轮");
                    if (i == MouseEvent.BUTTON3)
                        label.setText("按下的是鼠标右键");
                }

                public void mouseReleased(MouseEvent e){// 鼠标按键被释放时被触发
                    int i = e.getButton();     // 通过该值可以判断释放的是哪个键
                    if (i == MouseEvent.BUTTON1)
                        label.setText("释放的是鼠标左键");
                    if (i == MouseEvent.BUTTON2)
                        label.setText("释放的是鼠标滚轮");
                    if (i == MouseEvent.BUTTON3)
                        label.setText("释放的是鼠标右键");
                }
```

```
            public void mouseClicked(MouseEvent e) {  // 发生单击事件时被触发
                System.out.print("单击了鼠标按键,");// 单击时在屏幕输出相应信息
                int i = e.getButton();          // 通过该值可以判断单击的是哪个键
                if (i == MouseEvent.BUTTON1)
                    System.out.print("单击的是鼠标左键,");
                if (i == MouseEvent.BUTTON2)
                    System.out.print("单击的是鼠标滚轮,");
                if (i == MouseEvent.BUTTON3)
                    System.out.print("单击的是鼠标右键,");
                int clickCount = e.getClickCount();
                System.out.println("单击次数为" + clickCount + "下");
            }

            public void mouseExited(MouseEvent e) {// 光标移出组件时被触发
                label.setText("光标移出组件");
            }
        });
        add(label, BorderLayout.CENTER);
    // pack();
    }
}
```

在例 9-19 中，对 label 组件注册了鼠标事件监听器，并具体实现了接口中的各方法。运行结果如图 9-45 所示。

图 9-45　例 9-19 的运行结果

9.4.5　处理 KeyEvent

KeyEvent 事件可以由所有的 Swing 组件触发，表示在组件中发生键击的键盘事件，

包括按下、释放或键入某个键。

1. java.awt.event.KeyEvent 类

KeyEvent 类封装键盘事件，定义了许多 final int 属性表示各个键盘按键，例如，VK_A~VK_Z（A 键 ~ Z 键）、VK_0~VK_9（0 键~9 键）、VK_ENTER（回车键）、VK_BACK_SPACE（退格键）、VK_TAB（制表键）、VK_SHIFT（SHIFT 键）、VK_CONTROL（CONTROL 键）、VK_ALT（ALT 键）、VK_SPACE（空格键）、VK_F1 ~ VK_F12（F1 键 ~F12 键）等。

KeyEvent 类提供的常用方法如下：
- public Object getSource()：获取发生该 Event 的对象，继承自 java.util.EventObject。
- int getKeyCode()：返回按键的整数键码，如按下 A 键则返回 KeyEvent.VK_A。
- char getKeyChar()：返回与事件中的按键相关的 char 值。
- static String getKeyText(int keyCode)：返回按键键码字符串，如"F1"、"A"。

2. java.awt.event.KeyListener 接口

KeyListener 接口用来捕捉键盘事件。如果需要在程序中处理键盘事件，需要实现该接口。它定义的 3 个方法如下：

```
public interface KeyListener extends EventListener {
    public void keyPressed(KeyEvent e);      // 按下某个键时调用
    public void keyReleased(KeyEvent e);     // 释放某个键时调用
    public void keyTyped(KeyEvent e);        // 键入某个键时调用
}
```

3. java.awt.event.KeyAdapter 键盘事件适配器

键盘事件适配器类对 KeyListener 进行了具体的实现，其定义如下：

```
public abstract class KeyAdapter implements KeyListener {
    public void keyTyped(KeyEvent e) {}
    public void keyPressed(KeyEvent e) {}
    public void keyReleased(KeyEvent e) {}
}
```

同样，所有事件处理函数的方法体都是空的，因此定义适配器的子类来对组件的键盘事件进行处理时，只需要在子类中对特定事件处理函数进行具体实现，从而覆盖掉适配器类的空方法即可。

4. 处理组件的 KeyEvent

处理组件的 KeyEvent 事件如例 9-20 所示。

例 9-20　TestKeyEvent.java

```
import java.awt.BorderLayout;
import java.awt.event.*;
import javax.swing.*;
```

```java
public class TestKeyEvent extends JFrame implements KeyListener {
//当前窗体实现监听器接口
    public TestKeyEvent(String title) {
        super(title);
        JLabel label = new JLabel("请键入字符：");
        JTextField textField = new JTextField(20);
        textField.addKeyListener(this);
        // 为textField组件注册键盘事件监听器为当前窗体
        add(label, BorderLayout.NORTH);
        add(textField, BorderLayout.CENTER);
    }
    private static void constructGUI() {
        TestKeyEvent frame = new TestKeyEvent("处理键盘事件示例");
        frame.setDefaultCloseOperation(JFrame.EXIT_ON_CLOSE);
        frame.pack();
        frame.setVisible(true);
    }
    public void keyTyped(KeyEvent e) {        // 发生键入事件时被触发
        System.out.print(e.getKeyChar());     // 在屏幕上输出键入的字符
        e.setKeyChar(Character.toUpperCase(e.getKeyChar()));
        //显示的为键入字符的大写形式
    }
    public void keyPressed(KeyEvent e) {   }
    public void keyReleased(KeyEvent e) {   }
    public static void main(String[] args) {
        javax.swing.SwingUtilities.invokeLater(new Runnable() {
            public void run() {  constructGUI();      }
        });
    }
}
```

在例 9-20 的构造方法中 textField 组件注册了键盘事件监听器为当前窗体，即 textField 组件发生键盘事件时，由当前窗体容器负责处理。当前窗体容器实现 KeyListener 接口，充当键盘事件的监听器，并实现了接口中的三个方法。其中，在 keyTyped 方法中具体实现了在屏幕上输出键入字符，并将输入字符显示为键入字符的大写形式。运行结果如图 9-46 所示。

图 9-46　KeyEvent 事件处理示例

9.4.6 处理 WindowEvent

WindowEvent 事件由 JFrame、JDialog 组件触发，表示在容器窗体中发生的动作，包括窗体的打开或关闭、窗体状态变化、获得或失去焦点等。

1. java.awt.event.WindowEvent 类

WindowEvent 类封装窗体事件的信息，在数据源对象打开、关闭、激活、停用、最小化、最大化、获得或失去焦点时，就触发窗体事件。

WindowEvent 类提供的常用方法如下：

- int getNewState()：在窗体状态发生变化时，返回窗体的新状态。返回值可以为 java.awt.Frame 类的以下静态 final 属性之一：
  - Frame.ICONIFIED：窗体被图标化。
  - Frame.MAXIMIZED_BOTH：窗体完全最大化（水平和垂直方向）。
  - Frame.MAXIMIZED_HORIZ：窗体在水平方向最大化。
  - Frame.MAXIMIZED_VERT：窗体在垂直方向最大化。
  - Frame.NORMAL：窗体处于正常状态。
- int getOldState()：在窗体状态发生变化时，返回窗体的旧状态。
- Window getWindow()：返回事件源对象。

2. java.awt.event.WindowListener 接口

WindowListener 接口用来捕捉窗体的事件。当通过打开、关闭、激活或停用、图标化或取消图标化而改变了窗口状态时，将调用该接口中的相关方法。定义如下：

```
public interface WindowListener extends EventListener {
    public void windowOpened(WindowEvent e);     // 窗口首次变为可见时调用
    public void windowClosing(WindowEvent e);
    // 用户试图从窗口的系统菜单中关闭窗口时调用
    public void windowClosed(WindowEvent e);
    // 因对窗口调用 dispose 而将其关闭时调用
    public void windowIconified(WindowEvent e);
    // 窗口从正常状态变为最小化状态时调用
    public void windowDeiconified(WindowEvent e);
    // 窗口从最小化状态变为正常状态时调用
    public void windowActivated(WindowEvent e);    // 将窗口设置为活动窗口时调用
    public void windowDeactivated(WindowEvent e);  // 当窗口不再是活动窗口时调用
}
```

3. java.awt.event.WindowStateListener 接口

WindowStateListener 接口用来捕捉窗体事件。当通过图标化、最大化等改变窗口状态时，就调用该接口中的 windowStateChanged 方法。定义如下：

```
public interface WindowStateListener extends EventListener {
    public void windowStateChanged(WindowEvent e); // 当窗口状态改变时调用
```

}

4. java.awt.event.WindowFocusListener 接口

WindowFocusListener 接口用来捕捉窗体事件。当通过打开、关闭、激活、停用、图标化、取消图标化等动作使该窗体获取焦点或失去焦点时，将调用侦听器对象中的相关方法，其定义如下：

```
public interface WindowFocusListener extends EventListener {
    public void windowGainedFocus(WindowEvent e);
    // 当窗口获取焦点、变成活动窗口时调用
    public void windowLostFocus(WindowEvent e);   // 当窗口失去焦点时调用
}
```

5. java.awt.event.WindowAdapter 窗体事件适配器

窗体事件适配器类 WindowAdapter 对窗体事件监听器的各接口进行了具体的实现，其定义如下：

```
public abstract class WindowAdapter
implements WindowListener, WindowStateListener, WindowFocusListener
{
    public void windowOpened(WindowEvent e) {}     // 窗口首次变为可见时调用
    public void windowClosing(WindowEvent e) {}    // 窗口正处在关闭过程中时调用
    public void windowClosed(WindowEvent e) {}     // 当窗口已被关闭时调用
    public void windowIconified(WindowEvent e) {}  // 当图标化窗口时调用
    public void windowDeiconified(WindowEvent e) {} // 取消图标化窗口时调用
    public void windowActivated(WindowEvent e) {}  // 当激活窗口时调用
    public void windowDeactivated(WindowEvent e) {}// 当停用窗口时调用
    public void windowStateChanged(WindowEvent e) {} // 当窗口状态改变时调用
    public void windowGainedFocus(WindowEvent e) {}
    // 当窗口获取焦点、变成活动窗口时调用
    public void windowLostFocus(WindowEvent e) {}  // 当窗口失去焦点时调用
}
```

同样，所有事件处理函数的方法体都是空的，因此定义适配器的子类来对组件的窗体事件进行处理时，只需要在子类中对特定事件处理函数进行具体实现，从而覆盖掉适配器类的空方法即可。

6. 处理组件的 WindowEvent

处理组件的 WindowEvent 事件如例 9-21 所示。

例 9-21 TestWindowEvent.java

```
import java.awt.event.WindowEvent;
import java.awt.event.WindowListener;
import javax.swing.JFrame;
import javax.swing.JOptionPane;
```

```java
public class TestWindowEvent extends JFrame {
    public TestWindowEvent() {
        this.setSize(400, 300);
        this.setTitle("处理窗体事件示例");
        this.setDefaultCloseOperation(JFrame.DO_NOTHING_ON_CLOSE);
        // 设置用户单击关闭时不进行处理，由窗体事件监听器处理
        this.addWindowListener(new MyWindowListener());
        // 为窗体注册窗体事件监听器
        this.setResizable(false); // 窗体大小不能改变
        this.setVisible(true);
    }

    public class MyWindowListener implements WindowListener {
        // 定义内部类 MyWindowListener
        public void windowClosing(WindowEvent e) {
            // 用户从窗口的系统菜单中关闭窗口时调用
            int i = JOptionPane.showConfirmDialog(null,
                    "是否需要保存信息？", "请选择",
                    JOptionPane.YES_NO_CANCEL_OPTION);
            if (i == 1) {
                JOptionPane.showMessageDialog(null,
                        "您选择了不保存", "警告",
                        JOptionPane.WARNING_MESSAGE);
                System.out.println("用户选择不保存信息。");
                return;
            }
            if (i == 2) {
                JOptionPane.showMessageDialog(null,
                        "您选择了取消", "警告",
                        JOptionPane.WARNING_MESSAGE);
                System.out.println("用户选择取消。");
                return;
            }
            if (i == 0) {
                JOptionPane.showMessageDialog(null, "您选择了保存",
                        "提示", JOptionPane.INFORMATION_MESSAGE);
                System.out.println("用户选择保存信息。");
                System.exit(0);
            }
        }

        public void windowActivated(WindowEvent e) {}
        public void windowClosed(WindowEvent e) {}
        public void windowDeactivated(WindowEvent e) {}
        public void windowDeiconified(WindowEvent e) {}
        public void windowIconified(WindowEvent e) {}
```

```
            public void windowOpened(WindowEvent e) {}
        }

        public static void main(String[] args) {
            new TestWindowEvent();
        }
    }
```

在例 9-21 中，定义了内部类 MyWindowListener 作为窗口事件监听器类，并具体实现了 windowClosing()方法，当用户在系统菜单中单击关闭按钮时，弹出确认对话框。当用户选择保存选项时，方可结束程序、关闭窗口。运行结果如图 9-47 所示。

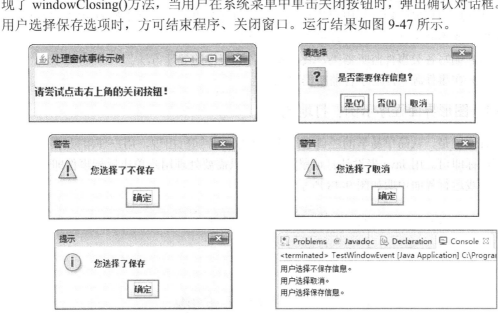

图 9-47 WindowEvent 事件处理示例

9.5 图形用户界面程序设计示例

图形用户界面程序大多以窗体的形式呈现，窗体中一般有菜单、工具栏、文本框、按钮、单选框、复选框等组件。用户通过单击鼠标、键盘或菜单等动作进行操作，程序将操作结果显示或者保存起来。

在 Java 中进行 GUI 程序设计的过程也应该由界面设计和事件处理两个步骤组成。

1. 图形用户界面的设计

常用的图形界面由顶层容器、中间容器和基本组件构成，因此界面设计又可以细分为：

（1）创建顶层容器。顶层容器是图形界面显示的基础，其他所有的组件都是直接或间接显示在顶层容器中的。Java 中顶层容器可以是 JFrame、JDialog 或 JApplet。

（2）创建布局管理器，控制容器内各组件的位置。组件添加到容器中时需要设置组件在容器中的位置。可以直接设置组件在容器中的绝对位置，更常用的方式是创建合适的布局管理器对象来控制组件在容器内的位置。Java 的布局管理器有 BorderLayout、FlowLayout、GridLayout、GridBagLayout 等。

（3）创建中间容器和常用组件。创建图形界面中的菜单、工具栏、标签、文本框、按钮、单选框、复选框等组件，并安排相互位置关系。如果要实现复杂的界面，可以借助中间容器（如 JPanel、JTabbedPane、JSplitPane 等）进行分区域设计。

（4）将中间容器和常用组件加入容器。将中间容器和常用组件添加到顶层容器中，显示图形界面。

2. 处理各组件上产生的事件

要实现图形界面程序与用户的交互，需要定义各组件对不同事件的响应，以处理组件上发生的不同事件。事件处理过程也可细分为：

（1）编写各类事件监听器类，具体实现各类事件的处理方法。
（2）在事件源上注册事件监听器对象。

9.5.1 图形界面程序示例：打地鼠

打地鼠是一款简单易学的经典小游戏，地鼠图片随机出现，用户使用鼠标不断单击地图图标即可。用 Java 来设计打地鼠游戏时，只需要处理用户单击鼠标事件即可。

游戏运行界面说明如图 9-48 所示。

图 9-48 打地鼠游戏界面

程序代码如例 9-22 所示。

例 9-22 ShrewMouse.java

```
import java.awt.*;
import java.awt.event.*;
import javax.swing.*;

public class ShrewMouse extends JFrame implements Runnable {
    private static final long serialVersionUID = 8752899717443325480L;
```

```java
        private JPanel panel;                    // 中间容器,存放游戏界面
        private JLabel[] mouses;                 // 存放显示地鼠的标签数组
        private ImageIcon imgMouse;              // 地鼠图片对象
        private JLabel scoreLabel;               // 得分条组件
        private static int curScore;             // 保存当前得分

    public ShrewMouse() {
        super();
        setResizable(false);                     // 禁止调整窗体大小
        setTitle("打地鼠");                       // 设置窗体标题
        setDefaultCloseOperation(JFrame.EXIT_ON_CLOSE);

        curScore = 0;

        // 设置得分条的对齐、字体、内容和位置
        scoreLabel = new JLabel("Score: " + curScore);
        scoreLabel.setHorizontalAlignment(SwingConstants.CENTER);
        scoreLabel.setFont(new Font("Arial", Font.BOLD, 20));
        this.add(scoreLabel, BorderLayout.NORTH);

        // 设置中间容器panel面板
        panel = new JPanel();
        panel.setLayout(null);                   // 面板不使用布局管理器

        mouses = new JLabel[6];                  // 创建显示地鼠的标签数组
        imgMouse = new ImageIcon("mouse.png");   // 初始化地鼠图片对象
        for (int i = 0; i < 6; i++) {            // 遍历数组
            mouses[i] = new JLabel();            // 初始化每一个数组元素
            mouses[i].setSize(imgMouse.getIconWidth(),
                        imgMouse.getIconHeight());
            // 设置标签与地鼠图片相同大小
            mouses[i].addMouseListener(new MouseAdapter() {
            // 为标签mouses[i]添加鼠标事件监听适配器
                public void mouseClicked(MouseEvent e){// 处理鼠标单击事件
                    Object source = e.getSource();     // 获取事件源
                    if (source instanceof JLabel) {
                    // 如果事件源是标签组件,鼠标点中地鼠
                        JLabel mouse = (JLabel) source; // 强制转换为JLabel标签
                        mouse.setIcon(null);        // 取消标签图标,即地鼠消失
                        curScore++;                 // 得分加1
                        scoreLabel.setText("Score: " + curScore);
                        // 更新得分条的内容
                    }
                }
            });
            panel.add(mouses[i]);                              // 添加地鼠标签到面板中
```

```java
            // 设置每个地鼠标签的位置
            mouses[0].setLocation(253, 300);
            mouses[1].setLocation(333, 250);
            mouses[2].setLocation(388, 296);
            mouses[3].setLocation(362, 364);
            mouses[4].setLocation(189, 353);
            mouses[5].setLocation(240, 409);

            final JLabel backLabel = new JLabel();           // 创建显示背景的标签
            ImageIcon img = new ImageIcon("background.jpg");// 创建背景图片对象
            backLabel.setBounds(0, 0, img.getIconWidth(), img.getIconHeight());
            // 设置标签与背景图片相同大小
            backLabel.setIcon(img);                          // 添加背景图片到标签
            panel.add(backLabel);                            // 添加背景标签到窗体

            this.setBounds(100, 100, img.getIconWidth(),
                    img.getIconHeight() + 30);
            // 设置窗体近似背景图片大小
            this.add(panel, BorderLayout.CENTER);            // 添加panel面板到窗体中
            this.setVisible(true);
        }

        public static void main(String args[]) {
            EventQueue.invokeLater(new Runnable() {
                public void run() {
                    try {
                        ShrewMouse frame = new ShrewMouse(); // 在该线程中创建窗体
                        new Thread(frame).start();           // 启动frame线程
                    } catch (Exception e)
                    { e.printStackTrace(); }
                }
            });
        }

        public void run() {
            while (true) {                                   // 无限循环
                try {
                    Thread.sleep(1000);                      // 使线程休眠1秒
                    int index = (int) (Math.random() * 6);   // 生成随机的地鼠索引
                    if (mouses[index].getIcon() == null)
                    // 如果地鼠标签没有设置图片,即已消失
                        mouses[index].setIcon(imgMouse);
                    // 为该标签添加地鼠图片,显示地鼠标签
                } catch (InterruptedException e) {
```

```
                e.printStackTrace();
            }
        }
    }
}
```

在例 9-22 中，创建了 JLabel 数组 mouses 来表示 6 个地鼠图标，并为每个地鼠图标 mouses[i]注册了鼠标事件监听器，当该图标被用户鼠标单击时，说明用户击中地鼠，则将该地鼠的图标设为 null，实现地鼠消失的效果。

ShrewMouse 类实现了 Runnable 接口，其 run()方法中通过无限循环使消失的地鼠图标每隔 1 秒钟随机出现。

9.5.2 图形界面程序示例：文本编辑器

本节拟设计一个简单的图形界面文本编辑器，具有如下功能：

- 界面由菜单栏、提示栏、文本编辑区域、控制按钮区域、状态栏等构成，如图 9-49 所示。

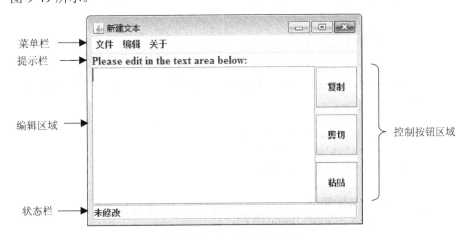

图 9-49 文本编辑器界面

- 用户通过"文件"菜单中的"打开文件""保存文件""文件另存为"和"关闭"菜单项分别打开、保存、另存文件、关闭系统。
- 用户通过"编辑"菜单中的"复制""剪切"和"粘贴"菜单项，或控制按钮区域中的复制、剪切和粘贴等命令按钮，分别实现已选中文本的复制、剪切和粘贴功能。
- 用户通过"关于"菜单中的"关于 JNotePad"菜单项来查看程序版本信息。
- 在文本编辑区域，用户可通过右键弹出菜单进行文本的复制、剪切和粘贴。
- 标题中显示"新建文本"或当前文件名。
- 状态栏中显示当前已打开文本的编辑状态信息："未修改"或"已修改"。

1. 界面设计

文本编辑器程序整体界面设计为 JFrame 子类，其中的菜单栏由 JMenuBar 实现、提示栏和状态栏由 JLabel 实现，编辑区域由 JTextArea 实现、控制按钮区域由 JPanel 实现。

将所有组件定义为窗体的私有属性，窗体的属性定义如下：

```java
public class JNotePad extends JFrame {
    private JMenuBar menuBar;                           // 菜单栏
    private JMenu fileMenu;                             // "文件"菜单
    private JMenuItem menuOpen, menuSave, menuSaveAs, menuClose;
    private JMenu editMenu;                             // "编辑"菜单
    private JMenuItem menuCut, menuCopy, menuPaste;
    private JMenu aboutMenu;                            // "关于"菜单
    private JMenuItem menuAbout;
    private JPopupMenu popupMenu;                       // 邮件弹出菜单

    private JTextArea textArea;                         // 文本编辑区域
    private JLabel noteLabel, stateBar;                 // 提示栏和状态栏
    private JPanel commandArea;                         // 命令按钮区域
    private JButton copy,cut, paste;                    // 命令按钮
    private JFileChooser fileChooser;                   // 文件选择器

    // 之后是各方法的定义
}
```

各组件的创建应在构造方法中完成，考虑到组件较多，专门定义了 initComponents() 方法，定义如下：

```java
public void initComponents() {
    this.setTitle("新建文本");
    this.setSize(400, 300);

    // 设置"文件"菜单
    fileMenu = new JMenu("文件");
    menuOpen = new JMenuItem("打开文件");
    menuSave = new JMenuItem("保存文件");
    menuSaveAs = new JMenuItem("文件另存为");
    menuClose = new JMenuItem("关闭");
    fileMenu.add(menuOpen);
    fileMenu.addSeparator();
    fileMenu.add(menuSave);
    fileMenu.add(menuSaveAs);
    fileMenu.addSeparator();
    fileMenu.add(menuClose);

    // 设置各菜单项的快捷键
    menuOpen.setAccelerator(KeyStroke.getKeyStroke(
        (char) KeyEvent.VK_O, InputEvent.CTRL_MASK));
```

```java
menuSave.setAccelerator(KeyStroke.getKeyStroke(
        (char) KeyEvent.VK_S,InputEvent.CTRL_MASK));
menuClose.setAccelerator(KeyStroke.getKeyStroke(
        (char) KeyEvent.VK_Q, InputEvent.CTRL_MASK));
menuCut.setAccelerator(KeyStroke.getKeyStroke(
        (char) KeyEvent.VK_X,InputEvent.CTRL_MASK));
menuCopy.setAccelerator(KeyStroke.getKeyStroke(
        (char) KeyEvent.VK_C, InputEvent.CTRL_MASK));
menuPaste.setAccelerator(KeyStroke.getKeyStroke(
        (char) KeyEvent.VK_V,InputEvent.CTRL_MASK));

// 设置"编辑"菜单
editMenu = new JMenu("编辑");
menuCut = new JMenuItem("剪切");
menuCopy = new JMenuItem("复制");
menuPaste = new JMenuItem("粘贴");
editMenu.add(menuCut);
editMenu.add(menuCopy);
editMenu.add(menuPaste);
// 设置各菜单项的快捷键
menuCut.setAccelerator(KeyStroke.getKeyStroke(
        (char) KeyEvent.VK_X,InputEvent.CTRL_MASK));
menuCopy.setAccelerator(KeyStroke.getKeyStroke(
        (char) KeyEvent.VK_C,InputEvent.CTRL_MASK));
menuPaste.setAccelerator(KeyStroke.getKeyStroke(
        (char) KeyEvent.VK_V, InputEvent.CTRL_MASK));
popupMenu = editMenu.getPopupMenu();   // 为"编辑"菜单创建其弹出菜单

// 设置"关于"菜单
aboutMenu = new JMenu("关于");
menuAbout = new JMenuItem("关于JNotePad");
menuAbout.setMnemonic(KeyEvent.VK_A);
aboutMenu.add(menuAbout);

// 菜单栏
menuBar = new JMenuBar();
menuBar.add(fileMenu);
menuBar.add(editMenu);
menuBar.add(aboutMenu);
this.setJMenuBar(menuBar);          // 设置 menuBar 为当前窗体的菜单栏

// 上方提示栏
noteLabel = new JLabel("Please edit in the text area below: ");
noteLabel.setHorizontalAlignment(SwingConstants.LEFT);
noteLabel.setFont(new Font("Times New Roman", Font.BOLD, 16));
```

```java
// 文本编辑区域
textArea = new JTextArea();
textArea.setFont(new Font("Arial", Font.BOLD, 16));
textArea.setLineWrap(true);
JScrollPane panel = new JScrollPane(textArea,
        ScrollPaneConstants.VERTICAL_SCROLLBAR_AS_NEEDED,
        ScrollPaneConstants.HORIZONTAL_SCROLLBAR_NEVER);
                    // 添加垂直滚动条

// 状态栏区域
stateBar = new JLabel("未修改");
stateBar.setHorizontalAlignment(SwingConstants.LEFT);
stateBar.setBorder(BorderFactory.createEtchedBorder());

// 控制按钮区域
commandArea = new JPanel();
commandArea.setLayout(new GridLayout(3,1,10,10));
copy = new JButton("复制");
cut  = new JButton("剪切");
paste = new JButton("粘贴");
commandArea.add(copy);
commandArea.add(cut);
commandArea.add(paste);

// 添加文本编辑区域、提示栏和状态栏
this.add(noteLabel, BorderLayout.NORTH);
this.add(stateBar, BorderLayout.SOUTH);
this.add(panel, BorderLayout.CENTER);
this.add(commandArea,BorderLayout.EAST);

fileChooser = new JFileChooser();  // 初始化文件选择器
}
```

2. 事件处理

接下来，需要为各个菜单项和命令按钮进行事件处理。由于程序运行时需要进行文件的打开、关闭、保存、另存，以及选中文本的复制、剪切和粘贴，所以为了使程序结构清晰、代码可复用，定义多个专门的私有方法实现以上各操作。各方法的声明如下：

```java
private void openFile();
private void closeFile();
private void saveFile();
private void saveFileAs();
private void showFileDialog();  // 打开、关闭、保存或另存时弹出文件对话框
private void cut();
private void copy();
```

```java
private void paste();
```

同样，将各组件的事件处理部分定义为 initEventListeners()方法，定义如下：

```java
public void initEventListeners() {

    // 注册窗口事件监听器：单击窗口关闭按钮时应将当前文件关闭
    addWindowListener(new WindowAdapter() {
        public void windowClosing(WindowEvent e) {   // 窗口即将关闭时
            closeFile();          // 调用 closeFile()方法进行文件的关闭
        }
    });

    // 菜单项 menuOpen - 打开文件
    menuOpen.addActionListener(new ActionListener() {
        public void actionPerformed(ActionEvent e) {
            openFile();           // 调用 openFile()方法打开文件
        }
    });

    // 菜单项 menuSave - 保存文件
    menuSave.addActionListener(new ActionListener() {
        public void actionPerformed(ActionEvent e) {
            saveFile();           // 调用 saveFile()方法保存文件
        }
    });

    // 菜单项 menuSaveAs - 文件另存为
    menuSaveAs.addActionListener(new ActionListener() {
        public void actionPerformed(ActionEvent e) {
            saveFileAs();         // 调用 saveFileAs()方法另存文件
        }
    });

    // 菜单项 menuClose - 关闭文档
    menuClose.addActionListener(new ActionListener() {
        public void actionPerformed(ActionEvent e) {
            closeFile();          // 调用 closeFile ()方法关闭文件
        }
    });

    // 菜单项 menuCut - 剪切
    menuCut.addActionListener(new ActionListener() {
        public void actionPerformed(ActionEvent e) {
            cut();                // 调用 cut()方法剪切文本
        }
```

```java
    });
    // 菜单项 menuCopy - 复制
    menuCopy.addActionListener(new ActionListener() {
        public void actionPerformed(ActionEvent e) {
            copy();                    // 调用 copy()方法复制文本
        }
    });
    // 菜单项 menuPaste - 粘贴
    menuPaste.addActionListener(new ActionListener() {
        public void actionPerformed(ActionEvent e) {
            paste();                   // 调用 paste ()方法复制文本
        }
    });

    // 菜单项 menuAbout -关于
    menuAbout.addActionListener(new ActionListener() {
        public void actionPerformed(ActionEvent e) {
            // 显示显示版本信息的对话框
            JOptionPane.showOptionDialog(null,
                "JNotePad 1.0", "关于 JNotePad",
                JOptionPane.DEFAULT_OPTION,
                JOptionPane.INFORMATION_MESSAGE, null, null, null);
        }
    });

    // 命令按钮 CUT
    cut.addActionListener(new ActionListener() {
        public void actionPerformed(ActionEvent e) {
            cut();
        }
    });

    // 命令按钮 COPY
    copy.addActionListener(new ActionListener() {
        public void actionPerformed(ActionEvent e) {
            copy();
        }
    });

    // 命令按钮 PASTE
    paste.addActionListener(new ActionListener() {
        public void actionPerformed(ActionEvent e) {
            paste();
        }
    });
```

```
    // 文本编辑区域的键盘事件
    textArea.addKeyListener(new KeyAdapter() {
        public void keyTyped(KeyEvent e) {    // 一旦用户键入了字符
            stateBar.setText("已修改");         // 修改状态栏信息
        }
    });

    // 文本编辑区域的鼠标事件
    textArea.addMouseListener(new MouseAdapter() {
        public void mouseReleased(MouseEvent e) {
        // 用户在文本区域组件中释放鼠标按钮时
            if (e.getButton() == MouseEvent.BUTTON3)   // 如果是鼠标右键
                popupMenu.show(editMenu, e.getX(), e.getY());
                // 在当前位置显示弹出菜单
        }

        public void mouseClicked(MouseEvent e) {
        // 用户在文本区域组件中单击鼠标按钮时
            if (e.getButton() == MouseEvent.BUTTON1)   // 如果是鼠标左键
                popupMenu.setVisible(false);           // 弹出菜单设为不可见
        }
    });
}
```

在各私有方法中，copy()、cut()和paste()方法相对简单，只需要调用文本区域对象的各方法即可实现。定义如下：

```
private void cut() {
    textArea.cut();// 调用 textArea 的 cut()方法将剪贴板中的文本复制到当前位置
    stateBar.setText("已修改");              // 修改状态栏
    popupMenu.setVisible(false);           // 弹出菜单设为不可见
}

private void copy() {
    textArea.copy();  // 调用 textArea 的 copy()方法将选中文本复制到剪贴板中
    popupMenu.setVisible(false);
}

private void paste() {
    textArea.paste();  // 调用 textArea 的 paste()方法将选中文本移动到剪贴板中
    stateBar.setText("已修改");
    popupMenu.setVisible(false);
}
```

3. 文件操作类 FileTextDAO

稍复杂的方法是 openFile()、closeFile()、saveFile()和 saveFileAs()方法，涉及文件的

打开、关闭、读写和保存，需要使用文件操作类来实现。为此专门定义 FileTextDAO 类进行文件的读、写、创建等。文件操作类 FileTextDAO 的定义存放在 FileTextDAO.java 源文件中，类的定义如下：

```java
public class FileTextDAO {

    // 在文件系统中创建 file 对应的文件
    public void create(File file) {
        try {
            file.createNewFile();  // 调用 file 的 createNewFile() 创建文件
        } catch (IOException e) {
            System.out.println("Error when creating file " + file.getName());
        }
    }

    // 读取指定文件的内容
    public String read(File file) {
        String text = "", line;
        BufferedReader br = null;
        try {
            // 创建文件输入流
            br = new BufferedReader(new InputStreamReader(
                    new FileInputStream(file)));
            while ((line = br.readLine()) != null) {  // 逐行读入
                text = text + line;
            }
            br.close();
        } catch (IOException e) {
            System.out.println("Error when reading file " + file.getName());
        } finally {
            if (br != null)
                try {
                    br.close();
                } catch (Exception e) {
                    e.printStackTrace();
                }
        }
        return text;
    }

    // 将 text 存储到指定文件 file 中
    public void save(File file, String text) {
        FileWriter fw = null;
        try {
            fw = new FileWriter(file);  // 创建 file 对应的文件输出流
```

```java
            fw.write(text);  // 将text输出到file中
            fw.close();
        } catch (IOException e) {
            System.out.println("Error when writing file " + file.getName());
        } finally {
            if (fw != null)
                try {
                    fw.close();
                } catch (Exception e) {
                    e.printStackTrace();
                }
        }
    }
}
```

4. 文件的打开、读写、保存和文件另存为

在需要打开文件时，需要通过文件对话框进行操作，因此定义 showFileDialog()方法来实现，定义如下：

```java
private void showFileDialog() {
  int option = fileChooser.showDialog(null, null);
  //调用文件选择器fileChooser的方法
  if (option == JFileChooser.APPROVE_OPTION) {  // 确认键
    try {
        setTitle(fileChooser.getSelectedFile().toString());
        //标题为所选文件的文件名
        textArea.setText("");                      // 文本区域先置空
        stateBar.setText("未修改");                 // 状态栏
        String text = textDAO.read(fileChooser.getSelectedFile());
        textArea.setText(text);
    } catch (Throwable e) {
        JOptionPane.showMessageDialog(null,
            e.toString(), "打开文档失败",
            JOptionPane.ERROR_MESSAGE);
    }
  }
}
```

在此基础上，实现文件的打开、关闭、保存和文件另存为功能，各方法的定义如下：

```java
// 打开文件
private void openFile() {
    if (stateBar.getText().equals("未修改"))  // 当前打开的文件内容未修改
        showFileDialog();                     // 直接弹出文件选择器
    else {                                    // 当前打开的文件内容被修改
        // 弹出对话框，让用户确认是否需要保存
```

```java
            int option = JOptionPane.showConfirmDialog(null,
                "文档已修改，是否存储？", "存储文档？", JOptionPane.YES_NO_OPTION,
                OptionPane.WARNING_MESSAGE, null);
            switch (option) {
                case JOptionPane.YES_OPTION:        // 需要保存
                    saveFile();                     // 调用saveFile()保存当前内容
                    break;
                case JOptionPane.NO_OPTION:
                    showFileDialog();               // 调用showFileDialog()打开文件
                    break;
            }
        }
    }
    // 关闭文件
    private void closeFile() {
        if (stateBar.getText().equals("未修改"))    // 当前打开的文件内容未修改
            this.dispose();                         // 调用容器的dispose()方法释放所有资源
        else {                                      // 当前打开的文件内容被修改
            // 弹出对话框，让用户确认是否需要保存
            int option = JOptionPane.showConfirmDialog(null,
                "文档已修改，是否存储？", "存储文档",
                JOptionPane.YES_NO_OPTION,
                JOptionPane.WARNING_MESSAGE, null);
            switch (option) {
                case JOptionPane.YES_OPTION:        // 需要保存
                    saveFile();                     // 调用saveFile()保存当前内容
                    break;
                case JOptionPane.NO_OPTION:         // 不需要保存
                    this.dispose();                 // 调用容器的dispose()方法释放所有资源
            }
        }
    }

    // 保存文件
    private void saveFile() {
        File file = new File(this.getTitle());// 从标题栏获取当前文件的路径
        if (file.exists()==false) {             // 如果不存在
            saveFileAs();       // 调用saveFileAs()将当前内容另存到文件中
        } else {                // 如果文件存在
            try {
                // 调用textDAO的save()保存当前内容
                textDAO.save(file, textArea.getText());
                stateBar.setText("未修改");
            } catch (Throwable e) {
                JOptionPane.showMessageDialog(null, e.toString(),
```

```
            "写入文档失败", JOptionPane.ERROR_MESSAGE);
        }
    }
}

// 文件另存为
private void saveFileAs() {
    int option = fileChooser.showDialog(null, null);        // 弹出文件选择器
    if (option == JFileChooser.APPROVE_OPTION) {            // 用户选择确认
        setTitle(fileChooser.getSelectedFile().toString());
        // 标题栏设为选中文件
        textDAO.create(fileChooser.getSelectedFile());      // 创建指定文件
        saveFile();           // 调用 saveFile()保存当前内容
    }
}
```

至此，完成了文本编辑器的所有功能。运行过程如图 9-50 所示。

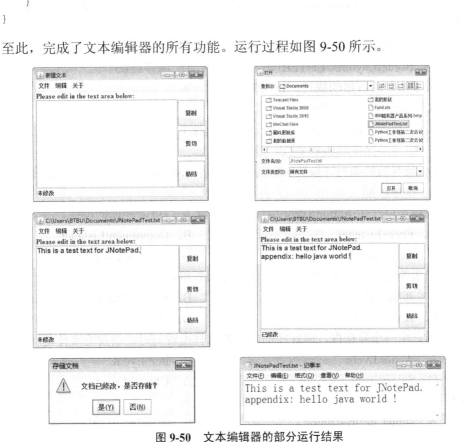

图 9-50　文本编辑器的部分运行结果

9.6　本 章 小 结

本章介绍了 GUI 编程的基本知识，主要内容包括 java.awt 包概述、javax.swing 包的容器组件及布局管理、Swing 包的常用组件，详细介绍了图形界面程序的事件处理过程，

最后通过两个综合示例来展示了 GUI 程序的设计和实现过程。

9.7 课后习题

1. 单选题

（1）下列布局管理器中，按钮位置会根据窗体大小改变而改变的是（　　）。

  A. BorderLayout   B. CardLayout
  C. GridLayout   D. FlowLayout

（2）JFrame 的缺省布局管理器是（　　）。

  A. BorderLayout   B. FlowLayout
  C. GridLayout   D. BoxLayout

（3）如果 java.awt.Container c 的布局为 BorderLayout，则 c.add(new Jbutton())的默认位置参数是（　　）。

  A. BorderLayout.EAST   B. BorderLayout.WEST
  C. BorderLayout.CENTER   D. 编译错误

（4）关于事件监听器的描述，正确的是（　　）。

  A. 所有组件都能附加多个监听器
  B. 如果一个组件注册了多个监听器，组件上发生的事件时只会触发一个监听器
  C. 组件不允许附加多个监听器
  D. 监听器机制允许按照实际需要，任意调用 addXxxxListener 方法多次，没有次序区别

（5）按钮可以产生 ActionEvent 事件，（　　）接口可以处理此事件。

  A. FocusListener   B. ComponentListener
  C. ActionListener   D. WindowListener

（6）如果需要选择输入学生性别，可以使用的组件是（　　）。

  A. JCheckBox   B. JRadioButton
  C. JComboBox   D. JList

（7）当选中一个复选框，即在前面的方框上打上对勾时，引发的事件是（　　）。

  A. ActionEvent   B. ItemEvent
  C. SelectEvent   D. ChangeEvent

（8）下面可以接受用户输入的对话框是（　　）。

  A. showConfirmDialog   B. showInputDialog
  C. showMessageDialog   D. showOptionDialog

（9）addActionListener(this)方法中的参数 this 表示（　　）。

  A. 当有事件发生时，应该使用 this 监听器
  B. this 对象类会处理此事件
  C. this 事件优先于其他事件
  D. 只是一种形式

（10）关于事件处理，下列说法正确的是（　　）。
　　A．每个组件都可以发生任何类型的事件
　　B．事件处理机制有三个要素：事件源、监听器和处理事件的接口
　　C．监听器不必实现接口中的所有方法，只实现需要的一个或几个方法即可
　　D．任意组件产生的事件，都可以定义事件适配器来实现

2. 编程题

（1）编写一个数据自增/自减的程序，允许用户在文本字段中输入一个数，每当用户单击一次自增按钮就将此数加一，单击自减按钮就将此数减一。界面如下所示：

（2）编写图形用户界面程序，包含两个文本框和一个按钮。在第一个文本框中输入年份。当单击按钮时可以判断出第一个文本框中输入的是否是闰年，判断结果显示在第二个文本框中。

（3）编写一个简单的文本编辑程序，界面中含有一个 JTextArea 组件和一个 "保存" JButton 组件。单击按钮，程序将 JTextArea 组件中的内容写入文件 mytext.txt 中。

第 10 章 Java 集合框架

程序中经常需要将一组数据存储起来,之前我们使用的是数组,但数组在创建时就必须按预估的最大存储量来定义其长度,且长度不可变,过多分配会造成存储空间的浪费,过少分配因不能扩容而受到限制;同时,数组无法直接维护具有映射关系的数据,数据间的关系都需要设计者自己去维护和对应。

Java 集合框架提供了批量数据存取的解决方案,它为程序设计者封装了很多数据结构,位于 java.util 包下,称为 Java 的集合类,包括各种常用的数据结构:List 表、Set 集合、Map 映射等。即便设计者不了解这些数据结构底层的设计方式,也可以使用它们提供的功能。

10.1 Java 集合框架概述

集合框架是为表示和操作集合而规定的一种统一的、标准的体系结构。

10.1.1 集合框架的常用部分

Java 集合框架的根是两个接口:Collection 和 Map,它们又包含了一些子接口和实现类。Collection 集合体系的常用成员如图 10-1 所示。

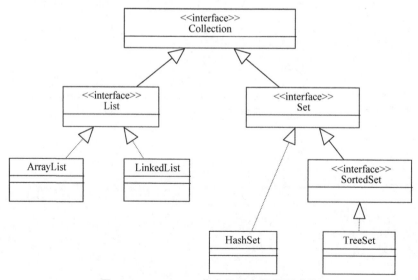

图 10-1 Collection 集合体系中的常用成员

Map 集合体系的常用成员部分如图 10-2 所示。

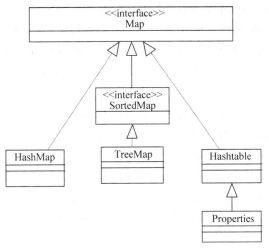

图 10-2　Map 集合体系中的常用成员

根据 Collection 和 Map 的架构，Java 中的集合可以分为三大类：其中 List 是有序集合，它会记录每次添加元素的顺序，元素可以重复；Set 是无序集合，它不记录元素添加的顺序，因此元素不可重复；Map 是键-值对的集合，它的每个元素都由键值 key 和取值 value 对组成，键值和取值分别存储，键值是无序集合 Set，取值是有序集合 List。这三类集合的示意图如图 10-3 所示。

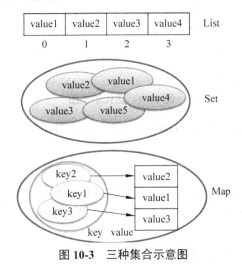

图 10-3　三种集合示意图

集合与数组有一个显著差别，就是在 Java 的集合中只能存储对象，而不能存储基本类型的数据。

10.1.2　迭代器 Iterator 接口

Collection 接口作为 List 和 Set 接口的父接口，它定义了操作集合元素的方法，包括在集合中添加元素的方法 boolean add(Object obj)与 boolean addAll(Collection c), 删除元素的方法 boolean remove(Object obj)与 boolean removeAll(Collection c), 判断集合中是否包含某元素的方法 boolean contains(Object obj)与 boolean containsAll(Collection c), 清空集合的方法 void clear(), 判断集合是否为空的方法 boolean isEmpty(), 返回集合中元素个数的方法 int size(), 将集合转换为数组的方法 Object[] toArray(), 以及迭代方法 Iterator iterator()等。

其中的 iterator()方法用于获取迭代器, 遍历 Collection 中的所有元素。所谓"遍历", 就是按照某种次序将集合中的元素全部访问到, 且每个元素只访问一次。将对象存储在集合中的目的就是能对其进行所需的访问, 所以遍历是集合的一个重要操作。

Iterator iterator()方法返回一个迭代器 Iterator 对象。Iterator 也是接口, 作为 Java 集合框架的成员, 其作用不是存放对象, 而是遍历集合中的元素, 所以 Iterator 对象被称为迭代器。Collection 的各实现类需要自己定义实现 iterator()方法, 并返回一个定义好的迭代器 Iterator 对象。

Iterator 接口屏蔽了迭代的底层实现, 向用户提供了遍历 Collection 的统一接口, 包括 next()方法、hasNext()方法和 remove()方法。

1. next()方法

迭代器会记录迭代位置的变更, 它使用 next()方法将迭代位置向下一个元素移动, 并返回刚刚越过的那个元素, 如图 10-4 所示。

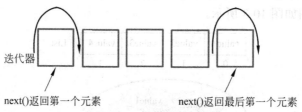

图 10-4 迭代示意图

注意, next()方法的返回值为 Object 对象, 使用时需要将其强制转换为原始类型方可使用。

2. hasNext()方法

如果集合中还有未被遍历的元素, hasNext()方法返回 true。

遍历是在 hasNext()方法的控制下, 通过反复调用 next()方法, 逐个访问集合中的各个元素。

例 10-1 举例说明了迭代器的使用。

例 10-1 TestIterator.java

```java
import java.util.*;

public class TestIterator {
    public static void main(String[] args) {
        Collection c = new ArrayList();    // 创建一个 ArrayList 对象
```

```
            // 向 ArrayList 中存放元素
            c.add("Java");
            c.add("C");
            c.add("C++");
            c.add("Python");
            Iterator it = c.iterator();          // ①iterator()方法获取迭代器
            while (it.hasNext()) {               // ②hasNext()方法控制迭代
                String element = (String) it.next();
                // ③next()方法获取迭代元素，需要强转
                System.out.println(element);
            }
        }
    }
```

将上述代码中的实现类 ArrayList 更换为 Collection 的其他实现类，后面的代码无须任何修改仍可保持程序的功能不变。这就是集合框架使用了接口与实现相分离的好处。

需要注意的是，元素在迭代过程中被访问的顺序取决于集合的类型。如果在 List 上进行迭代，则迭代器从索引 0 开始，并且每迭代一次将索引加 1；如果访问 Set 中的元素，索引基本上是随机排列的，虽然可以确定在迭代过程中能遍历 Set 中的所有元素，但是却无法确定这些元素被访问的顺序。

另外，Collection 重写了 toString() 方法，可以直接打印集合。例 10-1 中的集合 c 也可以这样输出：System.out.println(c)，集合中的元素将按"Java, C, C++, Python"的形式打印，非常便捷。

3. remove()方法

remove()方法删除集合中上一次调用 next()方法时返回的元素。

使用 remove()删除某位置的元素时，必须先调用 next()方法使迭代器跳过该元素。例如，设集合中已存在若干元素，删除第一个元素的方法如下：

```
Iterator it = c.iterator();
it.next();              //越过第一个元素
it.remove();            //删除第一个元素
```

next()方法和 remove()方法的调用互相依赖，如果调用 remove()之前，没有调用 next()方法，那么会抛出一个 IllegalStateException 异常。例如：

```
Iterator it = c.iterator();
it.next();
it.remove();            //此次删除正常
it.remove();            //此次调用 remove()前未执行 next()，抛出异常
```

需要注意的是，在迭代的过程中删除集合中的元素，只能使用 Iterator 中的 remove()方法（即边迭代边删除时，不能使用 Collection 的 remove()方法）。

在例 10-1 的基础上删除字符串"C++"的代码如下：

```
Iterator it = c.iterator();
while(it.hasNext()){
    String element = (String)it.next();
    if(element.equals("C++")){
        it.remove();
    }
}
```

10.2 List 及其实现类

List 是线性表结构,包括顺序表和链表两种实现方式。

10.2.1 List 接口

List 接口继承了 Collection 接口,定义了一个允许存在重复项的有序集合,集合中每个元素都有其对应的索引位置,索引值从 0 开始。

List 接口添加了一些面向位置的操作方法,包括在某个位置插入一个元素或 Collection;获取某个位置的元素;删除某个位置的元素;设置某个位置的元素;从列表的头部或尾部开始搜索某个元素,在找到该元素的情况下,返回元素所在的位置。如下:

- void add(int index, Object element):在指定位置 index 上插入元素 element。
- boolean addAll(int index, Collection c):指定位置 index 上插入集合 c 中的所有元素,如果 List 对象发生变化返回 true。
- Object get(int index):返回指定位置 index 上的元素。
- Object remove(int index):删除指定位置 index 上的元素。
- Object set(int index, Object element):用元素 element 取代位置 index 上的元素,并且返回旧元素的取值。
- public int indexOf(Object obj):从列表的头部开始向后搜索元素 obj,返回第一个出现元素 obj 的位置,否则返回–1。
- public int lastIndexOf(Object obj):从列表的尾部开始向前搜索元素 obj,返回第一个出现元素 obj 的位置,否则返回–1。

例 10-2 举例说明了 List 的常规使用,即向 List 集合添加几个字符串,按索引位置进行插入、修改、删除、查找等操作,并打印集合。因为 List 的每个元素具有索引位置,所以在 List 中还可以根据索引位置遍历集合中的元素。

例 10-2 TestIterator.java

```
import java.util.*;
public class TestList {
    public static void main(String[] args) {
        List list = new ArrayList();
        list.add("Java");
        list.add("C");
```

```
            list.add("C++");
            list.add(1, "Python");
            // add()方法按索引位置插入元素（List可以存放重复元素）
            System.out.println(list);      // 输出：Java, Python, C, C++
            list.set(3, "C#");             // set()方法按索引位置对元素进行赋值
            // 用索引位置控制循环实现遍历
            for (int i = 0; i < list.size(); i++) {
                String s = (String) list.get(i); // get()方法按索引位置获取元素
                System.out.print(s+",");
            }                              // 输出：Java,Python,C,C#
            System.out.println();
            list.remove(2);                // remove()方法按索引删除元素
            System.out.println(list);      // 输出：[Java, Python, C#]
            System.out.println(list.indexOf("Java"));   // 输出：0
            System.out.println(list.indexOf("C++"));    // 输出：-1
        }
    }
```

需要注意，涉及位置索引的方法要保证参数 index 的合法性。例如，上面代码在已添加 3 个元素后，它们的索引值为 0～2，能够插入元素的索引范围为 0～3，因此如果执行 list.add(5," Python")就会发生索引值越界，抛出 IndexOutOfBoundsException 异常。

10.2.2　泛型

查看集合类的 API 文档时，经常能看见诸如<E>的写法，这就是在 J2SE 5.0 中增加的"泛型"（Generic）。泛型主要服务于集合类，泛型可以明确集合中元素的数据类型。

在泛型出现之前，将一个对象放在 Java 的集合后，集合不会维护对象的类型，所有对象都被当作 Object 处理。当从集合中取出对象后，就需要进行强制类型转换。

但是，这样做存在诸多弊病：什么类型的数据都可以扔进同一个集合里；强制类型转换使代码变得臃肿且不安全，等等。

泛型用"<E>"形式表示，E 代表某种数据类型，在创建集合类对象时指定集合元素的类型。在泛型的控制下，add()方法添加的对象只能是 E 类型，取出的对象也不用再强制类型转换。例如，创建 ArrayList 对象时传递泛型：

```
List<String> list = new ArrayList<String>();
```

从现在开始，凡是使用 Java 集合类的地方，在创建集合类对象时，请务必加入泛型，提高代码的可靠性，简化代码的书写。

10.2.3　ArrayList

ArrayList 是 List 的实现类，它封装了一个可以动态再分配的 Object[]数组。ArrayList 中的常用方法包括：

- ArrayList()：创建 ArrayList 对象，Object[]数组的长度取值为 10。

- ArrayList(int initialCapacity)：创建 ArrayList 对象，使用参数 initialCapacity 设置 Object[]数组的长度。
- void ensureCapacity(int minCapacity)：如果要往 rrayList 中添加大量元素，可使用此方法对 Object[]数组进行指定的扩容。

ensureCapacity()方法选择（数组长度×3）2+1 和参数 minCapacity 间的较大者，确保集合至少能够容纳 minCapacity 所指定的元素数量；同时 ensureCapacity()方法使用 Arrays.copyOf()方法将原数组的数据复制过来。往 ArrayList 中添加对象时，JVM 会检查 ArrayList 是否有足够的容量存储这个新对象。如果没有足够容量的话，就会自动调用 ensureCapacity()方法进行扩容。

尽管 ArrayList 可以自动扩容，但重新分配新数组的存储空间、将原数组元素复制过来的这些操作都是消耗时间的。在实际应用中，给 ArrayList 设置合适的初始化容量是有必要的。

例 10-3 测试 ArrayList 初始容量对性能的影响。其中要往 ArrayList 添加 100 万个字符串，第一次设置 ArrayList 的初始容量为 10 万，通过自动扩容管理 ArrayList 的存储空间；第二次设置 ArrayList 的初始容量为 100 万，不进行扩容处理。

例 10-3 TestArrayList.java

```java
import java.util.*;

public class TestArrayList {
    public static void main(String[] args) {
        String s = "abc";
        List list;
        int i;
        // 第一次初始化容量为 10 万
        list = new ArrayList(100000);
        long b = System.currentTimeMillis();
        for (i = 0; i < 1000000; i++) {
            list.add(s);
        }
        long e = System.currentTimeMillis();
        System.out.println(e - b);    // 输出：11

        // 第二次将初始化容量改为 100 万
        list = new ArrayList(1000000);
        b = System.currentTimeMillis();
        for (i = 0; i < 1000000; i++) {
            list.add(s);
        }
        e = System.currentTimeMillis();
        System.out.println(e - b);    // 输出：4
    }
}
```

通过测试对比，扩容花费的时间大约是不扩容的若干倍。
- void trimToSize()：调整调用此方法的 ArrayList 的 Object[]数组长度为当前实际元素的个数，使用此操作可以最小化 ArrayList 的存储量。

10.2.4 LinkedList

数组以及基于数组的 ArrayList 有两个共同的缺点：第一是空间分配上的，除非预知数据的确切量或者近似值，否则频繁地扩容或者大容量初值都会造成时间或空间上的浪费；第二是运算时间上的，在数组中插入或删除元素的效率非常低，它们都需要通过元素的移动实现数据的重新排列，而且平均要移动近一半的元素，不适合大数据量且数据会经常增删的问题。

另一种广泛使用的数据结构是链表，它采用"按需分配"的原则为每个对象分配独立的存储空间（称为结点），并在每个结点中存放对下一结点的引用。Java 中的 LinkedList 是双链表，每个结点还存放对它前一结点的引用，如图 10-5 所示。

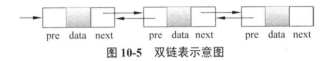

图 10-5　双链表示意图

链表能够解决数组存在的两个问题。链表在空间分配上的"按需分配"原则对于数据量变化大的问题非常适用。第二，链表上的插入和删除操作都是通过修改引用的指向完成的，适用于经常需要增减元素的应用。

ArrayList 的优势在于能够随机地访问到集合中的任何一个元素；这正是链表的缺陷，如果想要查看链表中的第 i 个结点，必须从链表的头开始，沿着结点的引用一个一个地扫描。所以，尽管 LinkedList 同样具有 get(index)等按索引位置进行访问的方法，但在元素必须用索引值来访问的情形中，通常使用 ArrayList。

到底使用 ArrayList 还是 LinkedList，可遵循下面的原则：
- 如果经常要按位置存取 List 集合中的元素，那么使用 ArrayList 采用随机访问的形式（get(index)，set(index ,Object element)）性能更好。
- 如果要经常执行插入、删除元素，则应该使用 LinkedList。

10.3　Set 及其实现类

List 集合可以按照程序员的意愿排列元素的次序，但不保证查找效率。List 的平均查找长度为 $\frac{n+1}{2}$，这意味着找到某个元素大概要比较集合中一半的元素。

如果不在意元素进入集合的顺序，那么有几种能实现快速查找的数据结构，比如散列结构、查找树等。它们不记录元素出现的顺序，但会按照有利于查找的原则组织元素的排列。

在 Java 的集合类中，Set 按照无序、不允许重复的方式存放对象，它的两个经典实现类 HashSet 和 TreeSet 分别基于散列结构和查找树结构，在管理对象存储的同时，提供了更高的查找效率。

10.3.1 Set 接口

Set 接口继承自 Collection 接口，它没有引入新方法，所以 Set 就是一个 Collection，只是行为方式不同。

Set 不允许集合中存在重复项，如果试图将两个相同的元素加入同一个集合，则添加无效，add()方法返回 false。

Set 的实现类依靠添加对象的 equals()方法来检查对象的唯一性，也就是说，只要两个对象使用 equals()方法比较的结果为 true，Set 就会拒绝后一个对象的加入（哪怕它们实际上是不同的对象）；只要两个对象使用 equals()方法比较的结果为 false，Set 就会接纳后一个对象（哪怕它们实际上是相同的对象）。所以，使用 Set 存放对象时，重写该对象所在类的 equals()方法，制定正确的比较规则非常重要。

下段代码面向 Set 添加几个字符串，并打印 Set。

```
Set<String> set = new HashSet<String> ();
set.add("Java");
set.add("C++");
set.add("Python");
set.add("Python");              //该元素将被拒绝添加
System.out.println(set);        //输出[Python, C++, Java]，与添加的顺序无关
```

可以看到，再次向 Set 添加字符串"Python"时，添加操作无效，集合中只能存在一个"Python"字符串。还可以发现，与 List 不同，输出 Set 时，看到的元素的排列次序与添加的次序无关，这也体现了 Set 的无序性。

10.3.2 HashSet

1. HashSet 的底层结构

HashSet 是 Set 的实现类，它基于一种著名的、可以实现快速查找的散列表（Hash Table）结构。

散列表也称哈希表，它按照对象的取值计算对象存储地址，实现对象的"定位"存放，相应也提高了查找效率。散列算法为每个对象计算得到一个整数，称为散列码，对象依照散列码存储在散列表中。计算散列码所使用的方法称为散列函数。不可避免的是，即便散列函数再优秀，也会发生不同的对象映像到相同散列地址的情况，这称为"冲突"。发生冲突的对象称为"同义词"。构建散列表时除了要定义一个优秀的散列函数外，还要定义一个有效处理冲突的方法。

HashSet 所用的散列表结构是链表数组，在映射发生冲突时，同义词被存储在同一个链表中，这种解决冲突的方式称为"拉链法"，如图 10-6 所示。

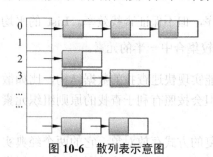

图 10-6　散列表示意图

举例说明，假设数组的长度为 100（散列地址范围为 0～99），按照将对象的散列码对 100 求余数的方式得到散列地址。如果一个对象的散列码是 67628，那么该对象应放在位置索引为 28 的链表中（67628%100 得 28）。如果此时这个链表中没有其他元素，这个对象就可以直接插入进去。如果此时这个链表中已经填充了对象，即发生冲突。这时必须将新对象与该链表中的所有对象进行比较（使用 equals()方法），查看该对象是否已经存在于该链表，如不存在则将其插入；如已存在则放弃该对象。

在散列表中查找对象的过程与存储元素的过程相同，如果散列码是合理的、随机分布的，并且数组的容量也合适，那么只需要进行少量的比较即可完成查找。使用散列表可以实现多种数据结构，HashSet 是其中最简单的一种。

HashSet 默认状况下将数组的大小初始化为 16，填充因子（已填入元素个数除以散列表容量）取值 0.75。当填充因子到达 0.75 后，散列表会用双倍的大小进行扩容。

2. 散列码和 hashCode()方法

散列码是以某种方法通过对象的属性字段产生的整数，Object 类中的 hashCode()方法完成此任务。打开 String 类的源码，可以看到 String 类的 hashCode()的计算方法是这样描述的：

$$s[0]*31^{\wedge}(n-1) + s[1]*31^{\wedge}(n-2) + ... + s[n-1]$$

其中，n 为字符串的长度。

用 System.out.print()打印自定义类的对象时会看到一个诸如"包名.类名@xxxx"形式的字符串。其中，@之后的十六进制数即为 hashCode()方法返回的十六进制形式的散列码。

因此，将对象存储在基于散列结构的 HashSet 中时，自定义类必须按规则重写 Object 中的 hashCode()方法和 equals()方法，确保重写的 hashCode()方法与 equals()方法完全兼容，即如果 a.equals(b)为 true，那么 a 和 b 也必须通过 hashCode()方法得到相同的散列码。同时，还要保证计算散列码是快速的。

3. 往 HashSet 中添加元素

HashSet 中不允许存在重复的元素，因此 add()方法首先尝试查找要添加的对象，只有在该对象不存在的情况下才执行添加。

往 HashSet 中添加对象 obj 的过程如下：

① 依据自定义类的 hashCode()方法计算得到对象 obj 的散列码，它是一个整数（需要自定义类重写 hashCode()方法）。

② 将散列码对表长求余，得到对象在散列表中的存储位置 p。例如，表长为 16 时，散列码%16，映射为地址空间 0～15。

③ 如果 p 位置不发生冲突，则将对象 obj 插入在 p 位置的链表中。

④ 如果 p 位置发生冲突，在 p 位置对应的链表中利用 equals()方法查找是否已存在 obj 对象（需要自定义类重写 equals()方法，规则要与 hashCode()方法互相匹配）。

- 如果某个 equals()比较的结果为 true，说明 obj 对象已存在，将其舍弃。
- 如果与链表中所有对象的 equals()比较的结果均为 false，说明 obj 对象尚未存在，

obj 插入该链表。

可见，HashSet 过滤对象的条件是：hashCode()计算的散列地址相同，且 equals()方法比较的结果也相同。

例如，定义一个 Student 类（具有 name 和 age 两个属性），如果需要在 HashSet 中存储 Student 类的多个对象，需要重写 equals()方法和 hashCode()方法。假设规定 name 和 age 都相同时两个对象相等，则 Student 类的定义如下：

```java
class Student {
    private String name;
    private int age;

    public boolean equals(Object obj) {        // 重写 equals()方法
        if (obj == null)       return false;
        if (this == obj)       return true;
        if (obj instanceof Student) {
            Student stu = (Student) obj;
            // 对象相等的依据是 id 和 name 都相同
            return this.name.equals(stu.name) && this.age == stu.age;
        }
        return false;
    }

    public int hashCode() {                    // 重写 hashCode()方法
        return name.hashCode() ^ age ^ 0x5f2ab673;
        // 自定义散列方法：原始散列码与某数值异或
    }

    public Student() { }

    public Student(String name, int age) {
        super();
        this.name = name;
        this.age = age;
    }

    public int getAge() {    return age;    }
    public void setAge(int age) {  this.age = age;    }
    public String getName() {  return name;    }
    public void setName(String name) { this.name = name;    }
}
```

同时，为了保证 equals()相等的对象也返回相同的 hashCode，令 name 和 age 都参与生成 hashCode 的计算。为了保证对于 equals()不相等的对象，尽量返回不同的 hashCode，调用 hashCode()方法获取 name 属性的原始散列码，再将它与 age 及一个较大数值进行异或位运算（异或位运算使数据的各位都尽可能地影响运算结果，同时保证了更快的计算速度）。

重写 hashCode()和 equals()方法后，就可以往 HashSet 中存储 Student 对象：

```
Set<Student> set = new HashSet<Student>();
set.add(new Student("Lucy",20));
set.add(new Student("Hellen",19));
set.add(new Student("Andrew",21));
set.add(new Student("Andrew",19));    //没有与之完全相同的对象，存储
set.add(new Student("Andrew",21));    //该对象已存在，被舍弃
for(Student stu: set){
    System.out.println(stu.getName()+","+stu.getAge());
}
```

代码输出如下：

```
Hellen,19
Andrew,19
Andrew,21
Lucy,20
```

HashSet 集合利用 Student 定义的关于对象相等的规则完成了对象的散列存储。

10.3.3 TreeSet

1. TreeSet 的底层结构

TreeSet 是一种基于树的集合。TreeSet 是 Set 接口的实现类，秉承了 Set 不记录对象在集合中出现顺序的特点。但它最终建立的是一个有序集合，对象可以按照任意顺序插入集合，而对该集合进行迭代时，各个对象将自动以排序后的顺序出现。

以下代码向 TreeSet 中插入 3 个字符串，然后输出集合中的所有元素。

```
Set<String> set = new TreeSet<String>();
set.add("Jimmy");
set.add("Hellen");
set.add("Andrew ");
System.out.println(set);    //输出[Andrew,Hellen, Jimmy]
```

可以看到，集合中的字符串对象已按升序排好。

TreeSet 所基于的数据结构称为红黑树（Red Black Tree）。红黑树是一种保持左右比较平衡的二叉排序树。所谓"二叉排序树"是这样一种二叉树：它保证每个根结点都比左子树中其他结点值大，都比右子树中其他结点值小，同时左右子树也是二叉排序树。因此对二叉排序树进行"左根右"的中序遍历便可得到升序有序的序列，这是 TreeSet 能轻松实现排序功能的原因。

在二叉排序树中插入、删除结点时都要维护好二叉排序树左小右大的有序性，但有时插入或删除结点的操作会使其左右子树失去平衡（高度相差较多）。红黑树就是在插入、

删除过程中通过调整保持左右子树基本平衡的一种结构。图 10-7 简单地展示了二叉排序树创建及调整平衡的过程，红黑树与之类似。

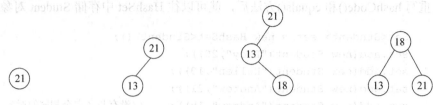

(1) 在树中插入结点21　　(2) 将13插入在21的左侧　　(3) 将18插入在13的右侧　　(4) 调整后恢复平衡
　　　　　　　　　　　　　　　　　　　　　　　　　　　树失去平衡，进行调整

图 10-7　平衡二叉排序树的构建过程

从图 10-7 中可以看到，每当把一个元素添加到树中时，会通过比较大小的方式为元素找到一个属于它的恰当的位置。如果 TreeSet 中有 n 个元素，那么找到新元素的插入位置平均需要进行 $\log_2 n$ 次比较。与 HashSet 相比，这个速度慢了一些。

尽管如此，将元素添加到 TreeSet 的速度仍然比往 List 中插入元素（平均移动 n/2 个元素）要快很多；它的 $\log_2 n$ 次比较所构建的查找性能也是非常好的；TreeSet 还能够对元素进行排序，这些都是 TreeSet 的优势。

2. TreeSet 中对象的比较方法

对象进入 Set 时，必须要经过一系列大小的比较才能确定其插入的位置。在 Java 的类库中，有一部分类已实现了 java.lang.Comparable 接口，如基本类型的包装类、String 类等，它们在 compareTo()方法中定义好了比较对象的规则。这样的对象可以直接插入 TreeSet 集合，比如往 TreeSet 加入 String 对象，它们将按照字符串字符的 Unicode 编码值进行升序排列。

往 HashSet 添加元素的规则是比较对象是否相等，相等判断由 Object 的 equals()方法负责，所以在自定义类中会重写它。那么，往 TreeSet 添加对象时，对象大小的比较则由 Comparable 接口中的 compareTo()方法来确定。

例如，定义如下的 Student 类：

```java
class Student {
    private String name;
    private int age;

    public Student() {    }
    public Student(String name, int age) {
        super();
        this.name = name;
        this.age = age;
    }
    public int getAge() {    return age;    }
    public void setAge(int age) {  this.age = age;    }
    public String getName() {  return name;   }
    public void setName(String name) {  this.name = name;   }
```

}

以下代码往 TreeSet 集合中加入几个 Student 对象。

```
Set<Student> set = new TreeSet<Student> ();
set.add(new Student("Lucy",20));              // ①抛出异常
set.add(new Student("Hellen",21));
set.add(new Student("Andrew",19));
System.out.println(set.toString());
```

当代码执行到标记①处时，抛出 ClassCastException 异常，并指出 "Student cannot be cast to java.lang.Comparable"，即目前 Student 还未实现 java.lang.Comparable 接口，也就是此时 TreeSet 尚且不知道如何比较 Student 对象。

正如系统的提示，要使 TreeSet 中可以存储 Student 类对象，需要 Student 类实现 Comparable 接口，在 compareTo()方法中定义比较的规则。

假定比较 Student 对象大小的规则是按照 name 升序排列，则 Student 类定义如下：

```
class Student implements Comparable {
   private String name;
   private int age;
   public int compareTo(Object obj) {
      if(obj instanceof Student){
         Student stu = (Student)obj;
         return this.name.compareTo(stu.name);      //当前对象-传入对象
      }
      return 0;
   }
}
```

如果 this 小于 obj，那么 compareTo()方法返回一个负整数；如果 this 与 obj 相同，则返回 0；如果 this 大于 obj，则返回一个正整数。

此时，往 TreeSet 中加入几个 Student 对象（包括 name 取值相同的对象、name 和 age 取值都相同的对象），输出集合中的全部元素，查看结果，如例 10-4 所示。

例 10-4　TestTreeSet.java

```
import java.util.*;
public class TestTreeSet {
   public static void main(String[] args) {
      Set<Student> set = new TreeSet<Student>();
      set.add(new Student("Lucy", 20));
      set.add(new Student("Hellen", 21));
      set.add(new Student("Andrew", 19));
      set.add(new Student("Andrew", 20));
      // ①name 取值与前面的对象相同，被舍弃
      set.add(new Student("Andrew", 20));         // ②同①
```

```
        // 用迭代器输出集合中的元素
        Iterator<Student> it = set.iterator();
        while (it.hasNext()) {
            Student stu = it.next();
            System.out.println(stu.getName() + "," + stu.getAge());
        }
    }
}
```

运行结果如下:

```
Andrew,19
Hellen,21
Lucy,20
```

可以看到,首先,Student 实现 Comparable 接口的 compareTo()方法后,Student 对象就可以添加到 TreeSet 中了;其次,作为 Set 集合的一分子,TreeSet 中同样不存储重复的元素,在代码标记①和②处的 Student 对象因为 name 取值与之前的对象相同而被舍弃;第三,输出的 TreeSet 中的数据已经按 name 的升序排列好。

那么,如何令代码标记①处的 Student 对象也能加入 TreeSet 中呢?毕竟它与之前的 Student 对象相比 age 的取值是不同的。此时,需要修改 compareTo()方法中比较对象的规则,把 age 属性加入到比较规则中。设 Student 的两个对象比较大小时,先比较 name,如果 name 取值相同再继续比较 age。因此,Student 类的 compareTo()代码修改如下:

```
public int compareTo(Object obj) {
    if(obj instanceof Student){
        Student stu = (Student)obj;
        if(this.name.equals(stu.name)){   //name 相同的情况下继续比较 age
            return this.age-stu.age;
        }else{
            return this.name.compareTo(stu.name);
        }
    }
    return 0;
}
```

运行结果如下:

```
Andrew,19
Andrew,20
Hellen,21
Lucy,20
```

由此实现了只有 name 和 age 都相同的对象才会被舍弃。

总之,使用 TreeSet 集合存储对象时,对象所在类要实现 Comparable 接口,要在 compareTo()方法中定义对象比较的规则。

3. 往 TreeSet 注入比较器

使用 Comparable 接口来定义比较的规则是有局限性的。对于一个自定义类，该接口只能实现一次。如果一个 TreeSet 需要按对象不同的属性排序则无法实现。例如，前例 TreeSet 集合有时需要按 name 排序，有时需要按 age 排序，有时可能需要按 name 和 age 同时排序。

在这种情况下，可以使用 java.util.Comparator 接口为自定义类创建多个比较器类，通过 TreeSet 类的构造方法将比较器对象注入。

Comparator 接口声明了一个 compare(Object obj1, Object obj2)方法，它带有两个参数，分别代表参与比较的两个对象，如果 obj1 小于 obj2，那么 compare()方法返回一个负整数；如果 obj1 与 obj2 相同，则返回 0；如果 obj1 大于 obj2，则返回一个正整数。

比较器是第三方类，独立于用户定义类，两个比较器各自实现 Comparator 接口。

例如，可以为 Student 类定义两个比较器 ComparatorName 和 ComparatorNameAge。ComparatorName 按 name 排序，ComparatorNameAge 在 name 相同时继续按 age 排序。定义如下：

```
class ComparatorName implements Comparator{            // 比较器1
    public int compare(Object obj1, Object obj2) {
        if(obj1 instanceof Student && obj2 instanceof Student){
            Student s1=(Student)obj1;
            Student s2=(Student)obj2;
            return s1.getName().compareTo(s2.getName());// 按 name 进行比较
        }
        return 0;
    }
}
class ComparatorNameAge implements Comparator{         // 比较器2
    public int compare(Object obj1, Object obj2) {
        if(obj1 instanceof Student && obj2 instanceof Student){
            Student s1=(Student)obj1;
            Student s2=(Student)obj2;
            if(s1.getName().equals(s2.getName())){
                return s1.getAge()-s2.getAge();   //name 相同时按 age 升序排列
            }else{
                Return s1.getName().compareTo(s2.getName());            }
        }
        return 0;
    }
}
```

在创建 TreeSet 对象时，可以向其传入比较器对象，例如：

```
Set<Student> set = new TreeSet<Student> (new ComparatorName());
Set<Student> set = new TreeSet<Student> (new ComparatorNameAge());
```

之后，往 TreeSet 添加 Student 对象时，TreeSet 就会按照指定比较器的规则对 Student 对象进行排序了。通过比较器，可以更加灵活地制定排序规则。

Comparable 接口与 Comparator 接口相近，但又有诸多不同，它们的区别如表 10-1 所示。

表 10-1 Comparable 接口与 Comparator 接口的比较

类　　别	Comparable 接口	Comparator 接口
所在包	java.lang	java.util
接口中的方法	int compareTo(Object obj)	int compare(Object obj1, Object obj2)）
实现方式	由自定义类自己实现	第三方类，独立于自定义类 需要将比较器对象注入集合对象
比较规则	只可以创建一个排序序列	可以创建多个排序序列 每个比较器定义一个规则
优点	从名字上体现具备比较的特性	灵活

4. HashSet 和 TreeSet 的选择

基于比较的 TreeSet 的速度要比基于散列的 HashSet 的速度慢一些，但 TreeSet 直接实现了对象的排序，二者应该如何选择呢？

这个问题取决于集合中要存放的对象，如果不需要对对象进行排序，不需要在排序上花费不必要的开销，使用 HashSet 即可。

10.4　Map 及其实现类

Map 与 Collection 是 Java 集合框架中的两大系列，前面的 List 及 Set 都属于 Collection。

Map 用于保存具有映射关系的数据，它们以键-值对<key, value>的形式存在，key 与 value 之间存在一对一的关系，多组键-值对信息存放于 Map 集合中。Map 将键、值分别存放，键的集合用 Set 存储，不允许重复、无序；值的集合用 List 存储，与 Set 对应、可以重复、有序（如前面的图 10-3 所示）。

10.4.1　Map 接口

Map 接口中的常用方法如下：

- Object put(Object key, Object value)：往 Map 中添加一个键-值对<key,value>，如果参数 key 在键集合中已经存在，则 value 覆盖旧值。
- Set keySet()：返回 Map 中所有 key 组成的 Set 集合。
- Object get(Object key)：返回参数 key 所对应的 value，如果 Map 中不存在此 key，返回 null。
- Object remove(Object key)：删除参数 key 所对应的键-值对，并返回被删除键-值对中的 value；如果该 key 不存在，返回 null。
- boolean isEmpty()：判断 Map 是否为空，即是否存储了键-值对，为空则返回 true。

- int size()：返回 Map 中键值对的个数。
- void clear()：删除 Map 中的所有键值对。
- boolean containsKey(Object key)：查询 Map 中是否包含指定的 key。
- boolean containsValue(Object value)：查询 Map 中是否包含指定的 value。
- Collection values()：返回 Map 中所有 value 组成的 Collection。
- void putAll(Map m)：将参数 m 中的 Map 复制到调用此方法的 Map 对象中。

Map 接口提供了大量的实现类，其中，散列映射表（HashMap）和树映射表（TreeMap）最为经典。与 Set 的实现类类似，HashMap 对键进行散列，TreeMap 对键进行树排序。在 Map 中，散列函数或比较函数只能作用于键，而与键相关联的值不能进行散列或者比较。

类似于 Set，HashMap 的运行速度比较快，如果不需要按照有序的方式访问键的话，最好选择 HashMap。

10.4.2 HashMap

1. HashMap 的使用

以下代码通过 HashMap 对学生信息进行管理。其中，键是学生的 id，值是 Student 对象（包括 name 和 age 信息）。

```
Map<String, Student> map = new HashMap< String, Student> ();
map.put("001",new Student("Lucy",20));        // 向 HashMap 中添加键-值对
map.put("002",new Student("Hellen",19));
map.put("003",new Student("Andrew",21));
map.put("001",new Student("Jimmy",19));       // 键重复，覆盖原值
Student s1 =map.get("001");                    // 按键读取数据
System.out.println(s1.getName()+","+s1.getAge());    // 输出 Jimmy,19
```

从代码中可以看到，每次将对象添加到 HashMap 中时，必须提供一个键。在上例中，键是字符串，对应的值是一个 Student 对象。若要读取一个对象，必须使用该键。

其中，键必须是唯一的，不能重复。如果使用同一个键调用两次 put()方法，那么第二个值将覆盖第一个值。如上述代码中，键"001"出现两次，第二次的值（Jimmy，19）覆盖了第一次的值（Lucy，20），当使用键"001"获取对象时，读取到的是对象（Jimmy，19）。

类似地，HashMap 的键在使用时，需要遵守与 HashSet 一样的规则：如果需要重写 equals()方法，那么要同时重写 hashCode()方法，并保证两个方法判断标准是一致的，因为 HashMap 的键集就是一个 Set。

2. HashMap 迭代的方法

Map 的迭代方法较 List 和 Set 稍微复杂些，因为它本身是不能迭代的（未实现 Iterable 接口，不能用迭代器访问）。但从 Map 出发可以得到三个集合，即键集合、值集合以及键值对集合，它们都可以被迭代。

按键集合迭代最常用。使用 keySet()方法可以从 Map 获取键集，因为键集是 Set，所

以可以使用迭代器。在迭代过程中，使用 get()方法从 Map 中按 key 获取到 value。

例如，对前段代码中的 map 对象进行迭代如下：

```
Set<String> keys = map.keySet();        // 取出 map 中的键集
Iterator<String> it = keys.iterator();
while(it.hasNext()){
    String key = it.next();
    Student stu =map.get(key);          // 按键从 map 中获取对应的值
    System.out.println(key+":"+"("+stu.getName()+","+stu.getAge()+")");
}
```

输出的结果为：

```
001:(Jimmy,19)
002:(Hellen,19)
003:(Andrew,21)
```

这是最常用的迭代 Map 的方法。

例 10-5 设计一个学生选课系统。

分析：（1）定义一个课程类 Course，包括课程名称和学分两个属性。

（2）定义一个学生类 Student，包括学生姓名和学生选课信息（用 HashSet 存储）；提供 addCourse(Course c)方法来添加一门选课，show()方法打印学生及其选课信息。

（3）定义一个班级类 Classes，包含班级名称和该班级的学生信息（用 HashSet 存储）；提供 addStudent(Student s)方法来添加一名学生，show()方法打印班级及其学生信息，Map<Course,Integer> account()方法统计每门课程的选课人数，该方法返回一个 Map，key 为课程，value 为统计得到的人数。

各个类的关系如图 10-8 所示。

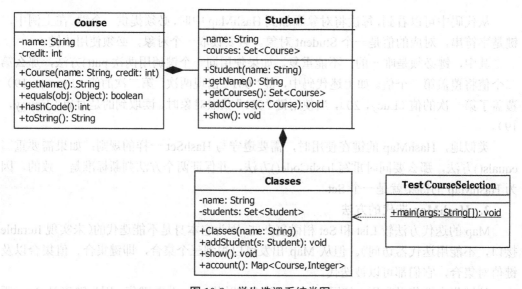

图 10-8 学生选课系统类图

依照类间的组合关系，应按 Course→Student→Classes→TestCourseSelection 的顺序设计。

（1）Course 类。在 Student 中要以 Set 集合的形式存储学生的所有选课信息，所以 Course 类需要重写 hashCode()和 equals()方法，课程名和学分都相同时为相同对象。Courese 类的定义如下：

```java
class Course {
    private String name;                              // 课程名
    private int score;                                // 学分
    public Course(String name) {    this.name = name;    }
        public boolean equals(Object obj) {    // 重写 equals()方法
            Course c = (Course) obj;
            if (this.name.equals(c.name) && this.score == c.score) {
            // 课程名和学分都相等
                return true;
            } else {
                return false;
            }
        }
    public int hashCode() {                           // 重写 hashCode()方法
        return name.hashCode() ^ score ^ 0x12ab98c;
    }
    public String toString() {    return (name);    }    // 重写 toString 方法
    public String getName() {    return name;    }
}
```

（2）Student 类。Student 类中为学生添加选课、显示学生选课信息，这些都围绕保存选课信息的 Set 集合进行。往 Set 集合中添加元素使用 add()方法，迭代 Set 集合使用 Iterator 迭代器。

因为在 Classes 班级类中需要用 Set 集合存储班级中的所有学生，所以 Student 类也需要重写 hashCode()和 equals()方法，学生名与选课集合对象地址都相同时为相同对象。

Student 类的定义如下：

```java
class Student {
    private String name;
    private Set<Course> courses;                      // 学生的所有课程，不能重复

    public Student(String name) {
        this.name = name;
        courses = new HashSet<Course>();
    }

    public void addCourse(Course c) {                 // 添加一个课程
        courses.add(c);
    }
```

```java
    public boolean removeCourse(String name) {        // 删除一门课程
        Iterator<Course> it = courses.iterator();
        while (it.hasNext()) {
            Course c = it.next();
            if (c.getName().equals(name)) {           // 找到该课程
                it.remove();                          // 使用迭代器删除该课程
                return true;
            }
        }
        return false;
    }

    public void show() {
        System.out.println(name + "选课:");            // 输出学生姓名
        // 输出该学生选的所有课程
        Iterator<Course> it = courses.iterator();
        while (it.hasNext()) {
            System.out.println("\t" + it.next());
        }
    }

    public boolean equals(Object obj) {               // 重写equals()方法
        Student s = (Student) obj;
        if (this.name.equals(s.name) && this.courses == s.courses) {
            // 课程名和学分都相等
            return true;
        } else {
            return false;
        }
    }

    public int hashCode() {                           // 重写hashCode()方法
        return name.hashCode() ^ courses.hashCode() ^ 0x12ab98c;
    }

    public Set<Course> getCourses() {    return courses;    }
    public String getName() {    return name;    }
}
```

（3）Classes 类。Classes 类中统计选课人数时，可以先将所有学生的选课信息分别添加到一个 List 和一个 Set 中。List 可以重复，所以保存了所有学生的所有选课；Set 不能重复，所以只保存了有哪几门课程被选。

利用 Collections 类的静态方法 frequency() 方法统计 Set 中每个元素在 List 中出现的次数，并将统计的结果存储在 Map 中。frequency(Collection collection, Object obj)的功能是统计参数 collection 集合中 Obj 对象出现的次数。

Classes 类的定义如下：

```java
class Classes {
    private String name;                              // 班级名称
    private Set<Student> student;                     // 班级的所有学生

    public Classes(String name) {
        this.name = name;
        student = new HashSet<Student>();
    }

    public void addStudent(Student s) {               // 向学校添加一个学生
        student.add(s);
    }

    public boolean removeStudent(String name) {  // 按姓名删除一个学生
        Iterator<Student> it = student.iterator();
        while (it.hasNext()) {
            Student s = it.next();                    // 取出学生
            if (s.getName().equals(name)) {           // 找到该学生
                it.remove();                          // 使用迭代器删除该学生
                return true;
            }
        }
        return false;
    }

    public void show() {                              // 显示所有的学生
        System.out.println(name);                     // 输出学校名
        // 输出所有学生
        Iterator<Student> it = student.iterator();
        while (it.hasNext()) {
            Student s = it.next();
            s.show();                                 // 显示学生的信息
        }
    }

    // 统计每门课程的选课人数
    // 该方法返回一个 Map，key 代表课程，value 代表人数
    public Map<Course, Integer> account() {
        // 把所有的课程都放在 list 中待统计，同时将课程放在 set 中得知都有哪些课程
        List<Course> coursesList = new ArrayList<Course>();
        Set<Course> coursesSet = new HashSet<Course>();
        Iterator<Student> itStu = student.iterator();   // 学生的迭代器
        while (itStu.hasNext()) {
            Student s = itStu.next();                              // 某学生
```

```
            Iterator<Course> itCourse = s.getCourses().iterator();
            // 课程的迭代器
            while (itCourse.hasNext()) {
                Course c = itCourse.next();
                coursesList.add(c);        // 将找到的课程加入list(可重复)
                coursesSet.add(c);         // 将找到的课程加入list(不重复)
            }
        }

        // 依据set中的课程统计list它们各自出现了多少次
        Map<Course, Integer> coursesInfomation = new HashMap<Course,
                Integer>();
        Iterator<Course> it = coursesSet.iterator();
        while (it.hasNext()) {
            Course course = it.next();
            int count = Collections.frequency(coursesList, course);
            coursesInfomation.put(course, count);
        }
        return coursesInfomation;
    }
}
```

在统计计数的过程中，充分利用了 List 集合可重复、Set 集合不可重复的特点，并将统计结果按照键值对的形式存储在 Map 中。本章学习的重点就是要掌握各个集合的特征，在实际问题中能够加以运用。

（4）TestCourseSelection 类。TestCourseSelection 类中构建学生的选课信息，并打印输出统计结果，代码如下：

例 10-6　TestCourseSelection.java

```
import java.util.*;
public class TestCourseSelection {
    public static void main(String[] args) {
        Classes classes = new Classes("Java 程序设计");
        Scanner scan = new Scanner(System.in);

        // 添3个学生的选课信息
        for (int i = 1; i <= 3; i++) {
            System.out.print("输入学生的姓名:");
            String name = scan.next();
            Student stu = new Student(name);
            while (true) {
                System.out.print("输入课程，以quit结束:");
                String course_name = scan.next();
                if (course_name.equalsIgnoreCase("quit")) {
```

```
                break;
            }
            Course c = new Course(course_name);
            stu.addCourse(c);
        }
        classes.addStudent(stu);          // 把学生加入
    }

    // 显示班里所有学生的选课信息
    classes.show();

    // 统计班里的选课信息
    Map<Course, Integer> courseInfomation = classes.account();

    // 输出选课信息
    System.out.println("选课统计结果为:");
    Set<Course> courses = courseInfomation.keySet(); // 得到键值集合
    Iterator<Course> it = courses.iterator();
    while (it.hasNext()) {
        Course course = it.next();
        System.out.print(course.getName() + ":\t");
        System.out.println(courseInfomation.get(course) + "人");
    }
  }
}
```

10.4.3　Hashtable 及其子类 Properties

Hashtable 系列的明星是 Properties 类，它是 Hashtable 的子类，也实现了 Map 接口。

正如它的名字一样，它在处理属性文件时特别方便。在操作系统中经常会出现一些配置文件，文件内容是"属性名=属性值"的集合。例如有一个配置服务器 ip 地址和端口的文本文件 ipConfig.properties，其内容如下：

```
server=192.168.2.11
port=8080
```

Properties 类可以把 Map 对象与属性文件关联起来。它的常用方法如下：

- void load(InputStream inStream)：用于读取属性文件的内容。参数 inStream 代表了指向配置文件的输入流。load()方法将属性文件中的<key,value>键-值对添加在 Properties 中（不保证键-值对的次序）。
- String getProperty(String key)：获取 key 所对应的 value。在 Properties 中，key 和 value 都是 String 类型，不能是其他对象（HashMap 中是 Object）。
- Object setProperty(String key, String value)：设置属性值，类似于 Map 中的 put() 方法。

以下代码段读取项目中的配置文件 ipConfig.properties。创建输入流时，可能发生找不到 ipConfig.properties 的异常 FileNotFoundException，使用 Properties 对象加载输入流时，可能发生读取文件的异常 IOException，这两种异常编译器都要求处理。

```java
public static void main(String[] args) throws FileNotFoundException,
        IOException{
    Properties pro = new Properties();
    FileInputStream fis = new FileInputStream("ipConfig.properties");
    // 创建一个指向配置文件的输入流
    pro.load(fis);      // 读取配置文件
    System.out.println("server ip:"+ pro.getProperty("server"));
    // 按属性名字获取属性值
    System.out.println("port:"+ pro.getProperty("port"));
}
```

运行的结果如下：

```
server ip:192.168.2.11
port:8080
```

提示：Properties 默认从 Java 项目的根目录读取文件。例如，项目的名字为 java_source，则本例中的配置文件 ipConfig.properties 应该存储在 java_source 目录下。

10.5　Collections 集合工具类

java.util.Collections 是 Java 提供的用于操作 List、Set、Map 等集合的工具类，其中有大量静态方法，是对集合类功能的补充。

Collections 提供了对集合类进行查找、排序、逆序等操作的多个方法。

- static void sort(List list)：对 List 集合按照元素的自然顺序进行升序排列。
- static int binarySearch(List list, Object key)：对 List 集合元素进行折半查找，前提是 List 已经为有序状态。
- static void sort(List list, Comparator c)：根据比较器规定的顺序对 List 集合进行排序。
- static int binarySearch(List list, Object key, Comparator c)：对 List 集合元素进行折半查找。如果 List 是使用比较器进行的排序，那么在查找时还需传递比较器对象。
- static void reverse(List list)：将 List 集合中的元素逆序排列。
- static void shuffle(List list)：将 List 集合中的元素随机重排。
- static void swap(List list, int i, int j)：交换 List 集合中 i 和 j 位置上的元素。
- static void rotate(List list, int distance)：整体移动元素。当 distance>0 时，将 List 集合的后 distance 个元素整体移到前面；当 distance<0 时，将 List 集合的前 distance 个元素整体移到后面。
- static void fill(List list, Object obj)：用参数 obj 替换 List 集合中的所有元素。
- static int indexOfSubList(List source, List target)：返回 target 集合在 source 集合中第一次出现的位置索引；未出现过则返回-1。

- static int lastIndexOfSubList(List source, List target)：返回 target 集合在 source 集合中最后一次出现的位置索引；未出现过则返回-1。
- static boolean replaceAll(List list, Object oldVal, Object newVal)：用 newVal 替换 List 集合中的所有 oldVal。

例如：

```
ArrayList<Integer> nums = new ArrayList<Integer>();
nums.add(2);                        // 自动装箱
nums.add(-5);
nums.add(3);
nums.add(0);
System.out.println(nums);           // 输出:[2, -5, 3, 0]
Collections.reverse(nums);          // 将 List 集合元素的次序反转
System.out.println(nums);           // 输出:[0, 3, -5, 2]
Collections.sort(nums);             // 将 List 集合元素的按自然顺序排序
System.out.println(nums);           // 输出:[-5, 0, 2, 3]
Collections.shuffle(nums);          // 将 List 集合元素的按随机顺序排序
System.out.println(nums);           // 每次输出的次序不固定：[-5, 3, 0, 2]
Collections.rotate(nums, 2);        // 后两个整体移动到前边
System.out.println(nums);           // 输出: [0, 2, -5, 3]
```

10.6 Arrays 数组工具类

java.util.Arrays 类也是 Java 集合中的辅助工具类，它提供了面向数组的排序 sort()、折半查找 binarySearch()、比较 equals()、填充 fill()等方法：

- static void sort(Object[] obj)。
- static int binarySearch(Object[] obj, Object key)。
- static void sort(Object[] obj, Comparator c)。
- static int binarySearch(Object[] obj, Object key, Comparator c)。
- static boolean equals(Object[] obj1, Object[] obj2)：如果两个参数数组彼此相等返回 true。
- static void fill(Object[] obj1, int fromIndex, int toIndex, Object val)：将参数 val 赋值给指定 Object 数组指定范围中的每个元素。

利用 Collection 接口中的 Object[] toArray()方法将集合转换为数组后，即可以应用 Arrays 类中的这些功能。

10.7 本 章 小 结

本章介绍了 Java 集合框架中的诸多类，图 10-9 涵盖了本章介绍过的所有接口和类。Collection 继承了 Iterable 接口，Iterable 只有一个方法 iterator()，用于返回一个迭代

器 Iterator 对象。Collection 之所以可以迭代，是因为它的实现类都用自己的方式定义了进行迭代的方法。

在 TreeSet 和 TreeMap 中，为了将对象插入到搜索树合适的位置，必须要制定比较对象的规则，自定义类的比较规则通过实现 Comparable 接口或者 Comparator 接口定义。

Collections 和 Arrays 类都可以辅助集合类的使用，扩充集合的功能，利用它们可以提高集合的使用效率。

学习本章后应熟悉每种集合结构的特征、优缺点，能够在实际问题中根据需要选择合适的集合对象完成存储，使编程事半功倍。

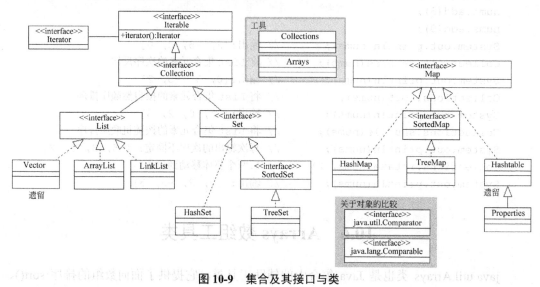

图 10-9　集合及其接口与类

10.8　课后习题

1. 选择题

（1）下面代码执行的结果是（　　）。

```
public static void before(){
    Set<String> set = new TreeSet<String> ();
    set.add("2");
    set.add("3");
    set.add("1");
    Iterator<String> it = set.iterator();
    while(it.hasNext()){
        System.out.print(it.next());
    }
}
```

　　A．231　　　　　B．123　　　　　C．321　　　　　D．都有可能

（2）下面代码执行的结果是（　　）。

```java
public class Test {
    public static void main(String[] args){
        Map<ToDos, String> m = new HashMap<ToDos, String>();
        ToDos t1 = new ToDos("Monday");
        ToDos t2 = new ToDos("Monday");
        ToDos t3 = new ToDos("Tuesday");
        m.put(t1,"working");
        m.put(t2,"cleaning");
        m.put(t3,"playing");
        System.out.println(m.size());
    }
}
class ToDos{
    String day;
    ToDos(String day){this.day=day;}
    public boolean equals(Object obj){
        return ((ToDos)obj).day==this.day;
    }
    public int hashCode(){ return 999;}
}
```

A．输出为 2　　　　　　　　　　B．如果未重写 hashCode()方法，输出为 2

C．输出为 3　　　　　　　　　　D．如果未重写 hashCode()方法，输出为 3

2. 编程题

（1）使用适合的集合保存北京西-拉萨的列车时刻表，并打印输出（提示：使用 List）。

站名	北京西	石家庄北	太原	中卫	兰州	西宁	德令哈	格尔木	那曲	拉萨
到站时间	20:00	22:33	00:19	07:05	12:17	15:01	19:23	22:10	08:13	12:10
停车时间	—	4分	6分	11分	16分	20分	2分钟	25分	6分	—

（2）统计一段文本中每个字符出现的次数，并将结果（包含字符及其出现的次数）保存在一个适合的集合中（提示：Map）。

（3）关于 Collections 的方法练习。往一个 List 中存放几个 Student 对象（String id, int score）。

- 定义一个按分数 score 对 Student 对象进行排序的比较器。
- 使用 sort()方法指定比较器对 List 进行排序。
- 使用 binarySearch()方法指定比较器，在 List 中查找某个 Student 对象。

第 11 章

Java Web 应用开发

本章通过一个 Web 版学生管理系统的搭建过程，介绍 Java Web 应用开发的基础知识，包括 Java Web 开发环境、Java 数据库访问技术 JDBC、Servlet 基础知识、JSP 编程基础等。通过实践案例，将 Java 的编程知识进行综合应用。

11.1 Java Web 开发环境

Java Web 开发是 Java 应用的重要领域，从技术上讲，以 Servlet、JSP 为基础，进而推进为各种框架的使用，如 Spring、Struts 等。本节简要介绍 Java Web 的开发基础 Servlet 和 JSP，首先搭建 Java Web 的编程环境。

11.1.1 什么是 Web 应用

Web 应用是指运行在网络上、以浏览器作为客户端的应用程序，通常称为 B/S（Browser/Server，浏览器/服务器）模式的应用。

从 20 世纪 90 年代开始，互联网飞速发展，Web 应用也经历了从静态到动态的演变过程。最初的 Web 应用都是静态应用，所有 Web 页面都是内容固定的。随着 Web 应用的普及和应用规模的扩大，静态 Web 应用逐渐落伍，动态 Web 应用应运而生。

在动态 Web 应用中，用户向服务器提交的信息不再是单一的静态资源请求，还包括一系列与特定用户相关的请求参数信息；服务器向用户返回的也不再是事先已经存在服务器上的静态固定资源，而是根据用户的参数信息动态生成的响应信息。

Java Web 应用开发就是使用 Java 技术完成浏览器和服务器间的动态交互。

11.1.2 MyEclipse 集成开发环境

本节之前学习的是 Java 的标准版（J2SE）内容，用于标准的 Java 应用开发；而 Java Web 的编程需要使用 Java 企业版组件（J2EE），即 Java 企业级的应用服务开发技术。

J2EE 平台由一整套服务、应用程序接口和协议构成，为开发基于 Web 的多层应用提供了功能支持。它将业务逻辑封装为可复用的组件，由 J2EE 服务器以容器的形式为所有组件提供后台服务（包括安全保证、事务管理、远程连接、数据库连接池等）。开发者在各种服务的支持下，着眼于自己的业务设计问题。

MyEclipse 是 Eclipse 的扩展，它在 Eclipse 基础上增加一些插件，并广泛地支持各类开源产品的使用，是一个功能强大的企业级集成开发环境，可应用于 Java Web 应用的开发。

11.1.3 Tomcat 服务器及其配置

Java Web 程序在运行时需要 Web 服务器的支持，Web 服务器支持 HTTP 通信协议，管理浏览器与服务器之间的连接过程、请求过程、应答过程以及关闭连接等。

Web 服务器有很多种，Tomcat 是一个免费的开源 Web 应用服务器，在中小型系统和并发访问用户不是很多的场合下被普遍使用，是开发和调试 Web 应用的首选。Tomcat 同时还是一个 Servlet 和 JSP 容器。

下面以 Tomcat 7 为例，介绍在 MyEclipse 中配置服务器的过程。

（1）选择配置服务器信息。单击菜单 MyEclipse→Preferences，或者通过工具栏上的 Run/Stop/Restart MyEclipse Servers 按钮打开下拉菜单并选择 Configure Server 菜单，如图 11-1 所示。

图 11-1 选择配置服务器

（2）配置 Tomcat 主目录。如图 11-2 所示，在打开的 Preferences 窗口中为 Tomcat 选择本机安装主目录。其中，根据已安装软件的版本选择 Tomcat 的版本，在 Tomcat home directory 选择 Tomcat 软件的主目录。

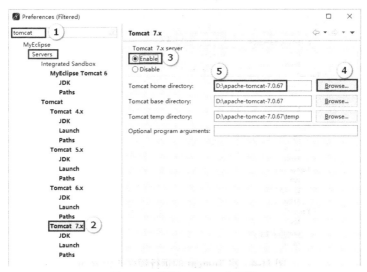

图 11-2 配置 Tomcat 主目录

(3)配置 JDK 信息。因为 Tomcat 服务器是使用 Java 语言编写的，所以运行 Tomcat 服务器需要 Java 运行环境，如图 11-3 所示。

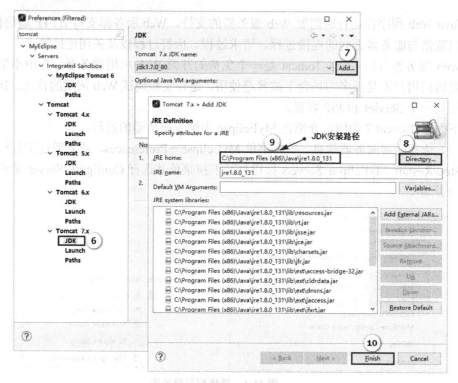

图 11-3　配置 JDK 信息

(4)将 Tomcat 的运行模式改为 Run，如图 11-4 所示。

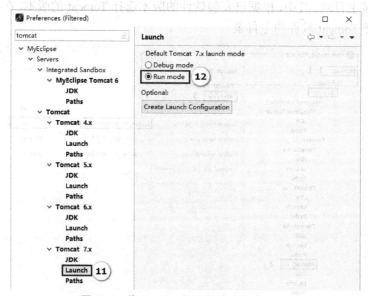

图 11-4　将 Tomcat 的运行模式改为 Run

（5）启动 Tomcat 服务器。配置成功后结果如图 11-5 所示。

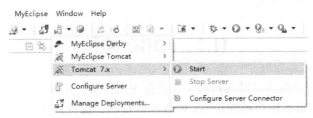

图 11-5　启动 Tomcat 服务器

单击 Start 按钮启动配置好的 Tomcat 服务器，观察控制台输出窗口，出现"Server startup in XXXX ms"的提示信息，表示服务器配置成功并能够正确启动。单击 Stop Server 按钮可以停止服务。

在浏览器的地址栏输入"localhost:8080"后，出现 Tomcat 页面即说明配置成功。其中，localhost 是本机 IP 地址（127.0.0.1）的域名，8080 是 Tomcat 网络服务占用的端口。

11.1.4　创建 Java Web 工程

在 Java Web 应用中，除了包含 Java 代码外，还包括 Web 代码，因此需要在 MyEclipse 中创建 Java Web 工程。

依次单击菜单 File→New→Web Project，新建一个 Web 工程，输入工程名信息，如图 11-6 单击 Finish 按钮生成工程。

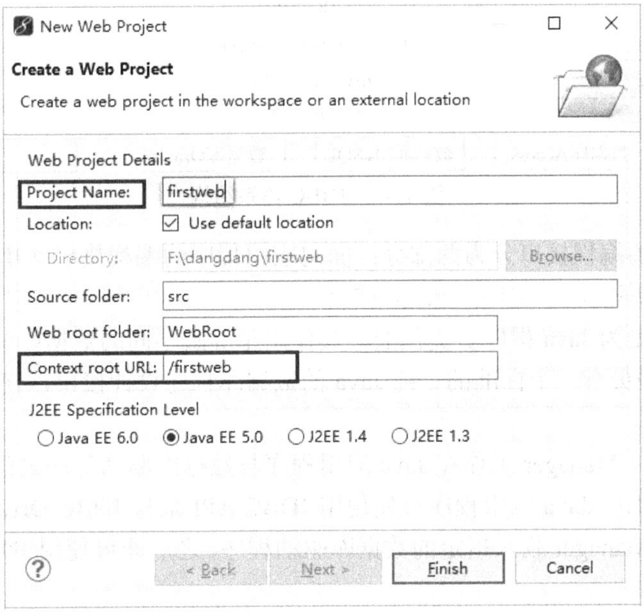

图 11-6　创建 Java Web 工程

如图 11-6 所示，Java Web 项目默认将 Java 源代码存放在 src 文件夹下，网页等页面代码存放在 WebRoot 文件夹下。

Context root URL 称为上下文路径,默认与项目名(Project Name)一致,是在浏览器端访问该项目的映射名称。

11.2 JDBC 编程

Web 应用程序的数据存储通常离不开数据库的支持。Java 使用 JDBC(Java Database Connectivity)技术来实现数据库访问,使数据能按照结构持久化在计算机中。通过 JDBC API,Java 程序可以以统一的方式、非常方便地操作各种主流数据库。

JDBC API 是 SUN 公司制定的操作数据库的标准,与数据库操作相关的部分都是接口,没有提供实现类。这些实现类由每个数据库厂商依据接口标准提供,实现类即相当于该数据库的驱动程序。这样,程序员使用 JDBC 时只要面向标准的 API 编程即可,如果需要在不同的数据库之间切换,只要更换数据库的驱动程序即可。如果使用标准的 SQL,JDBC 开发的数据库应用既可以跨平台,也可以跨数据库运行。

11.2.1 JDBC 体系结构

如图 11-7 所示,JDBC 的体系结构从上至下主要由 Java 应用程序、JDBC API、JDBC Driver Manager(JDBC 驱动程序管理器)、JDBC Driver API(JDBC 驱动程序 API)及数据库驱动程序组成。

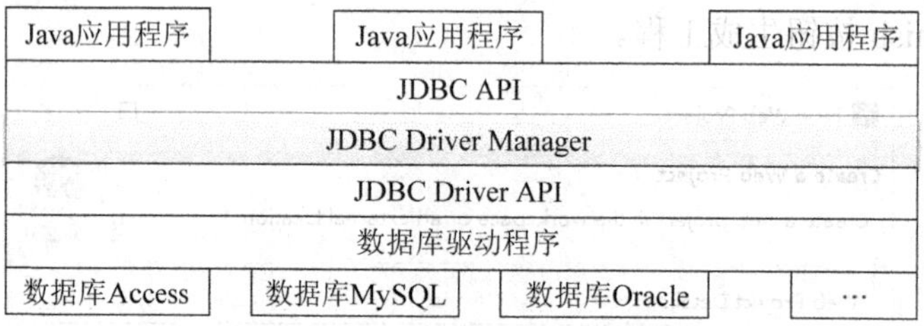

Java应用程序	Java应用程序	Java应用程序
JDBC API			
JDBC Driver Manager			
JDBC Driver API			
数据库驱动程序			
数据库Access	数据库MySQL	数据库Oracle	…

图 11-7 JDBC 体系结构

JDBC 提供的编程接口分为两部分:面向应用程序的编程接口(JDBC API)和供底层开发的驱动程序接口(JDBC Driver API)。

JDBC API 是为 Java 程序员提供的,其作用是屏蔽不同的数据库驱动程序之间的差别,使 Java 程序员有一个标准的、纯 Java 的数据库程序设计接口,使 Java 可以访问任意类型的数据库。

JDBC Driver Manager 工作在 Java 应用程序与数据库驱动程序之间,为应用程序加载和调用驱动程序。Java 应用程序首先使用 JDBC API 来与 JDBC Driver Manager 交互,由 JDBC Driver Manager 载入指定的数据库驱动程序,之后即可使用 JDBC API 直接存取数据库。

JDBC Driver API 是为各个商业数据库厂商提供的,数据库厂商依据该接口设计各自数据库产品的驱动程序。数据库驱动程序是与具体的数据库相关的,用于向数据库提交 SQL 请求,并将结果返回给应用程序。

11.2.2 JDBC 数据库连接

JDBC 驱动程序可以分为 4 种类型，如图 11-8 所示。

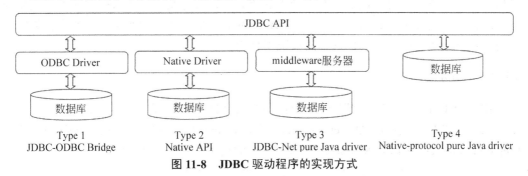

图 11-8　JDBC 驱动程序的实现方式

（1）Type 1：JDBC-ODBC bridge plus ODBC driver，即 JDBC-ODBC 桥+ODBC 驱动程序。这种方式将 JDBC 的调用方式转换为 ODBC（Open Database Connectivity）驱动程序的调用，其底层通过 ODBC 驱动程序来连接数据库。

这种类型要求用户的计算机（客户端）必须事先安装好 ODBC 驱动程序。只要相关的 ODBC 驱动存在，JDBC-ODBC 桥几乎可以访问所有的数据库，Java 刚诞生时这是一个有用的驱动方式，因为大多数的数据库只支持 ODBC 访问。

但由于 JDBC-ODBC 先调用 ODBC，再由 ODBC 去调用本地数据库接口访问数据库，所以执行效率比较低，对于大数据量存取的应用是不适合的，并且这种方法要求客户端必须安装 ODBC 驱动，所以对于基于 Internet 的应用也不合适。

（2）Type 2：Native-API，即本地 API 驱动程序。应用程序使用 JDBC API 访问数据库时，驱动程序将 JDBC API 访问转换成数据库厂商提供的本地 API 再去访问数据库。

这种类型要求客户端必须安装特定的数据库客户端开发包，因此这种驱动方式也不适合基于 Internet 应用。

（3）Type 3：JDBC-Net pure Java driver，即 JDBC 网络纯 Java 驱动程序。JDBC 驱动程序会将 JDBC API 调用解释成与数据库无关的网络通信协议，经过中间件服务器的第二次解析，将网络协议命令转换成数据库所能理解的操作命令，即网络通信协议→中间件服务器→数据库 Server 的三层架构。中间件服务器通常由非数据库厂商提供。

通过中间件存取数据库，这种类型可以同时连接多个不同种类的数据库，这是最为灵活的 JDBC 驱动方式，且执行效率也是比较好的。

（4）Type 4：Native-protocol pure Java driver，即本地协议纯 Java 驱动程序。这种驱动程序将 JDBC API 调用直接转换为数据库所使用的网络协议。这将允许从客户端直接访问数据库服务器。这样的协议都是专用的，可以从数据库软件供应商处获得驱动，即它不需要在客户端或服务器端装载任何的软件或驱动，只需要对于不同的数据库下载不同的驱动程序。

因为这种类型的驱动不需要先把 JDBC 的调用传给 ODBC 或本地数据库接口或是中间层服务器，所以这种驱动程序的性能最高。

那么，在具体的应用中到底应该使用哪种驱动程序？基本的原则如下：类型 3 与类型 4 是主流，它们的执行效率高，且不要求在客户端安装任何软件或驱动，尤其适合 Internet 方面的应用。因为类型 3 驱动可以把多种数据库驱动都配置在中间层服务器，所以最适合那种需要同时连接多个不同种类的数据库、对并发连接要求高的应用。类型 4 驱动适合那些连接单一数据库的应用。JDBC-ODBC 桥的执行效率不高，通常作为实验学习环境下使用，或没有其他选择的情况下使用。

11.2.3 JDBC API

JDBC API 由一系列与数据库访问有关的类和接口组成，它们在 java.sql 包中。其中主要的类和接口包括 DriverManager 类、Connection 接口、Statement 接口、PreparedStatement 接口和 ResultSet 接口。它们的调用关系如图 11-9 所示。

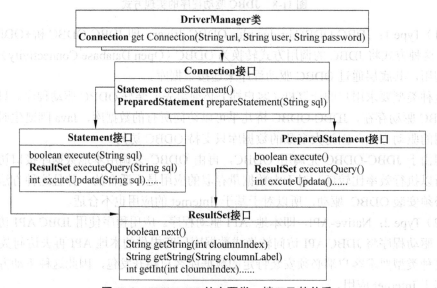

图 11-9　JDBC API 的主要类、接口及其关系

DriverManager 是用于管理 JDBC 驱动的服务类，使用 getConnection()方法获取到数据库的连接对象 Connection。

Connection 对象代表到数据库的物理连接，通过它可以获取执行 SQL 语句的 Statement 对象或 PreparedStatement 对象。

Statement 对象在执行 SQL 语句时将 SQL 语句传入。PreparedStatement 对象则用预编译的方式包装 SQL 语句，执行 SQL 语句时无须再传入 SQL 语句，通常只需要传入 SQL 语句的参数；因为数据库不必每次都编译 SQL 语句，因此性能更好。

Statement 对象和 PreparedStatement 对象执行 select 语句时，会返回查询得到的结果集 ResultSet 对象。ResultSet 接口提供了访问查询结果的方法：用 next()方法实现对记录集合的迭代（行层次），对于当前记录通过字段的索引值或者字段名可以获取字段的取值（列层次）。

11.2.4 使用 JDBC 访问数据库

使用 JDBC 编写数据库应用程序的步骤通常包括如下步骤，后面依次介绍。

（1）加载驱动和建立数据库连接。

（2）创建 Statement 或 PreparedStatement 对象。

（3）执行 SQL 语句。

（4）如果有 ResultSet 结果集，则对其进行处理。

（5）释放资源。

1. 加载驱动和建立数据库连接

4 种数据库连接方式中类型 4 应用最普遍，它的驱动方法可分为三步。

（1）类型 4 驱动方式需要使用数据库的驱动程序，可以从供应商的官网下载，然后将其添加在 Java 项目中，以 MySQL 数据库为例：

① 右击项目，在快捷菜单中选择 Build Path→Add Extermal Archives，为项目选择扩展 jar 包，如图 11-10 所示。

② 从磁盘上选择驱动程序 jar 包，并确定选择，添加 jar 包后的项目如图 11-11 所示。

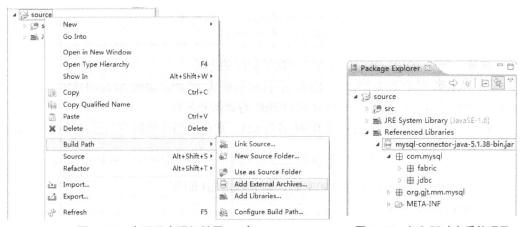

图 11-10　在项目中添加扩展 jar 包　　　　图 11-11　加入驱动之后的项目

（2）使用类装载器加载数据库驱动。

Java 的 Class 类提供了静态方法 forName("类名")，其功能是要求 JVM 查找并加载指定的类。所以用 "Class.forName(driverName);" 的形式，就可以加载驱动程序。

driverName 为数据库驱动程序类，例如，MySQL 的驱动程序类为 com.mysql.jdbc.Driver（在 MySQL 的驱动 jar 包下按照包层次可以找到 Driver 类），加载 MySQL 驱动的方式为：

```
Class.forName("com.mysql.jdbc.Driver");
```

因为被加载的类未必总会被找到，所以 forName()方法有一个 ClassNotFoundException 异常需要被捕获。

（3）使用 DriverManger 类的 getConnection()方法建立数据库连接。

DriverManger 类的 getConnection()方法建立与特定数据库的连接，并返回到该数据库连接的 Connnetion 对象。getConnection()的格式如下：

```
Connnetion getConnection(String url, String user, String password)
```

其中，url 参数是访问数据库的 URL 路径，由主通信协议、子通信协议、主机地址、数据库文件名称等几部分组成。例如，MySQL 数据库的 URL 字符串格式为：

```
"jdbc:mysql://ip:port/database"
```

例如，将本机（IP 地址表示为 127.0.0.1，域名表示为 localhost）作为 MySQL 服务器的 test 数据库的 URL 字符串为：

```
"jdbc:mysql://127.0.0.1:3306/test"
```

user 参数是数据库用户名，password 是用户密码。

设该 MySQL 数据库的 root 用户密码为"1234"，那么获取与 test 数据库连接的语句为：

```
Connection con=DriverManager.getConnection("jdbc:mysql://127.0.0.1:3306/
            test","root", "1234");
```

注意：使用 JDBC-ODBC 桥方式连接数据库的方法。

以 Access 数据库为例，其 URL 字符串的格式为"jdbc:odbc:AccessDSN"。其中，AccessDSN 是为 Access 数据库建立的 ODBC 的数据源名称。

设为某 Access 数据库建立的 DSN 名为 test，则获取到该数据库的连接的语句为：

```
Connection con = DriverManager.getConnection("jdbc:odbc:test");
```

如果数据库没有指定用户名和密码，则只给出 url 即可。

2. Statement 对象

通过 Connection 对象可以获取 Statement 对象。Connection 接口中获取 Statement 的方法为 Statement createStatement()。

Statement 对象用来执行 SQL 语句，其中用于执行数据表的增（insert）、删（delete）、改（update）操作的方法为 executeUpdate()。

JDBC 中的数据库连接 Connection、Statement（或 PreparedStatement）、Resultset（涉及查询时存在）使用完毕之后一定要关闭，否则会占用大量内存资源，导致内存溢出。所以，SQL 语句执行完毕后要在 finally 代码块中使用 close()方法将涉及的数据库资源关闭，即释放资源。关闭的次序为：先关闭 ResultSet，然后关闭 Statement（或 PreparedStatement），最后关闭 Connection。close()方法必须要捕获处理 SQLException 异常。

获取数据库连接后，数据表的增、删、改操作均由以下几步完成：

（1）创建 Statement 对象。

(2)定义 SQL 语句。
(3)使用 Statement 对象执行 SQL 语句。
(4)关闭资源。

例 11-1 利用 Statement 对象往数据表 user 中添加一条记录。user 表结构如表 11-1 所示。

表 11-1 user 数据表结构

字段名	字段类型	备注
id	整数	关键字 自动增长
email	字符串	
username	字符串	
hobbies	字符串	

为简单起见,例 11-1 中 SQL 语句的字段数据都使用常量表示。

例 11-1 UserDao.java

```java
public class UserDao {
    private Connection con;
    public void insert(){
        Statement st = null;
        try {
            Class.forName("com.mysql.jdbc.Driver");
            con = DriverManager.getConnection("jdbc:mysql:
                //127.0.0.1:3306/test", "root", "1234");
            // 1.获取 Statement 对象
            st = con.createStatement();
            // 2.定义 SQL 语句:向表中插入一条记录
            String sql = "insert into user(email,username,hobbies) ";
            sql += "values('grace@126.com','grace','学习')";
            // 3.执行 SQL 语句
            st.executeUpdate(sql);
        } catch (ClassNotFoundException e) {
            System.out.println("未能找到数据库驱动程序.");
            e.printStackTrace();
        } catch (SQLException e) {
            System.out.println("SQL 语句执行错误.");
            e.printStackTrace();
        }finally{ // 4.关闭资源
            if(st!=null ) {try {st.close();} catch (SQLException e) {}}
            if(con!=null ) {try {con.close();} catch (SQLException e) {}}
        }
    }
}
```

数据表操作类的名称通常命名为 XxxDao（其中 Dao 为 Data Access Object 的首字母缩写，意为数据访问对象），所以这里将类命名为 UserDao。

然而，在实际业务处理时，增、删、改操作通常都不会执行固定不变的 SQL 语句。以添加用户为例，insert()方法会接收一个封装好的 User 用户，将该用户添加至数据表。

所以，在 JDBC 操作中，对于每一个数据表，Java 程序都需要按照表结构定义一个实体类，数据成员包含表中所有的字段，数据类型与字段类型保持一致，且为成员提供 setter/getter 方法，以及相应的构造方法。例如，表 user 对应的实体类 User 定义如下：

```java
public class User {
    private int id;
    private String email;
    private String username;
    private String hobbies;
    public User() {}
    public User(String email, String username, String hobbies) {
        this.email = email;
        this.username = username;
        this.hobbies = hobbies;
    }
    public int getId() {return id;}
    public void setId(int id) {    this.id = id;}
    ...
}
```

对于 void insert(User user)方法而言，较前面的代码相比，在定义 SQL 语句时，必须无误地完成 values 部分的字符串拼接。下面所示 SQL 语句中每对单引号中间的常量字符串都将替换为从 user 对象中读取出的变量字符串。常量、变量字符串之间需要用"+"运算完成拼接，作为字符串定界符的单引号全部作为常量放在每对双引号中。对比如下：

"values('lucy@126.com','lucy','努力学习')"

"values('"+user.getEmail()+"','"+user.getUsername()+"','"+user.getHobbies()+"')";

显然，这个字符串拼接的工程还是非常浩大、繁琐、易错的。所以对于需要传入参数的 SQL 语句的处理，强烈建议使用 PreparedStatement 对象来处理。

3. PreparedStatement 对象

PreparedStatement 是 Statement 的子接口，与 Statement 相比，它有如下两个优势。

（1）它用预编译的方式包装 SQL 语句，数据库不必每次编译 SQL 语句，因此性能比 Statement 好。

有些结构相似的 SQL 语句需要被反复执行，例如：

```
insert into user values(null, 'grace@126.com','grace','体育运动');
insert into user values(null, 'leo@126.com', 'leo','看书');
...
```

这些 SQL 语句结构相似，只是插入的数据取值不同而已，这种情况下，可以使用占位符参数（？）代替具体的取值：

```
insert into user values(null,?,?,?);
```

然后在执行 SQL 语句前向它们传递取值。

带有占位符的 SQL 语句不能由 Statement 对象执行，只能交给 PreparedStatement 对象，它会预编译 SQL 语句，并将编译后的 SQL 语句存储在 PreparedStatement 对象中，然后使用该对象多次高效地执行被编译的 SQL 语句。

（2）PreparedStatement 对象封装的 SQL 语句用占位符代表参数，在执行 SQL 语句前，使用 PreparedStatement 中定义的各种 setXxx()方法对参数进行赋值即可，免去了拼接 SQL 字符串的繁琐工作，降低了编程复杂度。

所以，带有参数的 SQL 语句通常选用 PreparedStatement 执行。

PreparedStatement 的使用方式如下：

（1）先定义好 SQL 语句，参数部分用占位符"?"表示。

（2）利用 Connection 的 prepareStatement()方法获取 PreparedStatement 对象，此时为其传入前面定义好的 SQL 语句。

（3）执行 SQL 语句前往 PreparedStatement 对象传入参数，传参时要根据参数的数据类型选择对应的 setXxx()方法，例如，对于字符串型的字段要使用 setString()，int 型字段要使用 setInt()等，具体可以查看 API。

（4）用 executeUpdate()方法执行增、删、改 SQL 语句。

例如，以下代码段利用 PreparedStatement 对象完成 insert(User user)操作。

```java
public void insert(User user){
    PreparedStatement pst = null;
    try {
        Class.forName("com.mysql.jdbc.Driver");
        con = DriverManager.getConnection("jdbc:mysql:
                //127.0.0.1:3306/test","root", "1234");
        // 1.定义SQL语句,参数用占位符表示
        String sql = "insert into user(email,
                username,hobbies) values(?,?,?)";
        // 2.创建PreparedStatement对象,传入SQL语句
        pst = con.prepareStatement(sql);
        // 3.向SQL语句传入参数
        pst.setString(1, user.getEmail());
        pst.setString(2, user.getUsername());
        pst.setString(3, user.getHobbies());
        // 4.执行SQL语句
        pst.executeUpdate();
    } catch (SQLException e) {
        e.printStackTrace();
    }finally{
```

```
        if(pst!=null ) {try {pst.close();} catch (SQLException e) {}}
        if(con!=null ) {try {con.close();} catch (SQLException e) {}}
    }
}
```

4. ResultSet 对象数据表的查询

Statement 和 PreparedStatement 都使用 executeQuery()方法执行 select 查询语句，该方法的格式如下：

```
ResultSet executeQuery()
```

查询结果以 ResultSet 对象返回。结果集 ResultSet 是一个存储查询结果的对象。

（1）ResultSet 的类型。ResultSet 从使用的特点上可以分为不同的类别，其类型是在创建 Statement 或 PreparedStatement 对象时设置，在 Connection 中有如下两个方法：

- Statement createStatement(int resultSetType, int resultSetConcurrency)。
- PreparedStatement prepareStatement(String sql, int resultSetType, int resultSetConcurrency)。

其中，参数 resultSetType 设置 ResultSet 对象的读取是否可以滚动，包括 TYPE_FORWARD_ONLY（默认类型，查询结果只允许向前访问一次，对更新不敏感）、TYPE_SCROLL_INSENSITIVE（可滚动访问，更新不敏感）和 TYPE_SCROLL_SENSITIVE 三种（可滚动访问，更新敏感）。

第二个参数 resultSetConcurrency 设置 ResultSet 对象的并发性，标识并发环境下 ResultSet 对象能否被修改，包括 CONCUR_READ_ONLY（默认类型，只读）和 CONCUR_UPDATABLE（可修改）两种。

（2）ResultSet 的迭代——行操作。获取到 ResultSet 结果集后，初始的指针指在结果集第一条记录的前面。ResultSet 的默认类型只能使用 next()方法逐个地往前读取：

- boolean next()：将指针移动到此 ResultSet 对象的下一行。如果指针位于有效行上，则返回 true，否则返回 false。

第一次 next()操作，如果结果集不空则指针指向第一条记录，从而可以开始对结果集的访问；如果结果集为空，next()方法返回 false，可以结束对结果集的访问。也就是说，无论怎样都需要一个 next()动作，这是迭代 ResultSet 的起点。

如果可以确定 select 查询的结果只包含一条记录，则使用 if(rs.next()){……}控制迭代；如果 select 查询的结果集包含多条记录，使用 while(rs.next()){……}控制迭代。它们是 ResultSet 最基本的使用框架。

（3）ResultSet 的 getXxx()方法——列操作。指针指向 ResultSet 对象的某行后，利用 ResultSet 提供的各种按数据类型获取数据的 getXxx()方法，可以获取当前行中的字段取值，获取字段可以用它们在数据表中的位置 1、2、3、…，也可以用字段的名称。例如：

- String getString(int columnIndex)：按字段的位置取出文本型字段值。
- String getString(String columnName)：按字段的名字取出文本型字段值。

以下代码在 user 表中查询 email 中包含"163.com"的所有记录。

```java
public void select(String condition){
    PreparedStatement pst = null;
    try {
        Class.forName("com.mysql.jdbc.Driver");
        con=DriverManager.getConnection("jdbc:mysql:
                //127.0.0.1:3306/test","root","1234");
        // 1.定义SQL语句
        String sql = "select * from user where email like ? ";
        // 2.创建PreparedStatement对象,传入SQL语句
        pst = con.prepareStatement(sql);
        // 3.向SQL语句传入参数,like的参数用"%"做定界符
        pst.setString(1, "%"+condition+"%");
        // 4.执行SQL语句
        ResultSet rs = pst.executeQuery();
        while(rs.next()){
            int id = rs.getInt("id");
            String email = rs.getString("email");
            String username = rs.getString("username");
            String hobbies = rs.getString("hobbies");
            System.out.println(id+","+email+","+username+","+hobbies);
        }
    } catch (ClassNotFoundException e) {
        e.printStackTrace();
    }catch (SQLException e) {
        e.printStackTrace();
    }finally{
        if(pst!=null ) {try {pst.close();} catch (SQLException e) {}}
        if(con!=null ) {try {con.close();} catch (SQLException e) {}}
    }
}
```

11.3 Servlet 编程基础

Servlet（Server Applet）是用 Java 编写的服务器端程序，是由 SUN 公司制定的用来在服务器端处理 HTTP 协议的组件规范。Servlet 部署在 Web 服务器中，用来动态拼接网络资源，即处理 HTTP 协议、生成动态 Web 内容。

开发 Servlet 程序的步骤如下：

（1）编写 Servlet 类：该类必须实现 Servlet 接口或继承 HttpServlet 类。

（2）配置 Servlet：在 Java Web 项目的 web.xml 文件中设置 Servlet 的访问路径等。

（3）部署 Servlet：将目录结构复制到 Web 容器（Tomcat）的指定位置。

（4）访问 Servlet：启动 Web 容器（Tomcat），输入地址访问 Servlet。

11.3.1 创建 Servlet 类

开发 Servlet 程序的常用方法是令其继承 HttpServlet 类。HttpServlet 类是 Servlet 接口的实现类,专用于处理 HTTP 通信协议。

创建 Java 类,输入类名(Servlet 类名通常以 Servlet 结尾),并可以通过 Browse 按钮以浏览的方式为其添加父类,如图 11-12 所示。

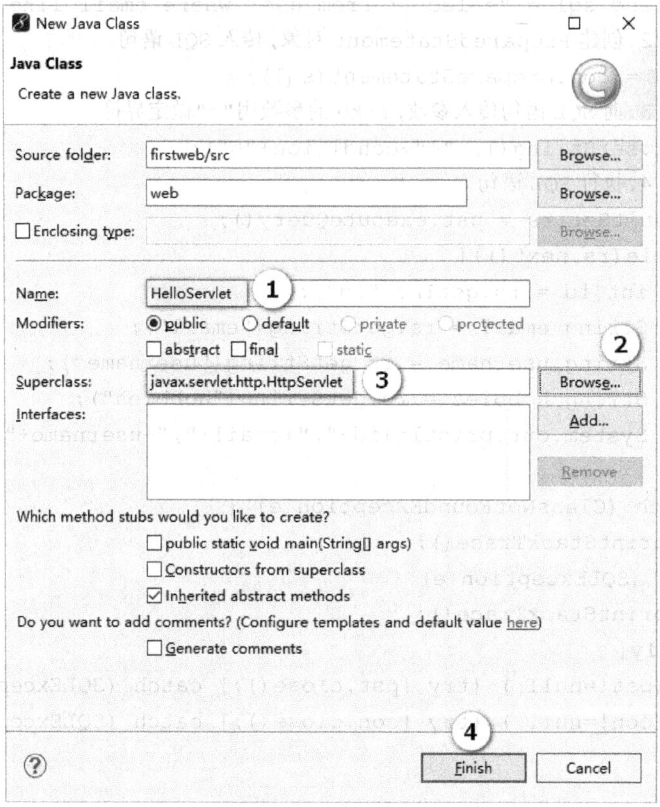

图 11-12 创建 Servlet 类

在父类 HttpServlet 类中有很多方法可用于创建 Servlet 类,最常用的方式是重写其中的 service()方法。添加该方法的便捷方式是单击菜单 Source→Override/Implement Methods,在打开的对话框中选择带有参数 HttpServletRequest 和 HttpServletResponse 的 service()方法。

参数 HttpServletRequest 和 HttpServletResponse 是在 HTTP 通信过程中需要用到的关于请求和响应的参数。

例如,要实现 HelloServlet 往浏览器端打印输出一个字符串"Hello World!",代码如下:

```
package web;
import javax.servlet.ServletException;
import javax.servlet.http.HttpServlet;
import javax.servlet.http.HttpServletRequest;
```

```
    import javax.servlet.http.HttpServletResponse;

    public class HelloServlet extends HttpServlet {
       public void service(HttpServletRequest request,
               HttpServletResponse response)
       throws ServletException,IOException{
           PrintWriter out = response.getWriter();
           out.print("Hello World!");
       }
    }
```

Servlet 编程的相关类在 javax.servlet 包中，与 HTTP 通信协议相关的类在其子包 javax.servlet.http 中。这些包都已在创建 Java Web 项目时由 MyEclipse 自动加入，如图 11-13 所示。

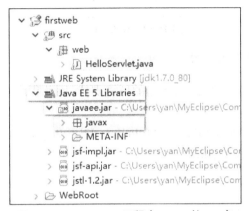

图 11-13 Java Web 工程中 J2EE 的 jar 包

利用 HttpServletResponse 类型的对象 response 可以获取向浏览器端打印输出的输出流 PrintWriter 对象，利用该对象中的 print()方法即可输出数据。

11.3.2 在 web.xml 文件中配置 Servlet

单击打开工程中 WebRoot→WEB-INF 节点下的 web.xml 文件，单击屏幕下方的 Source 按钮切换编辑视图，改写文件内容如图 11-14 所示。

在 web.xml 文件中，使用标签配置 Servlet 类，为其创建一个浏览器端进行 Web 访问的映射名。

servlet-name 标签定义 Servlet 类的别名，分别在 servlet/servlet 和 servlet-mapping /servlet-mapping 中使用。servlet-class 标签声明 Servlet 完整的类名（包名.类名）；url-pattern 为 Servlet 指定访问路径中。

在浏览器端访问 Servlet 的 URL 路径格式为：

http://服务器地址:服务端口/Web 项目映射路径/Servlet 映射路径

因此，在浏览器端访问 HelloServlet 的 URL 路径为 http://localhost:8080/firstweb/hi。

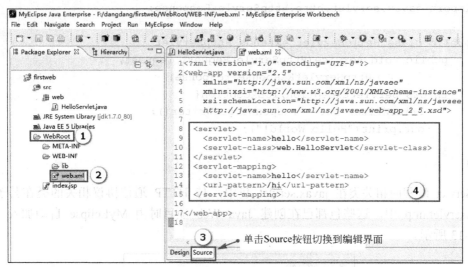

图 11-14　web.xml 文件

11.3.3　部署工程到 Tomcat

Java Web 程序运行需要 Web 服务器的环境支持，因此程序运行前要将其部署在 Web 服务器中。

单击工具栏中的 按钮（Deploy MyEclipse J2EE Project to Server）进入部署工程的界面，按照图 11-15 所示顺序依次选择要部署的项目和部署到哪个服务器。

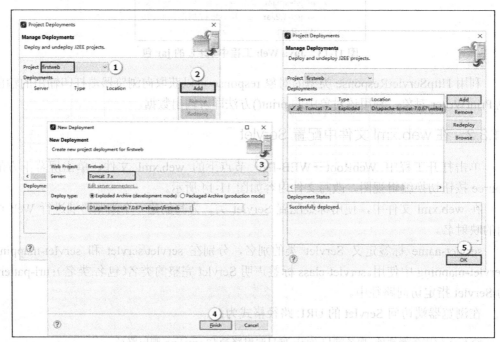

图 11-15　部署 Java Web 工程的过程

如果修改了 Servlet 代码，或者新建了 Servlet 类，则需要使用 Redeploy 按钮重新部署工程到 Web 服务器。

11.3.4 启动服务器查看运行结果

启动 Tomcat 服务器，控制台输出窗口中显示成功启动的信息后，打开浏览器，输入"http://localhost:8080/firstweb/hi"，查看运行结果，如图 11-16 所示。

图 11-16　HelloServlet 的运行

11.3.5　Servlet 获取请求参数值

在 Web 编程中，浏览器和服务器分别对应着高级语言的主调函数和被调函数。浏览器地址栏中输入的请求地址，对应着服务器中的某个 Web 应用程序，相当于发起一次调用；Web 应用程序返回给浏览器的输出，即相当于函数调用的结果。

显然，浏览器和服务器这对特殊的"主调函数"和"被调函数"间传递参数也需要使用特殊的形式。使用 get 方式提交请求时，用请求资源路径的后面加上"?key= value&key=value…"的形式由请求行向服务器端传递参数；使用 post 方式提交请求时，参数则被封装在请求的实体中传递，请求资源路径上不会出现参数信息。

但是，无论哪种方式提交的请求，在服务器端都是使用请求对象（如 service()方法中的 HttpRequest 对象），调用 getParameter()或 getParameterValues()按名称获取参数取值。

- String getParameter(String name)方法按照参数名称获取请求中的单值参数。
- String[] getParameterValues(String name)方法用于获取多值参数，如复选框控件的取值。

例如，设计一个 Servlet 类读取注册表单 registe.html 中的注册信息，过程如下。

（1）创建 registe.html 页面，如图 11-17 所示。

图 11-17　registe.html 页面

页面中从上至下包含了文本框（type="text"）、密码框（type="password"）、单选按钮（type="radio"）、多选按钮（type="checkbox"）、表单提交按钮（type="submit"）等控件。如果需要在服务器端读取提交的数据，控件需要指定名称属性。表单提交通常使用 post 请求方式。此页面中表单部分的定义如下：

```html
<form action="" method="post">
    <p>用户名:<input type="text" name="username"/></p>
    <p>密码:<input type="password" name="pwd"></p>
    <p>
        性别：
        <input type="radio" name="sex" value="male"/>男
        <input type="radio" name="sex" value="female"/>女
    </p>
    <p>兴趣：
        <input type="checkbox" name="interest" value="sport"/>运动
        <input type="checkbox" name="interest" value="food"/>美食
        <input type="checkbox" name="interest" value="book"/>看书
    </p>
    <p><input type="submit" value="注册"/></p>
</form>
```

（2）创建 RegisteServlet 类读取表单提交参数。

新建 RegisteServlet.java 文件，用于获取参数值及输出。对于用户名、性别这些单值控件使用 getParameter()方法读取；而兴趣对应的多选按钮使用 getParameterValues()读取。代码如下：

```java
public class RegisteServlet extends HttpServlet{
    protected void service(HttpServletRequest request, HttpServletResponse response)
            throws ServletException, IOException {
        //****处理请求的中文乱码问题
        request.setCharacterEncoding("utf-8");   //处理请求中的中文编码
        //1.接收表单传入的数据
        String name = request.getParameter("username");
        String sex = request.getParameter("sex");
        String[] interests = request.getParameterValues("interest");
        //****处理响应的中文乱码问题
        response.setContentType("text/html;charset=utf-8");   //处理响应的中文编码
        //2.向浏览器发送读取到的信息
        PrintWriter out = response.getWriter();
        out.print("<p>你好,"+name+"</p>");
        out.print("<p>性别："+sex+"</p>");
        if(interests!=null){
            out.print("你选择的爱好包括: ");
            for(String interest: interests){
                out.print("<p>"+interest+"</p>");
            }
        }
    }
}
```

在 web.xml 中配置 RegisteServlet 的访问路径为"/reg"，将其填入表单<form>的 action 属性中：<form action="reg" method="post">。

运行结果如图 11-18 所示。

图 11-18　registe.html 的运行结果

说明：Web 服务器端使用的字符编码默认为 ISO8859-1（只支持西文），为了避免请求和响应过程中出现中文乱码问题，通常在利用 request 对象获取请求数据前，使用

```
request.setCharacterEncoding("utf-8");
```

设置读取请求的编码方式；在利用 response 对象获取输出流对象前，使用

```
response.setContentType("text/html;charset=utf-8");
```

设置响应的编码方式。

11.4　JSP 编程基础

Servlet 作为服务器端组件可以很方便地完成服务器端任务，但编程时最麻烦的是使用大量的 out.print() 输出 HTML 页面元素，HTML 与 Java 代码混合在一起使代码的编写、维护都很不便。

JSP（Java Page Server）是 Java 服务器端的页面技术，是 SUN 公司制定的一种服务器端动态页面技术的组件规范，可以将 Servlet 中负责输出的语句抽取出来。JSP 技术在 Servlet 之后产生，它以 Servlet 为核心技术，是 Servlet 技术的一个成功应用。当 JSP 页面第一次被请求时，Web 服务器中的 JSP 引擎自动将 JSP 页面翻译成 Servelt 字节码去执行，所以 JSP 的本质就是 Servlet。

11.4.1　JSP 中的 Java 元素

在传统的 HTML 页面文件中加入 Java 元素就构成了一个 JSP 页面文件。编写 JSP 文件的步骤是：

（1）创建一个以 .jsp 为后缀的动态网页文件。

（2）该文件中除了包含基本的 HTML、CSS、JavaScript 脚本之外，还可以书写 Java 代码段、Java 表达式，以及使用 JSP 指令、标记和隐含对象等。

JSP 页面执行时，页面中普通的 HTML 标记直接交给浏览器执行显示；JSP 标记、

Java 程序段等由服务器负责执行；Java 表达式的计算结果会转化为字符串交由浏览器显示。

JSP 页面文件存储在 Java Web 项目的 WebRoot 文件夹下，因为 JSP 页面的执行由 JSP 引擎自动管理，所以不需要手动部署，即使 JSP 页面内容修改后，也不需要手动部署，直接在浏览器端刷新即可执行更新后的文件。

1. Java 程序段

JSP 中嵌入 Java 程序段的方式是：

```
<%    Java 程序段    %>
```

即在<%和%>之间书写 Java 程序。注意<%和%>都是完整的符号，在字符之间不能有空格出现。

一个 JSP 页面可以有许多 Java 程序段，只要按照逻辑用<%和%>组织好即可，它们将被 JSP 引擎按顺序执行。在程序段中可以声明变量，它们都是属于该程序段的局部变量。

以下代码段利用 JSP 文件输出大写英文字母表。输出大写英文字母表的功能由 Java 程序完成。从 JSP 页面向浏览器输出数据时可以使用 out.print()方法，其中 out 是 JSP 页面中的一个隐含对象，即不声明即可使用的对象。代码及运行结果如下：

```
<body>
  <%
      for(int i=0; i<26; i++){
          out.print((char)(i+'A'));
      }
  %>
</body>
```

运行结果如图 11-19 所示。

图 11-19 JSP 文件输出的英文字母表

2. JSP 表达式

JSP 表达式的书写方式是：

```
<%= 表达式 %>
```

即在<%=和%>之间书写常量、变量或由它们组成的表达式。

例如，利用表格输出如图 11-20 所示的英文字母表。

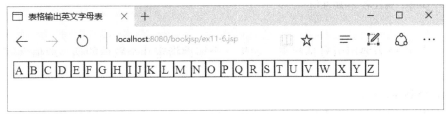

图 11-20 用表格输出英文字母表

表格需要用 HTML 标签组织,基本的用法是:

```
<table border="1" cellspacing="0"  width="500" >
<tr>
    <td>A</td>
    <td>B</td>
    …
</tr>
</table>
```

表格、表格行、行单元格分别用 <table>、<tr>、<td>标签。border 属性指定表格的边框宽度,cellspacing 属性指定单元格的间距,width 属性是表格的宽度。

输出字母的部分,如果直接在 Servlet 的 out.print()中加入<td>标签,则又回到了 Servlet 中 Java 代码和 HTML 代码直接混编的状态。在这种情况下,可以使用 Java 表达式在<td>与</td>标签间完成输出。注意,此时 Java 程序段中的循环被输出表达式拆分为两部分,如下所示:

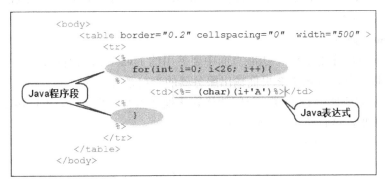

11.4.2 JSP 的 page 指令

page 指令用来定义整个 JSP 页面的属性,常用属性包括 contentType 和 import。page 指令对整个页面有效,通常书写在 JSP 页面的最前面。

page 指令的格式如下:

```
<%@    page 属性名 1=属性值    属性名 2=属性值…    %>
```

或者:

```
<%@    page 属性名 1=属性值    %>
```

```
<%@  page 属性名 2=属性值    %>
...
```

其中，属性值需要用引号括起来，如果一个属性指定几个取值的话，取值之间用逗号分隔。

1. ntentType 属性

该属性用于确定 JSP 页面响应的 MIME（Multipurpose Internet Mail Extention，多用途互联网邮件扩展）类型和 JSP 页面字符的编码，即通知浏览器以什么样的方式打开接收到的信息。

例如：

```
<%@  page  contentType="text/html;charset=UTF-8"; %>
```

该指令用于通知浏览器用超文本标记语言/文本形式接收信息，这条指令相当于 Servlet 中的如下定义：

```
response.setContentType("text/html;charset=utf-8");
```

charset 字符集取值有两个作用，一是指定当前 JSP 页面字符的编码方式，默认值是 ISO8859-1，如果 JSP 页面中出现中文的话就必须修改这个默认编码；另一方面 charset 的取值也指定了浏览器端用什么编码处理接收到的字符，默认值仍然是 ISO8859-1，所以，如果返回给浏览器端的字符包括中文也必须修改默认取值。

常见的 MIME 类型还有：XML 文档（text/xml）、TXT 文本（text/plain）、PDF 文档（application/pdf）、Word 文档（application/msword）、PNG 图像（image/png）、JPEG 图形（image/jpeg）等。

2. import 属性

import 属性的作用是导入 JSP 页面中要使用的 Java 类或其所在包。

例如，以下代码利用 JSP 页面输出服务器的当前系统时间。

时间表示需要使用 Date 类，时间的格式化处理需要用 SimpleDateFormat 类，因此在 JSP 页面中需要将它们导入，代码如下：

```
<%@page contentType="text/html;charset=UTF-8"%>
<%@page import="java.text.SimpleDateFormat"%>
<%@page import="java.util.Date"%>
<html>
<head>
    <title>显示服务器时间</title>
</head>
<body>
    <%
        Date date = new Date();
        SimpleDateFormat sdf = new SimpleDateFormat("yyyy-MM-dd hh:mm:ss");
        String now = sdf.format(date);
    %>
    <p><%= now %></p>
</body>
</html>
```

多个类的导入也可以写在一个 import 属性中,之间用逗号分开:

```
<%@page import=" java.text.SimpleDateFormat , java.util.Date"%>
```

11.4.3 JSP 隐含对象

在 JSP 页面中,有一些对象不需要声明就可以直接使用,它们称为 JSP 的隐含对象,如表 11-2 所示。这些对象由 JSP 被编译为 Servlet 时直接创建和赋值。

表 11-2 JSP 中的隐含对象

隐含对象	类型	说明
request	HttpServletRequest	请求信息
response	HttpServletResponse	响应信息
out	JSPWriter	输出数据流
session	HttpSession	会话
application	ServletContext	Web 应用全局上下文
pageContext	PageContext	JSP 页面上下文
page	Object	JSP 页面本身
config	ServletConfig	Servlet 配置信息
exception	Throwable	捕获网页异常

例如,利用 JSP 求三角形的面积。

首先设计页面 triangle.html,页面中设计有如下表单,如图 11-21 所示。

```
<form action="getArea.jsp" method="post">
    a:<input type="text" name="a"/><br><br>
    b:<input type="text" name="b"/><br><br>
      c:<input type="text" name="c"/><br><br>
        <input type="submit" value="求三角形的面积"/><br><br>
</form>
```

图 11-21 示例表单

表单提交给文件 getArea.jsp,求出三角形的面积。

在 getArea.jsp 中首先要获取表单中填写的数据,即参数。与 Servlet 相同,JSP 也是使用 request.getParameter()方法获取。在 JSP 中 request 作为隐含对象可以直接使用。getArea.jsp 的代码如下：

```jsp
<%
    double a= Double.parseDouble(request.getParameter("a"));
    double b= Double.parseDouble(request.getParameter("b"));
    double c= Double.parseDouble(request.getParameter("c"));
    if(a+b>c && a+c>b && b+c>a){
        double s=(a+b+c)/2;
        out.print(Math.sqrt(s*(s-a)*(s-b)*(s-c)));
    }else{
        out.print("这不是一个三角形.");
    }
%>
```

隐含对象中的 request、session 和 application 通常负责在不同范围内帮助 Servlet/JSP 组件之间传递参数。下面两个方法向 request/session/application 对象添加、获取参数：

- public void setAttribute(String name, Object obj)：将指定对象 obj 添加到 request/session/application 中，并为添加的对象指定了一个索引关键字。如果添加的两个对象的关键字相同，则先前添加对象被清除。
- public Object getAtrribute(String name)：获取 request/session/application 中关键字是 key 的对象。由于任何对象都可以添加到 request/session/application 中，因此用该方法取回对象时，应强制转化为原来的类型。

request 的生命周期是 request 请求域，一个请求结束，则 request 结束。session 的生命周期是 session 会话域，从请求一个页面开始 session 出现，默认 30 分钟有效，或者关闭浏览器后 session 失效。application 的生命周期从服务器开始执行 Web 应用服务，到服务器关闭为止。

添加、获取参数的过程如图 11-22 所示。

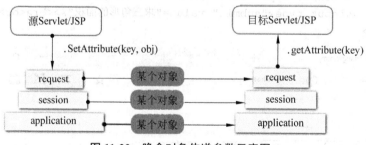

图 11-22　隐含对象传递参数示意图

request 的生命周期最短，占用资源比较少，但相对来说 缺乏持续性；session 生命周期变长，但资源的消耗也变大，利用 session 可以记录用户身份实现会话跟踪技术；application 的范围最大，生存周期最长，常用于保存 Web 项目中全局性的数据信息，如网站的访问流量等。

究竟选择哪个对象保存、传递参数，视源和目标 Servlet/JSP 间的关系（转发/重定向，

11.4.4 节介绍）以及参数的使用范围而定。在满足使用范围的情况下，按照 request→ session→ application 的顺序优先选择生命周期短的。

11.4.4 转发与重定向

转发和重定向解决的是两个 Web 组件（Servlet/JSP）之间的跳转问题。

转发在 Web 服务器内部进行，浏览器端的地址栏不发生变化（请求不变）。重定向为从服务器端到达浏览器端，浏览器端的地址栏发生变化，变为新的请求。

转发过程只包含一次请求（一个 request），所以通过 request 对象即可完成：

`request.getRequestDispatcher(目标地址字符串).forward(request,response);`

转发的特点是地址栏不变（请求不变），可以重复刷新页面，能够使用 reqeust 对象在两个 Web 组件间共享数据；但转发目标不能是 Web 项目之外的资源。

源组件到目标组件的重定向由两次请求组成，地址栏地址发生了变化，不能再使用 reqeust 对象在两个 Web 组件间共享数据，可以使用 session 或 application；重定向的目标可以是 Web 项目之外的资源。重定向通过 response 对象完成：

`response.sendRedirect(目标地址字符串);`

根据各自的特点，转发多用于"查询"类的场景（操作可重复刷新），重定向多用于"增加""删除""修改"类的场景（操作不应重复刷新多次执行），在增删改后重定向到查询功能（展示最新结果）。

下面编写代码来处理用户登录流程。登录流程如图 11-23 所示：在静态登录页面 login.html 中填写用户名和密码信息。填写完毕后把请求提交给 LoginServlet 进行登录检测（假定用户名为 "admin"，密码为 "123456" 时登录成功）。登录成功转到 welcome.jsp 欢迎页面，显示用户名；登录失败，则转回 login.html 继续登录。

图 11-23 登录处理流程

其中需要解决三个问题。

（1）从 LoginServlet 转到 welcome.jsp，使用转发还是重定向？

（2）从 LoginServlet 转到 login.html，使用转发还是重定向？

（3）welcome.jsp 中要显示的用户信息，如何从 LoginServlet 传递过来？

LoginServlet 判断登录成功后执行 welcome.jsp 页面，从刷新的角度，LoginServlet 中的登录判断过程不应该再重复，这里选择"重定向"的方式；因为重定向方式请求（request）已经发生变化，所以将用户信息保存在 session 中传递给 welcome.jsp。

LoginServlet 判断登录失败后执行 login.html，使用转发或重定向均可，这里选择转发。项目的物理存储结构如图 11-24 所示，login.html 的主要代码如下：

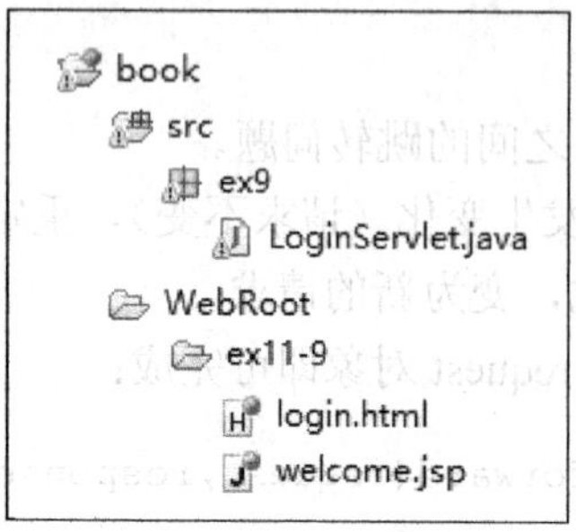

```
book
  src
    ex9
      LoginServlet.java
  WebRoot
    ex11-9
      login.html
      welcome.jsp
```

```html
<form method="post" action="/book/login">
    <span>请输入用户名：</span>
    <input type="text" name="username" />
    <span>密码：</span>
    <input type="password" name="password" />
    <input type="submit" value="登录" />
</form>
```

图 11-24 项目结构

因为表单中的"登录"请求可能是从"localhost:8080/book/ex11-9/login.html"发起，也可能从转发过来的 LoginServlet 的地址"localhost:8080/book/login"发起（转发地址栏不变，保持为/login），两者的当前路径（去掉路径中最后一个表示即为当前路径）不同，所以 action 属性使用了绝对路径（从"/"开始，代表 Web 应用的根路径"localhost:8080"）。

如果路径不是从"/"开头，即为相对路径表示。完整路径由请求的当前路径拼接该相对路径组成。例如，请求"localhost:8080/book/ex11-9/login.html"的当前路径为"localhost:8080/book/ex11-9"，如果 action 属性为 login，则拼接完的完整路径为"localhost:8080/book/ex11-9/login"，显然这与 LoginServlet 的映射路径不符，将导致服务器端的 404 错误。绝对路径是一种以不变应万变的表示方法。

LoginServlet 的代码如下：

```java
public class LoginServlet extends HttpServlet {

    protected void service(HttpServletRequest request, HttpServletResponse response)
            throws ServletException, IOException {

        String username = request.getParameter("username");
        String pwd = request.getParameter("password");

        if("admin".equals(username)&&"123456".equals(pwd)){   //登录成功
            //在Servlet中获取session对象
            HttpSession session = request.getSession();   //在Servlet中手动
                                                          //获取session对象
            //将用户信息保存在session中
            session.setAttribute("user",username);   //将用户名存储在session中传
                                                     //递，参数名称为"user"
            //重定向到main.jsp
            response.sendRedirect("ex11-9/welcome.jsp");
        }else{   //登录失败
            //转发到login.html
            request.getRequestDispatcher("ex11-9/login.html").forward(request,response);
        }
    }
}
```

注意：在 JSP 页面中 session 作为隐含对象可以直接使用，但是在 Servlet 中需要手动获取。

Servlet 中转发和重定向的目标地址同样要注意路径问题。当前 LoginServlet 的映射

地址是"localhost:8080/book/login",即当前路径为"localhost:8080/book",在它的后面拼接"ex11-9/welcome.jsp",即得到字符串"localhost:8080/book/ex11-9/welcome.jsp",代表了正确的目标地址。

welcome.jsp 的主要代码如下：

```
<body>
    <%
        String username = (String)session.getAttribute("user");
    %>
    <h1><%=username %>, welcome...... </h1>
</body>
```

在 JSP 页面中可以直接使用 session 对象,从中取出 LoginServlet 中存入的参数信息。

我们在上网时,经常会在网站页面的某个位置看到自己的登录信息,就是利用 session 对象实现的。

11.5 Java Web 编程实践：学生管理系统

11.5.1 MVC 模式

MVC 全名是 Model-View-Controller,意为模型-视图-控制器。MVC 是一种经典的设计模式,体现了代码的分层思想,用业务逻辑、数据、界面显示分离的方法来组织代码。

Model 作为业务层用来处理业务逻辑；View 是视图层,用来显示数据；Controller 作为控制层负责控制和调度流程,是 Model 和 View 之间的桥梁。MVC 模式的目的是降低代码之间的耦合度,便于团队开发和代码的维护。当业务逻辑聚集到 Model 层中后,即使未来改进或重新个性化定制与用户交互的界面,都不需要修改业务逻辑部分。

在信息管理类的 Java Web 开发过程中,Model 层的工作通常由数据库访问的 DAO 完成,处理增删改查等业务；View 层由 JSP 承担,负责对数据进行展示；Servlet 则作为 Controller 层,浏览器发出的请求交给它,它再调用 Model 层的业务方法进行处理,并将结果传递给 JSP 显示。它们的关系如图 11-25 所示。

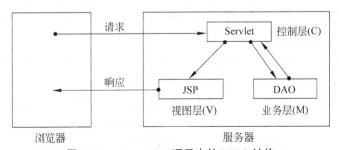

图 11-25　Java Web 项目中的 MVC 结构

下面通过一个 MVC 模式的轻量级信息管理系统介绍 Java Web 项目的开发过程。

11.5.2 项目的总体设计

1. 项目的总体功能

项目的整体运行界面如图 11-26 所示，可以对学生数据进行表格式的浏览，可以添加新的学生，可以对已有学生数据进行修改和删除，可以查看系统的操作日志。

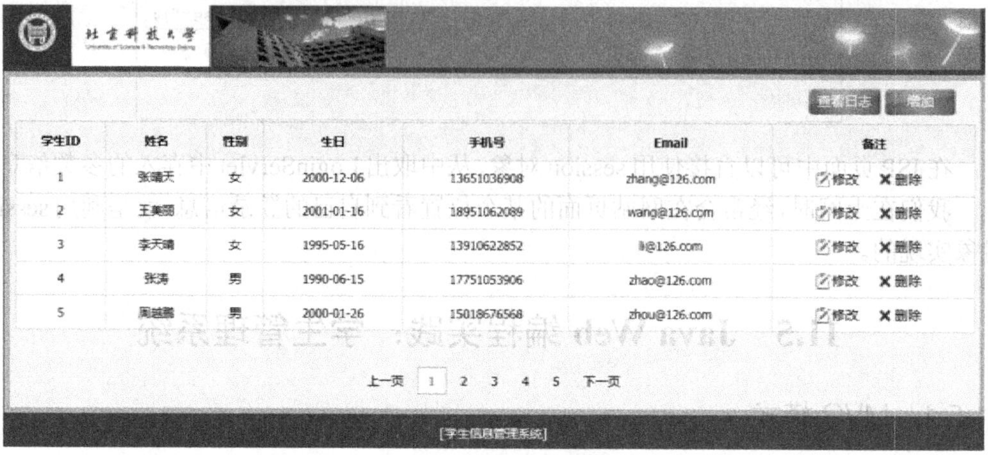

图 11-26 学生管理系统

2. 数据库设计

为学生管理系统创建一个数据库（设名称为 stu），并在该数据库中建立一张学生的基本信息表（设名称为 student），其结构如表 11-3 所示。

表 11-3 student 数据表结构

字段名	字段类型	备注
id	整数（自动增长）	关键字
name	字符串	姓名
sex	字符串	性别（男/女）
birthday	日期	生日（yyyy-mm-dd）
mobilephone	字符串	手机号
email	字符串	邮箱

3. 项目中的代码组织

将 Model 层和 Cotroller 层的 Java 代码组织在 src 相应的 package 包中，View 层的 HTML 和 JSP 等代码组织在 WebRoot 中，如图 11-27 所示。

entity 包存储系统中的实体类（Student）；dao 包存储数据库访问的接口（StudentDao），其子包 dao.impl 存储该接口的实现类（StudentDaoImpl）；web 包存储 Servlet 类（MainServlet），用一个 Servlet 处理所有的增删改查请求；util 包存储工具类，如日志工具类（BlogUtil）。

第 11 章　Java Web 应用开发

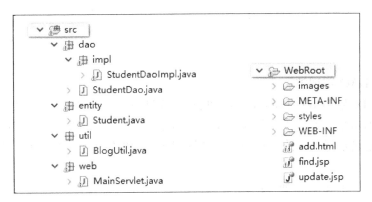

图 11-27　项目代码组织示意图

11.5.3　学生信息浏览

图 11-28 展示了浏览学生数据时从浏览器到服务器再到浏览器的处理过程。其中，浏览器端使用 find.do 将请求发送至服务器端的 MainServlet；它通过调用 StudentDao 完成数据表的查询，得到封装在 List 集合中的所有学生对象；MainServlet 将集合保存至 request，并用转发的方式到达 find.jsp 页面，列表显示学生数据。

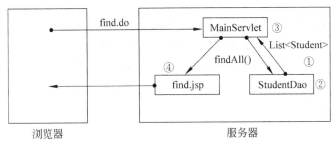

图 11-28　浏览学生信息流程图

因此，该功能的开发步骤应为：
（1）依照学生数据表结构创建学生实体类。
（2）建立数据库访问 DAO 接口及其实现类，完成查询所有学生信息的方法的设计。
（3）建立 Servlet 类，对查询功能的请求、响应进行处理。
（4）编写 JSP 页面，显示查询得到的学生信息。

1. 创建学生实体类

创建实体类的依据是 student 数据表结构，其属性应与表字段的名称、数据类型保持一致，为实体类添加构造方法以及属性的 setter/getter 方法。Student 类如下：

```
public class Student {
    private Integer id;         //尽量使用封装类型，可以取值为 NULL
    private String name;
    private String sex;
    private Date birthday;
    private String mobilephone;
```

```
    private String email;
    ...
}
```

2. 创建 DAO 实现类

数据访问对象 DAO（Data Access Object）通过数据库连接对象完成数据库的增删改查访问。它通常采用面向接口的编程模式，即先定义一个 DAO 访问接口，再设计相应的实现类。通过这样的模式，保证底层数据库应用软件发生变化时，项目仍然具有良好的可移植性。

创建 StudentDao 接口如下：

```
public interface StudentDao {
    public List<Student> findAll();                          //获取 student 表中所有记录
    public void save(Student stu);                           //存一个 Student 到数据表
    public Student findById(int id);                         //按照 id 查询学生
    public int findByMobilephone(String mobilephone);
    public void update(int id, Student stu);                 //按照 id 更新学生数据
    public void delete(int id);                              //按 id 删除学生
}
```

然后创建 StudentDao 的实现类 StudentDaoImpl，在 findAll()方法中完成查询操作。查询学生信息的 SQL 语句中没有参数，因此使用 Statement 对象即可，查询时按 id 进行排序。查询结果封装在 List 集合中返回；记录集为空时返回 null。

```
public List<Student> findAll() {
    Connection con =null;
    Statement st = null;
    ResultSet rs = null;
    try {
        // 1.获取连接
        Class.forName("com.mysql.jdbc.Driver");
        con=DriverManager.getConnection("jdbc:mysql://127.0.0.1:3306/stu",
                                         "root", "1234");
        // 2.获取 Statement 对象
        st = con.createStatement();
        String sql = "select * from student";
        rs = st.executeQuery(sql);
        // 3.处理查询结果
        List<Student> list = new ArrayList<Student>();
        while(rs.next()){
            Student stu = new Student();
            stu.setId(rs.getInt("id"));
            stu.setName(rs.getString("name"));
            stu.setSex(rs.getString("sex"));
            stu.setBirthday(rs.getDate("birthday"));
```

```java
            stu.setMobilephone(rs.getString("mobilephone"));
            stu.setEmail(rs.getString("email"));
            list.add(stu);
        }
        return list;
    }catch (ClassNotFoundException e) {
        e.printStackTrace();
    }catch (SQLException e) {
        e.printStackTrace();
    }finally{
        if(rs!=null)  {   try{rs.close();} catch(Exception e){}  }
        if(st!=null)  {   try{st.close();} catch(Exception e){}  }
        if(con!=null) {   try{con.close();} catch(Exception e){}  }
    }
    return null;
}
```

3. 创建 Servlet 访问类

项目中要设计一个 MainServlet 类来负责处理所有以 ".do" 结尾的请求，在 web.xml 文件中对其配置如下：

```xml
<servlet>
    <servlet-name>main</servlet-name>
    <servlet-class>web.MainServlet</servlet-class>
</servlet>
<servlet-mapping>
    <servlet-name>main</servlet-name>
    <url-pattern>*.do</url-pattern>         <!--注意*.do 前面没有 "/" -->
</servlet-mapping>
```

这样做的好处是不必为每一个请求分别定义 Servlet 类，从而提高工作效率。但因为所有以 ".do" 结尾的请求都会到达 MainServlet，所以 MainServlet 在处理请求时需要先获取 Servlet 路径并予以判断，浏览功能的请求路径是 "find.do"。

MainServlet 收到请求后，通过访问 StudentDao 得到学生集合。

因为响应页面 find.jsp 仍在服务器内部，且允许重复刷新提交请求，所以使用转发的方式到达；转发过程中请求信息不变，因此学生集合可以封装在 request 中传递给 find.jsp 页面。

处理学生浏览的 MainServlet 相关代码如下：

```java
protected void service(HttpServletRequest request,
        HttpServletResponse response)
        throws ServletException, IOException {
    // 1.获取请求路径
    String path = request.getServletPath();
    if(path.equals("/find.do")){
```

```java
        // 2.调用Model层的DAO完成业务性操作
        StudentDao dao = new StudentDaoImpl();
        List<Student> list = dao.findAll();
        // 3.转发到jsp页面
        request.setAttribute("student", list);     // 保存参数至request
        request.getRequestDispatcher("find.jsp").forward(request,
            response);
    }
}
```

4. JSP 页面

find.jsp 页面负责显示查询得到的学生信息（如图 11-26 所示）。它需要完成的任务有两个：第一，从隐含对象 reqeust 中获取学生集合；第二，对学生集合进行迭代，逐条显示。

find.jsp 中需要使用 List 接口和 Student 类，所以在文件的最前面用 page 指令对它们进行导入。利用 request 获取学生集合时，注意要与 MainServlet 中指定的参数名称一致。显示数据的过程需要 JSP 代码段<%…%>组织迭代的 for 循环，需要 JSP 表达式<%=%>输出各项数据的取值。

代码如下：

```jsp
<%@page contentType="html/text;charset=UTF-8"%>
<%@page import="java.util.List, entity.Student" %>
<body>
    <table>
        <tr>
            <th>学生ID</th> <th>姓名</th> <th>性别</th>
            <th>生日</th> <th>手机号</th><th>Email</th><th>备注</th>
        </tr>
        <%
            List<Student> stu = (List)request.getAttribute("student");
            //获取参数
            for(Student s:stu){    //开始迭代
        %>
        <tr>
            <td><%=s.getId() %></td>
            <td><%=s.getName() %></a></td>
            <td><%=s.getSex() %> </td>
            <td><%=s.getBirthday() %></td>
            <td><%=s.getMobilephone() %></td>
            <td><%=s.getEmail() %></td>
        </tr>
        <%
            }
        %>
    </table>
```

```
</body>
```

11.5.4 添加学生信息

添加学生的操作由静态页面 add.html 开始,用户在页面中填写信息,单击"保存"按钮后将请求 add.do 提交到服务器端,同样交给 MainServlet 处理。

MainServlet 负责收集请求提交过来的表单数据,将它们封装为 Student 对象,交由 StudentDao 保存至数据表。添加学生完成后,跳转到浏览学生的 find.do,从而展示最新数据列表。因为发起了一次新的请求,且添加该学生的操作不可重复刷新,所以用重定向的方式完成。处理流程如图 11-29 所示。

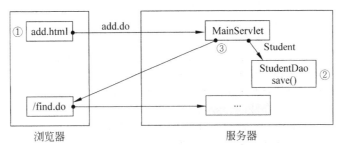

图 11-29 添加学生信息流程图

1. add.html

如图 11-26 所示,系统通过浏览学生界面中的"增加"按钮跳转到 add.html。在 find.jsp 中添加该按钮:

```
<input type="button" value="增加" onclick="location.href='add.html';" />
```

location.href 的功能是添加一个超链接的地址,此处为 add.html 页面,add.html 页面如图 11-30 所示。

图 11-30 add.html 页面

该页面的主要代码如下。其中，每个控件的 name 属性至关重要，是 Servlet 读取参数的依据。

```html
<form action="add.do" method="post" >
        <span>姓名：</span>
    <input type="text" name="name"/>  <span>*</span>
        <span>性别：</span>
            <input type="radio" name="sex" value="female" checked/>
            <label>女</label>
            <input type="radio" name="sex" value="male" />
            <label>男</label>
        <span>生日：</span>
    <input type="text" name="birthday" /> <span>*</span>
        <span>移动电话：</span>
    <input type="text" name="mobilephone" />  <span >*</span>
        <span>Email 地址：</span>
    <input type="text" name="email" />  <span>*</span>
        <span>备注：</span>
        <input type="submit" value="保存" />
        <input type="button" value="取消" onclick="history.back();"/>
</form>
```

2. DAO 设计

保存学生信息的 SQL 语句带有参数，因此使用 PreparedStatement 对象将 Student 对象中封装的各信息传递给 SQL，并执行更新数据表操作，代码如下。

```java
public void save(Student stu) {
    Connection con =null;
    PreparedStatement pst = null;
    try {
        //1.获取连接
        Class.forName("com.mysql.jdbc.Driver");
        con=DriverManager.getConnection("jdbc:mysql://127.0.0.1:3306/
                                        stu", "root", "1234");
        String sql = "insert into student(name,sex,birthday,mobilephone,
            email) " + "values(?,?,?,?,?)";
        pst = con.prepareStatement(sql);
        pst.setString(1, stu.getName());
        pst.setString(2, stu.getSex());
        pst.setDate(3, new java.sql.Date(stu.getBirthday().getTime()));
        pst.setString(4,stu.getMobilephone());
        pst.setString(5,stu.getEmail());
        pst.executeUpdate();
    }catch (ClassNotFoundException e) {
        e.printStackTrace();
    } catch (SQLException e) {
```

```
         e.printStackTrace();
    }finally{
        if(pst!=null)  {  try{pst.close();} catch(Exception e){}  }
        if(con!=null)  {  try{con.close();} catch(Exception e){}  }
    }
}
```

Java 的 java.util 包和 java.sql 包中各自有一个 Date 类，一般处理中使用 java.util.Date，但操作数据表中的日期型数据时则要使用 java.sql.Date。因此，在往数据表传入生日信息时，需要将 java.util.Date 对象转换为 java.sql.Date 对象，转换的方法是利用日期类型中存储的时间的绝对毫秒数（可以用 getTime()方法获取）来创建新对象。

3. Servlet 设计

MainServlet 首先从 request 中接收表单数据，有两个数据需要特殊处理。

add.html 中"性别"单选按钮定义如下：

```
<input type="radio" name="sex" value="female" checked />
<input type="radio" name="sex" value="male" />
```

其中，按钮"女"取值为"female"，按钮"男"取值为"male"，而数据表中按规定需要存储"女"和"男"，因此需要对其进行转换。

另外一个是"生日"，利用 request 获取参数的返回值类型都是 String，所以需要通过解析的方式将其转换为日期对象。

将请求信息封装为 Student 对象后，即可调用 StudentDao 将其持久化在数据库中；最后利用重定向转到 find.do 查询最新结果。MainServlet 中的处理过程如下：

```
if(path.equals("/add.do")){                          // 添加学生
    request.setCharacterEncoding("UTF-8");
    // 1.收集表单数据，封装为 Student 对象
    String name = request.getParameter("name");
    String sex = request.getParameter("sex");
    if(sex.equals("female")){
        sex= "女";
    }else{
        sex="男";
    }
    String bir = request.getParameter("birthday");
    // String->java.util.Date
    SimpleDateFormat sdf = new SimpleDateFormat("yyyy-MM-dd");
    Date birthday =null;
    try {
        birthday = sdf.parse(bir);
    } catch (ParseException e) {
        e.printStackTrace();
    }
    String mobilephone = request.getParameter("mobilephone");
```

```
String email = request.getParameter("email");
Student stu = new Student(name,sex,birthday,mobilephone,email);
// 2.调用DAO将学生对象stu持久化到数据库
StudentDao dao = new StudentDaoImpl();
dao.save(stu);
// 3.重定向到find.do
response.sendRedirect("find.do");
```

11.5.5 修改学生信息

1. 处理流程

修改操作是最复杂的一个，它需要先通过查询找到要被修改的数据，完成修改后，再将最新的结果更新到数据表中。

如图11-26所示，浏览数据时每个学生后都设置了"修改"超链接。单击"修改"超链接，通过查询操作在数据表中找到该学生记录，将其显示在 update.jsp 页面中，如图11-31所示。用户可以在页面上修改已有信息，单击"保存"按钮后进行更新。

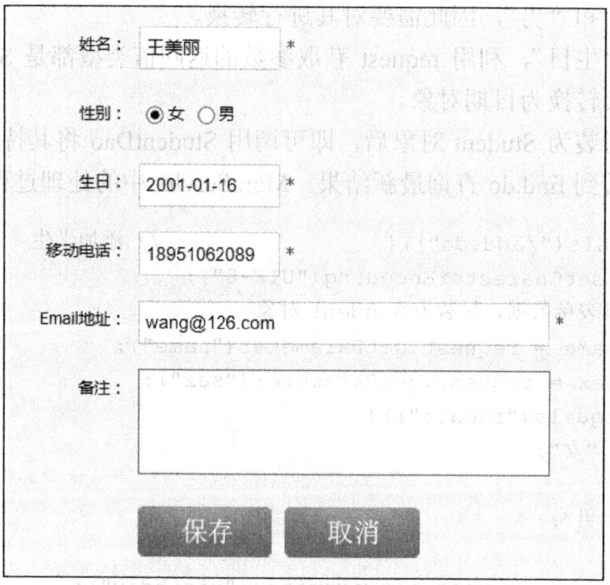

图 11-31 update.jsp 页面显示已有信息

整体处理流程如图 11-32 所示。

第一个过程中，"修改"超链接向 MainServlet 提交 toUpdate.do 请求，同时传递该学生的 id，用于查询。MainServlet 调用 StudentDao 中的 findById()方法完成查询，将学生信息封装为 Student 对象，并通过转发的方式将 Student 对象传递给 update.jsp 显示出来。

第 11 章　Java Web 应用开发

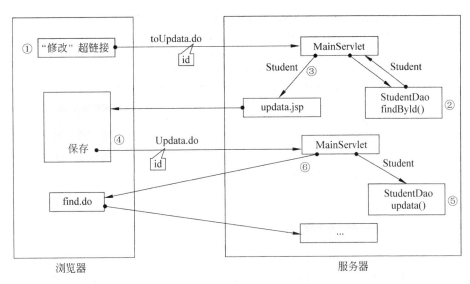

图 11-32　修改学生信息流程图

第二个过程中，在 update.jsp 页面中单击"保存"按钮后，向 MainServlet 提交 update.do 请求。因为在 update.jsp 页面中没有学生的 id 信息，所以 update.do 请求需要带参数 id，用于完成更新。更新完毕后以重定向的方式转到 find.do，浏览更新后的数据。

find.jsp 页面中的"修改"超链接的设计如下：

```
<input type="button" value="修改" onclick="location.href='toUpdate.do?id
         =<%=s.getId()%>';" />
```

超链接"'toUpdate.do?id=…'"中问号后面的部分也是请求所带的参数，在服务器端同样使用 getParameter() 方法按名字进行获取。因为该方法返回的是 String 类型数据，所以需要转换为与数据表字段 id 相一致的 int 类型。

2. 查询显示已有学生信息——DAO 设计

StudentDao 中的 findById() 方法按照 id 完成查询，返回学生对象，代码如下：

```
public Student findById(int id) {
    Connection con =null;
    PreparedStatement pst =null;
    try {
        // 1.获取连接
        Class.forName("com.mysql.jdbc.Driver");
        con = DriverManager.getConnection("jdbc:mysql:
                //127.0.0.1:3306/stu", "root", "1234");
        String sql="select * from student where id=?";
        pst = con.prepareStatement(sql);
        pst.setInt(1, id);
        ResultSet rs = pst.executeQuery();
        if(rs.next()){
```

```
            Student stu = new Student();
            stu.setId(rs.getInt("id"));
            stu.setName(rs.getString("name"));
            stu.setSex(rs.getString("sex"));
            stu.setBirthday(rs.getDate("birthday"));
            stu.setMobilephone(rs.getString("mobilephone"));
            stu.setEmail(rs.getString("email"));
            return stu;
        }
    }catch (ClassNotFoundException e) {
        e.printStackTrace();
    } catch (SQLException e) {
        e.printStackTrace();
    }finally{
        if(pst!=null)  {try{pst.close();} catch(Exception e){}}
        if(con!=null)  {try{con.close();} catch(Exception e){}}
    }
        return null;
}
```

3. 查询显示已有学生信息——Servlet 设计

MainServlet 完成查询和转发两项任务，代码如下：

```
if(path.equals("/toUpdate.do")){
    // 1.查询学生
    StudentDao dao = new StudentDaoImpl();
    int id = Integer.parseInt(request.getParameter("id"));   //"1"->1
    Student stu = dao.findById(id);
    // 2.将学生对象放在 request 中，准备转发
    request.setAttribute("stu",stu);
    request.getRequestDispatcher("update.jsp").forward(request,response);
}
```

4. 查询显示已有学生信息——JSP 页面

在 update.jsp 页面中使用 JSP 表达式显示通过 request 传递过来的学生对象信息。

显示学生信息时，"性别"属性需要特殊处理，即处理单选按钮是在"女"还是"男"中显示选中标记。单选按钮被选中的标志是具有 checked 属性（不需要对属性赋值，只要 checked 属性存在即表示被选中），利用 JSP 表达式进行如下处理：

```
<input type="radio" name="sex" value="female"
    <%=stu.getSex().equals("女")? "checked":""%> />
```

update.jsp 的主要代码如下：

```
<%
    Student stu = (Student)request.getAttribute("stu");
```

```
//读取 request 中的参数
%>
<form action="update.do?id=<%=stu.getId() %>" method="post" >
    <input type="text" name="name" value="<%=stu.getName() %>"/>
    <input type="radio" name="sex" value="female"
    <%=stu.getSex().equals("女")? "checked":""%> />
    <label>女</label>
    <input type="radio" name="sex" value="male"
    <%=stu.getSex().equals("男")? "checked" : ""%>/>
    <label>男</label>
      <input type="text" name="birthday" value="<%=stu.getBirthday() %>"/>
     <input type="text" name
        ="mobilephone"  value="<%=stu.getMobilephone() %>"/>
     <input type="text" name="email"  value="<%=stu.getEmail() %>" />
    <input type="submit" value="保存" />
    <input type="button" value="取消"  onclick="history.back();"/>
</form>
```

5. 更新学生信息——DAO 设计

更新学生信息时，SQL 语句将 id 作为查询条件，具体如下：

```
update student set name=?, sex=?, birthday=?, mobilephone=?, email=? where id=?
```

完成更新的 update()方法代码如下：

```java
public void update(int id, Student stu) {
    Connection con =null;
    PreparedStatement pst =null;
    try {
        // 获取连接
        Class.forName("com.mysql.jdbc.Driver");
        con=DriverManager.getConnection("jdbc:mysql:
            //127.0.0.1:3306/stu", "root", "1234");
        String sql="update student set name=? , sex=?,
             birthday=?, mobilephone=?, email=?"+
            "where id=?";
        pst = con.prepareStatement(sql);
        pst.setString(1, stu.getName());
        pst.setString(2, stu.getSex());
        //java.util.Date->java.sql.Date
        pst.setDate(3, new java.sql.Date(stu.getBirthday().getTime()));
        pst.setString(4, stu.getMobilephone());
        pst.setString(5, stu.getEmail());
        pst.setInt(6, id);
        pst.executeUpdate();
    }catch (ClassNotFoundException e) {
```

```
        e.printStackTrace();
    }catch (SQLException e) {
        e.printStackTrace();
    }finally{
        if(pst!=null) { try{pst.close();} catch(Exception e){} }
        if(con!=null) { try{con.close();} catch(Exception e){} }
    }
}
```

6. 更新学生信息——Servlet 设计

MainServlet 首先从 request 中接收表单数据，与 add.do 的处理过程相同；与 add.do 不同的是，更新需要一个 id 信息，即从请求 "update.do?id=…" 中读取参数 id 的取值，与之前相同，也需要对其进行数据类型转换。

将请求信息封装为 Student 对象后，即可调用 StudentDao 将新的数据持久化在数据库中；最后利用重定向转到 find.do，查询最新结果。MainServlet 中的处理过程如下：

```
if(path.equals("/update.do")){
    request.setCharacterEncoding("UTF-8");
    // 1. 获取表单上的数据，封装为 Student 对象
    String name = request.getParameter("name");
    String sex = request.getParameter("sex");
    if(sex.equals("female")){
        sex= "女";
    }else{
        sex="男";
    }
    //生日
    String bir = request.getParameter("birthday");
    SimpleDateFormat sdf = new SimpleDateFormat("yyyy-MM-dd");
    Date birthday =null;
    try {
        birthday = sdf.parse(bir);
    } catch (ParseException e) {
        e.printStackTrace();
    }
    String mobilephone = request.getParameter("mobilephone");
    String email = request.getParameter("email");
    Student stu = new Student(name,sex,birthday,mobilephone,email);
    // 2. 获取参数 id
    int id = Integer.parseInt(request.getParameter("id"));
    stu.setId(id);
    // 3. 调用 dao
    StudentDao dao = new StudentDaoImpl();
    dao.update(id, stu);
    // 4. 重定向到 find.do
```

```
response.sendRedirect("find.do");
}
```

11.5.6 系统日志处理

很多系统中都具有日志功能，即将系统操作全部记录在一个文件中，便于查找核查对系统实施的动作。此处也为学生管理系统设计一个日志功能。

1. 日志工具类

日志是操作系统中的一个文件，需要通过输入输出流对其进行处理。

写日志利用输出流，因为写出的是字符数据，所以用 OutputStreamWriter 对 FileOutputStream 进行包装，并设置为中文编码方式。注意日志文件应以"追加"的方式打开。

假设在学生管理系统中按照如下方式记录日志：

```
2017-10-05 08:07:59  find.do
2017-10-05 08:08:09  add.do     id=7,name=柏然,sex=男,birthday=1989-04-19,mobilephone=13691052667,email=boran123@126.com
2017-10-05 08:08:09  find.do
2017-10-05 08:08:20  toUpdate.do  id=2,name=王美丽,sex=男,birthday=2001-01-16,mobilephone=18951062089,email=wang@126.com
2017-10-05 08:08:24  update.do   id=2,name=王美丽,sex=女,birthday=2001-01-16,mobilephone=18951062089,email=wang@126.com
2017-10-05 08:08:24  find.do
2017-10-05 08:08:32  delete.do   id=7,name=柏然,sex=男,birthday=1989-04-19,mobilephone=13691052667,email=boran123@126.com
2017-10-05 08:08:32  find.do
```

则写入日志的每条信息包括系统时间（字符串）、操作名称、操作涉及的相关对象（字符串），且每条日志后应加入回车换行。

日志工具类 BlogUtil 中的写日志方法如下：

```java
public void writeToBlog(String now, String op, String objStr){
    FileOutputStream fos = null;
    OutputStreamWriter osw = null;

    try {
        fos = new FileOutputStream("f:\\blog.dat",true);// true:追加方式
        osw = new OutputStreamWriter(fos,"UTF-8");
        osw = new OutputStreamWriter(fos);         // 使用默认编码方案GBK
        osw.write(now+"  ");
        osw.write(op+"  ");
        osw.write(objStr+"\n");
        osw.flush();
    } catch (FileNotFoundException e) {
        e.printStackTrace();
    } catch (IOException e) {
        e.printStackTrace();
    }finally{
        if(osw!=null)try {osw.close();} catch (IOException e) {}
        if(fos!=null)try {fos.close();} catch (IOException e) {}
    }
}
```

读取日志使用输入流，显然，每次直接读取一行日志最为方便，所以使用 BufferedReader→ InputStreamReader→FileInputStream 的三层包装方式。

为了将读取的日志显示在页面上，readBlog()方法返回日志字符串，因为存在大量字符串行的拼接，所以使用 StringBuffer 对象以提高效率。

日志工具类 BlogUtil 中的读日志方法如下：

```java
public String readBlog(){
    FileInputStream fis = null;
    InputStreamReader isr = null;
    BufferedReader br = null;
    try {
        fis = new FileInputStream("f:\\blog.dat");
        isr = new InputStreamReader(fis);
        br = new BufferedReader(isr);
        StringBuffer blog= new StringBuffer();
        String line;
        while( (line=br.readLine())!=null){  // 每次读取一行
            blog.append(line+"<br/>");       // 为输出到页面做换行准备
        }
        return blog.toString();              // 转换为 String 返回
    } catch (FileNotFoundException e) {
        e.printStackTrace();
    } catch (IOException e) {
        e.printStackTrace();
    }finally{
        if(br!=null)try {br.close();} catch (IOException e) {}
        if(isr!=null)try {isr.close();} catch (IOException e) {}
        if(fis!=null)try {fis.close();} catch (IOException e) {}
    }
    return null;
}
```

2. 为系统添加日志

在 MainServlet 中增加日志工具类对象成员：

```java
private BlogUtil blog = new BlogUtil();
```

利用 blog 对象为 MainServlet 的每个.do 操作都加上写日志的处理，以"修改-查询"操作的日志为例，动作完成后加入如下代码：

```java
SimpleDateFormat sdf = new SimpleDateFormat("yyyy-MM-dd hh:mm:ss");
blog.writeToBlog(sdf.format(new Date()), "toUpdate.do", stu.toString());
```

3. 查看日志

在 MainServlet 中增加一个 showBlog.do 处理，通过 find.jsp 中的"查看日志"链接调用：

```
<input type="button" value="查看日志"  onclick=
       "location.href='showBlog.do';" />
```

MainServlet 的 showBlog.do 处理负责将 readBlog()方法返回的日志字符串打印输出到页面，代码如下：

```
if(path.equals("/showBlog.do")){
    response.setContentType("text/html;charset=UTF-8");
    PrintWriter out = response.getWriter();
    out.print(blog.readBlog());
    out.close();
}
```

至此基本完成了学生管理系统中的浏览、添加、修改、日志管理功能的设计，删除学生数据的处理作为练习请大家自行完成。

11.6 本章小结

本章的综合性非常强，简明扼要地介绍了 Java Web 开发的必备知识；通过 JDBC 访问数据库技术实现了结构化批量数据的持久存储问题；最后应用 MVC 模式设计了一个小型管理信息系统，将 Java 中封装、继承、多态、输入输出处理、集合、Servlet 技术、JSP 技术予以综合应用。学习完本章内容后，应掌握基本的 JDBC 编程和 Java Web 编程，并对本书的各章内容形成一个整体概念，对 Java 和 Java Web 程序设计的架构有所认识，可以试着搭建一个 Web 应用系统。

11.7 课后习题

1. 选择题

（1）有关 JDBC 的选项正确的是（　　）。

    A. JDBC 被设计为通用的数据库连接技术，可以应用于各种语言程序

    B. JDBC 技术是 SUN 公司设计专门用于连接 Oracle 数据库的技术，连接其他的数据库只能采用微软公司的 ODBC 解决方案

    C. ODBC 和 JDBC 都能实现跨平台使用，只是 JDBC 的性能要高于 ODBC

    D. JDBC 只是个抽象的调用规范，底层程序实际上要依赖于每种数据库的驱动文件

（2）查询结果集 ResultSet 对象是以统一的行列形式组织数据的，执行：

    ResultSet rs = stmt.executeQuery ("select bid,name,author,publish, price from book");

    语句，得到的结果集 rs 的列数为（　　）。

A. 4　　　　　B. 5　　　　　C. 6　　　　　D. 不确定

（3）如果查询字符串为：

```
String condition="insert book values(?,?,?,?,?)";
```

下列（　　）接口适合执行该 SQL 查询。

A. Statement
B. PreparedStatement
C. CallableStatement
D. 不确定

（4）关于 Servlet，不正确是叙述是（　　）。

A. Servlet 是满足规范的 Java 对象
B. Servlet 需要部署在服务器中执行
C. Servlet 是 SUN 公司制定的用来在服务器端处理 HTTP 协议的组件规范
D. 任何 Java 对象都可以作为 Servlet 存在

（5）假设项目（设名称为 web）中的某 Servlet 的配置如下：

```
<servlet>
    <servlet-name>timer</servlet-name>
    <servlet-class>chap1.TimeServlet</servlet-class>
</servlet>
<servlet-mapping>
    <servlet-name>timer</servlet-name>
    <url-pattern>/timer</url-pattern>
</servlet-mapping>
```

那么，正确访问该 Servlet 的方法是（　　）。

A. localhost:8080/timer
B. localhost:8080/TimeServlet
C. localhost:8080/web/timer
D. localhost:8080/web/TimeServlet

（6）关于 Servlet 的映射路径的说法中，不正确的是（　　）。

A. 可以对 Servlet 进行精确匹配(/path)，那么只有指定请求可以访问该 Servlet，即该 Servlet 只能处理一个请求
B. 可以对 Servlet 进行通配符式匹配(/*)，则所有的请求都可以访问该 Servlet，即该 Servlet 可以处理一切请求
C. 可以对 Servlet 进行后缀匹配（如*.do)，则以指定后缀的请求可以访问该 Servlet，即该 Servlet 可以处理一类请求
D. Servlet 的后缀匹配形式为/*.do

（7）当用户请求 JSP 页面时，JSP 引擎就会执行该页面的字节码文件响应客户的请

求，执行字节码文件的结果是（　　）。

    A. 发送一个 JSP 源文件到客户端

    B. 发送一个 Java 文件到客户端

    C. 发送一个 HTML 页面到客户端

    D. 什么都不做

（8）JSP 页面可以在<%=和%>标记之间放置 Java 表达式，<%=标记的各字符之间（　　）。

    A. 可以有空格　　　　　　　　　B. 不可以有空格

    C. 必须有空格　　　　　　　　　D. 不确定

（9）下面关于 JSP 隐含对象的说法错误的是（　　）。

    A. request 对象可以得到请求中的参数

    B. session 对象可以保存用户信息

    C. application 对象可以被多个 Web 应用共享

    D. 作用域范围从小到大是 request、session、application

（10）下面（　　）对 Servlet、JSP 的描述错误。

    A. HTML、Java 和脚本语言混合在一起的程序可读性较差，维护起来较困难

    B. JSP 技术是在 Servlet 之后产生的，它以 Servlet 为核心技术，是 Servlet 技术的一个成功应用

    C. 当 JSP 页面被请求时，JSP 页面会被 JSP 引擎翻译成 Servlet 字节码执行，所以 JSP 代码改变时不需要重新部署项目

    D. 一般用 JSP 来处理业务逻辑，用 Servlet 来实现页面显示

（11）关于转发和重定向的说法中不正确的是（　　）。

    A. 转发和重定向都是在解决两个 Web 组件（Servlet/JSP）之间跳转的问题，转发不能到项目之外的资源，重定向则可以到项目外部的资源

    B. 转发过程只包含一次请求，即 request 不改变，地址栏不变；重定向是两次请求，地址栏会发生改变

    C. 转发可以通过 request 共享数据，而重定向则不可以，需要使用 session 或 application

    D. 转发适用于增、删、改等数据发生改变的场景，重定向适用于查询等数据不发生变化的场景

（12）关于 MVC 架构的描述中不正确的是（　　）。

    A. MVC 模式体现了代码分层的思想，它只用于 Java Web 项目的开发

    B. Model 是业务层，用来处理业务，常见的业务层功能是 JDBC 访问

    C. View 是视图层，用来显示数据，常用 JSP 实现

    D. Controller 是控制层，负责控制/调度流程，是 M 和 V 的桥梁，其目的是要降低 M 和 V 代码之间的耦合度，便于团队开发和维护

2. 编程题

（1）使用 JSP 页面输出 100 以内的所有素数。

（2）设计一个 Web 应用，用户通过 HTML 页面输入一元二次方程的系数，提交给 Servlet 控制器计算得到方程的根，然后 Servlet 将结果传递 JSP 页面显示。

（3）设计一个简单的 MVC 架构的员工管理系统，通过 HTML 页面输入员工的基本信息，添加员工后利用 JSP 页面列表显示数据；添加员工和查询员工列表的处理都使用 Servlet 调用 DAO 完成。DAO 可以使用 JDBC 技术，也可以模拟存放在集合中。